STM32单片机

全案例开发实战

蔡杏山◎主编

电子工业出版社
Publishing House of Electronics Industry
北京·BEIJING

内 容 简 介

本书用实例详解的方式介绍 STM32 单片机与 C 语言编程，主要内容有 STM32 单片机基础、STM32 单片机的硬件系统、Keil 软件与寄存器方式编程闪烁点亮 LED、固件库与库函数方式编程闪烁点亮 LED、按键控制 LED 和蜂鸣器的电路与编程实例、中断的使用与编程实例、定时器的使用与编程实例、USART 串口通信与编程实例、ADC（模数转换器）的使用与编程实例、DAC（数模转换器）的使用与编程实例、光敏传感器测光与 DS18B20 测温的电路与编程实例、红外遥控与 RTC 实时时钟的使用与编程实例、RS-485 通信与 CAN 通信的原理与编程实例、FSMC 与液晶显示屏的使用与编程实例。

本书起点低，内容由浅入深，语言通俗易懂，结构安排符合读者的学习认知规律，适合作为初学者学习 STM32 单片机及编程的自学图书，也可作为职业院校电类专业的单片机教材。

图书在版编目（CIP）数据

STM32 单片机全案例开发实战 / 蔡杏山主编. —北京：电子工业出版社，2022.10

ISBN 978-7-121-44271-1

Ⅰ. ①S… Ⅱ. ①蔡… Ⅲ. ①微控制器 Ⅳ. ①TP368.1

中国版本图书馆 CIP 数据核字（2022）第 163198 号

责任编辑：张　楠　　文字编辑：刘真平
印　　刷：北京七彩京通数码快印有限公司
装　　订：北京七彩京通数码快印有限公司
出版发行：电子工业出版社
　　　　　北京市海淀区万寿路 173 信箱　邮编　100036
开　　本：787×1092　1/16　印张：19.25　字数：493 千字
版　　次：2022 年 10 月第 1 版
印　　次：2025 年 1 月第 5 次印刷
定　　价：79.00 元

凡所购买电子工业出版社图书有缺损问题，请向购买书店调换。若书店售缺，请与本社发行部联系，联系及邮购电话：（010）88254888，88258888。

质量投诉请发邮件至 zlts@phei.com.cn，盗版侵权举报请发邮件至 dbqq@phei.com.cn。

本书咨询联系方式：（010）88254579。

前言
PREFACE

单片机是一种内部包含CPU、存储器和输入/输出接口等电路的集成电路(又称IC芯片)。单独一块单片机芯片是无法工作的,必须给它增加一些有关的外围电路来组成单片机应用系统,然后在计算机中用单片机编程软件编写程序,再用烧录器(或编程器)将程序写入单片机,单片机在程序的控制下就能完成指定的工作。

单片机的应用非常广泛,已深入到工业、农业、商业、教育、国防及日常生活等各个领域。由于单片机应用广泛,电工电子技术的学习者几乎都希望学会单片机技术,但真正掌握单片机技术并能进行单片机软、硬件开发的人却并不多,究其原因,一句话就可以概括:"学习单片机编程太难了!"

本书正是为解决这一难题而编写的,图书采用"单片机实际电路+大量典型的实例程序+详细易懂的程序说明"的方式编写,读者在阅读程序时,除可查看与程序对应的单片机电路外,遇到某条程序语句不明白时还可查看该程序语句的详细说明,从而理解程序运行的来龙去脉。读懂并理解程序后,读者可尝试采用类似的方法自己编写一些程序,慢慢就可以编写一些复杂的程序,从而成为单片机软件编程高手。另外,读者可添加微信(etv100)或发电子邮件(etv100@163.com)免费索取编程软件和源代码。

本书在编写过程中得到了很多老师的支持,在此一并表示感谢。由于编者水平有限,书中的错误和疏漏之处在所难免,望广大读者和同人批评指正。

编　者

目 录

CONTENTS

第 1 章

STM32 单片机基础

1.1 STM32 单片机简介

1.1.1 什么是 ARM

ARM 有两个含义：一是指 ARM 公司；二是指采用 ARM 内核的芯片。

1. ARM 公司

1978 年 12 月，物理学家 Hermann Hauser 和工程师 Chris Curry 在英国剑桥创办了 CPU 公司，主要业务是为当地市场供应电子设备，1979 年公司改名为 Acorn 公司。Acorn 公司起初打算使用摩托罗拉的 16 位芯片，但是发现这种芯片运行速度慢且价格高，转而向 Intel 公司索要 80286 芯片的设计资料，但是遭到了拒绝，于是决定自行研发芯片。

1985 年，Acorn 公司的 Roger Wilson 和 Steve Furber 带领的团队设计出自己的第一代 32 位、6MHz 处理器，他们用它做出了一台 RISC 指令集的计算机，简称 ARM（Acorn RISC Machine），ARM 名称由此而来。RISC 意为"精简指令集计算机"（Reduced Instruction Set Computer），其支持的指令比较简单，所以功耗小、价格便宜，特别适合移动设备，早期使用 ARM 芯片的典型设备就是苹果公司的牛顿 PDA。

1990 年 11 月 27 日，Acorn 公司正式更名为 ARM 公司。ARM 公司现在既不生产芯片也不销售芯片，它只出售芯片技术（ARM 内核）授权，其他公司获得授权后，可以在 ARM 内核基础上进行扩展设计而生产出自己的芯片。20 世纪 90 年代至今，采用 ARM 内核的芯片应用到世界范围，占据了低功耗、低成本和高性能的嵌入式系统应用领域的领先地位。

2. ARM 内核芯片

如果将采用 ARM 内核的芯片当作一台计算机，ARM 内核就相当于计算机中的 CPU。ARM 公司将 ARM 内核的技术资料（比如内核的电路和设计文件等）授权给其他公司，这些公司在 ARM 内核的基础上进行扩展设计（比如增加存储器、IO 接口和片上外设等），再生产出芯片，该芯片称作 ARM 内核芯片，简称 ARM 芯片，其结构如图 1-1 所示。

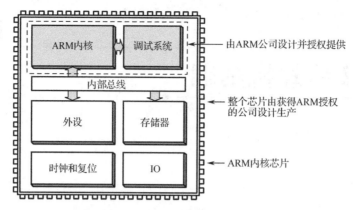

图 1-1 ARM 内核芯片的结构

与计算机的 CPU 一样，ARM 内核也不断升级，其版本主要有 ARM1～ARM11，在 ARM11 之后改用 Cortex 命名，并分成 A、R 和 M 三个系列。

Cortex-A 系列面向基于虚拟内存的操作系统和用户应用（如智能手机、平板电脑和机顶盒等）。

Cortex-R 系列用作实时系统（如硬盘、打印机、蓝光播放器和汽车等）。

Cortex-M 系列用作微控制器。STM32 单片机采用 Cortex-M 内核。

1.1.2 什么是 STM32 单片机

STM32 单片机中，ST 表示意法半导体公司，M 表示微控制器（Microelectronics），32 表示 32bit，STM32 意为意法半导体公司生产的 32bit 单片机。图 1-2 是几种常见的 STM32 单片机。

图 1-2 几种常见的 STM32 单片机

STM32 单片机采用 ARM 的 Cortex-M 内核（又分为 M0～M7 内核），不同系列的 STM32 单片机采用的内核见表 1-1。

表 1-1 不同系列的 STM32 单片机采用的内核

系 列	内 核	说 明
STM32-F0	Cortex-M0	入门级
STM32-L0		低功耗
STM32-F1	Cortex-M3	基础型，主频 72MHz
STM32-F2		高性能
STM32-L1		低功耗

续表

系　列	内　核	说　明
STM32-F3		混合信号
STM32-F4	Cortex-M4	高性能，主频 180MHz
STM32-L4		低功耗
STM32-F7	Cortex-M7	高性能

1.1.3　STM32 单片机的型号含义

STM32 单片机的型号含义（以 STM32F1xx 系列为例）如图 1-3 所示。

图 1-3　STM32 单片机的型号含义

1.2　STM32 单片机的最小系统电路

单独一块单片机芯片是无法工作的，需要增加外围电路给芯片提供电源、时钟信号和复位信号，为了能将编写的程序下载到单片机芯片，还应有下载电路。单片机芯片与提供基本工作条件的电路（电源电路、时钟电路、复位电路和程序下载电路）一起，就构成了单片机的最小系统电路。

1.2.1　STM32F103C8T6 单片机介绍

STM32 单片机型号很多，STM32F103C8T6 单片机是一款基于 ARM Cortex-M3 内核的微控制器，程序存储器容量是 64KB，电源电压为 2～3.6V，其性价比高，很适合初学者学习使用。STM32F103C8T6 单片机的外形、参数与引脚功能如图 1-4 所示。

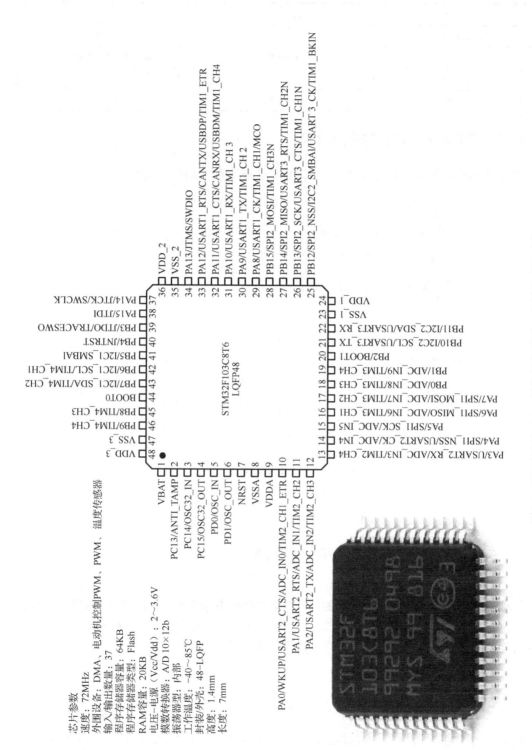

芯片参数
速度：72MHz
外围设备：DMA、电动机控制PWM、PWM、温度传感器
输入/输出数量：37
程序存储器容量：64KB
程序存储器类型：Flash
RAM容量：20KB
电压-电源（Vcc/Vdd）：2～3.6V
模数转换器：A/D 10×12b
工作温度：-40～85℃
振荡器型：内部
封装/外壳：48-LQFP
高度：1.4mm
长度：7mm

图1-4 STM32F103C8T6单片机的外形、参数与引脚功能

STM32F103C8T6 单片机有 48 个引脚，其中 37 个 I/O 引脚（PA0～PA15、PB0～PB15、PC13～PC15、PD0、PD1），很多引脚有多个功能，可以编程决定使用何种功能；其他主要是电源引脚（VDD、VSS）、复位引脚（NRST）、时钟引脚（OSC，与 IO 引脚共用）和启动设置（BOOT）引脚。

1.2.2 STM32 单片机的最小系统电路简介

图 1-5 是 STM32F103C8T6 单片机的最小系统电路原理图。该电路主要由 STM32 单片机芯片及其工作必需的电源电路、复位电路、时钟电路、启动方式设置电路和下载调试端组成。为了方便测试该最小系统能否正常工作，在单片机的 PC13 端（②脚）外接了一个发光二极管 VD2，测试时，往单片机下载驱动 VD2 闪烁发光的程序，若 VD2 会闪烁发光，则表明该系统可正常工作。

图 1-5 所示电路原理图的电气连接关系是采用标号来表示的，相同的标号在电气上是直接连接的，比如电路中所有的标号"VCC3V3"在电气上都直接连接在一起。

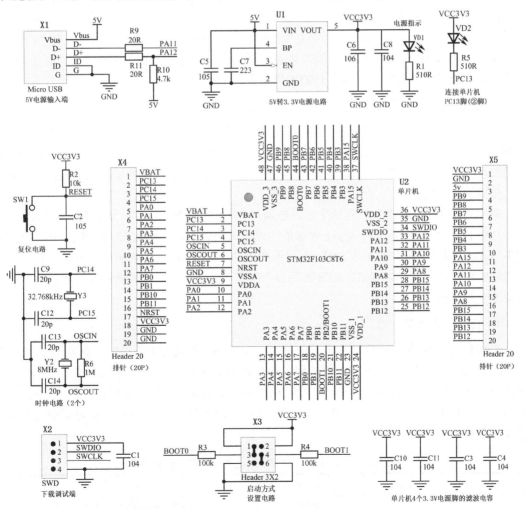

图 1-5 STM32F103C8T6 单片机的最小系统电路原理图

1）电源电路

X1 是一个 Micro USB 接口（与手机同类型充电接口相同），外部 5V 电源（如来自手机充电器）通过接口的 Vbus、G 端（即 1、5 脚）将 5V 电压送到电源芯片 U1 的 1、2 脚，经内部电路降压后从 5 脚输出 3.3V 电压，该电压一方面将电源指示灯 VD1 点亮，另一方面送给单片机 4 个 VDD 端、复位电路和启动方式设置电路。单片机 4 个 VDD 端各接了一个滤波电容，减小各 VDD 端电压的波动。

2）复位电路

复位电路的功能是在接通电源时为单片机提供一个低电平（有的单片机为高电平）信号，使单片机内部电路全部进入初始状态，当低电平变为高电平时复位完成，内部电路开始工作。复位信号就像上课的铃声，不管学生正在做什么，一听到铃声，就会马上回到教室坐好等待上课。

R2、C2 和 SW1 构成复位电路，在系统接通电源时，3.3V 电压送到复位电路，由于 C2 还未充电，两端电压很低，该电压为低电平，送到单片机的 NRST 端（7 脚，复位端），对单片机内部电路进行复位，使电路回到初始状态。随着 3.3V 电压经 R2 为 C2 充电，C2 两端电压上升，升高到 3.3V 时充电结束，单片机的 NRST 端电压也为 3.3V，此为高电平，单片机内部电路复位完成。SW1 为手动复位按键，按下 SW1，C2 被短路而迅速放电，C2 两端电压下降为低电平，单片机的 NRST 端也为低电平，内部电路被强制复位；只有当 NRST 端变为高电平时，单片机才能重新开始工作。

3）时钟电路

时钟电路的功能是为单片机内部电路提供时钟信号，使这些电路有节拍地工作。时钟信号频率越高，电路的工作速度越快，没有时钟信号，单片机内部电路将无法工作。时钟信号就像做操时喊的节拍，做操的动作按节拍进行，节拍喊得快，做操的动作也变快，节拍声一停，做操动作也停止。

STM32F103C8T6 单片机有两个时钟电路，C9、C12、Y3（晶振，频率为 32.768kHz）与单片机 PC14、PC15 端（3、4 脚）内部的电路构成时钟电路，产生 32.768kHz 的时钟信号；C13、C14、Y2（晶振，频率为 8MHz）与单片机 OSCIN、OSCOUT 端（5、6 脚）内部的电路也构成时钟电路，产生 8MHz 的时钟信号。在单片机编程时，可根据情况通过程序来设置需要哪个时钟信号。

4）启动方式设置电路

STM32 单片机有 3 种启动方式，由 BOOT1、BOOT0 端的电平控制，见表 1-2。6 脚排针 X3 与 R3、R4 构成启动方式设置电路，单片机的 BOOT1 端（20 脚）通过 R4 与 X3 的 4 脚连接，单片机的 BOOT0 端（44 脚）通过 R3 与 X3 的 3 脚连接，当用两个跳线（短路片）分别短路 X3 的 1、3 脚和 4、6 脚时，BOOT1=0，BOOT0=1，单片机启动方式被设为从系统存储器启动。

表 1-2　BOOT1、BOOT0 端电平与启动方式的关系

BOOT1	BOOT0	启 动 方 式	说　　明
X	0	用户闪存	用户闪存（Flash）启动，用于正常启动

BOOT1	BOOT0	启 动 方 式	说　　明
0	1	系统存储器	系统存储器启动，用于串口下载
1	1	SRAM 启动	SRAM 启动，用于在 SRAM 中调试代码

注：X 表示任意电平。

5）下载调试端

单片机是由程序驱动工作的，在计算机中用编程软件编写的程序需要下载到单片机。STM32 单片机下载程序的方式有串口下载和 SWD 下载，SWD 方式不但支持下载程序，还支持在线仿真、调试程序，图 1-5 中的单片机最小系统电路采用 SWD 方式下载程序。

X2 为 SWD 下载接插件，1、4 脚分别与 3.3V 电源和地连接，2 脚与单片机的 SWDIO 端（34 脚）连接，3 脚与单片机的 SWCLK 端（37 脚）连接。在下载调试程序时，单片机经 X2 通过下载调试器（如 ST-Link）与计算机连接，传送程序数据。

1.2.3　最小系统实验电路板

图 1-6 是 STM32F103C8T6 单片机的最小系统实验电路板，该电路采用双面电路板，一些主要的元器件放置在正面，而一些电阻、电容元器件放置在电路板的反面，正、反面的元器件和电路是通过穿板而过的导电过孔来连接的。

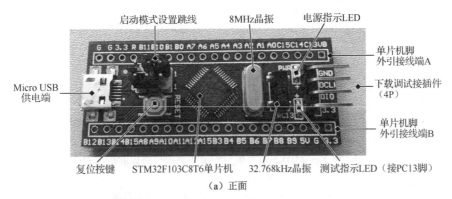

（a）正面

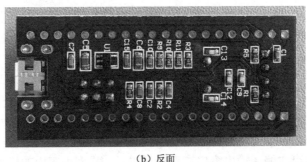

（b）反面

图 1-6　STM32F103C8T6 单片机的最小系统实验电路板

1.3 程序的编写与下载

1.3.1 用 Keil MDK5 软件编写和编译程序

1. 编写程序

STM32 单片机一般使用 Keil MDK5（简称 Keil5 或 MDK5）软件编写程序。图 1-7 是在 Keil MDK5 软件中用 C 语言编写的最小系统电路板的测试程序，功能是让 STM32F103C8T6 单片机的 PC13 端（2 脚）外接的 LED（发光二极管）闪烁发光。该程序的编写及说明在后面会有详细介绍。

图 1-7 用 Keil MDK5 软件编写的最小系统电路板的测试程序

2. 编译程序

编译是指将高级语言程序（如 C 语言程序）转换成单片机电路能识别和接受的十六进制或二进制代码程序。在编译时，编程软件会检查程序是否有误，如果有误则会显示错误信息，并停止编译。

程序的编译如图 1-8 所示。在 Keil MDK5 软件的工具栏上单击▦工具，或执行菜单命令"Project"（工程）→ "Rebuild all target files"（编译所有的目标文件），软件马上对程序进行编译，同时会在下方的编译输出窗口显示有关的编译信息。编译结束后，如果出现"0 Error(s)；0 Warning(s)"，则表示程序没有错误和警告（至少语法上是正确的）。如果程序编译时出现错误，则可在编译输出窗口查看错误提示，找到程序中的错误，修改后再进行编译，直到无误。如果编译时仅出现警告，程序一般还是可以正常运行的。

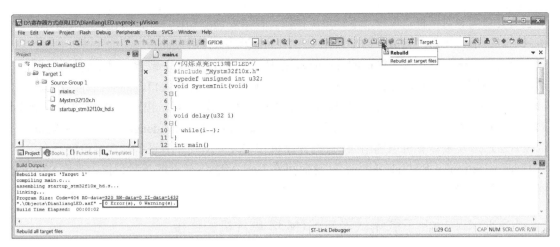

图 1-8 程序的编译

1.3.2 ST-Link 下载调试器及驱动程序的安装

在计算机中用 Keil MDK5 软件编写并编译程序后，可使用 ST-Link 下载调试器将程序下载并传送给单片机。

1. ST-Link 下载调试器

ST-Link 下载调试器又称仿真器、烧录器、编程器，其外形如图 1-9 所示，一端为 USB 接口（与计算机连接），另一端为 10 针 SWIM 接口，如果采用 SWD 方式与 STM32 单片机连接，只需使用其中的 4 针（3.3V、GND、SWCLK、SWDIO）。

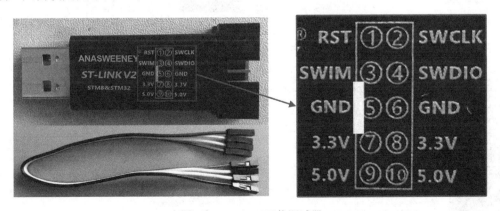

图 1-9 ST-Link 下载调试器

2. ST-Link 驱动程序的安装

在下载程序时，ST-Link 下载调试器使用 USB 接口与计算机连接，为了让计算机能识别并使用 ST-Link，需要在计算机中安装 ST-Link 的驱动程序。

ST-Link 下载调试器驱动程序的安装如图 1-10 所示。打开 ST-Link 驱动包文件夹，如果计算机是 64 位操作系统，则双击"dpinst_amd64"文件；如果是 32 位操作系统，则双击"dpinst_x86"文件，此处双击"dpinst_amd64"文件，如图 1-10（a）所示。弹出如图 1-10（b）

所示的安装向导对话框，单击"下一步"按钮，开始安装驱动程序。最后出现如图 1-10（c）所示的对话框，单击"完成"按钮，结束 ST-Link 驱动程序的安装。

驱动程序安装后，在计算机的设备管理器中可查看 ST-Link 下载调试器是否被计算机识别出来。将 ST-Link 下载调试器的 USB 接口插到计算机的 USB 接口，然后在计算机桌面的"计算机"图标上右击，在弹出的快捷菜单中选择"设备管理器"，出现如图 1-10（d）所示的"设备管理器"窗口，可以查看到"STMicroelectronics STLink dongle"，表明 ST-Link 下载调试器已成功被计算机识别出来。有的计算机在安装驱动程序后设备管理器可能不会出现"STMicroelectronics STLink dongle"，这时可在 Keil MDK5 软件的下载设置中查看 ST-Link 能否被识别出来。

1.3.3 ST-Link 下载调试器与 STM32 单片机的连接

ST-Link 下载调试器通常采用 SWD 方式与 STM32 单片机连接，其连接如图 1-11 所示，只需将二者的 3.3V、GND、SWCLK、SWDIO 端连接起来即可。

（a）双击"dpinst_amd64"文件（64 位操作系统）

（b）单击"下一步"按钮开始安装

（c）单击"完成"按钮结束安装

（d）在设备管理器中查看有无 ST-Link 设备

图 1-10　ST-Link 下载调试器驱动程序的安装

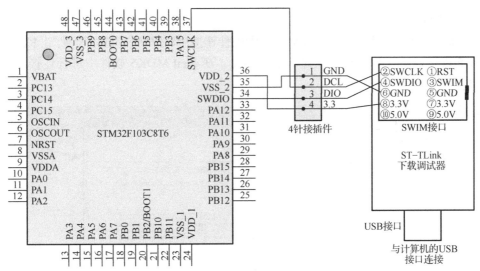

（a）电气连接图

（b）实物连接图

图 1-11　ST-Link 下载调试器与 STM32 单片机的连接

1.3.4　连接设置与下载程序

在 Keil MDK5 软件中下载程序时先要将单片机电路板、下载调试器和计算机三者连接起来，再进行连接设置，然后将程序下载到单片机。

1．单片机电路板、下载调试器和计算机的连接

单片机电路板、下载调试器和计算机的连接如图 1-12 所示，三者连接时，计算机的 USB 接口通过下载调试器为单片机电路板提供 5V 电压，故电路板上的电源指示 LED 亮。

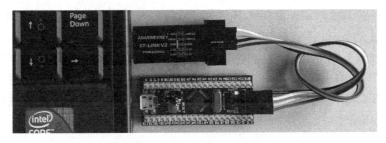

图 1-12　单片机电路板、下载调试器和计算机的连接

2. 连接设置

单片机电路板、下载调试器和计算机三者硬件连接后，还要进行连接设置，让 Keil MDK5 软件与下载调试器、单片机之间建立软件连接。在 Keil MDK5 软件中进行连接设置，如图 1-13 所示。

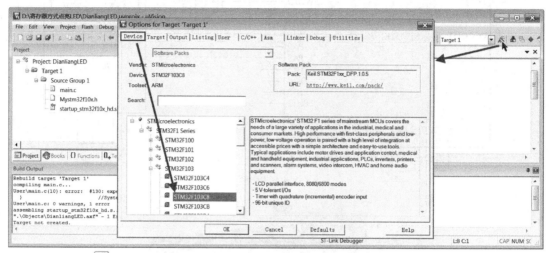

（a）单击 🔧 工具弹出 "Options for Target 'Target 1'" 对话框（在 "Device" 选项卡中选择单片机型号）

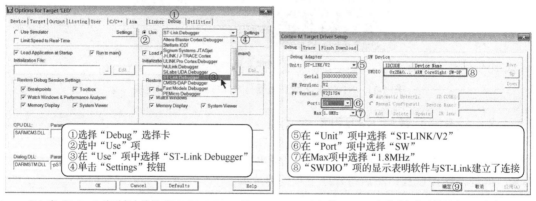

（b）在 "Debug" 选项卡中选择 "ST-Link Debugger"　　　（c）将 ST-Link 与单片机的连接设为 SW 方式

图 1-13　在 Keil MDK5 软件中进行连接设置

3. 下载程序

单片机、下载调试器和计算机软/硬件都建立连接后，就可以在 Keil MDK5 软件中将编写好的程序通过 ST-Link 下载到单片机。

程序下载如图 1-14 所示。在 Keil MDK5 软件中单击工具栏上的 "LOAD" 工具，或执行菜单命令 "Flash" → "Download"，当前程序会马上转换成二进制代码程序并通过 ST-Link 向单片机的 Flash（闪存）中传送。在软件下方的输出窗口中可看到有关的下载信息，当出现 "Flash Load finished" 时，表明程序下载完成。

图 1-14　在 Keil MDK5 软件中进行程序下载

1.3.5　单片机电路板通电测试

单片机写入程序后，为了查看程序在单片机中的运行是否达到了预期效果，可以对单片机电路板进行通电测试。

单片机电路板通电有两种方法：一是使用 5V 电源适配器（如手机充电器）供电；二是利用 ST-Link 下载调试器供电。

图 1-15（a）所示为使用 5V 电源适配器通过 Micro USB 接口为单片机电路板供电；图 1-15（b）所示为利用 ST-Link 下载调试器从计算机的 USB 接口获取 5V 电压，再转换成 3.3V 电压提供给单片机电路板。可以看到电路板上与单片机 PC13 端连接的 LED 变亮（闪烁），表明该单片机最小系统电路板工作正常，编写的程序也达到了要求。

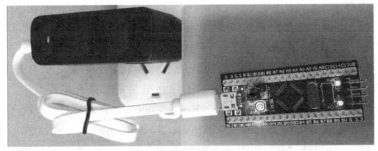

（a）使用 5V 电源适配器通过 Micro USB 接口为单片机电路板供电

（b）利用 ST-Link 下载调试器从计算机的 USB 接口取电变压后供给单片机电路板

图 1-15　单片机电路板通电测试

1.4 单片机 C 语言基础

STM32 单片机一般使用 C 语言编程，单片机 C 语言与计算机 C 语言大部分相同，但由于编程对象不同，故两者有些地方略有区别。本节主要介绍单片机 C 语言的一些基础知识，在后面章节大量的编程实例中，有这些知识的实际应用，同时还会扩展介绍更多的 C 语言知识。

1.4.1 常量

常量是指程序运行时其值不会变化的量。常量分为整型常量、浮点型常量（也称实型常量）、字符型常量和符号常量。

1. 整型常量

（1）十进制数：编程时直接写出，如 0、18、−6。

（2）八进制数：编程时在数值前加 "0" 表示八进制数，如 "012" 为八进制数，相当于十进制数的 "10"。

（3）十六进制数：编程时在数值前加 "0x" 表示十六进制数，如 "0x0b" 为十六进制数，相当于十进制数的 "11"。

2. 浮点型常量

浮点型常量又称实数或浮点数。在 C 语言中可以用小数形式或指数形式来表示浮点型常量。

（1）小数形式表示：由数字和小数点组成的一种实数表示形式，如 0.123、.123、123.、0.0 等都是合法的浮点型常量。小数形式表示的浮点型常量必须有小数点。

（2）指数形式表示：这种形式类似数学中的指数形式。在数学中，浮点型常量可以用幂的形式来表示，如 2.3026 可以表示为 0.23026×10^1、2.3026×10^0、23.026×10^{-1} 等形式。在 C 语言中，则以 "e" 或 "E" 后跟一个整数来表示以 "10" 为底数的幂。2.3026 可以表示为 0.23026E1、2.3026e0、23.026e−1。C 语言规定，字母 e 或 E 之前必须有数字，且 e 或 E 后面的指数必须为整数，如 e3、5e3.6、.e、e 等都是非法的指数形式。在字母 e 或 E 的前后及数字之间不得插入空格。

3. 字符型常量

字符型常量是用单引号括起来的单个普通字符或转义字符。

（1）普通字符常量：用单引号括起来的普通字符，如'b'、'xyz'、'?'等。字符型常量在计算机中是以其代码（一般采用 ASCII 代码）储存的。

（2）转义字符常量：用单引号括起来的前面带反斜杠的字符，如'\n'、'\xhh'等，其含义是将反斜杠后面的字符转换成另外的含义。表 1-3 列出一些常用的转义字符及其含义。

表 1-3　一些常用的转义字符及其含义

字 符 形 式	含 义	ASCII 代码
\n	换行，将当前位置移到下一行开头	10
\t	水平制表（跳到下一个 Tab 位置）	9
\b	退格，将当前位置移到前一列	8
\r	回车，将当前位置移到本行开头	13
\f	换页，将当前位置移到下页开头	12
\\	代表一个反斜杠字符"\"	92
\'	代表一个单引号（撇号）字符	39
\"	代表一个双引号字符	34
\ddd	1～3 位八进制数所代表的字符	
\xhh	1～2 位十六进制数所代表的字符	

4．符号常量

在 C 语言中，可以用一个标识符来表示一个常量，称为符号常量。在程序开头对符号常量进行定义后，在程序中可以直接调用符号常量，其值不会更改。符号常量在使用之前必须先定义，其一般形式为：

```
#define 标识符 常量
```

例如，在程序开头编写"#define PRICE 25"，就将 PRICE 定义为符号常量，在程序中，PRICE 就代表 25。

1.4.2　变量

变量是指程序运行时其值可以改变的量。每个变量都有一个变量名，变量名必须以字母或下画线"_"开头。在使用变量前需要先声明，以便程序在存储区域为该变量留出一定的空间，比如在程序中编写"unsigned char num=3"，就声明了一个无符号字符型变量 num，程序会在存储区域留出 1 字节的存储空间，将该空间命名（变量名）为 num，且在该空间存储的数据（变量值）为 3。

变量分为位变量、字符型变量、整型变量和浮点型变量。

（1）位变量（bit）：占用的存储空间为 1 位，位变量的值为 0 或 1。

（2）字符型变量（char）：占用的存储空间为 1 字节（8 位），无符号字符型变量的数值范围为 0～255，有符号字符型变量的数值范围为-128～+127。

（3）整型变量：可分为短整型变量（int 或 short）和长整型变量（long），短整型变量的长度（即占用的存储空间）为 2 字节，长整型变量的长度为 4 字节。

（4）浮点型变量：可分为单精度浮点型变量（float）和双精度浮点型变量（double），单精度浮点型变量的长度（即占用的存储空间）为 4 字节，双精度浮点型变量的长度为 8 字节。由于浮点型变量会占用较多的空间，故单片机编程时尽量少用浮点型变量。

单片机 C 语言变量的类型、长度和取值范围见表 1-4。

表 1-4　单片机 C 语言变量的类型、长度和取值范围

变量类型	长度/b	长度/B	取 值 范 围
bit	1	—	0、1
unsigned char	8	1	0～255
signed char	8	1	-128～127
unsigned int	16	2	0～65 535
signed int	16	2	-32 768～32 767
unsigned long	32	4	0～4 294 967 295
signed long	32	4	-2 147 483 648～2 147 483 647
float	32	4	±1.176E-38～±3.40E+38（6 位数字）
double	64	8	±1.176E-38～±3.40E+38（10 位数字）

1.4.3　运算符

单片机 C 语言的运算符可分为算术运算符、关系运算符、逻辑运算符、位运算符和复合赋值运算符。

1．算术运算符

单片机 C 语言的算术运算符见表 1-5。在进行算术运算时，按"先乘除模，后加减，括号最优先"的原则进行，即乘、除、模（相除求余）运算优先级相同，加、减优先级相同且最低，括号优先级最高，在优先级相同时，运算按先后顺序进行。

表 1-5　单片机 C 语言的算术运算符

算术运算符	含　义	算术运算符	含　义
+	加法或正值符号	/	除法
-	减法或负值符号	%	模（相除求余）运算
*	乘法	^	乘幂
--	减 1	++	加 1

在采用单片机 C 语言编程时，经常会用到加 1 符号"++"和减 1 符号"--"，这两个符号使用比较灵活。常见的用法如下。

y=x++（先将 x 赋给 y，再将 x 加 1）；

y=x--（先将 x 赋给 y，再将 x 减 1）；

y=++x（先将 x 加 1，再将 x 赋给 y）；

y=--x（先将 x 减 1，再将 x 赋给 y）；

x=x+1 可写成 x++或++x；

x=x-1 可写成 x--或--x；

%为模运算，即相除求余数运算，如 9%5 结果为 4；

^为乘幂运算，如 2^3 表示 2 的 3 次方（2^3），2^2 表示 2 的平方（2^2）。

2．关系运算符

单片机 C 语言的关系运算符见表 1-6。<、>、<=和>=运算优先级高且相同，==、!=运算优先级低且相同，如"a>b!=c"相当于"(a>b)!=c"。

表 1-6　单片机 C 语言的关系运算符

关系运算符	含　义	关系运算符	含　义
<	小于	>=	大于等于
>	大于	==	等于
<=	小于等于	!=	不等于

用关系运算符将两个表达式（可以是算术表达式、关系表达式、逻辑表达式或字符表达式）连接起来的式子称为关系表达式，关系表达式的运算结果为一个逻辑值，即真（1）或假（0）。

例如，a=4、b=3、c=1，则

a>b 的结果为真，表达式值为 1；

b+c<a 的结果为假，表达式值为 0；

(a>b)==c 的结果为真，表达式值为 1，因为 a>b 的值为 1，c 值也为 1；

d=a>b，d 的值为 1；

f=a>b>c，由于关系运算符的结合性为左结合，a>b 的值为 1，而 1>c 的值为 0，所以 f 值为 0。

3．逻辑运算符

单片机 C 语言的逻辑运算符见表 1-7。&&、||为双目运算符，要求有两个运算对象，!为单目运算符，只要求有一个运算对象。&&、||运算优先级低且相同，!运算优先级高。

表 1-7　单片机 C 语言的逻辑运算符

逻辑运算符	含　义
&&	与（AND）
||	或（OR）
!	非（NOT）

与关系表达式一样，逻辑表达式的运算结果也为一个逻辑值，即真（1）或假（0）。

例如，a=4，b=5，则

!a 的结果为假，因为 a=4 为真（a 值非 0 即为真），!a 为假（0）；

a||b 的结果为真（1）；

!a&&b 的结果为假（0），因为!的优先级高于&&，故先运算!a 的结果为 0，而 0&&b 的结果也为 0。

在进行算术、关系、逻辑和赋值混合运算时，其优先级从高到低依次为：!（非）→算术运算符→关系运算符→&&和||→=（赋值运算符）。

4. 位运算符

单片机 C 语言的位运算符见表 1-8。位运算的对象必须是位型、整型或字符型数，不能为浮点型数。

表 1-8 单片机 C 语言的位运算符

位 运 算 符	含 义	位 运 算 符	含 义
&	位与	^	位异或 （各位相异或，相同为 0，相异为 1）
|	位或	<<	位左移 （各位都左移，高位丢弃，低位补 0）
~	位非	>>	位右移 （各位都右移，低位丢弃，高位补 0）

位运算举例见表 1-9。

表 1-9 位运算举例

位 与 运 算	位 或 运 算	位 非 运 算	位异或运算	位 左 移	位 右 移
00011001 & 01001101 = 00001001	00011001 | 01001101 = 01011101	~ 00011001 = 11100110	00011001 ^ 01001101 = 01010100	00011001<<1 所有位均左移 1 位， 高位丢弃，低位补 0， 结果为 00110010	00011001>>2 所有位均右移 2 位， 低位丢弃，高位补 0， 结果为 00000110

5. 复合赋值运算符

复合赋值运算符就是在赋值运算符"="前面加上其他运算符，单片机 C 语言常用的复合赋值运算符见表 1-10。

表 1-10 单片机 C 语言常用的复合赋值运算符

运 算 符	含 义	运 算 符	含 义
+=	加法赋值	<<=	位左移赋值
-=	减法赋值	>>=	位右移赋值
*=	乘法赋值	&=	逻辑与赋值
/=	除法赋值	|=	逻辑或赋值
%=	取模赋值	^=	逻辑异或赋值

复合赋值运算中变量与表达式先按运算符运算，再将运算结果值赋给参与运算的变量。凡是双目运算（两个对象参与运算），都可以采用复合赋值运算符去简化表达。

复合赋值运算的一般形式为

变量 复合赋值运算符 表达式

例如，a+=28 相当于 a=a+28。

1.4.4　关键字

在单片机 C 语言中，会使用一些具有特定含义的字符串，称为"关键字"。这些关键字已被软件使用，编程时不能将其定义为常量、变量和函数的名称。单片机 C 语言关键字分为两大类：由 ANSI（美国国家标准学会）标准定义的关键字和 Keil 单片机 C 语言编译器扩充的关键字。

由 ANSI 标准定义的关键字有 char、double、enum、float、int、long、short、signed、struct、union、unsigned、void、break、case、continue、default、do、else、for、goto、if、return、switch、while、auto、extern、register、static、const、sizeof、typedef、volatile 等。这些关键字可分为以下几类。

（1）数据类型关键字：用来定义变量、函数或其他数据结构的类型，如 unsigned char、int 等。

（2）控制语句关键字：在程序中起控制作用的语句，如 while、for、if、case 等。

（3）预处理关键字：表示预处理命令的关键字，如 define、include 等。

（4）存储类型关键字：表示存储类型的关键字，如 static、auto、extern 等。

（5）其他关键字：如 const、sizeof 等。

1.4.5　数组

数组也常称作表格，是指具有相同数据类型的数据集合。在定义数组时，程序会将一段连续的存储单元分配给数组，存储单元的最低地址存放数组的第一个元素，最高地址存放数组的最后一个元素。

根据维数不同，数组可分为一维数组、二维数组和多维数组；根据数据类型不同，数组可分为字符型数组、整型数组、浮点型数组和指针型数组。在用单片机 C 语言编程时，最常用的是字符型一维数组和整型一维数组。

1. 一维数组

1）数组定义

一维数组的一般定义形式如下。

```
类型说明符 数组名[下标]
```

方括号（又称中括号）中的下标也称常量表达式，表示数组中的元素个数。

一维数组定义举例如下。

```
unsigned int a[5];
```

以上定义了一个无符号整型数组，数组名为 a，数组中存放 5 个元素，元素类型均为整型，由于每个整型数据占 2 字节，故该数组占用了 10 字节的存储空间，该数组中的第 1~5 个元素分别用 a[0]~a[4]表示。

2）数组赋值

在定义数组时，也可同时指定数组中的各个元素（即数组赋值），比如：

```
unsigned int a[5]={2,16,8,0,512};
unsigned int b[8]={2,16,8,0,512};
```

在数组 a 中，a[0]=2，a[4]=512；在数组 b 中，b[0]=2，b[4]=512，b[5]~b[7]均未赋值，全部自动填 0。

在定义数组时，要注意以下几点。

（1）数组名应与变量名一样，必须遵循标识符命名规则，在同一个程序中，数组名不能与变量名相同。

（2）数组中的每个元素的数据类型必须相同，并且与数组类型一致。

（3）数组名后面的下标表示数组的元素个数（又称数组长度），必须用方括号括起来，下标是一个整型值，可以是常数或符号常量，不能包含变量。

2．二维数组

1）数组定义

二维数组的一般定义形式如下。

```
类型说明符 数组名[下标 1] [下标 2]
```

下标 1 表示行数，下标 2 表示列数。

二维数组定义举例如下。

```
unsigned int a[2] [3];
```

以上定义了一个无符号整型二维数组，数组名为 a，数组为 2 行 3 列，共 6 个元素，这 6 个元素依次用 a[0] [0]、a[0] [1]、a[0] [2]、a[1] [0]、a[1] [1]、a[1] [2]表示。

2）数组赋值

二维数组赋值有以下两种方法。

（1）按存储顺序赋值。例如：

```
unsigned int a[2] [3]={1,16,3,0,28,255};
```

（2）按行分段赋值。例如：

```
unsigned int a[2] [3]={{1,16,3},{0,28,255}};
```

3．字符型数组

字符型数组用来存储字符型数据。字符型数组可以在定义时进行初始化赋值。例如：

```
char c[4]={ 'A', 'B', 'C', 'D'};
```

以上定义了一个字符型数组，数组名为 c，数组中存放 4 个字符型元素（占用 4 字节的存储空间），分别是 A、B、C、D（实际上存放的是这 4 个字母的 ASCII 码，即 0x41、0x42、0x43、0x44）。如果对全体元素赋值，数组的长度（下标）也可省略，即上述数组定义也可写成：

```
char c[]={ 'A', 'B', 'C', 'D'};
```

如果要在字符型数组中存放一个字符串"good"，可采用以下 3 种方法。

```
char c[]={ 'g', 'o', 'o', 'd', '\0'};      // "\0" 为字符串的结束符
char c[]={"good"};      //使用双引号时，编译器会自动在后面加结束符'\0'，故数组长度应较字符数多一个
char c[]="good";
```

当定义二维字符数组存放多个字符串时，二维字符数组的下标 1 为字符串的个数，下标 2 为每个字符串的长度，下标 1 可以不写，下标 2 则必须写，并且其值应较最长字符串的字符数（空格也算一个字符）至少多出一个。例如：

```
char c[][20]={{"How old are you?",\n}, {"I am 18 years old.",\n},{"and you?" }};
```

例中 "\n" 是一种转义符号，其含义是换行，将当前位置移到下一行开头。

1.4.6　指针

当程序定义了一个变量时，系统会根据变量的类型分配一定的存储空间，比如，为 int 型（整型）变量分配 2 字节的内存单元，为 char 型（字符型）变量分配 1 字节的内存单元。变量存放的地址称为变量的指针，有一种变量专门用来存放其他变量的地址（指针），这种变量称为指向变量的指针变量，简称指针变量，指针变量的值就是指针（地址）。

1. 指针变量的定义

C 语言要求所有的变量在使用前必须定义，以确定其类型。指针变量定义的一般形式为：

```
类型标识符　*指针变量名;
```

例如：

```
int *ap; //定义 ap 是指向整型变量的指针变量，ap 为变量名，ap 前的*用于指示 ap 为指针变量
char *bp; //定义 bp 是指向字符型变量的指针变量
```

2. 指针变量的引用

指针变量有 "&" 和 "*" 两个有关的运算符，&为取地址运算符，*为指针运算符或间接访问运算符，&a 表示取变量 a 的地址，*a 表示将变量 a 的值作为地址，取该地址单元的值。下面通过表 1-11 中的程序来说明 "&" 和 "*" 运算符的使用。

表 1-11　"&" 和 "*" 运算符的使用程序及说明

程　　序	说　　明
int a，b，c，d;	//定义 4 个整型变量 a、b、c、d
int *ap;	//定义指向整型变量的指针变量 ap
a=33;	//给变量 a 赋值 33
ap=&a;	//将变量 a 的地址赋给 ap
b=*ap;	//将变量 ap 中的值作为地址，并把该地址（变量 a 的地址）所指存储单元的值赋给变量 b，b=a=33
c=&*ap;	//*ap 与变量 a 等同，&*ap 相当于&a，即将变量 a 的地址赋给变量 c
d=*&a;	//&a 为变量 a 的地址，*&a 表示取变量 a 的值，即 d=a

1.4.7 结构体

将多个不同类型的变量组合在一起构成的组合型变量称为结构体变量，简称结构体（又称结构），而数组则是由多个相同类型的变量构成的组合型变量。

1. 结构体类型和变量的定义

结构体类型和变量的定义使用关键字"struct"，定义的方法有 3 种，见表 1-12，"struct student"为结构体类型，zhangsan 和 lisi 为具有 struct student 类型的结构体变量，即 zhangsan 和 lisi 结构体变量中都包含 int num、char sex、float score 三个成员。

表 1-12　结构体类型和变量的定义

定 义 方 法	举　　例

① 先定义结构体的类型，再定义该结构体的变量名。
struct 结构体名{
　类型标识符 成员名 1；
　类型标识符 成员名 2；
　…；
};
结构体名 变量名 1，变量名 2，…；
	struct student{
	　int num; //编号
	　char sex; //性别
	　float score; //成绩
	};
	student zhangsan，lisi；

② 同时定义结构体类型和变量。
struct 结构体名{
　类型标识符 成员名 1；
　类型标识符 成员名 2；
　…；
}变量名 1，变量名 2，…；
	struct student{
	　int num; //编号
	　char sex; //性别
	　float score; //成绩
	} zhangsan，lisi；

③ 直接定义结构体类型变量。
struct {
　类型标识符 成员名 1；
　类型标识符 成员名 2；
　…；
}变量名 1，变量名 2，…；
	struct {
	　int num; //编号
	　char sex; //性别
	　float score; //成绩
	} zhangsan，lisi；

结构体中的成员类型除可以是 int、char 等外，也可以是结构体类型。在图 1-16 左边的程序中，struct data 结构体类型含有 int month、int day、int year 三个成员，struct student 结构体类型含有 struct data 结构体类型的成员 birthday，这段程序相当于生成一个图 1-16 中右图所示的表格。

2. 结构体变量的引用

结构体类型用于定义结构体的成员，结构体变量用于存放结构体类型定义的成员的值。结构体变量可以赋值和运算。结构体变量引用要点及说明见表 1-13。

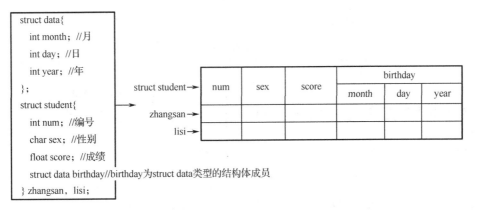

图 1-16　结构体类型中可以包含结构体类型的成员

表 1-13　结构体变量引用要点及说明

引　用　要　点	举　例　说　明
① 结构体变量只能对结构体变量中的各个成员进行赋值、存取和运算，不可作为一个整体操作。结构体变量引用的方式为： 　　　　结构体变量名.成员名	data.year=2020；/*将结构体变量 data 的成员 year 赋值 2020 */
② 如果结构体变量中的成员又属于结构体类型，则需要一级级找到最低一级成员，只能对最低级的成员进行赋值、存取和运算。"."是成员运算符，在所有运算符中级别最高。"->"符号与"."等同，在多级引用时，最后一级用".",高的级别可用"->"或"."	student.num=01；/*将结构体变量 student 的成员 num 赋值 01*/ student.birthday.month=12；/*将结构体变量 student 中的结构体变量 birthday 的成员 month 赋值 12 */
③ 结构体变量的成员可以像普通变量一样进行各种运算	zhangsan.score= lisi.score； sum= zhangsan.score+ lisi.score；

3. 结构体变量的初始化

结构体变量可以与其他类型变量一样赋初值。例如：

```
struct student{
    int num；//编号
    char sex；//性别
    float score；//成绩
} zhangsan={01,'M',92.5}；   /*让 num=01，sex 为 M，score=92.5 */
```

1.4.8　枚举

如果一个变量只有有限的几个值，可将这些值一一列举出来，在编程时该变量的值在这些值之间选择，这样就不会发生错误。枚举用于实现这种功能。

1. 枚举的定义

枚举的定义与结构体的定义一样，可采用 3 种方式，具体见表 1-14。用关键字 enum 声明了一个名为 week 的枚举类型，该枚举类型包含 7 个常量，wk1、wk2 是两个枚举变量，只能取 week 中的某个常量值。

表 1-14 枚举的 3 种定义方式

定 义 方 式	举 例
定义方式 1: enum 枚举名 {枚举常量 1,枚举常量 2,…}枚举变量名;	enum week {Sun,Mon,Tue,Wed, Thu,Fri,Sat}wk1,wk2;
定义方式 2: enum 枚举名 {枚举常量 1,枚举常量 2,…}; enum 枚举名 枚举变量名;	enum week {Sun,Mon,Tue,Wed,Thu,Fri,Sat}; enum week wk1,wk2;
定义方式 3: enum {枚举常量 1,枚举常量 2,…}枚举变量名;	enum {Sun,Mon,Tue,Wed, Thu,Fri,Sat}wk1,wk2;

2. 枚举变量的取值

枚举类型中的枚举常量为整数型常量,在没有指明枚举常量的值时,其值为顺序号;枚举变量只能取枚举类型中某个枚举常量值。以表 1-14 为例,若 wk1=Sun,wk2=Wed,则 wk1=0,wk2=3。

枚举常量可以在定义枚举类型时赋值。例如,若 "enum week {Sun=7,Mon=1,Tue,Wed=3,Thu,Fri,Sat}wk1,wk2;",则 Sun、Mon、Tue、Wed、Thu、Fri、Sat 的值分别是 7、1、2、3、4、5、6。

不能直接将一个整数值赋给枚举变量,只能将枚举常量赋给枚举变量。例如,"wk1=2" 是错误的,而 "wk1=(enum week)2" 是正确的。

1.4.9 循环语句(while、do…while、for 语句)

在编程时,如果需要某段程序反复执行,可使用循环语句。单片机 C 语言的循环语句主要有 3 种:while 语句、do…while 语句和 for 语句。

1. while 语句

while 语句格式为 "while(表达式){语句组;}",编程时为了书写、阅读方便,一般按以下方式编写。

```
while(表达式)
{
语句组;
}
```

执行 while 语句时,先判断表达式是否为真(非 0 即为真)或表达式是否成立。若为真或表达式成立,则执行大括号(也称花括号)内的语句组(也称循环体);否则,不执行大括号内的语句组,直接跳出 while 语句,执行大括号之后的内容。

在使用 while 语句时,要注意以下几点。

(1)当 while 语句的大括号内只有一条语句时,可以省略大括号,但使用大括号可使程序更安全、可靠。

(2)若 while 语句的大括号内无任何语句(空语句),应在大括号内写上分号 ";",即

"while(表达式){；}"，简写就是 "while(表达式);"。

（3）如果 while 语句的表达式是递增或递减表达式，则 while 语句每执行一次，表达式的值就增 1 或减 1。例如，"while(i++){语句组;}"。

（4）如果希望某语句组无限循环执行，可使用 "while(1){语句组;}"。如果希望程序停在某处等待，待条件（即表达式）满足时往下执行，可使用 "while(表达式);"。如果希望程序始终停在某处不往下执行，则可使用 "while(1);"，即让 while 语句无限执行一条空语句。

2．do…while 语句

do…while 语句格式如下。

```
do
{
语句组;
}
while(表达式)
```

执行 do…while 语句时，先执行大括号内的语句组（也称循环体），然后用 while 判断表达式是否为真（非 0 即为真）或表达式是否成立。若为真或表达式成立，则执行大括号内的语句组，直到 while 表达式为 0 或不成立，直接跳出 do…while 语句，执行之后的内容。

do…while 语句是先执行一次循环体，再判断表达式的真假以确定是否再次执行循环体；而 while 语句是先判断表达式的真假，以确定是否执行循环体。

3．for 语句

for 语句格式如下。

```
for(初始化表达式; 条件表达式; 增量表达式)
{
语句组;
}
```

执行 for 语句时，先用初始化表达式（如 i=0）给变量赋初值，然后判断条件表达式（如 i<8）是否成立，不成立则跳出 for 语句，成立则执行大括号内的语句组。执行完语句组后再执行增量表达式（如 i++），接着再次判断条件表达式是否成立，以确定是否再次执行大括号内的语句组，直到条件表达式不成立才跳出 for 语句。

1.4.10　选择语句（if、switch…case 语句）

单片机 C 语言常用的选择语句有 if 语句和 switch…case 语句。

1．if 语句

if 语句有 3 种形式：基本 if 语句、if…else…语句和 if…else if…语句。

1）基本 if 语句

基本 if 语句格式如下。

```
if(表达式)
{
语句组;
}
```

执行 if 语句时，首先判断表达式是否为真（非 0 即为真）或表达式是否成立。若为真或表达式成立，则执行大括号内的语句组（执行完后跳出 if 语句）；否则，不执行大括号内的语句组，直接跳出 if 语句，执行大括号之后的内容。

2）if…else…语句

if…else…语句格式如下。

```
if(表达式)
{
语句组 1;
}
else
{
语句组 2;
}
```

执行 if…else…语句时，首先判断表达式是否为真（非 0 即为真）或表达式是否成立。若为真或表达式成立，则执行语句组 1，否则执行语句组 2，执行完语句组 1 或语句组 2 后跳出 if…else…语句。

3）if…else if…语句（多条件分支语句）

if…else if…语句格式如下。

```
if(表达式 1)
{
语句组 1;
}
else if(表达式 2)
{
语句组 2;
}
…
else if(表达式 n)
{
语句组 n;
}
```

执行 if…else if…语句时，首先判断表达式 1 是否为真（非 0 即为真）或表达式是否成立，为真或表达式成立则执行语句组 1；然后判断表达式 2 是否为真或表达式是否成立，为真或表达式 2 成立则执行语句组 2……最后判断表达式 n 是否为真或表达式是否成立，为真或表达式 n 成立则执行语句组 n。如果所有的表达式都不成立或为假，则跳出 if…else if…语句。

2．switch…case 语句

switch…case 语句格式如下。

```
switch (表达式)
{
case 常量表达式 1; 语句组 1; break;
case 常量表达式 2; 语句组 2; break;
…
case 常量表达式 n; 语句组 n; break;
default:语句组 n+1;
}
```

执行 switch…case 语句时，首先计算表达式的值，然后按顺序逐个与各 case 后面的常量表达式的值进行比较，当与某个常量表达式的值相等时，则执行该常量表达式后面的语句组，再执行 break 而跳出 switch…case 语句。如果表达式与所有 case 后面的常量表达式的值都不相等，则执行 default 后面的语句组，并跳出 switch…case 语句。

第 2 章

STM32 单片机的硬件系统

2.1　单片机的内部结构与最小系统电路

STM32 单片机型号众多，引脚数从 36 个到 256 个不等，内置闪存容量为 16～2048KB，内核可采用 Cortex-M0～Cortex-M7。一般来说，STM32 单片机的内核越先进，其功能越多，性能越强。采用相同内核时，闪存容量大、引脚数量多的，功能更多。由于功能多、性能强大的单片机往往价格也高，市场应用最广泛的往往是性价比高的产品。本书主要介绍应用广泛的 STM32F103ZET6 单片机，由于 STM32 单片机内核大同小异，掌握了该型号单片机，则很容易了解更高端的 STM32 单片机。

2.1.1　单片机的引脚功能与最小系统电路

STM32F103ZET6 单片机采用 ARM Cortex-M3 内核，存储器容量为 512KB Flash 和 64KB SRAM，有 144 个引脚，其中 112 个 IO 引脚（PA0～PA15、PB0～PB15、PC0～PC15、PD0～PD15、PE0～PE15、PF0～PF15、PG0～PG15），其他为电源、复位、时钟、启动方式、后备供电和参考电压引脚。每个 IO 引脚都具有两个或两个以上的复用功能，除具有模拟功能（ADC、DAC）的引脚外，其他 IO 引脚最高都可以承受 5V 电压。

图 2-1 是 STM32F103ZET6 单片机的引脚功能与最小系统电路，在单片机的每个引脚旁都标注了功能。该单片机最小系统电路由电源电路、时钟电路、复位电路、启动方式设置电路、下载调试电路、后备电池供电电路和参考电压（Vref）电路组成。

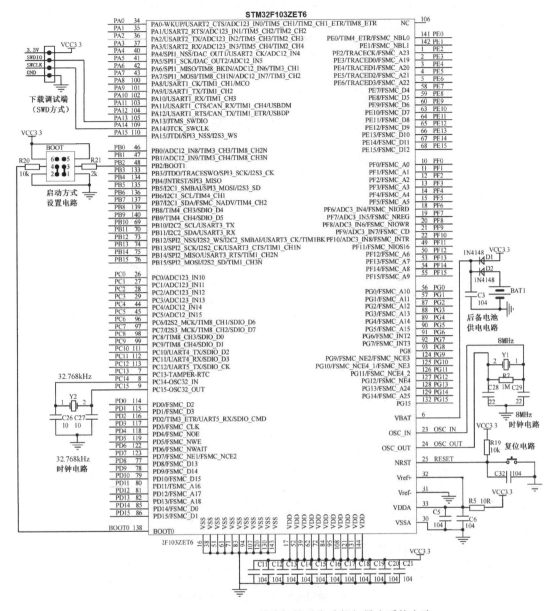

图 2-1　STM32F103ZET6 单片机的引脚功能与最小系统电路

2.1.2　单片机的内部结构

图 2-2 是 STM32F103 单片机的内部结构图，初学者只需大致了解一下即可，图中的内容在后续章节会有详细介绍，在后面学习时可查看本图的相关内容，现在不理解不影响后面的学习。

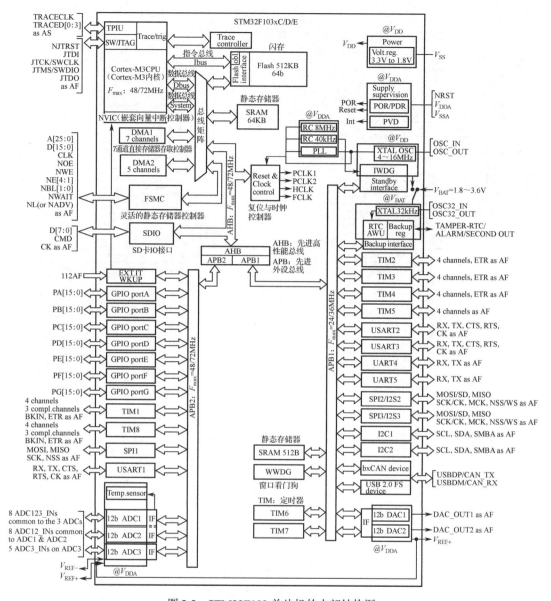

图 2-2　STM32F103 单片机的内部结构图

2.2　存储器的地址分配（映射）

STM32 单片机的存储器由程序存储器、数据存储器和寄存器组成，为了能访问这些存储器，需要给它们分配地址，该过程又称存储器映射。

2.2.1　存储器的划分与地址分配

存储器通常以 1 字节（Byte，简写为 B）为一个存储单元，1 字节由 8 位（bit，简写为

b）组成。STM32 单片机可管理 4GB 的存储空间，其地址编号采用 8 位十六进制数，地址编号范围为 0x0000 0000～0xFFFF FFFF，第 1 个字节单元的地址为 0x0000 0000，第 2 个字节单元的地址为 0x0000 0001。

　　为了方便管理与使用，STM32 单片机将 4GB 空间均分成 8 个块（block0～block7），每个块为 512MB，用作不同的功能，如图 2-3 所示，比如 0x4000 0000～0x5FFF FFFF 范围的地址分配给片上外设的存储器，其中 0x4001 0800～0x4001 0BFF 共 1024 个地址分配给单片机 Port A 端口（GPIOA 端口，PA0～PA15）的寄存器。

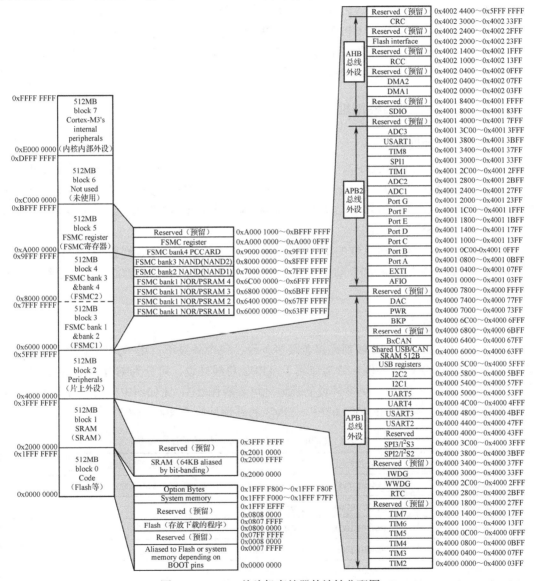

图 2-3　STM32 单片机存储器的地址分配图

2.2.2　寄存器的命名

STM32 单片机内部有大量的片上外设，这些外设都配置了一些寄存器，用户通过编写程序读/写这些寄存器来操作这些外设。

寄存器是具有特定功能的存储器，与其他类型的存储器一样，寄存器也分配有地址，利用地址可以访问寄存器。STM32 单片机寄存器的地址编号由 8 位十六进制数组成。由于单片机内部有大量的外设，每个外设有不少特定功能的寄存器，若采用普通方法访问某个寄存器，一要知道其功能，二要知道其地址编号，这样很不方便。给寄存器取别名来代替地址编号可以很好地解决这个问题。

寄存器的名称尽量能反映其功能且容易记忆。比如，地址为 0x4001 0C10 的寄存器，其功能是对单片机 GPIOB 端口（PB0～PB15）进行置位（置 1）或复位（清 0），该寄存器默认的名称为 GPIOB_BSRR，"GPIOB"表示 GPIOB 端口，"_"左边为寄存器所属的外设名称，右边为寄存器功能的英文头字母，BSRR 意为"B——bit（位）、S——Set（置位）、R——Reset（复位）、R——Register（寄存器）"。

2.2.3 基地址与偏移地址

1. 总线的基地址

片上外设通过 APB1、APB2、AHB 总线与 Cortex-M3 内核连接，APB1 总线挂载低速外设（其寄存器地址为 0x4000 0000～0x4000 77FF），APB2 总线挂载高速外设（其寄存器地址为 0x4001 0000～0x4001 3FFF），AHB 总线挂载高速外设（其寄存器地址为 0x4001 8000～0x4002 33FF），如图 2-3 所示。

总线的起始地址称为该总线的基地址，APB1 总线的基地址（也即整个 512MB block 2 片上外设的基地址）为 0x4000 0000，APB2 总线的基地址为 0x4001 0000，AHB 总线的基地址为 0x4001 8000。

2. 外设的基地址

APB1、APB2、AHB 总线都连接着很多外设，每个外设都占用一定的存储空间，也都有基地址。以 GPIO 端口为例，该端口属于 APB2 总线外设，可分为 GPIOA～GPIOG 共 7 个外设，其基地址见表 2-1。更多外设的基地址可查看图 2-3，比如图中标出定时器 TIM3 的地址范围为 0x4000 0400～0x4000 07FF，TIM3 的基地址为 0x4000 0400。

表 2-1　GPIOA～GPIOG 外设的基地址

外 设 名 称	外设基地址	相对于 APB2 总线基地址的偏移
GPIOA	0x4001 0800	0x0000 0800（APB2 基地址为 0x4001 0000）
GPIOB	0x4001 0C00	0x0000 0C00
GPIOC	0x4001 1000	0x0000 1000
GPIOD	0x4001 1400	0x0000 1400
GPIOE	0x4001 1800	0x0000 1800
GPIOF	0x4001 1C00	0x0000 1C00
GPIOG	0x4001 2000	0x0000 2000

3. 寄存器的地址

各个外设都配有寄存器,这些寄存器的地址在该外设的地址范围内,其地址一般采用"外设基地址+偏移地址"的方式给出。以 GPIOB 端口为例,该端口有 7 个寄存器,GPIOB 端口的基地址为 0x4001 0C00,其各个寄存器的地址见表 2-2,这些寄存器为 32 位的,占用 4 个字节单元,以最低字节单元的地址作为寄存器的地址。

对于同类型外设的寄存器,采用"外设基地址+偏移地址"的方式表示非常方便。GPIOA 端口的基地址是 0x4001 0800,其置位/复位寄存器 GPIOA_BSRR 的地址为 "0x4001 0800+0x10",即该寄存器的地址为 0x4001 0810。

表 2-2 GPIOB 端口各个寄存器的地址

寄存器名称	GPIOB 的基地址	偏 移 地 址	寄存器地址
GPIOB_CRL		0x00	0x4001 0C00
GPIOB_CRH		0x04	0x4001 0C04
GPIOB_IDR		0x08	0x4001 0C08
GPIOB_ODR	0x4001 0C00	0x0C	0x4001 0C0C
GPIOB_BSRR		0x10	0x4001 0C10
GPIOB_BRR		0x14	0x4001 0C14
GPIOB_LCKR		0x18	0x4001 0C18

2.3 GPIO 端口电路

STM32 单片机有很多 GPIO 端口,这些端口的电路可以设置成输入模式,接受外部信号的输入,也可以设置成输出模式,将内部的信号输出。配置和访问 GPIO 端口可通过操作与其相关的寄存器来实现。

2.3.1 GPIO 端口的基本电路结构

STM32F103ZET6 单片机有 GPIOA~GPIOG 7 组端口,每组有 16 个端口(GPIOx0~GPIOx15,x 为 A,B,…,G),这些端口的基本电路结构相同。

图 2-4 是某个 GPIO 端口的基本电路结构,VD1、VD2 为保护二极管,可将 GPIO 引脚电压限制在 V_{DD}~V_{SS} 范围内,防止电压过高或过低。当 A 点电压(即 GPIO 引脚电压)高于 V_{DD} 时,VD1 导通,A 点电压被钳位在 V_{DD} 电压上;当 A 点电压低于 V_{SS} 时,VD2 导通,A 点电压被钳位在 V_{SS} 电压上。

2.3.2 输入模式的电路说明

GPIO 端口有 4 种输入模式:浮空输入、上拉输入、下拉输入和模拟输入。

(1)在浮空输入模式时,开关 S1、S2 均断开,上拉和下接电阻均不起作用,输出驱动器关闭。输入信号途径为:GPIO 引脚→A 点→B 点→C 点→施密特触发器→D 点→存放到输入数据寄存器的某个位，从该位读取的值即为 GPIO 引脚输入值。

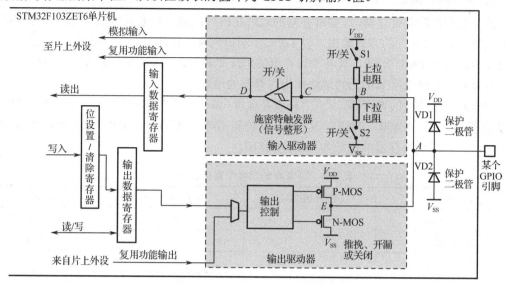

图 2-4　某个 GPIO 端口的基本电路结构

（2）在上拉输入模式时，开关 S1 闭合、S2 断开，输出驱动器关闭，输入信号的途径与浮空输入模式相同，在 GPIO 引脚浮空时，该脚电压会被上拉电阻上拉到 V_{DD}（高电平）。

（3）在输入下拉模式时，开关 S1 断开、S2 闭合，输出驱动器关闭，输入信号的途径与浮空输入模式相同，在 GPIO 引脚浮空时，该脚电压会被下拉电阻下拉到 V_{SS}（低电平）。

（4）在模拟输入模式时，开关 S1、S2 均断开，输出驱动器关闭。模拟输入信号途径为：GPIO 引脚→A 点→B 点→C 点→去片上外设的 ADC（模数转换器），此模式下施密特触发器关闭，信号不会送到输入数据寄存器。

2.3.3　输出模式的电路说明

GPIO 端口有 4 种输出模式：通用推挽输出、通用开漏输出、复用功能推挽输出和复用功能开漏输出。

（1）在通用推挽输出模式时，输出驱动器的 P-MOS 管（1 表示通，0 表示关）和 N-MOS 管（0 表示通，1 表示关）轮流工作，开关 S1、S2 均断开，施密特触发器打开。输出信号途径为：输出数据寄存器某个位值（1 或 0）→输出驱动器→E 点→A 点→分两路，一路到 GPIO 引脚，另一路经 B、C 点→施密特触发器→D 点→存放到输入数据寄存器的某个位，从该位可读取 GPIO 引脚的值（IO 引脚的状态）。

（2）在通用开漏输出模式时，输出驱动器的 P-MOS 管关断，仅 N-MOS 管工作，开关 S1、S2 均断开，施密特触发器打开。输出信号的途径与通用推挽输出模式相同。

（3）在复用功能推挽输出模式时，输出驱动器的 P-MOS 管和 N-MOS 管轮流工作，开关 S1、S2 均断开，施密特触发器打开。输出信号途径为：某个片上外设的位值（1 或 0）→输出驱动器→E 点→A 点→分两路，一路到 GPIO 引脚，另一路经 B、C 点→施密特触发器→D 点→分作两路，一路存放到输入数据寄存器的某个位，另一路去其他片上外设作为复用功能输入。

（4）在复用功能开漏输出模式时，输出驱动器的 P-MOS 管关断，仅 N-MOS 管工作，开关 S1、S2 均断开，施密特触发器打开。输出信号的途径与复用功能推挽输出模式相同。

2.4　GPIO 端口寄存器

2.4.1　端口配置低 8 位寄存器（GPIOx_CRL，x=A～G）

GPIOx_CRL 寄存器的功能是配置 GPIOx 低 8 位端口（Px7～Px0）的工作模式和最大输出速度，x 可为 A、B、C、D、E、F、G。GPIOx_CRL 寄存器的偏移地址为 0x00（GPIOx 端口的基地址+寄存器的偏移地址＝寄存器的地址），复位值为 0x4444 4444。

GPIOx_CRL 寄存器有 32 位，各位功能说明如图 2-5 所示。以 GPIOB 的 PB2 端口为例，该端口的配置寄存器为 GPIOB_CRL，其地址为 0x4001 0C00（即 GPIOB 端口的基地址 0x4001 0C00+寄存器的偏移地址 0x00）。如果要配置 PB2 端口为 2MHz 的通用开漏输出模式，可将 GPIOB_CRL 寄存器的 PB2 端口配置位 CNF2[1:0]（即 11、10 位）的值设为 01，将 PB2 端口的模式位 MODE2[1:0]（即 9、8 位）的值设为 01。

GPIOx_CRL（GPIOx 低 8 位端口配置寄存器）：偏移地址为 0x00，复位值为 0x4444 4444

31	30	29	28	27	26	25	24	23	22	21	20	19	18	17	16
CNF7[1:0]		MODE7[1:0]		CNF6[1:0]		MODE6[1:0]		CNF5[1:0]		MODE5[1:0]		CNF4[1:0]		MODE4[1:0]	
rw	rw	rw	rw	rw	rw	rw	rw	rw	rw	rw	rw	rw	rw	rw	rw

（可读写）

15	14	13	12	11	10	9	8	7	6	5	4	3	2	1	0
CNF3[1:0]		MODE3[1:0]		CNF2[1:0]		MODE2[1:0]		CNF1[1:0]		MODE1[1:0]		CNF0[1:0]		MODE0[1:0]	
rw	rw	rw	rw	rw	rw	rw	rw	rw	rw	rw	rw	rw	rw	rw	rw

配 置 模 式		CNFy[1:0]（y=7～0）	MODEy[1:0]（y=7～0）
通用输出	推挽（Push-Pull）	00	01：输出模式，最大速度10MHz 10：输出模式，最大速度2MHz 11：输出模式，最大速度50MHz
	开漏（Open-Drain）	01	
复用功能输出	推挽（Push-Pull）	10	
	开漏（Open-Drain）	11	
输入	模拟输入	00	00：输入模式（复位后的状态）
	浮空输入	01	
	下拉输入	10	
	上拉输入		

图 2-5　GPIOx_CRL 寄存器说明

GPIOx_CRL 寄存器的复位值为 0x4444 4444，即端口复位后其配置位 CNFy[1:0]的值为 01，模式位 MODEy[1:0]的值为 00，端口的工作模式为浮空输入。

2.4.2　端口配置高 8 位寄存器（GPIOx_CRH，x=A～G）

GPIOx_CRH 寄存器的功能是配置 GPIOx 高 8 位端口（Px15～Px8）的工作模式和最大输出速度，x 可为 A、B、C、D、E、F、G。GPIOx_CRH 寄存器的偏移地址为 0x04，复位值为 0x4444 4444。

GPIOx_CRH 寄存器的端口配置位 CNFy[1:0]和模式位 MODEy[1:0]与 GPIOx_CRL 寄存器功能相同，具体如图 2-6 所示。

GPIOx_CRH（GPIOx高8位端口配置寄存器）：偏移地址为0x04，复位值为0x4444 4444

31	30	29	28	27	26	25	24	23	22	21	20	19	18	17	16
CNF15[1:0]		MODE15[1:0]		CNF14[1:0]		MODE14[1:0]		CNF13[1:0]		MODE13[1:0]		CNF12[1:0]		MODE12[1:0]	
rw	rw	rw	rw	rw	rw	rw	rw	rw	rw	rw	rw	rw	rw	rw	rw

（可读写）

15	14	13	12	11	10	9	8	7	6	5	4	3	2	1	0
CNF11[1:0]		MODE11[1:0]		CNF10[1:0]		MODE10[1:0]		CNF9[1:0]		MODE9[1:0]		CNF8[1:0]		MODE8[1:0]	
rw	rw	rw	rw	rw	rw	rw	rw	rw	rw	rw	rw	rw	rw	rw	rw

配 置 模 式		CNFy[1:0]（y=15～8)	MODEy[1:0]（y=15～8)
通用输出	推挽（Push-Pull）	00	01：输出模式，最大速度10MHz 10：输出模式，最大速度2MHz 11：输出模式，最大速度50MHz
	开漏（Open-Drain）	01	
复用功能输出	推挽（Push-Pull）	10	
	开漏（Open-Drain）	11	
输入	模拟输入	00	00：输入模式（复位后的状态）
	浮空输入	01	
	下拉输入	10	
	上拉输入	10	

图 2-6 GPIOx_CRH 寄存器说明

2.4.3 端口输入数据寄存器（GPIOx_IDR，x=A～G）

GPIOx_IDR 寄存器的功能是存放 16 个端口（Px15～Px0）输入的数据，x 可为 A、B、C、D、E、F、G。GPIOx_IDR 寄存器的偏移地址为 0x08，复位值为 0x0000 XXXX（X 值为 1 或 0，与端口当时状态一致）。

GPIOx_IDR 寄存器的高 16 位始终为 0，低 16 位分别存放 Px15～Px0 端口输入的数据，如图 2-7 所示。以 GPIOB 的 PB2 端口为例，该端口的输入数据寄存器为 GPIOB_IDR，其地址为 0x4001 0C08（即 GPIOB 端口的基地址 0x4001 0C00+寄存器的偏移地址 0x08）。如果将 PB2 引脚接 3.3V 电压（高电平），那么 GPIOB_IDR 的 IDR2 位值为 1。

GPIOx_IDR（端口输入数据寄存器）：偏移地址为0x08，复位值为0x0000 XXXX

31	30	29	28	27	26	25	24	23	22	21	20	19	18	17	16
保留，始终为0															

15	14	13	12	11	10	9	8	7	6	5	4	3	2	1	0
IDR15	IDR14	IDR13	IDR12	IDR11	IDR10	IDR9	IDR8	IDR7	IDR6	IDR5	IDR4	IDR3	IDR2	IDR1	IDR0
r（只读）	r	r	r	r	r	r	r	r	r	r	r	r	r	r	r

IDRy[15:0]：端口输入数据（y=0～15），这些位只能以字（16位）的形式读出，读出的值为对应I/O口的状态。

图 2-7 GPIOx_IDR 寄存器说明

2.4.4 端口输出数据寄存器（GPIOx_ODR，x=A～G）

GPIOx_ODR 寄存器的功能是存放 16 个端口（Px15～Px0）输出的数据，x 可为 A、B、

C、D、E、F、G。GPIOx_ODR 寄存器的偏移地址为 0x0C，复位值为 0x0000 0000。

GPIOx_ODR 寄存器的高 16 位始终为 0，低 16 位分别存放 Px15～Px0 端口的输出数据，如图 2-8 所示。以 GPIOB 的 PB2 端口为例，该端口的输出数据寄存器为 GPIOB_ODR，其地址为 0x4001 0C0C。如果已将 PB2 引脚配置成输出模式，当向 GPIOB_ODR 中写入数据 0x 0004 时，ODR2 位=1，PB2 引脚会输出高电平。

GPIOx_ODR（端口输出数据寄存器）：偏移地址为0x0C，复位值为0x0000 0000

31	30	29	28	27	26	25	24	23	22	21	20	19	18	17	16
保留，始终为0															

15	14	13	12	11	10	9	8	7	6	5	4	3	2	1	0
ODR15	ODR14	ODR13	ODR12	ODR11	ODR10	ODR9	ODR8	ODR7	ODR6	ODR5	ODR4	ODR3	ODR2	ODR1	ODR0
rw	rw	rw	rw	rw	rw	rw	rw	rw	rw	rw	rw	rw	rw	rw	rw

（可读写）

ODRy[15:0]：端口输出数据（y=0～15），这些位可读写并只能以字（16位）的形式操作。
若使用端口置位/复位寄存器GPIOx_BSRR（x=A～G），则可以分别对各个ODR位进行独立的设置/清除。

图 2-8　GPIOx_ODR 寄存器说明

2.4.5　端口置位/复位寄存器（GPIOx_BSRR，x=A～G）

GPIOx_BSRR 寄存器的功能是对 16 个端口（Px15～Px0）置位和复位，x 可为 A、B、C、D、E、F、G。GPIOx_BSRR 寄存器的偏移地址为 0x10，复位值为 0x0000 0000。

GPIOx_BSRR 寄存器的高 16 位用于对 Px15～Px0 端口复位（清 0），低 16 位用于对 Px15～Px0 端口置位（置 1），如图 2-9 所示。以 GPIOB 的 PB2 端口为例，该端口的端口置位/复位寄存器为 GPIOB_BSRR，其地址为 0x4001 0C10。当向 GPIOB_BSRR 的 BS2 位写入 1 时，端口输出数据寄存器 GPIOB_ODR 的 ODR2 位会被置 1，PB2 引脚输出高电平；当向 GPIOB_BSRR 的 BR2 位写入 1 时，GPIOB_ODR 的 ODR2 位会被复位清 0，PB2 引脚输出低电平。

GPIOx_BSRR（端口置位/复位寄存器）：偏移地址为0x10，复位值为0x0000 0000

31	30	29	28	27	26	25	24	23	22	21	20	19	18	17	16
BR15	BR14	BR13	BR12	BR11	BR10	BR9	BR8	BR7	BR6	BR5	BR4	BR3	BR2	BR1	BR0
w	w	w	w	w	w	w	w	w	w	w	w	w	w	w	w

（只写）

15	14	13	12	11	10	9	8	7	6	5	4	3	2	1	0
BS15	BS14	BS13	BS12	BS11	BS10	BS9	BS8	BS7	BS6	BS5	BS4	BS3	BS2	BS1	BS0
w	w	w	w	w	w	w	w	w	w	w	w	w	w	w	w

BRy：清除端口x的位y（y=0～15），这些位只能写入并只能以字（16位）的形式操作。
　0：对对应的ODRy位不产生影响　　1：清除对应的ODRy位为0
注：如果同时设置了BSy和BRy的对应位，则BSy位起作用。
BSy：设置端口x的位y（y=0～15），这些位只能写入并只能以字（16位）的形式操作。
　0：对对应的ODRy位不产生影响　　1：设置对应的ODRy位为1

图 2-9　GPIOx_BSRR 寄存器说明

2.4.6　端口清 0 寄存器（GPIOx_BRR，x=A～G）

GPIOx_BRR 寄存器的功能是对 16 个端口（Px15～Px0）清 0，x 可为 A、B、C、D、E、

F、G。GPIO*x*_BRR 寄存器的偏移地址为 0x14，复位值为 0x0000 0000。

GPIO*x*_BRR 寄存器的高 16 位始终为 0，低 16 位用于对 P*x*15～P*x*0 端口清 0，如图 2-10 所示。以 GPIOB 的 PB2 端口为例，该端口的端口清 0 寄存器为 GPIOB_BRR，其地址为 0x4001 0C14。当向 GPIOB_BRR 的 BR2 位写入 1 时，端口输出数据寄存器 GPIOB_ODR 的 ODR2 位会被清 0，PB2 引脚输出低电平。

GPIO*x*_BRR（端口清0寄存器）：偏移地址为0x14，复位值为0x0000 0000

31	30	29	28	27	26	25	24	23	22	21	20	19	18	17	16
保留，始终为0															

15	14	13	12	11	10	9	8	7	6	5	4	3	2	1	0
BR15	BR14	BR13	BR12	BR11	BR10	BR9	BR8	BR7	BR6	BR5	BR4	BR3	BR2	BR1	BR0
w	w	w	w	w	w	w	w	w	w	w	w	w	w	w	w

（只写）

BR*y*：清除端口*x*的位*y*（*y*=0～15），这些位只能写入并只能以字（16位）的形式操作。
　　　0：对对应的ODR*y*位不产生影响　　　1：设置对应的ODR*y*位为0

图 2-10　GPIO*x*_BRR 寄存器说明

2.4.7　端口配置锁定寄存器（GPIO*x*_LCKR，*x*=A～G）

GPIO*x*_LCKR 寄存器的功能是锁定 16 个端口（P*x*15～P*x*0）的配置，*x* 可为 A、B、C、D、E、F、G。GPIO*x*_LCKR 寄存器的偏移地址为 0x18，复位值为 0x0000 0000。

GPIO*x*_LCKR 寄存器的高 15 位（位 31～位 17）始终为 0，低 16 位（LCK15～LCK0）用于锁定端口配置寄存器 GPIO*x*_CRH、GPIO*x*_CRL 的值（1 位锁定 4 位不变），位 16(LCKK) 为锁键，如图 2-11 所示。以锁定 GPIOB 的 PB2 端口配置为例，GPIOB 的端口锁定寄存器为 GPIOB_LCKR，其地址为 0x4001 0C18。先向 GPIOB_LCKR 的 LCK2 位写入 1，然后在 LCKK 位按顺序执行写序列操作：写入 1→写入 0→写入 1→读出 0→读出 1。在执行写序列操作时，不能改变 LCK15～LCK0 的值。一旦某个 GPIO 端口配置被锁定，则只有再次复位 GPIO 端口（由复位与时钟控制器 RCC 管理）才能解锁。

GPIO*x*_LCKR（端口配置锁定寄存器）：偏移地址为0x18，复位值为0x0000 0000

31	30	29	28	27	26	25	24	23	22	21	20	19	18	17	16
保留，始终为0															LCKK
															rw

15	14	13	12	11	10	9	8	7	6	5	4	3	2	1	0
LCK15	LCK14	LCK13	LCK12	LCK11	LCK10	LCK9	LCK8	LCK7	LCK6	LCK5	LCK4	LCK3	LCK2	LCK1	LCK0
rw	rw	rw	rw	rw	rw	rw	rw	rw	rw	rw	rw	rw	rw	rw	rw

（可读写）

LCKK：锁键（Lock key），该位可随时读出，它只可通过锁键写入序列修改。
　　　0：端口配置锁键位被激活　　1：端口配置锁键位被激活，下次系统复位前GPIO*x*_LCKR寄存器被锁住
　　　锁键的写入序列：写入1→写入0→写入1→读出0→读出1，最后一个读出可省略，但可以用来确认锁键已被激活。
　　　在操作锁键的写入序列时，不能改变LCK[15:0]的值。操作锁键写入序列中的任何错误将导致不能激活锁键。
LCK*y*：端口*x*的锁位*y*（*y*=0～15），这些位可读写但只能在LCKK位为0时写入。
　　　0：不锁定端口的配置　　　1：锁定端口的配置

图 2-11　GPIO*x*_LCKR 寄存器说明

2.5　时钟系统与复位时钟控制寄存器（RCC）

时钟信号的作用是控制电路按节拍工作，时钟信号频率越高，电路工作速度越快。很多单片机只有一种时钟信号，而 STM32 单片机有多种时钟信号，并且可以通过分频或倍频来降低和提高时钟频率，从而得到更多频率的时钟信号，以满足各种不同电路的需要。

2.5.1　时钟信号的种类与分配

STM32F103 单片机时钟系统图（时钟树）如图 2-12 所示。

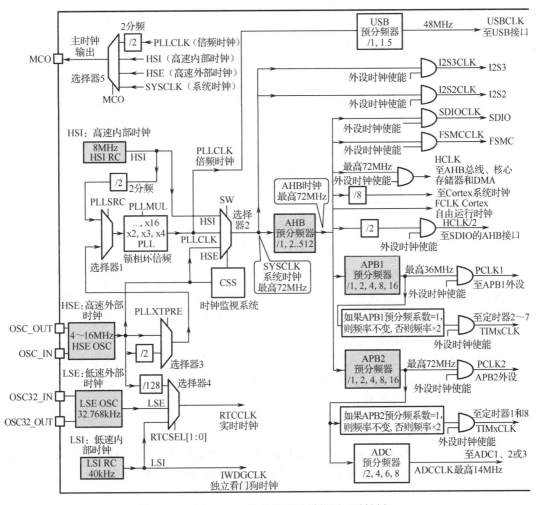

图 2-12　STM32F103 单片机时钟系统图（时钟树）

1）时钟源

STM32F103 单片机有 4 个时钟源，分别是 HSI、HSE、LSE、LSI，其他所有的时钟信号都由这 4 个时钟源信号分频或倍频而来。

HSI 为高速内部时钟，频率为 8MHz，由单片机内部的 RC 时钟电路产生，其精度不高。HSE 为高速外部时钟，频率为 4～16MHz，一般为 8MHz，由单片机 OSC_IN、OSC_OUT 引脚外接晶振与内部电路构成的时钟电路产生，其精度高。LSE 为低速外部时钟，频率为 32.768kHz，由单片机 OSC32_IN、OSC32_OUT 引脚外接晶振与内部电路构成的时钟电路产生，其精度高，可直接用作 RTCCLK（实时时钟）提供给 RTC 电路。LSI 为低速内部时钟，频率为 40Hz，由单片机内部的 RC 时钟电路产生，其精度不高，可直接用作 IWDGCLK（独立看门狗时钟）提供给 IWDG 电路，也可用作 RTCCLK 提供给 RTC 电路。

2）SYSCLK（系统时钟）的形成

SYSCLK（系统时钟）是单片机非常重要的时钟，最高频率为 72MHz，片上外设工作所需的时钟大多由该时钟分频得到。SYSCLK 时钟由 HSI 或 HSE 时钟倍频而形成。

HSI 时钟形成 SYSCLK 时钟的过程：HSI 电路产生 8MHz 的 HSI 时钟，分作两路，一路直接通过选择器 2 而成为 SYSCLK 时钟；另一路先经过 2 分频变成 4MHz，再经过选择器 2 后由锁相环倍频（倍频数可用有关寄存器设置）电路进行升频，得到 PLLCLK（倍频时钟），该时钟若被选择器 2 选择通过，则可成为 SYSCLK 时钟。

HSE 时钟形成 SYSCLK 时钟的过程：HSE 电路产生 8MHz（4～16MHz，一般为 8MHz）的 HSE 时钟，分作 4 路，第一路直接通过选择器 2 成为 SYSCLK 时钟；第二路经过选择器 3、选择器 1 后，由锁相环倍频电路进行升频，得到 PLLCLK（倍频时钟），再经选择器 2 则可成为 SYSCLK 时钟；第三路先进行 2 分频；然后按第二路相同的方式成为 SYSCLK 时钟；第四路先经 128 分频（÷128），再通过选择器 4 成为 RTCCLK，提供给 RTC 电路。

SYSCLK 时钟除会提供给 AHB 预分频器外，还可直接作为 I2S2CLK、I2S3CLK 时钟，分别提供给 I2S2、I2S3 外设。SYSCLK 时钟需要通过一个门电路才能去 I2S 外设，只有在该门电路的外设时钟使能端加使能信号时，时钟才能通过门电路。

3）AHB、APB1、APB2 时钟

SYSCLK 时钟经 AHB 预分频器分频得到 AHB 时钟（最高频率为 72MHz），提供给 SDIO、FSMC、AHB 总线、核心存储器、DMA 等。AHB 时钟经 APB1 预分频器分频后得到 APB1 时钟（最高频率为 36MHz），提供给 APB1 外设和定时器 2～7（TIM2～TIM7）。AHB 时钟经 APB2 预分频器分频后得到 APB2 时钟（最高频率为 72MHz），直接提供给 APB2 外设（如 GPIO 端口）作为时钟信号；另外，经分频器提供给定时器 TIM1 和 TIM8，还经 ADC 预分频器后提供给 ADC1～ADC3。

4）其他时钟

USB 接口所需的 USBCLK 时钟是由 PLLCLK 时钟经 USB 预分频器分频而得到的，若 PLLCLK 时钟的频率为 72MHz，USB 预分频器的分频数为/1.5，则 USBCLK 时钟的频率为 48MHz（即 72MHz÷1.5）。

STM32F103 单片机的时钟除可供给内部电路使用外，还可以向外供给其他电路使用。HSI、HSE、SYSCLK 时钟和经 2 分频的 PLLCLK 时钟送到选择器 5，选择某种时钟信号后从 MCO 端口（PA8 引脚）向外输出。

2.5.2　时钟控制寄存器（RCC_CR）

RCC_CR（时钟控制寄存器）主要用来开启（使能）和关闭时钟，并反映时钟状态，其偏移地址为 0x00，复位值为 0x000 XX83（X 表示未定义）。RCC_CR 寄存器的组成位如图 2-13 所示，各位功能说明见表 2-3。

RCC 意为复位与时钟控制（Reset & Clock Control），RCC 寄存器区的基地址为 0x4002 1000，RCC_CR 寄存器的地址为 0x4002 1000（基地址 0x4002 1000+偏移地址 0x00）。

RCC_CR（时钟控制寄存器）
①偏移地址：0x00；②复位值：0x000XX83；③访问：无等待状态，字、半字或字节访问

31	30	29	28	27	26	25	24	23	22	21	20	19	18	17	16
保留，始终读为0						PLL RDY	PLLON	保留，始终读为0				CSS ON	HSE BYP	HSE RDY	HSE ON
						r	rw					rw	rw	r	rw

15	14	13	12	11	10	9	8	7	6	5	4	3	2	1	0
HSICAL[7:0]								HSITRIM[4:0]					保留	HSI RDY	HSION
r	r	r	r	r	r	r	r	rw	rw	rw	rw	rw		r	rw

图 2-13　RCC_CR 寄存器的组成位

表 2-3　RCC_CR 寄存器各位功能说明

位 31:26	保留，始终读为 0
位 25（PLLRDY）	PLL 时钟就绪标志。PLL 锁定后由硬件置 1。0：PLL 未锁定；1：PLL 锁定
位 24（PLLON）	PLL 使能。由软件（编程）置 1 或清 0。当进入待机和停止模式时，该位由硬件清 0（单片机自动清 0）。当 PLL 时钟被用作或被选择作为系统时钟时，该位不能被清 0。0：PLL 关闭；1：PLL 使能
位 23:20	保留，始终读为 0
位 19（CSSON）	时钟安全系统使能。由软件置 1 或清 0 以使能时钟监测器。0：时钟监测器关闭；1：如果外部 4～16MHz 振荡器就绪，则时钟监测器开启
位 18（HSEBYP）	外部高速时钟旁路。在调试模式下由软件置 1 或清 0 旁路外部晶体振荡器。只有在外部 4～16MHz 振荡器关闭的情况下，才能写入该位。0：外部 4～16MHz 振荡器没有旁路；1：外部 4～16MHz 振荡器被旁路
位 17（HSERDY）	外部高速时钟就绪标志。由硬件置 1 来指示外部 4～16MHz 振荡器已经稳定。在 HSEON 位清 0 后，该位需要 6 个外部 4～25MHz 振荡器周期清 0。0：外部 4～16MHz 振荡器没有就绪；1：外部 4～16MHz 振荡器就绪
位 16（HSEON）	外部高速时钟使能。由软件置 1 或清 0。当进入待机和停止模式时，该位由硬件清 0，关闭 4～16MHz 外部振荡器。当外部 4～16MHz 振荡器被用作或被选择作为系统时钟时，该位不能被清 0。0：HSE 振荡器关闭；1：HSE 振荡器开启
位 15:8（HSICAL[7:0]）	内部高速时钟校准。在系统启动时，这些位被自动初始化
位 7:3（HSITRIM[4:0]）	内部高速时钟调整。由软件写入来调整内部高速时钟，它们被叠加在 HSICAL[5:0] 数值上。这些位在 HSICAL[7:0] 的基础上，让用户可以输入一个调整数值，根据电压和温度的变化调整内部 HSI RC 振荡器的频率。默认值为 16，可以把 HSI 调整到 8×（1±1%）MHz；每步 HSICAL 的变化调整约为 40kHz
位 2	保留，始终读为 0

位 1 (HSIRDY)	内部高速时钟就绪标志。由硬件置 1 来指示内部 8MHz 振荡器已经稳定。在 HSION 位清 0 后，该位需要 6 个内部 8MHz 振荡器周期清 0。0: 内部 8MHz 振荡器没有就绪；1: 内部 8MHz 振荡器就绪
位 0 (HSION)	内部高速时钟使能。由软件置 1 或清 0。当从待机和停止模式返回或用作系统时钟的外部 4~16MHz 振荡器发生故障时，该位由硬件置 1 来启动内部 8MHz 的 RC 振荡器。当内部 8MHz 振荡器被直接或间接地用作或被选择作为系统时钟时，该位不能被清 0。0: 内部 8MHz 振荡器关闭；1: 内部 8MHz 振荡器开启

2.5.3 时钟配置寄存器（RCC_CFGR）

RCC_CFGR（时钟配置寄存器）主要用来设置时钟的分频数和倍频数，其偏移地址为 0x04（RCC 基地址为 0x4002 1000），复位值为 0x000 0000。RCC_CFGR 寄存器的组成位如图 2-14 所示，各位功能说明见表 2-4。

RCC_CFGR（时钟配置寄存器）
①偏移地址：0x04；②复位值：0x0000 0000；③访问：0~2个等待周期，字、半字或字节访问，只有当访问发生在时钟切换时，才会插入1或2个等待周期

31	30	29	28	27	26	25	24	23	22	21	20	19	18	17	16
保留，始终读为0					MCO[2:0]			保留	USB PRE	PLLMUL[3:0]				PLL XTPRE	PLL SRC
					rw	rw	rw		rw	rw	rw	rw	rw	rw	rw

15	14	13	12	11	10	9	8	7	6	5	4	3	2	1	0
ADCPRE[1:0]		PPRE2[2:0]			PPRE1[2:0]			HPRE[3:0]				SWS[1:0]		SW[1:0]	
rw	rw	rw	rw	rw	rw	rw	rw	rw	rw	rw	rw	r	r	rw	rw

图 2-14 RCC_CFGR 寄存器的组成位

表 2-4 RCC_CFGR 寄存器各位功能说明

位 31:27	保留，始终读为 0
位 26:24 (MCO[2:0])	微控制器时钟输出。由软件置 1 或清 0。0xx: 没有时钟输出；100: 系统时钟（SYSCLK）输出；101: 内部 RC 振荡器时钟（HSI）输出；110: 外部振荡器时钟（HSE）输出；111: PLL 时钟 2 分频后输出。 注意：该时钟输出在启动和切换 MCO 时钟源时可能会被截断。在系统时钟输出至 MCO 引脚时，请保证输出时钟频率不超过 50MHz（I/O 口最高频率）
位 22 (USBPRE)	USB 预分频。由软件置 1 或清 0 来产生 48MHz 的 USB 时钟。在 RCC_APB1ENR 寄存器中使能 USB 时钟之前，必须保证该位已经有效。如果 USB 时钟被使能，则该位不能被清 0。 0: PLL 时钟 1.5 倍分频作为 USB 时钟；1: PLL 时钟直接作为 USB 时钟
位 21:18 (PLLMUL[3:0])	PLL 倍频系数。由软件设置来确定 PLL 倍频系数。只有在 PLL 关闭的情况下才可被写入。注意：PLL 的输出频率不能超过 72MHz <table><tr><td>0000: 2 倍频</td><td>0100: 6 倍频</td><td>1000: 10 倍频</td><td>1100: 14 倍频</td></tr><tr><td>0001: 3 倍频</td><td>0101: 7 倍频</td><td>1001: 11 倍频</td><td>1101: 15 倍频</td></tr><tr><td>0010: 4 倍频</td><td>0110: 8 倍频</td><td>1010: 12 倍频</td><td>1110: 16 倍频</td></tr><tr><td>0011: 5 倍频</td><td>0111: 9 倍频</td><td>1011: 13 倍频</td><td>1111: 16 倍频</td></tr></table>
位 17 (PLLXTPRE)	HSE 分频器作为 PLL 输入。由软件置 1 或清 0 来分频 HSE 后作为 PLL 输入时钟。只有在关闭 PLL 时才能写入此位。0: HSE 不分频；1: HSE 2 分频
位 16 (PLLSRC)	PLL 输入时钟源。由软件置 1 或清 0 来选择 PLL 输入时钟源。只有在关闭 PLL 时才能写入此位。0: HSI 振荡器时钟经 2 分频后作为 PLL 输入时钟；1: HSE 时钟作为 PLL 输入时钟

续表

位 15:14（ADCPRE[1:0]）	ADC 预分频。由软件置 1 或清 0 来确定 ADC 时钟频率。 00：PCLK2 2 分频后作为 ADC 时钟；01：PCLK2 4 分频后作为 ADC 时钟；10：PCLK2 6 分频后作为 ADC 时钟；11：PCLK2 8 分频后作为 ADC 时钟
位 13:11（PPRE2[2:0]）	高速 APB 预分频（APB2）。由软件置 1 或清 0 来控制高速 APB2 时钟（PCLK2）的预分频系数。 0xx：HCLK 不分频；100：HCLK 2 分频；101：HCLK 4 分频；110：HCLK 8 分频；111：HCLK 16 分频
位 10:8（PPRE1[2:0]）	低速 APB 预分频（APB1）。由软件置 1 或清 0 来控制低速 APB1 时钟（PCLK1）的预分频系数。警告：软件必须保证 APB1 时钟频率不超过 36MHz。 0xx：HCLK 不分频；100：HCLK 2 分频；101：HCLK 4 分频；110：HCLK 8 分频；111：HCLK 16 分频
位 7:4（HPRE[3:0]）	AHB 预分频。由软件置 1 或清 0 来控制 AHB 时钟的预分频系数。 0xxx：SYSCLK 不分频；1000：SYSCLK 2 分频；1001：SYSCLK 4 分频；1010：SYSCLK 8 分频；1011：SYSCLK 16 分频；1100：SYSCLK 64 分频；1101：SYSCLK 128 分频；1110：SYSCLK 256 分频；1111：SYSCLK 512 分频 注意：当 AHB 时钟的预分频系数大于 1 时，必须开启预取缓冲器
位 3:2（SWS[1:0]）	系统时钟切换状态。由硬件置 1 或清 0 来指示哪一个时钟源作为系统时钟。 00：HSI 作为系统时钟；01：HSE 作为系统时钟；10：PLL 输出作为系统时钟；11：不可用
位 1:0（SW[1:0]）	系统时钟切换。由软件置 1 或清 0 来选择系统时钟源。在从停止或待机模式中返回或直接、间接作为系统时钟的 HSE 出现故障时，由硬件强制选择 HSI 作为系统时钟（如果时钟安全系统已经启动）。 00：HSI 作为系统时钟；01：HSE 作为系统时钟；10：PLL 输出作为系统时钟；11：不可用

2.5.4　APB2 外设复位寄存器（RCC_APB2RSTR）

RCC_APB2RSTR（APB2 外设复位寄存器）主要用来复位 APB2 总线的外设，其偏移地址为 0x0C，复位值为 0x0000 0000。RCC_APB2RSTR 寄存器的组成位如图 2-15 所示，各位功能说明见表 2-5。

RCC_APB2RSTR（APB2外设复位寄存器）
①偏移地址：0x0C；②复位值：0x0000 0000；③访问：无等待周期，字、半字或字节访问

31	30	29	28	27	26	25	24	23	22	21	20	19	18	17	16
							保留，始终读为0								

15	14	13	12	11	10	9	8	7	6	5	4	3	2	1	0
ADC3 RST	USART1 RST	TIM8 RST	SPI1 RST	TIM1 RST	ADC2 RST	ADC1 RST	IOPG RST	IOPF RST	IOPE RST	IOPD RST	IOPC RST	IOPB RST	IOPA RST	保留	AFIO RST
rw	rw	rw	rw	rw	rw	rw	rw	rw	rw	rw	rw	rw	rw	res	rw

图 2-15　RCC_APB2RSTR 寄存器的组成位

表 2-5　RCC_APB2RSTR 寄存器各位功能说明

位 31:16	保留，始终读为 0
位 15（ADC3RST）	ADC3 接口复位。由软件置 1 或清 0。0：无作用；1：复位 ADC3 接口
位 14（USART1RST）	USART1 复位。由软件置 1 或清 0。0：无作用；1：复位 USART1

位 13（TIM8RST）	TIM8 定时器复位。由软件置 1 或清 0。0：无作用；1：复位 TIM8 定时器
位 12（SPI1RST）	SPI1 复位。由软件置 1 或清 0。0：无作用；1：复位 SPI1
位 11（TIM1RST）	TIM1 定时器复位。由软件置 1 或清 0。0：无作用；1：复位 TIM1 定时器
位 10（ADC2RST）	ADC2 接口复位。由软件置 1 或清 0。0：无作用；1：复位 ADC2 接口
位 9（ADC1RST）	ADC1 接口复位。由软件置 1 或清 0。0：无作用；1：复位 ADC1 接口
位 8（IOPGRST）	IO 端口 G 复位。由软件置 1 或清 0。0：无作用；1：复位 IO 端口 G
位 7（IOPFRST）	IO 端口 F 复位。由软件置 1 或清 0。0：无作用；1：复位 IO 端口 F
位 6（IOPERST）	IO 端口 E 复位。由软件置 1 或清 0。0：无作用；1：复位 IO 端口 E
位 5（IOPDRST）	IO 端口 D 复位。由软件置 1 或清 0。0：无作用；1：复位 IO 端口 D
位 4（IOPCRST）	IO 端口 C 复位。由软件置 1 或清 0。0：无作用；1：复位 IO 端口 C
位 3（IOPBRST）	IO 端口 B 复位。由软件置 1 或清 0。0：无作用；1：复位 IO 端口 B
位 2（IOPARST）	IO 端口 A 复位。由软件置 1 或清 0。0：无作用；1：复位 IO 端口 A
位 1	保留，始终读为 0
位 0（AFIORST）	辅助功能 IO 复位。由软件置 1 或清 0。0：无作用；1：复位辅助功能

2.5.5　APB1 外设复位寄存器（RCC_APB1RSTR）

RCC_APB1RSTR（APB1 外设复位寄存器）主要用来复位 APB1 总线的外设，其偏移地址为 0x10，复位值为 0x0000 0000。RCC_APB1RSTR 寄存器的组成位如图 2-16 所示，各位功能说明见表 2-6。

RCC_APB1RSTR（APB1 外设复位寄存器）
①偏移地址：0x10；②复位值：0x0000 0000；③访问：无等待周期、字、半字或字节访问

31	30	29	28	27	26	25	24	23	22	21	20	19	18	17	16
保留		DACRST	PWR RST	BKP RST	保留	CAN RST	保留	USB RST	I2C2 RST	I2C1 RST	UART5 RST	UART4 RST	USART3 RST	USART2 RST	保留
		rw	rw	rw		rw		rw	rw	rw	rw	rw	rw	rw	

15	14	13	12	11	10	9	8	7	6	5	4	3	2	1	0
SPI3 RST	SPI2 RST	保留		WWDG RST	保留					TIM7 RST	TIM6 RST	TIM5 RST	TIM4 RST	TIM3 RST	TIM2 RST
rw	rw			rw						rw	rw	rw	rw	rw	rw

图 2-16　RCC_APB1RSTR 寄存器的组成位

表 2-6　RCC_APB1RSTR 寄存器各位功能说明

位 31:30	保留，始终读为 0
位 29（DACRST）	DAC 接口复位。由软件置 1 或清 0。0：无作用；1：复位 DAC 接口
位 28（PWRRST）	电源接口复位。由软件置 1 或清 0。0：无作用；1：复位电源接口
位 27（BKPRST）	备份接口复位。由软件置 1 或清 0。0：无作用；1：复位备份接口
位 26	保留，始终读为 0
位 25（CANRST）	CAN 复位。由软件置 1 或清 0。0：无作用；1：复位 CAN
位 24	保留，始终读为 0

续表

位 23（USBRST）	USB 复位。由软件置 1 或清 0。0：无作用；1：复位 USB
位 22（I2C2RST）	I2C2 复位。由软件置 1 或清 0。0：无作用；1：复位 I2C2
位 21（I2C1RST）	I2C1 复位。由软件置 1 或清 0。0：无作用；1：复位 I2C1
位 20（UART5RST）	UART5 复位。由软件置 1 或清 0。0：无作用；1：复位 UART5
位 19（UART4RST）	UART4 复位。由软件置 1 或清 0。0：无作用；1：复位 UART4
位 18（USART3RST）	USART3 复位。由软件置 1 或清 0。0：无作用；1：复位 USART3
位 17（USART2RST）	USART2 复位。由软件置 1 或清 0。0：无作用；1：复位 USART2
位 16	保留，始终读为 0
位 15（SPI3RST）	SPI3 复位。由软件置 1 或清 0。0：无作用；1：复位 SPI3
位 14（SPI2RST）	SPI2 复位。由软件置 1 或清 0。0：无作用；1：复位 SPI2
位 13:12	保留，始终读为 0
位 11（WWDGRST）	窗口看门狗复位。由软件置 1 或清 0。0：无作用；1：复位窗口看门狗
位 10:6	保留，始终读为 0
位 5（TIM7RST）	TIM7 定时器复位。由软件置 1 或清 0。0：无作用；1：复位 TIM7 定时器
位 4（TIM6RST）	TIM6 定时器复位。由软件置 1 或清 0。0：无作用；1：复位 TIM6 定时器
位 3（TIM5RST）	TIM5 定时器复位。由软件置 1 或清 0。0：无作用；1：复位 TIM5 定时器
位 2（TIM4RST）	TIM4 定时器复位。由软件置 1 或清 0。0：无作用；1：复位 TIM4 定时器
位 1（TIM3RST）	TIM3 定时器复位。由软件置 1 或清 0。0：无作用；1：复位 TIM3 定时器
位 0（TIM2RST）	TIM2 定时器复位。由软件置 1 或清 0。0：无作用；1：复位 TIM2 定时器

2.5.6　AHB 外设时钟使能寄存器（RCC_AHBENR）

RCC_AHBENR（AHB 外设时钟使能寄存器）主要用来开启/关闭 AHB 总线外设的时钟，其偏移地址为 0x14，复位值为 0x0000 0014。RCC_AHBENR 寄存器的组成位如图 2-17 所示，各位功能说明见表 2-7。

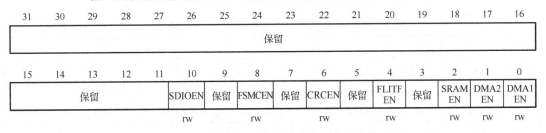

图 2-17　RCC_AHBENR 寄存器的组成位

表 2-7　RCC_AHBENR 寄存器各位功能说明

位 31:11	保留，始终读为 0
位 10（SDIOEN）	SDIO 时钟使能。由软件置 1 或清 0。0：SDIO 时钟关闭；1：SDIO 时钟开启

续表

位 9	保留，始终读为 0
位 8（FSMCEN）	FSMC 时钟使能。由软件置 1 或清 0。0：FSMC 时钟关闭；1：FSMC 时钟开启
位 7	保留，始终读为 0
位 6（CRCEN）	CRC 时钟使能。由软件置 1 或清 0。0：CRC 时钟关闭；1：CRC 时钟开启
位 5	保留，始终读为 0
位 4（FLITFEN）	闪存接口电路时钟使能。由软件置 1 或清 0 来开启或关闭睡眠模式时闪存接口电路时钟。 0：睡眠模式时闪存接口电路时钟关闭；1：睡眠模式时闪存接口电路时钟开启
位 3	保留，始终读为 0
位 2（SRAMEN）	SRAM 时钟使能。由软件置 1 或清 0 来开启或关闭睡眠模式时 SRAM 时钟。 0：睡眠模式时 SRAM 时钟关闭；1：睡眠模式时 SRAM 时钟开启
位 1（DMA2EN）	DMA2 时钟使能。由软件置 1 或清 0。0：DMA2 时钟关闭；1：DMA2 时钟开启
位 0（DMA1EN）	DMA1 时钟使能。由软件置 1 或清 0。0：DMA1 时钟关闭；1：DMA1 时钟开启

2.5.7　APB2 外设时钟使能寄存器（RCC_APB2ENR）

RCC_APB2ENR（APB2 外设时钟使能寄存器）主要用来开启/关闭 APB2 总线外设的时钟，其偏移地址为 0x18，复位值为 0x0000 0000。RCC_APB2ENR 寄存器的组成位如图 2-18 所示，各位功能说明见表 2-8。

RCC_APB2ENR（APB2 外设时钟使能寄存器）

①偏移地址：0x18；②复位值：0x0000 0000；③访问：字、半字或字节访问，通常无等待周期。
但在 APB2 总线上的外设被访问时，将插入等待状态直到 APB2 的外设访问结束
注：当外设时钟没有启用时，软件不能读出外设寄存器的数值，返回的数值始终是 0x0

31	30	29	28	27	26	25	24	23	22	21	20	19	18	17	16
							保留								

15	14	13	12	11	10	9	8	7	6	5	4	3	2	1	0
ADC3 EN	USART1 EN	TIM8 EN	SPI1 EN	TIM1 EN	ADC2 EN	ADC1 EN	IOPG EN	IOPF EN	IOPE EN	IOPD EN	IOPC EN	IOPB EN	IOPA EN	保留	AFIO EN
rw	rw	rw	rw	rw	rw	rw	rw	rw	rw	rw	rw	rw	rw		rw

图 2-18　RCC_APB2ENR 寄存器的组成位

表 2-8　RCC_APB2ENR 寄存器各位功能说明

位 31:16	保留，始终读为 0
位 15（ADC3EN）	ADC3 接口时钟使能。由软件置 1 或清 0。0：ADC3 接口时钟关闭；1：ADC3 接口时钟开启
位 14（USART1EN）	USART1 时钟使能。由软件置 1 或清 0。0：USART1 时钟关闭；1：USART1 时钟开启
位 13（TIM8EN）	TIM8 定时器时钟使能。由软件置 1 或清 0。0：TIM8 定时器时钟关闭；1：TIM8 定时器时钟开启
位 12（SPI1EN）	SPI1 时钟使能。由软件置 1 或清 0。0：SPI1 时钟关闭；1：SPI1 时钟开启
位 11（TIM1EN）	TIM1 定时器时钟使能。由软件置 1 或清 0。0：TIM1 定时器时钟关闭；1：TIM1 定时器时钟开启
位 10（ADC2EN）	ADC2 接口时钟使能。由软件置 1 或清 0。0：ADC2 接口时钟关闭；1：ADC2 接口时钟开启
位 9（ADC1EN）	ADC1 接口时钟使能。由软件置 1 或清 0。0：ADC1 接口时钟关闭；1：ADC1 接口时钟开启

位 8（IOPGEN）	IO 端口 G 时钟使能。由软件置 1 或清 0。0：IO 端口 G 时钟关闭；1：IO 端口 G 时钟开启
位 7（IOPFEN）	IO 端口 F 时钟使能。由软件置 1 或清 0。0：IO 端口 F 时钟关闭；1：IO 端口 F 时钟开启
位 6（IOPEEN）	IO 端口 E 时钟使能。由软件置 1 或清 0。0：IO 端口 E 时钟关闭；1：IO 端口 E 时钟开启
位 5（IOPDEN）	IO 端口 D 时钟使能。由软件置 1 或清 0。0：IO 端口 D 时钟关闭；1：IO 端口 D 时钟开启
位 4（IOPCEN）	IO 端口 C 时钟使能。由软件置 1 或清 0。0：IO 端口 C 时钟关闭；1：IO 端口 C 时钟开启
位 3（IOPBEN）	IO 端口 B 时钟使能。由软件置 1 或清 0。0：IO 端口 B 时钟关闭；1：IO 端口 B 时钟开启
位 2（IOPAEN）	IO 端口 A 时钟使能。由软件置 1 或清 0。0：IO 端口 A 时钟关闭；1：IO 端口 A 时钟开启
位 1	保留，始终读为 0
位 0（AFIOEN）	辅助功能 IO 时钟使能。由软件置 1 或清 0。0：辅助功能 IO 时钟关闭；1：辅助功能 IO 时钟开启

2.5.8　APB1 外设时钟使能寄存器（RCC_APB1ENR）

RCC_APB1ENR（APB1 外设时钟使能寄存器）主要用来开启/关闭 APB1 总线外设的时钟，其偏移地址为 0x1C，复位值为 0x0000 0000。RCC_APB1ENR 寄存器的组成位如图 2-19 所示，各位功能说明见表 2-9。

RCC_APB1ENR（APB1外设时钟使能寄存器）

①偏移地址：0x1C；②复位值：0x0000 0000；③访问：字、半字或字节访问，通常无等待周期。
但在APB1总线上的外设被访问时，将插入等待状态直到APB1的外设访问结束
注：当外设时钟没有启用时，软件不能读出外设寄存器的数值，返回的数值始终是0x0

31	30	29	28	27	26	25	24	23	22	21	20	19	18	17	16
保留		DACEN	PWR EN	BKP EN	保留	CAN EN	保留	USB EN	I2C2 EN	I2C1 EN	UART5 EN	UART4 EN	USART3 EN	USART2 EN	保留
		rw	rw	rw		rw		rw	rw	rw	rw	rw	rw	rw	

15	14	13	12	11	10	9	8	7	6	5	4	3	2	1	0
SPI3 EN	SPI2 EN	保留		WWDG EN	保留					TIM7 EN	TIM6 EN	TIM5 EN	TIM4 EN	TIM3 EN	TIM2 EN
rw	rw			rw						rw	rw	rw	rw	rw	rw

图 2-19　RCC_APB1ENR 寄存器的组成位

表 2-9　RCC_APB1ENR 寄存器各位功能说明

位 31:30	保留，始终读为 0
位 29（DACEN）	DAC 接口时钟使能。由软件置 1 或清 0。0：DAC 接口时钟关闭；1：DAC 接口时钟开启
位 28（PWREN）	电源接口时钟使能。由软件置 1 或清 0。0：电源接口时钟关闭；1：电源接口时钟开启
位 27（BKPEN）	备份接口时钟使能。由软件置 1 或清 0。0：备份接口时钟关闭；1：备份接口时钟开启
位 26	保留，始终读为 0
位 25（CANEN）	CAN 时钟使能。由软件置 1 或清 0。0：CAN 时钟关闭；1：CAN 时钟开启
位 24	保留，始终读为 0
位 23（USBEN）	USB 时钟使能。由软件置 1 或清 0。0：USB 时钟关闭；1：USB 时钟开启
位 22（I2C2EN）	I2C2 时钟使能。由软件置 1 或清 0。0：I2C2 时钟关闭；1：I2C2 时钟开启
位 21（I2C1EN）	I2C1 时钟使能。由软件置 1 或清 0。0：I2C1 时钟关闭；1：I2C1 时钟开启
位 20（UART5EN）	UART5 时钟使能。由软件置 1 或清 0。0：UART5 时钟关闭；1：UART5 时钟开启

位 19（UART4EN）	UART4 时钟使能。由软件置 1 或清 0。0：UART4 时钟关闭；1：UART4 时钟开启
位 18（USART3EN）	USART3 时钟使能。由软件置 1 或清 0。0：USART3 时钟关闭；1：USART3 时钟开启
位 17（USART2EN）	USART2 时钟使能。由软件置 1 或清 0。0：USART2 时钟关闭；1：USART2 时钟开启
位 16	保留，始终读为 0
位 15（SPI3EN）	SPI 时钟使能。由软件置 1 或清 0。0：SPI3 时钟关闭；1：SPI3 时钟开启
位 14（SPI2EN）	SPI2 时钟使能。由软件置 1 或清 0。0：SPI2 时钟关闭；1：SPI2 时钟开启
位 13:12	保留，始终读为 0
位 11（WWDGEN）	窗口看门狗时钟使能。由软件置 1 或清 0。0：窗口看门狗时钟关闭；1：窗口看门狗时钟开启
位 10:6	保留，始终读为 0
位 5（TIM7EN）	TIM7 定时器时钟使能。由软件置 1 或清 0。0：TIM7 定时器时钟关闭；1：TIM7 定时器时钟开启
位 4（TIM6EN）	TIM6 定时器时钟使能。由软件置 1 或清 0。0：TIM6 定时器时钟关闭；1：TIM6 定时器时钟开启
位 3（TIM5EN）	TIM5 定时器时钟使能。由软件置 1 或清 0。0：TIM5 定时器时钟关闭；1：TIM5 定时器时钟开启
位 2（TIM4EN）	TIM4 定时器时钟使能。由软件置 1 或清 0。0：TIM4 定时器时钟关闭；1：TIM4 定时器时钟开启
位 1（TIM3EN）	TIM3 定时器时钟使能。由软件置 1 或清 0。0：TIM3 定时器时钟关闭；1：TIM3 定时器时钟开启
位 0（TIM2EN）	TIM2 定时器时钟使能。由软件置 1 或清 0。0：TIM2 定时器时钟关闭；1：TIM2 定时器时钟开启

2.5.9 控制/状态寄存器（RCC_CSR）

RCC_CSR（控制/状态寄存器）主要用来开启/关闭 LSI（内部低速时钟），并用标志位反映一些复位状态，其偏移地址为 0x24，复位值为 0x0000 0000。RCC_CSR 寄存器的组成位如图 2-20 所示，各位功能说明见表 2-10。

图 2-20 RCC_CSR 寄存器的组成位

表 2-10 RCC_CSR 寄存器各位功能说明

位 31（LPWRRSTF）	低功耗复位标志。在低功耗管理复位发生时由硬件置 1；由软件通过写 RMVF 位清除。 0：无低功耗管理复位发生；1：发生低功耗管理复位
位 30（WWDGRSTF）	窗口看门狗复位标志。在窗口看门狗复位发生时由硬件置 1；由软件通过写 RMVF 位清除。 0：无窗口看门狗复位发生；1：发生窗口看门狗复位

位 29（IWDGRSTF）	独立看门狗复位标志。在独立看门狗复位发生在 VDD 区域时由硬件置 1；由软件通过写 RMVF 位清除。 0：无独立看门狗复位发生；1：发生独立看门狗复位
位 28（SFTRSTF）	软件复位标志。在软件复位发生时由硬件置 1；由软件通过写 RMVF 位清除。 0：无软件复位发生；1：发生软件复位
位 27（PORRSTF）	上电/掉电复位标志。在上电/掉电复位发生时由硬件置 1；由软件通过写 RMVF 位清除。 0：无上电/掉电复位发生；1：发生上电/掉电复位
位 26（PINRSTF）	NRST 引脚复位标志。在 NRST 引脚复位发生时由硬件置 1；由软件通过写 RMVF 位清除。 0：无 NRST 引脚复位发生；1：发生 NRST 引脚复位
位 25	保留，读操作返回 0
位 24（RMVF）	清除复位标志。由软件置 1 来清除复位标志。0：无作用；1：清除复位标志
位 23:2	保留，读操作返回 0
位 1（LSIRDY）	内部低速振荡器就绪。由硬件置 1 或清 0 来指示内部 40kHz RC 振荡器是否就绪。当 LSION 清 0 后，在 3 个内部 40kHz RC 振荡器周期后 LSIRDY 被清 0。 0：内部 40kHz RC 振荡器时钟未就绪；1：内部 40kHz RC 振荡器时钟就绪
位 0（LSION）	内部低速振荡器使能。由软件置 1 或清 0。0：内部 40kHz RC 振荡器关闭；1：内部 40kHz RC 振荡器开启

第 3 章

Keil 软件与寄存器方式编程闪烁点亮 LED

3.1 Keil MDK 软件和芯片包的安装

Keil MDK 也称 MDK-ARM、Realview MDK、I-MDK、Keil μVision 等。Keil MDK 软件为 Cortex-M、Cortex-R4、ARM7、ARM9 内核处理器设备提供了一个完整的 C / C++开发环境。本书以 Keil MDK5 软件作为 STM32 单片机的开发工具。Keil MDK5 软件可作为很多芯片的开发工具，为了减小软件的体积，Keil MDK5 软件的安装文件中不包含芯片包，需要在软件安装后，再另外安装需要的芯片包。

3.1.1 安装 Keil MDK5 软件

在安装 Keil MDK5 软件前，建议先关闭计算机中的安全软件（如 360 安全卫士等），减少安装干扰。Keil MDK5 软件的安装过程如图 3-1 所示。在选择 Core 和 Pack 的安装路径时，如图 3-1（d）所示，选择好 Core 的路径后，Pack 的路径会自动生成，两个路径中一定不能有中文字符，否则在使用软件时可能会出现各种莫名其妙的问题，这里保持默认路径。在单击"Finish"按钮结束软件的安装时，可能会弹出图 3-1（i）所示的窗口，在此可选择安装的芯片包和组件，由于后面手工安装芯片包，故这里直接将该窗口关掉。

（a）在 Keil MDK5 安装文件夹中双击"mdk514.exe"文件即开始安装

图 3-1 Keil MDK5 软件的安装过程

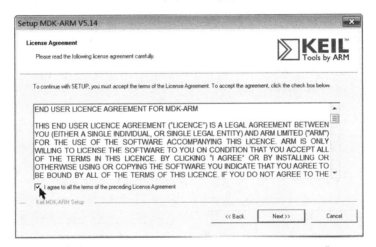

（b）单击"Next"按钮

（c）勾选"I agree to all the terms of the preceding License Agreement"

（d）选择 Core 和 Pack 的安装路径（这里保持默认）

图 3-1　Keil MDK5 软件的安装过程（续）

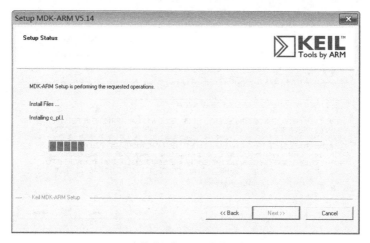

（e）填写用户信息（可随意写）

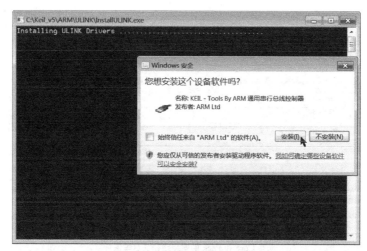

（f）安装进行中（显示安装进度）

（g）在弹出的对话框中单击"安装"按钮

图 3-1　Keil MDK5 软件的安装过程（续）

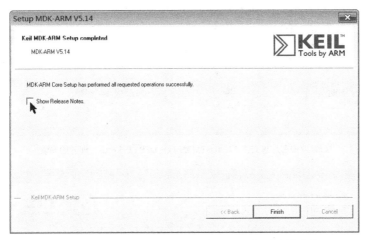

（h）取消查看说明文本项并单击"Finish"按钮完成软件的安装

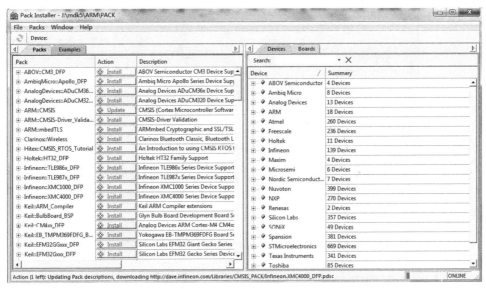

（i）弹出芯片包安装窗口（后面手动安装，这里关闭窗口）

图 3-1　Keil MDK5 软件的安装过程（续）

3.1.2　安装芯片包

与之前的 Keil MDK4 不同，Keil MDK5 软件不包含芯片包，可去 Keil 公司的官网下载芯片包。图 3-2 中的"Keil.STM32F1xx_DFP.1.0.5.pack"为已下载的 STM32F1xx 芯片包文件，安装这个芯片包后才能用 Keil MDK5 软件给 STM32F1xx 芯片编写程序。STM32F1xx 芯片包的安装过程如图 3-2 所示。芯片包文件会自动安装在 Keil MDK5 软件的 Pack 文件夹中，不可更改。

（a）双击芯片包文件"Keil.STM32F1xx_DFP.1.0.5.pack"即开始安装

（b）显示芯片包安装路径（无法更改）

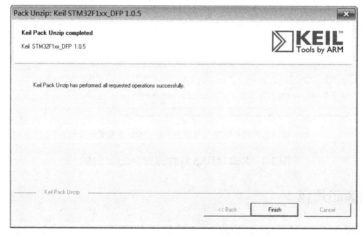

（c）单击"Finish"按钮完成安装

图 3-2　STM32F1xx 芯片包的安装过程

3.1.3　软件的启动

Keil MDK5 软件可采用两种方式启动，一是在"开始"菜单中找到"Keil μVision5"并单击，二是直接双击计算机桌面上的"Keil μVision5"图标，如图 3-3 所示。启动后的 Keil MDK5 软件窗口如图 3-4 所示，该软件的使用将在后面章节介绍。

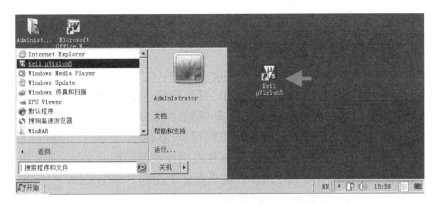

图 3-3　Keil MDK5 软件启动的两种方法

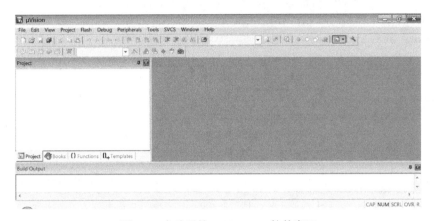

图 3-4　启动后的 Keil MDK5 软件窗口

3.2　创建工程并导入程序文件

3.2.1　创建项目文件夹

在进行项目软件开发时,为了方便管理,可将与项目有关的所有文件放在一个文件夹中。故启动 Keil MDK5 软件(以下简称 Keil 软件)前,先在计算机 D 盘根目录下(也可以选择其他位置)新建一个"寄存器方式点亮 LED"文件夹,再在该文件夹中建立一个"User"文件夹,如图 3-5 所示。User 文件夹用来存放用户编写的 main.c、STM32F1 启动文件、stm32f10x.h 头文件等。

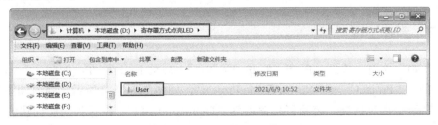

图 3-5　在新建的"寄存器方式点亮 LED"文件夹中再建立一个"User"文件夹

3.2.2 查找并复制启动文件

STM32 单片机编程时需要启动文件 startup_stm32f10x_hd.s，在安装芯片包时系统将该文件存放在 Keil 软件安装文件夹的 Pack 文件夹中，需要找到该文件并将其复制到 User 文件夹中。

在 Keil 软件安装文件夹中打开 Pack 文件夹（路径为 C:\Keil_v5\ARM\Pack），如图 3-6（a）所示。在窗口右上角的搜索框（可按 F3 键调出该搜索框）中输入启动文件名"startup_stm32f10x_hd.s"，系统马上在 Pack 文件夹中搜索该名称的文件，不久窗口中会显示找到的文件及其路径，如图 3-6（b）所示。如果有多个相同名称的文件，一般选择体积最大的那个，将它复制到 User 文件夹中，如图 3-6（c）所示。

（a）在 Keil 软件的安装文件夹中打开 Pack 文件夹

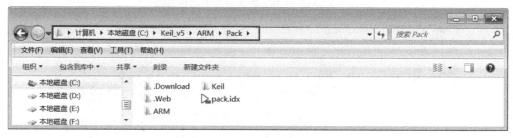

（b）在 Pack 文件夹中搜索"startup_stm32f10x_hd.s"启动文件

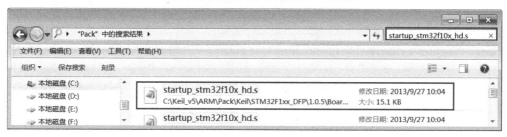

（c）将"startup_stm32f10x_hd.s"文件复制到 User 文件夹中

图 3-6　查找并复制启动文件

3.2.3 新建工程

在"开始"菜单中找到并单击"Keil μVision5"，启动 Keil 软件，如图 3-7（a）所示。执行菜单命令"Project"→"New μVision Project"，如图 3-7（b）所示，弹出如图 3-7（c）所示的建立新工程对话框，将新工程命名为"DianliangLED"，保存到先前创建的"寄存器方式点亮 LED"文件夹中。单击"保存"按钮后，弹出如图 3-7（d）所示的单片机型号选

择对话框，由于使用的单片机型号为 STM32F103ZET6，故选择"STM32F103ZE"，如图 3-7（e）
所示。单击"OK"按钮，弹出在线添加固件库文件对话框，如图 3-7（f）所示，在使用寄
存器方式编程时不需要添加固件库文件，故单击"Cancel"按钮关闭该对话框。这样就在
Keil 软件中新建了一个名为"DianliangLED"的工程，如图 3-7（g）所示，该工程还是一个
空工程，没有程序文件。

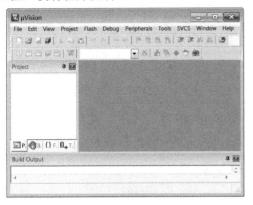

（a）启动后的 Keil 软件界面

（b）执行菜单命令"Project"→"New μVision Project"

（c）输入工程名并保存到创建的项目文件夹中

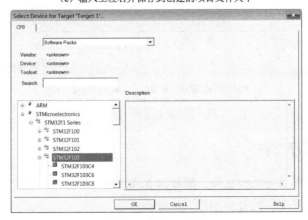

（d）单片机型号选择对话框

图 3-7　新建工程

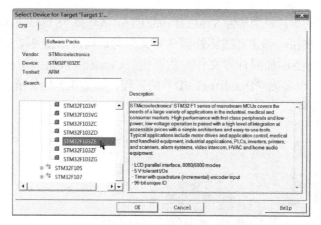

（e）选择单片机型号为"STM32F103ZE"

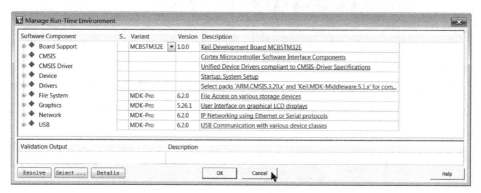

（f）直接关闭弹出的在线添加固件库文件对话框

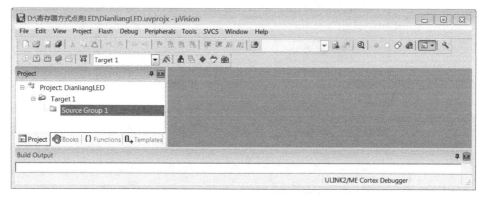

（g）Keil 软件左侧显示新建的"DianliangLED"工程

图 3-7　新建工程（续）

3.2.4　新建程序文件

前面新建的工程还是一个空工程，需要建立程序文件并添加到工程中，然后在程序文件中编写程序。新建程序文件的操作如图 3-8 所示。

执行菜单命令"File"→"New"，新建一个默认名称为"Text1"的程序文件，如图 3-8（a）所示；再执行菜单命令"File"→"Save As"，弹出如图 3-8（b）所示的另存为对话框，将

"Text1"更名为"main.c"并保存在 User 文件夹中。再用同样的方法新建一个默认名称为"Text2"的程序文件，将其更名为"Mystm32f10x.h"并保存在 User 文件夹中，如图 3-8（c）所示。

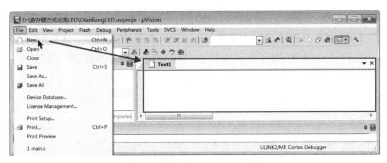

（a）新建一个默认名称为"Text1"的程序文件

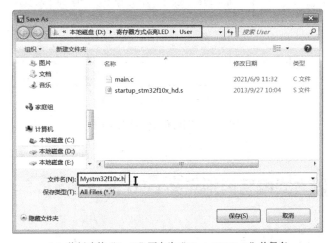

（b）将"Text1"更名为"main.c"并保存

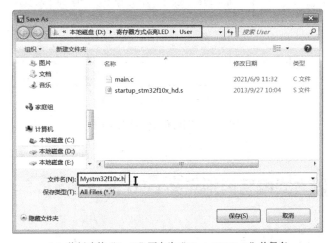

（c）将新建的"Text2"更名为"Mystm32f10x.h"并保存

图 3-8　新建程序文件

3.2.5 将程序文件导入工程

前面建立的两个程序文件与工程还没有关联，需要将其导入工程。将程序文件导入工程的操作如图 3-9 所示，在左侧的"Source Group 1"文件夹上双击，弹出"Add Files to Group 'Source Group 1'"对话框，打开 User 文件夹，并在"文件类型"一栏选择"All files"，对话框中会显示 User 文件夹中所有的文件，如图 3-9（a）所示。选择其中一个文件，再按"Ctrl+A"快捷键选择该文件夹中所有的文件，单击"Add"按钮，选择的文件将被导入工程的"Source Group 1"文件夹，如图 3-9（b）所示。

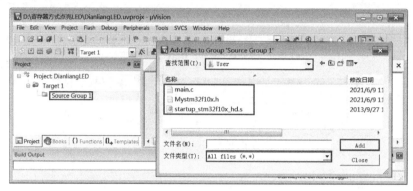

（a）双击"Source Group 1"后弹出"Add Files to Group 'Source Group 1'"对话框

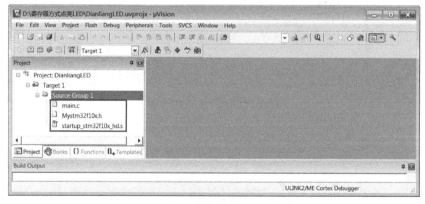

（b）将选择的程序文件导入工程

图 3-9 将程序文件导入工程

3.3 用寄存器方式编写闪烁点亮 LED 的程序

3.3.1 头文件程序的编写

头文件是指扩展名为".h"的文件，头文件一般包含一些文件需要的共同的常量、结构体、类型定义、函数和变量声明，不要有变量定义、函数定义。

　　头文件程序的编写如图 3-10 所示。在 Keil 软件左边的工程管理窗口中双击"Mystm32f10x.h"头文件，右边的程序编辑器（一个类似记事本程序的文本编辑器）打开该头文件，如图 3-10（a）所示。这是一个空文件，在程序编辑器中编写程序，编写完成的程序内容如图 3-10（b）所示。也可以使用计算机的记事本直接打开 User 文件夹中的"Mystm32f10x.h"头文件，在记事本中编写程序，如图 3-10（c）所示。编写完成后进行保存，Keil 软件中的"Mystm32f10x.h"头文件程序自动更新为记事本编写的内容。

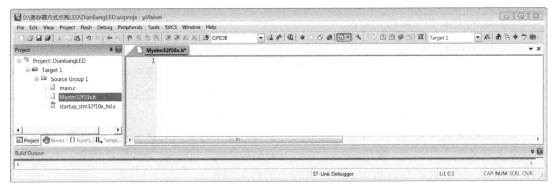

（a）打开头文件"Mystm32f10x.h"

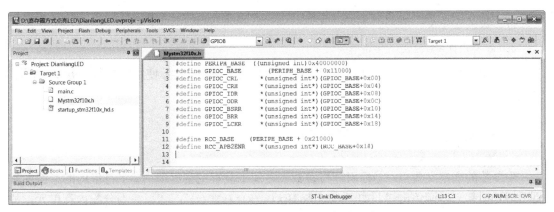

（b）在"Mystm32f10x.h"头文件中编写的程序

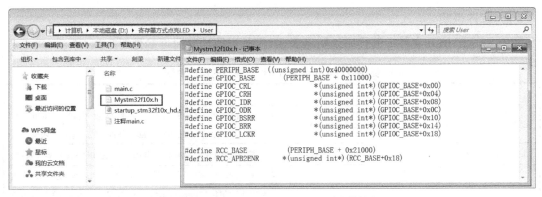

（c）用记事本编写"Mystm32f10x.h"头文件程序

图 3-10　头文件程序的编写

3.3.2　头文件的程序代码说明

1. 宏定义

在 C 语言中允许用一个标识符代表一个字符串，称为"宏"，被定义为宏的标识符称为宏名。宏定义是指用一个指定的标识符（名称）来代表一个字符串。

1）无参数的宏定义

无参数的宏定义一般形式为：

```
#define 标识符 字符串
```

用标识符代表字符串。例如，在"#define A8 12345678"后，程序就将 A8 当作 12345678 处理。使用"#undef A8"可取消该宏定义，即在"#undef A8"指令之后的 A8 就不再被当成 12345678。"#"表示这是一条预处理（编译前的处理）命令。

无参数的宏定义要点：①宏名一般用大写字母，便于与变量名区分；②宏名的有效范围为从定义开始到文件结束，使用#undef 可结束宏名的作用；③宏定义不是 C 语句，不需要在行末加分号；④对双引号内的字符串不进行宏的替换操作。

2）带参数的宏定义

带参数的宏定义一般形式为：

```
#define 标识符（参数表） 字符串
```

用标识符代表字符串，并且将标识符中的参数（形参）用实际使用的参数（实参）替换。例如：

```
# define S(a，b)  (a+b)/2    //用 S(a，b)代表(a+b)/2
int x=8,y=6;                 //声明整型变量 x=8, y=6
z= S(x，y);                  //z=(x+y)/2=7
```

带参数的宏定义要点：①标识符与参数表之间不能有空格出现；②字符串内的形参通常要用括号括起来以避免出错，如"# define B(x)　(x)* (x)* (x)"；③形参不分配内存单元，故不必做类型定义。

2. 程序说明

Mystm32f10x.h 文件中的程序说明见表 3-1，外设地址分配可参见图 2-3。

表 3-1　Mystm32f10x.h 文件中的程序说明

程　序	说　明
#define PERIPH_BASE　　((unsigned int)0x4000 0000)	将 PERIPH_BASE 当作无符号整数 0x4000 0000，即 PERIPH_BASE 与 0x4000 0000（外设总线基地址）等同
#define GPIOC_BASE　　(PERIPH_BASE + 0x11000)	定义将 GPIOC_BASE 当作 0x4001 1000（GPIOC 端口基址）
#define GPIOC_CRL　*(unsigned int*)(GPIOC_BASE+0x00)	将 0x4001 1000 作为地址编号，将该地址单元的数据定义为 GPIOC_CRL。"(unsigned int*)(GPIOC_BASE+0x00)"表示将 0x4001 1000 作为无符号整数指针（地址编号），前面的"*"表示取该地址单元的数据（值）

续表

程　　序	说　　明
#define GPIOC_CRH　*(unsigned int*)(GPIOC_BASE+0x04)	将 0x4001 1004 作为地址编号，将该地址单元的数据定义为 GPIOC_CRH
#define GPIOC_IDR　*(unsigned int*)(GPIOC_BASE+0x08)	将 0x4001 1008 作为地址编号，将该地址单元的数据定义为 GPIOC_IDR
#define GPIOC_ODR　*(unsigned int*)(GPIOC_BASE+0x0C)	将 0x4001 100C 作为地址编号，将该地址单元的数据定义为 GPIOC_ODR
#define GPIOC_BSRR *(unsigned int*)(GPIOC_BASE+0x10)	将 0x4001 1010 作为地址编号，将该地址单元的数据定义为 GPIOC_BSRR
#define GPIOC_BRR　*(unsigned int*)(GPIOC_BASE+0x14)	将 0x4001 1014 作为地址编号，将该地址单元的数据定义为 GPIOC_BRR
#define GPIOC_LCKR　*(unsigned int*)(GPIOC_BASE+0x18)	将 0x4001 1018 作为地址编号，将该地址单元的数据定义为 GPIOC_LCKR
#define RCC_BASE　(PERIPH_BASE + 0x21000)	定义将 RCC_BASE 当作 0x4002 1000（GPIOC 端口基地址）
#define RCC_APB2ENR　*(unsigned int*)(RCC_BASE+0x18)	将 0x4002 1018 作为地址编号，将该地址单元的数据定义为 RCC_APB2ENR

3.3.3　主程序文件（main.c）的编写

主程序文件是指含有 main 函数的文件。main 函数是程序的入口（程序执行起点），不管一个工程中有多少个文件，程序都会找到 main 函数并从该函数开始执行，主程序文件一般用 main.c 命名。

主程序的编写如图 3-11 所示，在 Keil 软件左边的工程管理窗口中双击"main.c"文件，在右边的程序编辑器中打开该文件，如图 3-11（a）所示。这是一个空文件，在程序编辑器中编写主程序，编写完成的主程序如图 3-11（b）所示。

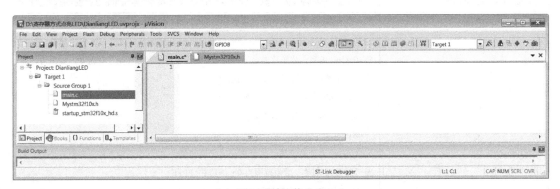

（a）打开主程序文件"main.c"

图 3-11　主程序的编写

（b）在"main.c"文件中编写的主程序

图 3-11　主程序的编写（续）

3.3.4　主程序的程序代码说明

main.c 文件中的程序说明见表 3-2。程序中的 RCC_APB2ENR 为 APB2 外设时钟使能寄存器，用于开启 GPIOC 端口的时钟；GPIOC_CRH 为端口配置高 8 位寄存器，用于设置 PC13 端口的工作模式；GPIOC_BSRR 为端口置位/复位寄存器，用于对 PC13 端口置 1 和清 0，即让 PC13 端口输出高电平和低电平，这样 PC13 端口外接的 LED 才有亮灭变化，这 3 个寄存器的各位功能在第 2 章有详细介绍。

表 3-2　main.c 文件中的程序说明

程　　序	说　　明
/*闪烁点亮 PC13 端口 LED*/	/*　"/* */"为多行（或单行）注释标记，"/*"为开始标记，"*/"为结束标记，两标记间为注释内容，可多行也可单行。注释便于读者阅读理解程序，编译时不处理，也不会写入单片机。"//"为单行注释标记，换行结束本行注释　*/
#include "Mystm32f10x.h"	//包含 Mystm32f10x.h 文件，即将该文件的程序代码插到此处
typedef unsigned int u32;	/*将 unsigned int（无符号整数）定义为 u32，即此指令之后可用 u32 代表 unsigned int */
void SystemInit(void)	/* SystemInit 为系统初始化函数，前面的 void 表示无返回值（即无输出参数），后面的 void 表示无输入参数，函数的内容写在首尾大括号之间。本程序简单，无须 SystemInit 函数，故函数内容不用编写，但由于启动文件涉及了该函数，如果主程序不出现该函数，编译时程序会出错　*/
{	//SystemInit 函数的首大括号
	//此处为函数内容，这里为空
}	//SystemInit 函数的尾大括号
void delay(u32 i)	/* delay 为延时函数，前面的 void 无返回值，u32 i 表示输入值（参数）是一个无符号整数（32 位，数值范围为 0～0xFFFF FFFF）　*/
{	//delay 函数的首大括号
while(i--);	/* while 为循环语句，i--表示每执行一次该语句，i 值减 1，i 不为 0（非 0 即为真）时反复执行 while 语句，当 i 的值减小到 0（0 为假）时，跳出 while 语句，执行尾大括号之后的内容 */
}	//delay 函数的尾大括号

续表

程　序	说　明
int main()	/* main 为主函数，程序的入口，不管程序多复杂，单片机都会从该函数处开始执行，int 表示返回值为整数，无输入参数 */
{	//main 函数的首大括号
RCC_APB2ENR |= 1<<4;	/* 将 1（即 0x1）左移（<<）4 位变成 10000（即 0x10），再与 RCC_APB2ENR（APB2 外设时钟使能寄存器）的 32 位进行位或（|）运算，结果存入 RCC_APB2ENR，即让 RCC_APB2ENR 寄存器的位 4 为 1，开启 GPIOC 端口的时钟 */
GPIOC_CRH &= ~(0xF<<(4*5));	/*将 0xF（即 1111）左移（<<）20 位变成 0x00F00000，再取反（~）得到 0xFF0FFFFF，然后与 GPIOC_CRH（端口配置高 8 位寄存器）的 32 位进行位与（&）运算，结果存入 GPIOC_CRH，即将 GPIOC_CRH 的位 23～20 四位清 0 */
GPIOC_CRH |= (3<<4*5);	/*将 0x3（即 0011）左移（<<）20 位变成 0x00300000，再与 GPIOC_CRH 寄存器的 32 位进行位或（|）运算，结果存入 GPIOC_CRH，即将 GPIOC_CRH 的位 23、22 设为 00（通用推挽输出），将位 21、20 设为 11（最大速度为 50Hz 的输出模式）*/
GPIOC_BSRR = (1<<(16+13));	/* 将 1（即 0x1）左移 29 位，再赋给 GPIOC_BSRR（端口置位/复位寄存器），即让 GPIOC_BSRR 的位 29 为 1，将 PC13 端口复位清 0 */
while(1)	/* while 为循环语句，1 为真（非 0 即为真），while 语句大括号中的内容反复执行*/
{	//while 语句的首大括号
GPIOC_BSRR=(1<<(16+13));	/*让 GPIOC_BSRR 的位 29 为 1，将 PC13 端口复位清 0（低电平）*/
delay(0xFFFFF);	/*将 0xFFFFF 作为输入参数赋给 delay 函数（即让 i=0xFFFFF），再执行 delay 函数，该函数内部的 while 语句反复执行，每执行一次，i 值减 1，i 值从 0xFFFFF 减小到 0 需要一定的时间，达到延时目的，当 i 减到 0 时，跳出 delay 函数 */
GPIOC_BSRR=(1<<(13));	/*让 GPIOC_BSRR 的位 13 为 1，将 PC13 端口置 1（高电平）*/
delay(0xFFFFF);	//将 0xFFFFF 作为输入参数赋给 delay 函数，再执行 delay 函数延时
}	//while 语句的尾大括号
}	//main 函数的尾大括号

3.3.5　启动文件说明

startup_stm32f10x_hd.s 为启动文件，在 Keil 软件左边的工程管理窗口中双击"startup_stm32f10x_hd.s"文件，在右边的程序编辑器中打开该文件，如图 3-12 所示。

启动文件的程序采用 Cortex-M3 内核支持汇编指令编写，当 STM32 单片机上电启动时，首先会执行启动文件程序，从而建立起 C 语言的运行环境。startup_stm32f10x_hd.s 文件由 ST 官方提供，一般情况下不用修改。该文件可从 Keil5 安装目录的 Pack 文件夹或 ST 库中找到，找到后将其添加到工程即可。不同系列的单片机或不同的编程软件，用到的启动文件程序内容可能不一样，但实现的功能是一样的。

启动文件的主要功能为：①初始化堆栈指针 SP；②初始化程序计数器指针 PC；③设置堆栈的大小；④设置中断向量表的入口地址；⑤配置外部 SRAM 作为数据存储器；⑥调用 SystemInit()函数配置 STM32 的系统时钟；⑦设置 C 库的分支入口"__main"以调用执行 main 函数。

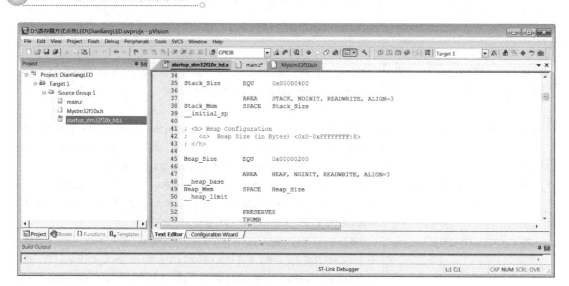

图 3-12　打开的 startup_stm32f10x_hd.s 启动文件

3.3.6　编译程序

程序编写过程中或编写结束后，为了检查程序语法是否有错误，可对程序进行编译。在编译时，编程软件会检查程序是否有错误，如果有错误则显示错误信息，并停止编译。

在 Keil 软件中进行程序编译的操作如图 3-13 所示。单击工具栏上的"📖"工具，或执行菜单命令"Project"（工程）→"Rebuild all target files"（编译所有的目标文件），软件马上对程序进行编译，并在下方的输出窗口中显示有关的编译信息。如果出现"0 Error(s), 0 Warning(s)"，如图 3-13（a）所示，则表示程序没有错误和警告（至少语法上是正确的）。如果程序有错误，如图 3-13（b）所示，SystemInit 函数缺少首大括号，编译时会出现"1 Error(s), 0 Warning(s)"，并指出错误位置和内容。按提示找到程序中的错误，改正后再进行编译，直到没有错误。若编译时仅出现警告，程序还是可以正常运行的。

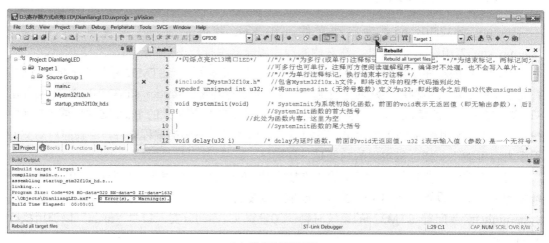

（a）程序编译无错误

图 3-13　编译程序

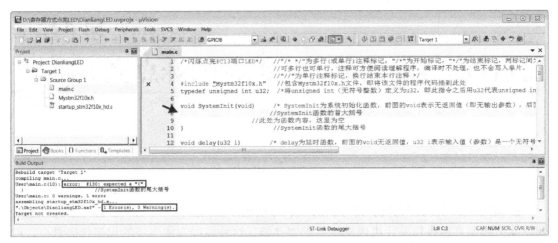

（b）程序有错误时编译提示出错信息

图 3-13　编译程序（续）

第 4 章

固件库与库函数方式编程闪烁点亮 LED

STM32 单片机编程主要有寄存器方式和库函数（又称固件库）方式。寄存器方式编程通过编写程序直接操作单片机内部硬件的寄存器。这种编程方式生成的程序代码量少，但要求对单片机内部硬件和相关寄存器很熟悉，开发难度大，维护调试比较烦琐。库函数方式编程通过调取固件库中不同功能的函数，让函数来操作单片机内部的寄存器。该编程方式不要求用户很熟悉单片机内部硬件，开发难度小，维护调试比较容易，但生成的程序代码量大。

4.1 STM32 固件库介绍

STM32 固件库中有大量函数（有一定功能的程序段），在使用固件库中的函数编程时，用户无须深入掌握单片机内部硬件细节，就可轻松开发和应用每一个片内外设（或称片上外设）。STM32 固件库为单片机的每个外设提供了驱动函数，这些函数覆盖了该外设所有的功能。另外，STM32 固件库还给出了大量的程序示例代码以供用户参考学习。STM32 固件库获取方法：①ST 官网下载；②网上搜索下载；③购买 STM32 单片机实验板时，赠送的资料中含有固件库。

4.1.1 固件库的组成

不同系列的 STM32 单片机有不同的固件库，图 4-1 所示的"STM32F10x_StdPeriph_Lib_V3.5.0"为 STM32F10x 系列单片机使用的固件库，该固件库有 4 个文件夹和 2 个文件，其中 Libraries 文件夹中的文件最为重要，其次是 Project 文件夹和 stm32f10x_stdperiph_lib_um.chm 文件，_htmresc、Utilities 文件夹和 Release_Notes.html 文件基本不用，可忽略或删掉。

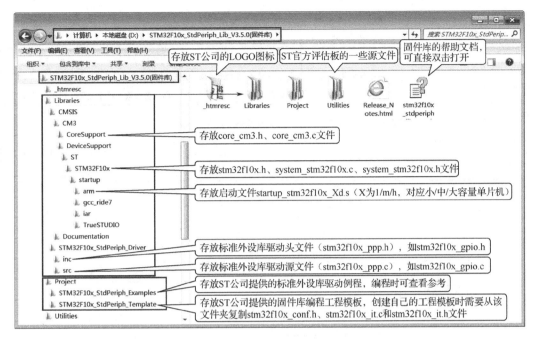

图 4-1 STM32F10x_StdPeriph_Lib_V3.5.0 固件库的组成

4.1.2 固件库一些重要文件说明

STM32 固件库中有一些文件非常重要，在编程时要一直或经常用到，这些文件说明见表 4-1，各文件之间的关系如图 4-2 所示。

表 4-1 STM32 固件库一些重要文件说明

文 件 名	功能描述	具 体 说 明
core_cm3.h core_cm3.c	Cortex-M3 内核及其设备文件	用于访问 Cortex-M3 内核及其设备（如 NVIC、SysTick 等），以及 Cortex-M3 的 CPU 寄存器和内核外设的函数。对所有 M3 内核的芯片来说，这个文件都是相同的
stm32f10x.h	微控制器专用头文件	文件中包含了 STM32F10x 全系列所有外设寄存器的定义（寄存器的基地址和布局）、位定义、中断向量表、存储空间的地址映射等
system_stm32f10x.h system_stm32f10x.c	微控制器专用系统文件	主要包含时钟的相关函数，文件中有一个非常重要的 SystemInit() 函数声明，该函数在系统启动时会调用，用来设置整个系统和总线时钟
startup_stm32f10x_Xd.s	编译器启动代码	主要功能：①初始化堆栈指针 SP；②初始化程序计数器指针 PC；③设置堆栈的大小；④设置中断向量表的入口地址；⑤配置外部 SRAM 作为数据存储器；⑥调用 SystemInit() 函数配置 STM32 的系统时钟；⑦设置 C 库的分支入口"__main"以调用执行 main 函数
stm32f10x_conf.h	固件库配置文件	通过更改包含的外设头文件来选择固件库所使用的外设，在新建程序和进行功能变更之前应当首先修改对应的配置。比如，需要使用 GPIO 外设时，应调用 stm32f10x_gpio.h 头文件；若不使用 GPIO 外设，则可将使用该头文件的语句删掉（或加注释标记）。一般情况下不用修改该文件，因为如果不使用一个外设，在工程内不调用即可

续表

文 件 名	功 能 描 述	具 体 说 明
stm32f10x_it.h stm32f10x_it.c	外设中断函数文件	用户可以相应地加入自己的中断程序代码，对于指向同一个中断向量的多个不同中断请求，用户可以通过判断外设的中断标志位来确定准确的中断源，执行相应的中断服务函数。这个文件一般不用改动
stm32f10x_ppp.h stm32f10x_ppp.c	外设驱动函数文件	包括相关外设初始化配置和部分功能应用的函数
Application.c	用户程序文件	用于存放用户编写的应用程序，文件名由用户确定，常用的名称为 main.c，表示该文件包含了程序入口 main.c 主函数代码

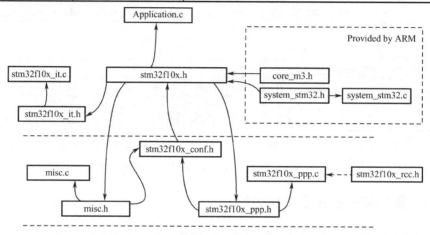

图 4-2   STM32 固件库一些重要文件之间的关系

4.1.3   固件库帮助文件的使用

STM32 固件库有大量的函数，在固件库帮助文件（stm32f10x_stdperiph_lib_um.chm）中有对这些函数的说明。在固件库文件夹中双击打开 stm32f10x_stdperiph_lib_um.chm 文件，如图 4-3（a）所示。如果要查看 GPIO_Init 函数，可依次打开 Modules→STM32F10x_StdPeriph_Driver→GPIO→GPIO_Exported_Functions→Functions，再单击其中的 GPIO_Init，则在右边的窗口中会显示出 GPIO_Init 函数的结构、功能简介、参数说明、函数返回值等信息，如图 4-3（b）所示。

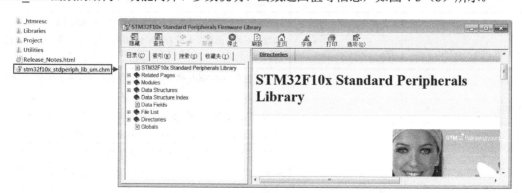

（a）打开固件库帮助文件

图 4-3   从 STM32 固件库帮助文件中查找某个函数的说明

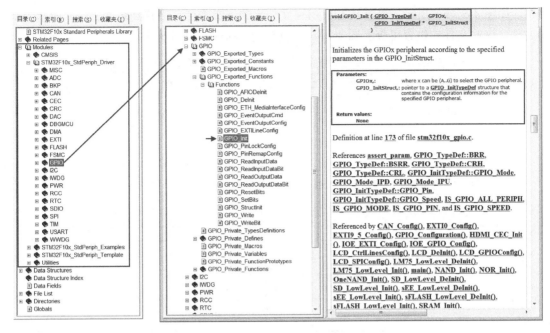

（b）找到 GPIO_Init 函数说明

图 4-3　从 STM32 固件库帮助文件中查找某个函数的说明（续）

4.2　库函数方式编程模板的创建

　　某公司在招聘员工时要求应聘者填写个人简历，会为每人提供一份相同的个人简历表格，表格中的项目栏名称（如姓名、性别）都是相同的，应聘者只要在各个项目的内容栏中填写自己的个人信息，就可以得到自己的个人简历，这个简历表格就是模板。

　　在使用库函数方式编程时也可以创建工程模板，在开发不同的工程时，可复制一份工程模板，再改变模板的工程名称并编写该工程特有的程序，而工程模板中各个工程都要用到的内容不用更改，这样开发新工程时即可减少不少重复工作。

4.2.1　创建模板文件夹并复制需要的文件

1．创建模板文件夹

　　在计算机的 D 盘（也可在其他任意位置）新建一个"库函数方式编程模板"文件夹，再在该文件夹中新建一个名为 User 的文件夹，如图 4-4 所示。

2．复制需要的文件

　　在 STM32F10x 固件库文件夹中打开 Project 文件夹，将 stm32f10x_conf.h、stm32f10x_it.c、stm32f10x_it.h 和 main.c 文件复制到"库函数方式编程模板"文件夹的"User"文件夹中，如图 4-5（a）所示；然后将固件库中的 Libraries 文件夹复制到"库函数方式编程模板"文件夹中，如图 4-5（b）所示；最后从 Libraries 文件夹的下级文件夹中找到图 4-5（c）所示的 9 个文件（这些文件的位置可查看图 4-1），并复制到 Libraries 文件夹中。

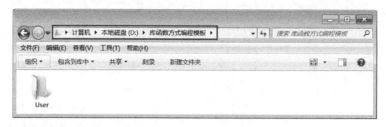

图 4-4　在新建的"库函数方式编程模板"文件夹中再建立一个"User"文件夹

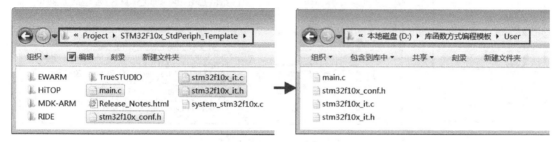

（a）将固件库 Project 文件夹中的一些文件复制到"库函数方式编程模板"文件夹的"User"文件夹中

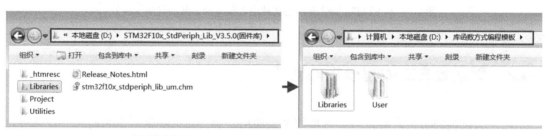

（b）将固件库中的 Libraries 文件夹复制到"库函数方式编程模板"文件夹中

（c）将 Libraries 下级文件夹中的 9 个文件复制到 Libraries 文件夹中

图 4-5　往"库函数方式编程模板"文件夹中复制需要的文件

4.2.2　创建工程

1. 新建工程

启动 Keil 软件，再执行菜单命令"Project"→"New μVision Project"，弹出建立新工程对话框，将新工程命名为"FuncTemp"，并保存到先前创建的"库函数方式编程模板"文件夹中，如图 4-6（a）所示。单击"保存"按钮后，弹出如图 4-6（b）所示的单片机型号选择对话框，由于使用的单片机型号为 STM32F103ZET6，故选择"STM32F103ZE"。单击"OK"按钮，弹出在线添加固件库文件窗口，由于后面手动添加固件库文件，故将该窗口关闭。这样就在 Keil 软件中新建了一个名为"FuncTemp"的工程，在软件左侧的工程管理窗口中显示新建的"FuncTemp"工程，如图 4-6（c）所示。

（a）将工程命名并保存

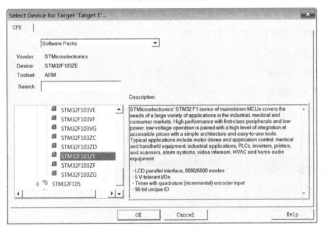

（b）单片机型号选择对话框

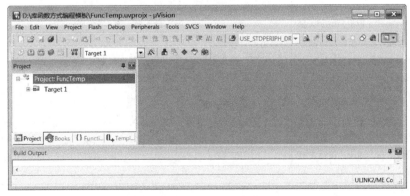

（c）在软件左侧的工程管理窗口中显示新建的"FuncTemp"工程

图 4-6　新建工程

2. 添加工程组

新建工程时 Target 1 项默认只有一个 Source Group 1 工程组，把所有的文件都放在该工程组中将不方便管理，为此可根据需要在 Target 1 中再建立一些工程组。添加工程组的操作见表 4-2。

表 4-2 添加工程组的操作

序号	操作说明	操作图
1	在软件工程管理窗口中选中 Target 1，右击，在弹出的快捷菜单中选择 "Manage Project Items"，也可直接单击工具栏上的 工具，弹出 "Manage Project Items" 对话框	
2	在 "Manage Project Items" 对话框中双击 "Source Group 1" 项使之变为可编辑状态，将其更名为 "User"；然后单击上方的 图标，在 User 下方插入一个空白工程组，将其命名为 "Startup"；再用同样的方法插入 "Stdperiph_Driver" 和 "CMSS" 工程组	
3	在 Target 1 中添加了 User、Startup、Stdperiph_Driver 和 CMSS 四个工程组	
4	选中 "User" 工程组，单击 "Add Files" 按钮，在弹出的对话框中打开 "库函数方式编程模板" 文件夹中的 User 文件夹；选中该文件夹中的 main.c 和 stm32f10x_it.c 文件，单击 "Add" 按钮，将这两个文件加到 "User" 工程组中；最后单击 "Close" 按钮关闭对话框	

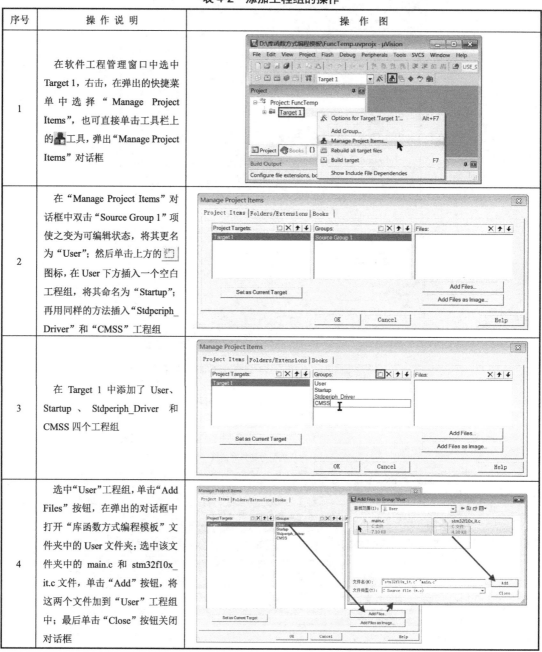

续表

序号	操 作 说 明	操 作 图
5	选中"Startup"工程组，单击"Add Files"按钮，在弹出的对话框中打开"库函数方式编程模板"文件夹中的 Libraries 文件夹；在文件类型栏中选择"All files"，再选择该文件夹中的 Startup_stm32f10x_hd.s 文件，单击"Add"按钮，将该文件添加到"Startup"工程组。再用同样的方法为 Stdperiph_Driver 和 CMSS 工程组添加文件	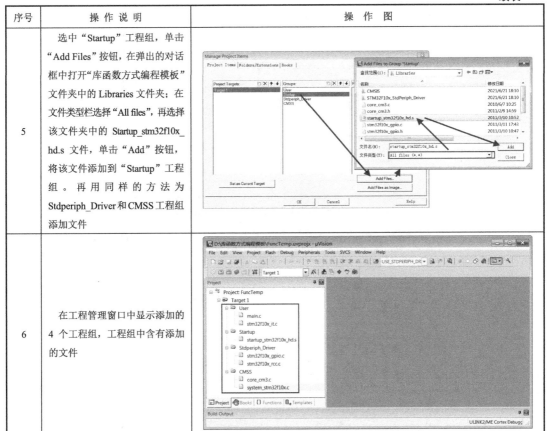
6	在工程管理窗口中显示添加的 4 个工程组，工程组中含有添加的文件	

4.2.3　配置工程

1．选择微库和生成 HEX 文件

在 Keil 软件的工具栏上单击 工具，弹出"Options for Target 'Target 1'"对话框，打开"Target"选项卡，勾选"Use MicroLIB"（使用微库）选项，主要是为了 printf 重定向输出时不会出现各种奇怪的现象，其他项保持默认设置，如图 4-7（a）所示。再切换到"Output"选项卡，勾选"Create HEX File"（生成 HEX 文件）选项，如图 4-7（b）所示。这样在编译时会生成扩展名为.HEX 的十六进制文件，可使用单独的下载软件将该文件下载到单片机来实现程序的下载。若使用 ST-Link 下载调试器下载程序，则无须生成 HEX 文件，可不选择该选项。

2．预编译定义

在"Options for Target 'Target 1'"对话框中切换到"C/C++"选项卡，在"Define"栏中输入两个宏定义字符串"USE_STDPERIPH_DRIVER"和"STM32F10X_HD"，两者用逗号隔开，如图 4-8 所示。这两个宏定义字符串的功能是让头文件 stm32f10x.h 中能包含 stm32f10x_conf.h 文件，否则编译会出错。

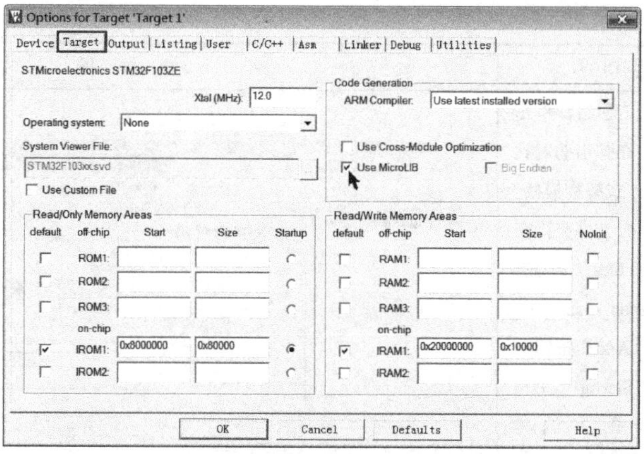

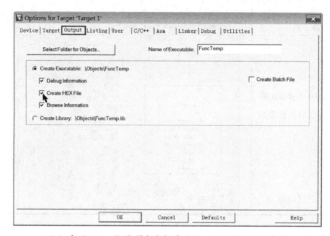

（a）在"Target"选项卡中勾选"Use MicroLIB"选项

（b）在"Output"选项卡中勾选"Create HEX File"选项

图 4-7　选择微库和生成 HEX 文件

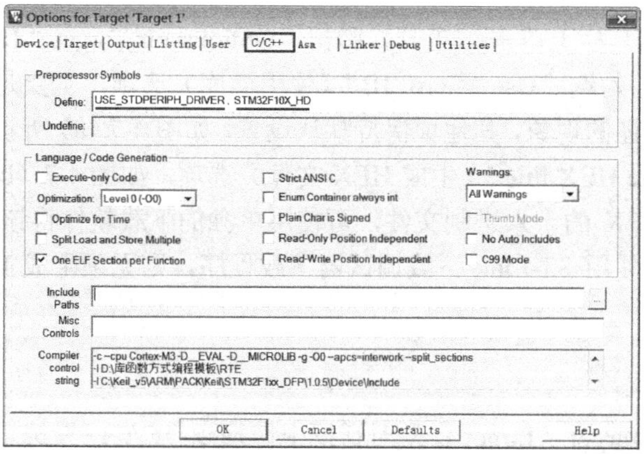

图 4-8　预编译定义

3. 设置头文件的路径

在采用库函数方式编程的工程中要用到很多头文件（.h 文件），这些头文件可以不用像源文件（.c 文件）那样直接加到工程组，但需要设置其路径，这样编译时 Keil 软件才能按该路径找到并使用这些头文件。

　　头文件的路径设置如图 4-9 所示。在 "Options for Target 'Target 1'" 对话框的 "C/C++" 选项卡中，单击　按钮，弹出 "Folder Setup" 对话框，如图 4-9（a）所示。单击右上角的　按钮，在下方插入一个路径设置项，单击右边的　按钮，在弹出的对话框中可选择头文件所在的文件夹，用这种方法设置好工程中用到的全部头文件路径，如图 4-9（b）所示。单击 "OK" 按钮返回 "C/C++" 选项卡，在 "Include Paths" 栏中显示头文件的 3 个路径，即工程中用到的全部头文件都可在这 3 个路径中找到，如图 4-9（c）所示。如果路径设置错误或缺少路径，编译时会找不到需要的头文件，编译会出错。

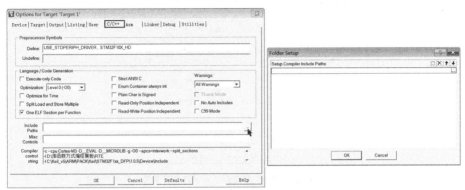

（a）单击　按钮弹出 "Folder Setup" 对话框

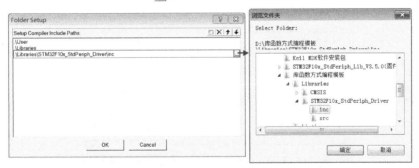

（b）设置工程中用到的全部头文件的路径

（c）在 "Include Paths" 栏中显示头文件的路径

图 4-9　设置头文件的路径

4．下载调试设置

在"Options for Target'Target 1'"对话框中切换到"Debug"选项卡，选中"Use"后选择使用的下载调试器的类型（ST-Link Debugger），如图 4-10（a）所示。再单击"Settings"按钮，弹出如图 4-10（b）所示对话框，将"Port"项设为"SW"，"Reset"项设为"SYSRESETREQ"。然后切换到"Flash Download"选项卡，勾选"Reset and Run"选项，如图 4-10（c）所示。这样在程序下载完成后，单片机会自动复位并运行程序，否则需要手动按压单片机电路板上的复位键才能让程序运行。注：若编程计算机未连接下载调试器，则有些选项无法设置。

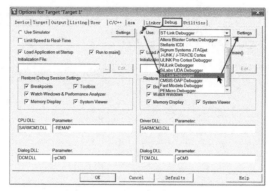

（a）选中"Use"并选择下载调试器的类型

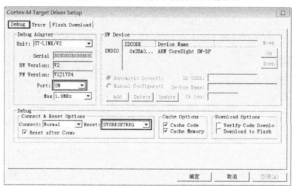

（b）设置"Port"项和"Reset"项

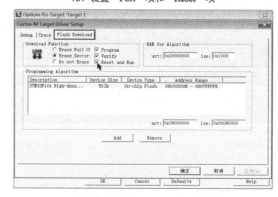

（c）勾选"Reset and Run"选项

图 4-10　下载调试设置

4.2.4　编写主程序模板

主程序是指含有 main 函数的程序，整个工程的程序是从主程序的 main 函数开始运行的，主程序文件一般用 main.c 命名。主程序模板的编写如图 4-11 所示，在 Keil 软件的工程管理窗口中双击 "main.c"，会在右边的程序编辑器中打开该文件，如图 4-11（a）所示。由于该文件是直接从 STM32 固件库 Project 文件夹复制过来的，需将该文件中所有的程序内容全部删掉，再重新编写，编写好的 main.c 程序如图 4-11（b）所示。这样的程序虽然简单，但大多数工程主程序都有这些内容，就像一个空表格。

至此，库函数方式编程模板创建完成。为了检查模板是否存在错误，可单击工具栏上的 工具，或执行菜单命令 "Project"（工程）→ "Rebuild all target files"（编译所有的目标文件），Keil 软件会对程序进行编译。编译结束后，在下方的输出窗口中出现 "0 Error(s)，0 Warning(s)"，如图 4-11（c）所示，表示程序没有错误和警告（至少语法上是正确的）。

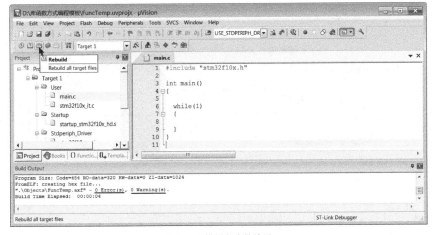

（a）打开 main.c 文件　　　　　　　　（b）在 main.c 文件中编写的模板程序

（c）工程模板程序的编译

图 4-11　编写主程序模板

4.3 库函数方式闪烁点亮 LED 工程的创建与编程

4.3.1 利用库函数方式编程模板创建工程

如果将库函数方式编程模板比作一张未填写的个人简历表格，那么利用模板创建新工程就相当于在这个表格中填写内容，与在一张空白纸上先画表格再填写内容相比，这样做非常方便。

利用库函数方式编程模板创建新工程如图 4-12 所示。首先复制一份"库函数方式编程模板"，再将其更名为"库函数方式点亮 LED"，如图 4-12（a）所示；打开"库函数方式点亮 LED"文件夹，其中扩展名为".uvprojx"的文件是工程的项目文件，如图 4-12（b）所示；双击该文件，启动 Keil 软件将其打开，如图 4-12（c）所示。

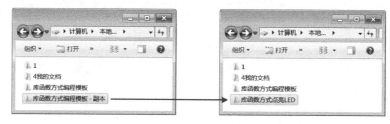

（a）复制一份"库函数方式编程模板"并更名为"库函数方式点亮 LED"

（b）扩展名为".uvprojx"的文件是工程的项目文件

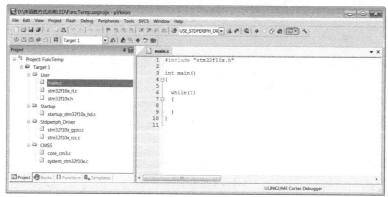

（c）打开的工程

图 4-12　利用库函数方式编程模板创建新工程

4.3.2　在工程中新建一些文件

利用库函数方式编程模板创建的新工程 User 中只有一个 main.c 文件，如果用户将所有的程序都写在该文件中，查找、阅读和管理程序会不太方便，可根据需要在工程中新建一些文件，再用 main.c 文件中的程序来调用。

这里新建 led.h 和 led.c 两个文件，并添加到 User 工程组，操作过程如图 4-13 所示。在 Keil 软件中执行菜单命令"File"→"New"，新建一个名为"Text1"的文件，如图 4-13（a）所示；再执行菜单命令"File"→"Save As"，弹出如图 4-13（b）所示对话框，打开"库函数方式点亮 LED"文件夹中的 User 文件夹，将 Text1 文件更名为 led.h 并保存下来；然后在工程管理窗口双击 User，弹出添加文件到 User 工程组对话框，如图 4-13（c）所示；找到并选中 led.h 文件，单击"Add"按钮，led.h 文件被添加到 User 工程组，如图 4-13（d）所示。再用同样的方法新建一个 led.c 文件，也添加到 User 工程组，如图 4-13（e）所示。

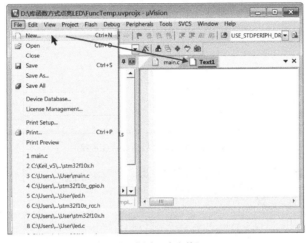

（a）新建一个文件

（b）将新建文件更名为 led.h 并保存到 User 文件夹

图 4-13　新建 led.h、led.c 文件并添加到 User 工程组

（c）双击 User 弹出添加文件到 User 工程组对话框（在此找到并选择添加 led.h 文件）

（d）led.h 文件被添加到 User 工程组

（e）新建 led.c 文件并添加到 User 工程组

图 4-13　新建 led.h、led.c 文件并添加到 User 工程组（续）

4.3.3　程序的编写与说明

1. led.h 文件的程序编写与说明

1）编写程序

在 Keil 软件的工程管理窗口 User 工程组中双击"led.h"，在右边的程序编辑器中打开该文件。在编辑器中编写如图 4-14 所示的程序。

```
led.h
1 ⊟#ifndef _led_H    //如果没有定义"_led_H",则编译"#denfine"至"#endif"之间的内容,否则不编译
2  #dcfinc _lcd_H    //定义标识符"_led_H"
3  #include "stm32f10x.h"  //包含stm32f10x.h头文件,相当于将该文件的内容插到此处
4  void LED_Init(void);    //声明一个void LED_Init(void)函数,声明后程序才可使用该函数
5  #endif             //结束宏定义
6
```

图 4-14　led.h 文件的程序

2）程序说明

在一个工程中，一个文件经常需要包含其他文件，比如 A 文件包含 led.h，B 文件也包含 led.h 文件，C 文件包含了 A 文件和 B 文件，这样在编译 C 文件时就需要对 led.h 文件处理两次，编译程序时会出现"redefine"（重复定义）错误。

图 4-14 所示程序中的"#ifndef _led_H"用于判断标识符"_led_H"是否已定义，如果未定义，则处理"#ifndef _led_H"至"#endif"之间的内容；否则，不处理这些内容。比如，一个文件直接或间接包含了两次 led.h，在第一次处理 led.h 时，由于还未定义_led_H（也可以是其他标识符），led.h 会全部被处理；在第二次处理 led.h 时，由于第一次处理时已用"#define _led_H"定义了_led_H，"#ifndef _led_H"判断_led_H 已被定义，就不再处理"#ifndef _led_H"至"#endif"之间的内容了，这样可避免相同的内容反复被处理。

3）条件编译

#ifndef 为条件编译命令，条件编译有 3 种形式，见表 4-3。

表 4-3　条件编译的 3 种形式

形　式　一	形　式　二	形　式　三
#ifndef 标识符 程序段 1 #else 程序段 2 #endif	#ifdef 标识符 程序段 1 #else 程序段 2 #endif	#ifdef 常量表达式 程序段 1 #else 程序段 2 #endif
功能：如果标识符未被#define 定义，则对程序段 1 进行编译，否则对程序段 2 进行编译	功能：如果标识符已被#define 定义，则对程序段 1 进行编译，否则对程序段 2 进行编译	功能：如果常量表达式为真（非 0 即为真），则对程序段 1 进行编译，否则对程序段 2 进行编译

2. led.c 文件的程序编写与说明

1）编写程序

在 Keil 软件的工程管理窗口 User 工程组中双击"led.c"，程序编辑器打开该文件。在编辑器中编写如图 4-15 所示的程序。

2）程序说明

led.c 文件的程序要点说明如下。

（1）第 6 行"GPIO_InitTypeDef　GPIO_InitStructure；"。

其功能是定义一个结构体（struct）类型为 GPIO_InitTypeDef 的结构体变量 GPIO_InitStructure。选中程序中的"GPIO_InitTypeDef"，右击，在弹出的快捷菜单中选择"Go

To Definition Of 'GPIO_InitTypeDef'"，自动打开该结构体类型的定义文件 stm32f10x_gpio.h 并显示该类型的具体内容，如图 4-16 所示。GPIO_InitTypeDef 类型有 3 个成员，分别是 GPIO_Pin、GPIO_Speed 和 GPIO_Mode。

```
led.h    led.c                                                              ▼ ×
 1    /* 开启GPIOC端口时钟，设置端口引脚号、工作模式和速度 */
 2    #include "led.h"    //包含led.h，相当于将该文件内容插到此处
 3
 4    void LED_Init(void)    //LED_Init函数，其输入、输出参数均为void（空）
 5  ┌ {                     //LED_Init函数的首大括号
 6  │   GPIO_InitTypeDef GPIO_InitStructure;    //定义一个类型为GPIO_InitTypeDef的结构体变量GPIO_InitStructure
 7  │   RCC_APB2PeriphClockCmd(RCC_APB2Periph_GPIOC,ENABLE); //执行RCC_APB2PeriphClockCmd函数，开启GPIOC端口时钟
 8  │   GPIO_InitStructure.GPIO_Pin=GPIO_Pin_13;    /*将结构体变量GPIO_InitStructure的成员GPIO_Pin设为
 9  │                                                GPIO_Pin_13，即将GPIO端口引脚设为13 */
10  │   GPIO_InitStructure.GPIO_Mode=GPIO_Mode_Out_PP;    //将GPIO端口工作模式设为PP（推挽输出）
11  │   GPIO_InitStructure.GPIO_Speed=GPIO_Speed_2MHz;    //将GPIO端口工作速度设为2MHz
12  ┌ GPIO_Init(GPIOC,&GPIO_InitStructure);    /*执行GPIO_Init函数，按结构体变量GPIO_InitStructure设定的
13  │                                              引脚、工作模式和速度初始化（配置）GPIOC端口*/
14  ┌ GPIO_SetBits(GPIOC,GPIO_Pin_13);    /*执行GPIO_SetBits函数，将GPIOC端口的端口位13置1，即让PC13脚输出高电平，
15  │                                        熄灭LED */
16    }                     //LED_Init函数的尾大括号
17
```

图 4-15   led.c 文件的程序

GPIO_Pin 为无符号 16 位整型数（uint16_t）变量，用于选择待设置的引脚，可使用 "|" 符号一次选择多个引脚，其值为 GPIO_Pin_0、GPIO_Pin_1～GPIO_Pin_15、GPIO_Pin_None（不选任何引脚）、GPIO_Pin_All（选择全部引脚）。

GPIO_Speed 为 GPIOSpeed_TypeDef 枚举（enum）类型的变量，选中 "GPIOSpeed_TypeDef"，右击，在弹出的快捷菜单中选择 "Go To Definition Of 'GPIOSpeed_TypeDef'"，可以看到该枚举类型变量有 3 个取值，分别是 GPIO_Speed_10MHz（最高输出速率 10MHz）、GPIO_Speed_2MHz 和 GPIO_Speed_50MHz，如图 4-16 所示。

GPIO_Mode 为 GPIOMode_TypeDef 枚举（enum）类型的变量，选中 "GPIOMode_TypeDef"，右击，在弹出的快捷菜单中选择 "Go To Definition Of 'GPIOMode_TypeDef'"，可以看到该枚举类型变量有 8 个取值，这些值对应的工作模式见图 4-16 右下角的表格。

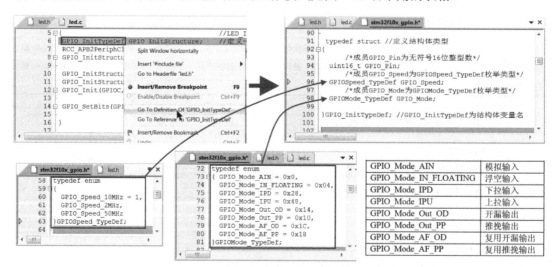

图 4-16   结构体类型 GPIO_InitTypeDef 的 3 个成员及取值

（2）第 7 行"RCC_APB2PeriphClockCmd(RCC_APB2Periph_GPIOC,ENABLE);"。

其功能是 ENABLE（使能，开启）GPIOC 端口时钟。要让某外设工作，必须开启（使能）该外设的时钟。

RCC_APB2PeriphClockCmd 为使能/失能 APB2 外设时钟函数，该函数有两个输入参数，输入参数 1 用于设置 APB2 外设时钟对象，其取值与对应的外设时钟对象见表 4-4；输入参数 2 有两个取值：ENABLE（使能，开启）和 DISABLE（失能，关闭）。

表 4-4　RCC_APB2PeriphClockCmd（APB2 外设时钟使能/失能）函数说明

函 数 名	RCC_APB2PeriphClockCmd
函数原型	void RCC_APB2PeriphClockCmd(u32 RCC_APB2Periph,FunctionalState NewState)
功能描述	使能或者失能 APB2 外设时钟
输入参数 1	RCC_APB2Periph：门控 APB2 外设时钟，其取值与对应的外设时钟对象如下。<table><tr><td>RCC_APB2Periph 的取值</td><td>APB2 外设时钟对象</td></tr><tr><td>RCC_APB2Periph_AFIO</td><td>功能复用 IO 时钟</td></tr><tr><td>RCC_APB2Periph_GPIOA</td><td>GPIOA 时钟</td></tr><tr><td>RCC_APB2Periph_GPIOB</td><td>GPIOB 时钟</td></tr><tr><td>RCC_APB2Periph_GPIOC</td><td>GPIOC 时钟</td></tr><tr><td>RCC_APB2Periph_GPIOD</td><td>GPIOD 时钟</td></tr><tr><td>RCC_APB2Periph_GPIOE</td><td>GPIOE 时钟</td></tr><tr><td>RCC_APB2Periph_ADC1</td><td>ADC1 时钟</td></tr><tr><td>RCC_APB2Periph_ADC2</td><td>ADC2 时钟</td></tr><tr><td>RCC_APB2Periph_TIM1</td><td>TIM1 时钟</td></tr><tr><td>RCC_APB2Periph_SPI1</td><td>SPI1 时钟</td></tr><tr><td>RCC_APB2Periph_USART1</td><td>USART1 时钟</td></tr><tr><td>RCC_APB2Periph_ALL</td><td>全部 APB2 外设时钟</td></tr></table>
输入参数 2	NewState：指定外设时钟的新状态。这个参数取值为 ENABLE 或 DISABLE

（3）第 8 行"GPIO_InitStructure.GPIO_Pin=GPIO_Pin_13;"。

其功能是将结构体变量 GPIO_InitStructure 的成员 GPIO_Pin 的值设为 GPIO_Pin_13，即选择 GPIO 端口的引脚 13。

（4）第 10 行"GPIO_InitStructure.GPIO_Mode=GPIO_Mode_Out_PP;"。

其功能是将结构体变量 GPIO_InitStructure 的成员 GPIO_Mode 的值设为 GPIO_Mode_Out_PP，即将 GPIO 端口工作模式设为 PP（推挽输出）。

（5）第 11 行"GPIO_InitStructure.GPIO_Speed=GPIO_Speed_2MHz"。

其功能是将结构体变量 GPIO_InitStructure 的成员 GPIO_Speed 的值设为 GPIO_Speed_2MHz，即将 GPIO 端口最高工作速度设为 2MHz。

（6）第 12 行"GPIO_Init(GPIOC,&GPIO_InitStructure);"。

其功能是执行 GPIO_Init 函数，取结构体变量 GPIO_InitStructure 设定的引脚、工作模式和速度初始化（配置）GPIOC 端口。GPIO_Init 为 GPIO 端口初始化函数，其说明见表 4-5。

函数中的 GPIO_TypeDef* GPIOx 表示 GPIOx 是 GPIO_TypeDef 类型的指针变量，编程时只需写出变量 GPIOx，无须写类型名 GPIO_TypeDef。

表 4-5　GPIO_Init（GPIO 端口初始化）函数说明

函 数 名	GPIO_Init
函数原型	void GPIO_Init(GPIO_TypeDef* GPIOx, GPIO_InitTypeDef* GPIO_InitStruct)
功能描述	根据 GPIO_InitStruct 中指定的参数初始化外设 GPIOx 寄存器
输入参数 1	GPIOx：x 可以是 A、B、C、D 或 E，据此选择 GPIO 外设
输入参数 2	GPIO_InitStruct：指向结构体 GPIO_InitTypeDef 的指针，包含了外设 GPIO 的配置信息

（7）第 14 行"GPIO_SetBits(GPIOC,GPIO_Pin_13);"。

其功能是执行 GPIO_SetBits 函数，将 GPIOC 端口的端口位 13 置 1，即让 PC13 脚输出高电平，熄灭该脚外接的 LED。GPIO_SetBits 为 GPIO 端口置位函数，其说明见表 4-6。GPIO_ResetBits 为 GPIO 端口复位函数，与 GPIO_SetBits 函数相反，其说明见表 4-7。

表 4-6　GPIO_SetBits（GPIO 端口置位）函数说明

函 数 名	GPIO_SetBits
函数原型	viod GPIO_SetBits(GPIO_TypeDef*GPIOx, u16 GPIO_Pin)
功能描述	设置指定的数据端口位
输入参数 1	GPIOx：x 可以是 A、B、C、D 或 E，据此选择 GPIO 外设
输入参数 2	GPIO_Pin：待设置的端口位。 该参数可以取 GPIO_Pin_x（x 可以是 0～15）的任意组合
使用举例	GPIO_SetBits(GPIOA, GPIO_Pin_10 | GPIO_Pin_15); /*将 GPIOA 端口的引脚 10 和引脚 15 置高电平*/

表 4-7　GPIO_ResetBits（GPIO 端口复位）函数说明

函 数 名	GPIO_ResetBits
函数原型	viod GPIO_ResetBits(GPIO_TypeDef* GPIOx, u16 GPIO_Pin)
功能描述	清除指定的数据端口位
输入参数 1	GPIOx：x 可以是 A、B、C、D 或 E，据此选择 GPIO 外设
输入参数 2	GPIO_Pin：待清除的端口位。 该参数可以取 GPIO_Pin_x（x 可以是 0～15）的任意组合

3. main.c 文件的程序编写与说明

在 Keil 软件的工程管理窗口 User 工程组中双击"main.c"，程序编辑器打开该文件。在程序编辑器中编写如图 4-17 所示的程序。程序在执行到某个函数（如 LED_Init 函数）时，首先从当前程序文件中查找有无该函数，如果没有，会从其他文件中查找并执行该函数。

```
  led.h    led.c    main.c                                              ▼ × 
    1                              /* 库函数方式闪烁点亮LED */
    2    #include "stm32f10x.h"    //包含stm32f10x.h，相当于将该文件内容插到此处
    3    #include "led.h"          //包含led.h，相当于将该文件内容插到此处
    4
    5    void delay(u32 i)   //delay为延时函数，输入参数为无符号的32位整型变量i(u32 i)
    6    {                            //delay函数的首大括号
    7      while(i--);        /* while为循环语句，当()内的i值不为0(非0为真)时反复执行本条语句，
    8                            每执行一次，i减到1，当i值减到0时跳出while语句，i值越大，
    9                            本条语句执行次数越多，所需时间越长，即延时时间越长 */
   10    }                            //delay函数的尾大括号
   11
   12    int main()               /*main为主函数，无输入参数，返回值为整型数(int)，一个工程只能有一个main函数，
   13                                不管有多少个程序文件，都会找到main函数并从该函数开始执行程序 */
   14    {                            //main函数的首大括号
   15      LED_Init();  //执行LED_Init函数(在led.c文件中)，开启GPIOC端口时钟，设置端口引脚号、工作模式和速度
   16      while(1)      /* while为循环语句，当()内的值为真(非0即为真)时，反复执行本语句首尾大括号中的内容，
   17                        ()内的值为0时跳出while语句*/
   18      {                            //while语句的首大括号
   19        GPIO_ResetBits(GPIOC,GPIO_Pin_13); /*执行GPIO_ResetBits(端口复位)函数，将GPIOC端口的引脚13复位
   20                                 为低电平，点亮该引脚外接的LED */
   21        delay(6000000);               //将6000000赋给delay函数的输入参数i，再执行delay函数延时
   22        GPIO_SetBits(GPIOC,GPIO_Pin_13);   /*执行GPIO_SetBits(端口置位)函数，将GPIOC端口的引脚13置位
   23                                 为高电平，熄灭该引脚外接的LED */
   24        delay(6000000);               //将6000000赋给delay函数的输入参数i，再执行delay函数延时
   25      }                            //while语句的尾大括号
   26    }                            //main函数的尾大括号
   27
```

图 4-17　main.c 文件的程序

4.4　位段（bit-band）访问方式编程闪烁点亮 LED

51 单片机的 IO 端口寄存器可以直接进行位操作，如直接将 P0 寄存器的位 3 置 1，让 P0.3 引脚输出高电平，STM32 单片机通常只能对寄存器的 32 位进行整体读写，如果需要读写寄存器的某个位，可通过读写这个位对应的别名区（32 位存储单元）来实现。比如，一个学校的校长需要某个班的某个同学在毕业典礼上做报告，51 单片机的工作方式类似于校长直接找到该学生让他做报告，STM32 单片机的工作方式类似于校长找到管理该班的老师，给老师下达这样的命令，老师再将命令传达给学生。

4.4.1　位段区与位段别名区

STM32 单片机有两个存储区可进行位访问，这两个区称为位段区（也称位带区），分别为 SRAM 区的 0x20000000～0x200FFFFF 字节单元（1MB）和 Peripherals 区（片上外设区）的 0x40000000～0x400FFFFF 字节单元（1MB），如图 4-18 所示。1 字节（B）由 8 位（b）组成，故 1MB 由 8Mb 组成，由于这 8Mb 没有分配位地址，故不能直接访问位，STM32 单片机采用以 4 字节管理 1 位的方式进行位操作，对 4 字节进行读写操作时，这 4 字节就会对其管理的位进行相同的操作。比如，要对 Peripherals 位段区的 0x40000000 字节的位 0 写 1，只需往管理该位的 4 字节（地址为 0x42000000，以低字节的地址为 4 字节地址）写 1，这 4 字节就会将写入的 1 再转写到 0x40000000 字节的位 0 中，从而达到位操作的目的。

4 字节管理 1 位，这 4 字节的地址（低字节的地址）称为该位的位别名，只要访问位别名就能操作位。Peripherals 区的位段区为 1MB，有 8Mb，由于 4 字节对应 1 位，故 8Mb 对

应 32MB，Peripherals 区的位段别名区地址为 0x42000000～0x43FFFFFF。SRAM 区的位段区也为 1MB，其位段别名区地址为 0x22000000～0x23FFFFFF。Peripherals 区的 1MB 位段区包含了 APB1、APB2、AHB 总线外设的所有寄存器，也就是说，可以通过访问位别名的方式对这些外设寄存器的位进行操作。

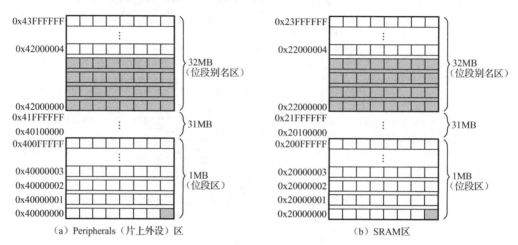

图 4-18　Peripherals（片上外设）区、SRAM 区的位段区与位段别名区

4.4.2　位段区字节的位别名地址计算

要访问位段区某个字节的某个位，关键要获得这个位的位别名地址，然后访问位别名地址即可操作这个位。位别名地址可通过以下公式计算获得：

位别名地址 AAddr＝位段别名区起始地址+[（位段区位的字节地址 addr−位段区基址）×8+位号 n] ×4

＝位段别名区起始地址+（位段区位的字节地址 addr−位段区基址）×32+位号 n×4

Peripherals 区的位段别名区起始地址为 0x42000000，位段区起始地址为 0x40000000；SRAM 区的位段别名区起始地址为 0x22000000，位段区起始地址为 0x20000000。

举例：求 Peripherals 位段区 0x40000000 字节的位 1 的位别名地址 AAddr。

AAddr=0x42000000+(0x40000000−0x40000000)×32+1×4=0x42000004

4.4.3　新建工程和程序文件

1. 利用库函数方式编程模板创建新工程

利用库函数方式编程模板创建新工程的操作如图 4-19 所示。先复制一份"库函数方式编程模板"，并将文件夹更名为"位段访问编程闪烁点亮 LED"，再打开该文件夹，如图 4-19（a）所示；双击扩展名为".uvprojx"的工程的项目文件，启动 Keil 软件将该文件打开，如图 4-19（b）所示。

（a）复制一份"库函数方式编程模板"并更名为"位段访问编程闪烁点亮 LED"

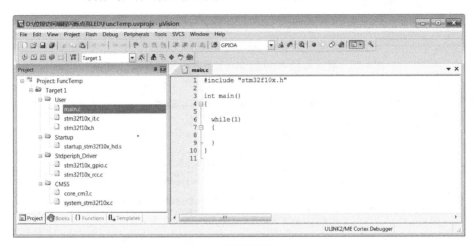

（b）打开的工程

图 4-19　利用库函数方式编程模板创建新工程

2．新建并关联程序文件

利用库函数方式编程模板创建的新工程 User 工程组只有一个需要用户编写的 main.c 文件，虽然可以将所有的程序都写在该文件中，但这样会使程序过长，查找、阅读和管理起来不方便。可根据需要新建一些文件，将一些程序写在这些文件中，再用 main.c 文件中的程序来调用。

这里新建 led.c 和 bitband.h 两个文件，并添加到 User 工程组，如图 4-20 所示，具体操作过程可参见图 4-13。led.c 文件用于编写初始化连接 LED 的 GPIO 端口的程序，bitband.h 文件用于编写与位段有关的程序。

4.4.4　程序的编写与说明

1．bitband.h 文件的程序编写与说明

1）编写程序

在 Keil 软件的工程管理窗口 User 工程组中双击"bitband.h"，程序编辑器打开该文件。在程序编辑器中编写如图 4-21 所示的程序。

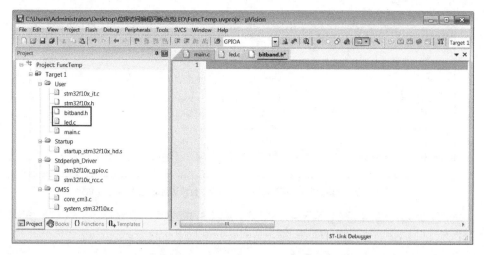

图 4-20　新建 led.c 和 bitband.h 文件并添加到 User 工程组

```
1    /**计算GPIOx_IDR、GPIOx_ODR寄存器位的别名地址,取该地址的值分别赋给Pxin和Pxout, x=A～G **/
2  #ifndef _bitband_H    //如果没有定义"_bitband_H",则编译"#denfine"至"#endif"之间的内容,否则不编译
3  #define _bitband_H    //定义标识符"_bitband_H"
4  #include "stm32f10x.h"  //包含stm32f10x.h头文件,相当于将该文件的内容插入此处
5
6  #define BITBAND(addr, bitnum) ((addr & 0xF0000000)+0x2000000+((addr & 0xFFFFF)<<5)+(bitnum<<2))
7                         /*将位段区要访问的位的字节地址和位号分别赋给addr和bitnum,
8                          然后按"(addr & 0xF0000000)+0x2000000+((addr & 0xFFFFF)<<5)+(bitnum<<2)"
9                          计算出该位的位别名地址,再将位别名地址赋给BITBAND */
10 #define MEM_ADDR(abc) *((volatile unsigned long *)(abc))
11                         //将MEM_ADDR的参数转换成指针(地址)类型,并取该地址的值赋给MEM_ADDR
12 #define BIT_ADDR(addr, bitnum) MEM_ADDR(BITBAND(addr, bitnum))
13                         //将BITBAND的值作为地址(位的别名地址),取该地址的值赋给BIT_ADDR
14
15 #define GPIOA_ODR_Addr    (GPIOA_BASE+12)  /*GPIOA_BASE+12=0x40010800+12=0x4001080C,
16                              将0x4001080C(GPIOA_ODR端口输出数据寄存器的地址)赋给GPIOA_ODR_Addr */
17 #define GPIOB_ODR_Addr    (GPIOB_BASE+12)    //0x40010C00+12=0x40010C0C→GPIOB_ODR_Addr
18 #define GPIOC_ODR_Addr    (GPIOC_BASE+12)    //0x4001100C→GPIOC_ODR_Addr
19 #define GPIOD_ODR_Addr    (GPIOD_BASE+12)    //0x4001140C→GPIOD_ODR_Addr
20 #define GPIOE_ODR_Addr    (GPIOE_BASE+12)    //0x4001180C→GPIOE_ODR_Addr
21 #define GPIOF_ODR_Addr    (GPIOF_BASE+12)    //0x40011C0C→GPIOF_ODR_Addr
22 #define GPIOG_ODR_Addr    (GPIOG_BASE+12)    //0x4001200C→GPIOG_ODR_Addr
23
24 #define GPIOA_IDR_Addr    (GPIOA_BASE+8)  /*GPIOA_BASE+8=0x40010800+8=0x40010808,
25                              将0x40010808(GPIOA_IDR端口输入数据寄存器的地址)赋给GPIOA_IDR_Addr */
26 #define GPIOB_IDR_Addr    (GPIOB_BASE+8)     //0x40010C00+8=0x40010C08→GPIOB_IDR_Addr
27 #define GPIOC_IDR_Addr    (GPIOC_BASE+8)     //0x40011008→GPIOC_IDR_Addr
28 #define GPIOD_IDR_Addr    (GPIOD_BASE+8)     //0x40011408→GPIOD_IDR_Addr
29 #define GPIOE_IDR_Addr    (GPIOE_BASE+8)     //0x40011808→GPIOE_IDR_Addr
30 #define GPIOF_IDR_Addr    (GPIOF_BASE+8)     //0x40011C08→GPIOF_IDR_Addr
31 #define GPIOG_IDR_Addr    (GPIOG_BASE+8)     //0x40012008→GPIOG_IDR_Addr
32
33 #define PAout(n)    BIT_ADDR(GPIOA_ODR_Addr,n)  /*以GPIOA_ODR_Addr(0x4001080C)和n作为GPIOA_ODR寄存器的
34                              地址和位号,计算该位的位别名地址,再将该地址的值赋给PAout */
35 #define PAin(n)     BIT_ADDR(GPIOA_IDR_Addr,n)  /*以GPIOA_IDR_Addr(0x40010808)和n作为GPIOA_IDR寄存器的
36                              地址和位号,计算该位的位别名地址,再将该地址的值赋给PAin */
37 #define PBout(n)    BIT_ADDR(GPIOB_ODR_Addr,n)   //将GPIOB_ODR寄存器位n的别名地址的值赋给PBout
38 #define PBin(n)     BIT_ADDR(GPIOB_IDR_Addr,n)   //将GPIOB_IDR寄存器位n的别名地址的值赋给PBin
39 #define PCout(n)    BIT_ADDR(GPIOC_ODR_Addr,n)   //将GPIOC_ODR寄存器位n的别名地址的值赋给PCout
40 #define PCin(n)     BIT_ADDR(GPIOC_IDR_Addr,n)   //将GPIOC_IDR寄存器位n的别名地址的值赋给PCin
41 #define PDout(n)    BIT_ADDR(GPIOD_ODR_Addr,n)
42 #define PDin(n)     BIT_ADDR(GPIOD_IDR_Addr,n)
43 #define PEout(n)    BIT_ADDR(GPIOE_ODR_Addr,n)
44 #define PEin(n)     BIT_ADDR(GPIOE_IDR_Addr,n)
45 #define PFout(n)    BIT_ADDR(GPIOF_ODR_Addr,n)
46 #define PFin(n)     BIT_ADDR(GPIOF_IDR_Addr,n)
47 #define PGout(n)    BIT_ADDR(GPIOG_ODR_Addr,n)
48 #define PGin(n)     BIT_ADDR(GPIOG_IDR_Addr,n)
49 #endif  //结束宏定义
50
```

图 4-21　bitband.h 文件的程序

2）程序说明

bitband.h 文件的程序要点说明如下。

（1）第 6 行"#define BITBAND(addr,bitnum) ((addr&0xF0000000)+0x2000000+((addr& 0xFFFFF)<<5)+ (bitnum<<2))"。

其功能是将位段区位的字节地址和位号分别赋给 addr 和 bitnum，然后按后面的公式计算出该位的位别名地址，再将位别名地址赋给 BITBAND。addr 为位段区位的字节地址，bitnum 为位号。

位别名地址 BITBAND=位段别名区起始地址+（位段区位的字节地址 addr-位段区起始地址）×32+位号 bitnum×4

"addr&0xF0000000" 可使 addr 的最高位（二进制数则为高 4 位）保留，低 7 位（二进制数则为低 28 位）全部清 0，在计算 SRAM 位段区位的别名地址时该值为 0x20000000，Peripherals（片上外设）区时为 0x40000000，两者的地址区别在于最高位不同。&为位与符号，0101&1111=0101，即 0x5&0xF=0x5，0x5&0x0=0x0。

"(addr& 0xFFFFF)" 可使 addr 的低 5 位保留，高 3 位全部清 0，相当于 addr-0x40000000 或 addr-0x20000000，如 addr=0x4001080C（GPIOA_ODR 端口输出数据寄存器的地址），addr&0xFFFFF=0x0001080C，<<5 表示左移 5 位，相当于×32，比如二进制数 1<<5 变成了 100000，转换成十进制数为 32。

"bitnum<<2" 表示将 bitnum 值左移 2 位，相当于将 bitnum 值×4。

（2）第 10 行"#define MEM_ADDR(abc) *((volatile unsigned long *)(abc))"。

其功能是将 MEM_ADDR 的参数转换成指针（地址）类型，并取该地址的值赋给 MEM_ADDR。"(volatile unsigned long *)(abc)"用于定义 abc 是一种不稳定（volatile）的无符号 32 位（unsigned long）指针（*）类型参数，前面的*号表示将后面的参数作为地址，再取该地址的值。对于 volatile 类型的变量，读写的内容都是最新值。

（3）第 12 行"#define BIT_ADDR(addr, bitnum) MEM_ADDR(BITBAND(addr, bitnum))"。

其功能是先按第 6 行计算出 BITBAND 值，再以 BITBAND 值为地址（第 10 行已对 BITBAND 做此定义），取该地址（位的别名地址）的值赋给 MEM_ADDR，MEM_ADDR 再赋给 BIT_ADDR。

2．led.c 文件的程序编写与说明

在 Keil 软件的工程管理窗口 User 工程组中双击"led.c"，程序编辑器打开该文件。在程序编辑器中编写如图 4-22 所示的程序，该程序与前面库函数方式编程点亮 LED 的 led.c 文件程序大部分相同。

3．main.c 文件的程序编写与说明

在 Keil 软件的工程管理窗口 User 工程组中双击"main.c"，程序编辑器打开该文件。在编辑器中编写如图 4-23 所示的程序，程序说明见程序的注释部分。

```
led.c                                                                              ▾ ✕
  1  /* 开启GPIOC端口时钟,设置端口引脚号、工作模式和速度 */
  2  #include "bitband.h"  //包含bitband.h,相当于将该文件内容插到此处
  3
  4  void LED_Init(void)   //LED_Init函数,其输入、输出参数均为void(空)
  5 ⊟{                                          //LED_Init函数的首大括号
  6    GPIO_InitTypeDef GPIO_InitStructure;     //定义一个类型为GPIO_InitTypeDef的结构体变量GPIO_InitStructure
  7    RCC_APB2PeriphClockCmd(RCC_APB2Periph_GPIOC,ENABLE);  //执行RCC_APB2PeriphClockCmd函数,开启GPIOC端口时钟
  8    GPIO_InitStructure.GPIO_Pin=GPIO_Pin_13;             /*将结构体变量GPIO_InitStructure的成员GPIO_Pin设为
  9                                                         GPIO_Pin_13,即将GPIO端口引脚设为13 */
 10    GPIO_InitStructure.GPIO_Mode=GPIO_Mode_Out_PP;       //将GPIO端口工作模式设为PP(推挽输出)
 11    GPIO_InitStructure.GPIO_Speed=GPIO_Speed_50MHz;      //将GPIO端口工作速度设为50MHz
 12 ⊟ GPIO_Init(GPIOC,&GPIO_InitStructure);                /*执行GPIO_Init函数,取结构体变量GPIO_InitStructure设定的
 13                                                         引脚、工作模式和速度初始化(配置)GPIOC端口*/
 14 ⊟ GPIO_SetBits(GPIOC,GPIO_Pin_13);  /*执行GPIO_SetBits函数,将GPIOC端口的端口位13置1,即让PC13脚输出高电平,
 15                                         熄灭LED */
 16  }                                    //LED_Init函数的尾大括号
 17
```

图 4-22   led.c 文件的程序

```
main.c                                                                             ▾ ✕
  1  /* 访问位段方式闪烁点亮PC13端口LED */
  2  #include "bitband.h"  //包含bitband.h头文件,相当于将该文件的内容插到此处
  3  void LED_Init(void);  //声明一个void LED_Init(void)函数,声明后程序才可使用该函数
  4
  5  void delay(u32 i)     //delay为延时函数,输入参数为无符号的32位整型变量i(u32 i)
  6 ⊟{                     //delay函数的首大括号
  7 ⊟   while(i--);        /* while为循环语句,当()内的i值不为0(非0为真)时反复执行本条语句,
  8                           每执行一次,i值减1,当i值减到0时跳出while语句,i值越大,
  9                           本条语句执行次数越多,所需时间越长,即延时时间越长 */
 10  }                     //delay函数的尾大括号
 11
 12 ⊟int main()           /*main为主函数,无输入参数,返回值为整型数(int)。一个工程只能有一个main函数,
 13                         不管有多少个程序文件,都会找到main函数并从该函数开始执行程序 */
 14 ⊟{                    //main函数的首大括号
 15    LED_Init();  //执行LED_Init函数(在led.c文件中),开启GPIOC端口时钟,设置端口引脚号、工作模式和速度
 16 ⊟ while(1)     /* while为循环语句,当()内的值为真(非0即为真)时,反复执行本语句首尾大括号中的内容,
 17                    ()内的值为0时跳出while语句*/
 18 ⊟ {            //while语句的首大括号
 19    PCout(13)=!PCout(13);  //将GPIOC_ODR寄存器位13的别名地址的值取反,即让PC13引脚输出电平变反
 20    delay(6000000);        //将6000000赋给delay函数的输入参数i,再执行delay函数延时
 21  }            //while语句的尾大括号
 22  }            //main函数的尾大括号
 23
```

图 4-23   main.c 文件的程序

第 5 章
按键控制 LED 和蜂鸣器的电路与编程实例

5.1 按键、LED、蜂鸣器及相关电路

5.1.1 按键开关产生的抖动及解决方法

1. 按键开关输入电路与按键开关的抖动

图 5-1（a）是一种简单的按键开关输入电路。在理想状态下，当按下按键开关 S 时，给单片机输入一个 "0"（低电平）；当 S 断开时，则给单片机输入一个 "1"（高电平）。但实际上，当按下按键开关 S 时，由于手的抖动，S 会断开、闭合几次，然后稳定闭合，所以按下按键开关时，给单片机输入的低电平不稳定，而是高、低电平变化几次（持续 10～20ms），再保持为低电平，同样在 S 弹起时也有这种情况。按键开关通断时产生的按键开关输入信号如图 5-1（b）所示。按键开关抖动给单片机输入不正常的信号后，可能会使单片机产生误动作，应设法消除按键开关的抖动。

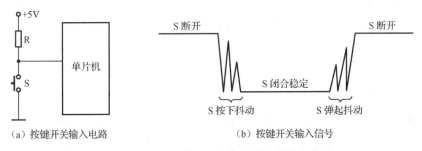

（a）按键开关输入电路　　　　　　　（b）按键开关输入信号

图 5-1　按键开关输入电路与按键开关输入信号

2. 按键开关输入抖动的解决方法

按键开关输入抖动的解决方法有硬件防抖和软件防抖。

1）硬件防抖

硬件防抖的方法很多，图 5-2 是两种常见的硬件防抖电路。

在图 5-2（a）中，当按键开关 S 断开时，+5V 电压经电阻 R 对电容 C 充电，在 C 上充得+5V 电压；当按下按键开关 S 时，由于按键开关电阻小，电容 C 通过按键开关迅速将两

端电荷放掉，两端电压迅速降低（接近 0V），单片机输入为低电平。在按下按键开关时，由于手的抖动会导致按键开关短时断开，+5V 电压经 R 对 C 充电，但由于 R 的阻值大，短时间电容 C 充电很少，电容 C 两端电压基本不变，故单片机输入仍为低电平，从而保证在按键开关抖动时仍可给单片机输入稳定的电平信号。图 5-2（b）所示防抖电路的工作原理读者可自行分析。

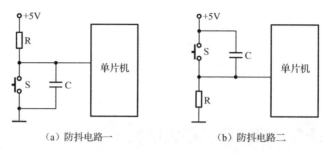

(a) 防抖电路一   (b) 防抖电路二

图 5-2　两种按键开关输入硬件防抖电路

如果采用图 5-2 所示的防抖电路，选择 RC 的值比较关键，可以用下式计算：

$$t < 0.357RC$$

因为抖动时间一般为 10～20ms，如果 $R=10\text{k}\Omega$，那么 C 可在 2.8～5.6μF 之间选择，通常选择 3.3μF。

2）软件防抖

用硬件可以消除按键开关输入的抖动，但会使输入电路变得复杂且成本提高。为使硬件输入电路简单和降低成本，也可以通过软件编程的方法来消除按键开关输入的抖动。

软件防抖的基本思路是在单片机第一次检测到按键开关按下或断开时，马上执行延时程序（需 10～20ms），在延时期间不接收按键开关产生的输入信号（此期间可能是抖动信号），经延时后按键开关通断已稳定，单片机再检测按键开关的状态，这样就可以避开按键开关产生的抖动信号，而检测到稳定、正确的按键开关输入信号。

5.1.2　发光二极管（LED）

1. 外形与符号

发光二极管简称 LED，是一种电-光转换器件，能将电信号转换成光信号。图 5-3（a）是一些常见的发光二极管的实物外形，图 5-3（b）为发光二极管的图形符号。

(a) 实物外形   (b) 图形符号

图 5-3　发光二极管

2．应用电路

发光二极管在电路中需要正接才能工作。发光二极管的应用电路如图 5-4 所示。

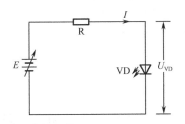

可调电源E通过电阻R将电压加到发光二极管VD两端，电源正极对应VD的正极，负极对应VD的负极。将电源E的电压由0开始慢慢调高，发光二极管两端电压U_{VD}也随之升高，在电压较低时发光二极管并不导通，只有U_{VD}达到一定值时，VD才导通，此时的U_{VD}电压称为发光二极管的导通电压。发光二极管导通后有电流流过，就开始发光，流过的电流越大，发出光线越强。

图 5-4　发光二极管的应用电路

不同颜色的发光二极管，其导通电压有所不同，红外线发光二极管导通电压最低，略高于 1V，红光二极管导通电压为 1.5～2V，黄光二极管导通电压为 2V 左右，绿光二极管导通电压为 2.5～2.9V，高亮度蓝光、白光二极管导通电压一般达到 3V 以上。

发光二极管正常工作时的电流较小，小功率的发光二极管工作电流一般为 3～20mA。若流过发光二极管的电流过大，则发光二极管容易被烧坏。发光二极管的反向耐压也较低，一般在 10V 以下。在焊接发光二极管时，应选用功率在 25W 以下的电烙铁，焊接点应离管帽 4mm 以上，焊接时间不要超过 4s，最好用镊子夹住引脚散热。

3．限流电阻的阻值计算

由于发光二极管的工作电流小、耐压低，故使用时需要连接限流电阻。图 5-5 是发光二极管的两种常用驱动电路，在采用图 5-5（b）所示的晶体管驱动时，晶体管相当于一个开关（电子开关），当基极为高电平时三极管会导通，相当于开关闭合，发光二极管有电流通过而发光。

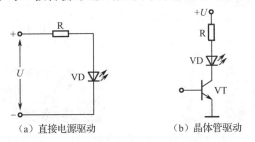

（a）直接电源驱动　　　　（b）晶体管驱动

图 5-5　发光二极管的两种常用驱动电路

发光二极管限流电阻的阻值可按下式计算：

$$R=(U-U_F)/I_F$$

式中，U 为加到发光二极管和限流电阻两端的电压，U_F 为发光二极管的正向导通电压（1.5～3.5V，可用数字万用表二极管挡测量获得），I_F 为发光二极管的正向工作电流（3～20mA，一般取 10mA）。

4．引脚极性判别

1）从外观判别极性

从外观判别发光二极管引脚极性如图 5-6 所示。

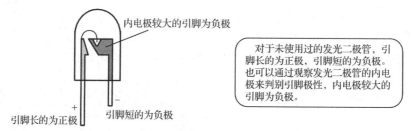

内电极较大的引脚为负极

对于未使用过的发光二极管，引脚长的为正极，引脚短的为负极。也可以通过观察发光二极管的内电极来判断引脚极性，内电极较大的引脚为负极。

引脚长的为正极 引脚短的为负极

图 5-6　从外观判别发光二极管引脚极性

2）用指针万用表判别极性

发光二极管与普通二极管一样具有单向导电性，即正向电阻小、反向电阻大。根据这一点可以用指针万用表检测发光二极管的极性。由于发光二极管的导通电压在 1.5V 以上，而指针万用表选择 R×1Ω～R×1kΩ 挡时，内部使用 1.5V 电池，它所提供的电压无法使发光二极管正向导通，故检测发光二极管极性时，指针万用表应选择 R×10kΩ 挡（内部使用 9V 电池），红、黑表笔分别接发光二极管的两个电极，正、反向各测一次，两次测量的阻值会一大一小，以阻值小的那次为准，黑表笔接的是正极，红表笔接的是负极。

3）用数字万用表判别极性

用数字万用表判别发光二极管引脚的极性如图 5-7 所示。

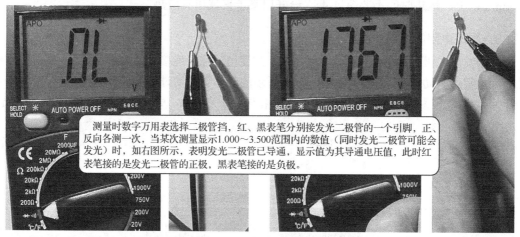

测量时数字万用表选择二极管挡，红、黑表笔分别接发光二极管的一个引脚，正、反向各测一次，当某次测量显示1.000～3.500范围内的数值（同时发光二极管可能会发光）时，如右图所示，表明发光二极管已导通，显示值为其导通电压值，此时红表笔接的是发光二极管的正极，黑表笔接的是负极。

图 5-7　用数字万用表判别发光二极管引脚的极性

5. 发光二极管好坏检测

在检测发光二极管好坏时，指针万用表选择 R×10kΩ 挡，测量两引脚之间的正、反向电阻。若发光二极管正常，则正向电阻小，反向电阻大（接近∞）。

若正、反向电阻均为∞，则发光二极管开路。

若正、反向电阻均为0Ω，则发光二极管短路。

若反向电阻偏小，则发光二极管反向漏电。

5.1.3　蜂鸣器

蜂鸣器是一种一体化结构的电子讯响器，广泛应用于空调器、计算机、打印机、复印机、报警器、电子玩具、汽车电子设备、电话机和定时器等电子产品中作为发声器件。

1. 外形与符号

蜂鸣器实物外形和图形符号如图 5-8 所示，蜂鸣器在电路中用字母"H"或"HA"表示。

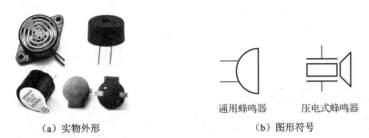

（a）实物外形　　　　　　　　　　通用蜂鸣器　　压电式蜂鸣器
　　　　　　　　　　　　　　　　　　　　（b）图形符号

图 5-8　蜂鸣器

2. 种类及结构原理

蜂鸣器种类很多，根据发声材料不同，可分为压电式蜂鸣器和电磁式蜂鸣器；根据是否含有音源电路，可分为无源蜂鸣器和有源蜂鸣器。

1）有源/无源压电式蜂鸣器

有源压电式蜂鸣器主要由音源电路（多谐振荡器）、压电蜂鸣片、阻抗匹配器及共鸣腔、外壳等组成。有的压电式蜂鸣器外壳上还装有发光二极管。多谐振荡器由晶体管或集成电路构成，只要提供直流电源（1.5～15V），音源电路就会产生 1.5～2.5kHz 的音频信号，经阻抗匹配器推动压电蜂鸣片发声。压电蜂鸣片由锆钛酸铅或铌镁酸铅压电陶瓷材料制成，在陶瓷片的两面镀上银电极，经极化和老化处理后，再与黄铜片或不锈钢片粘在一起。

无源压电式蜂鸣器内部不含音源电路，需要外部提供音频信号才能使之发声。

2）有源/无源电磁式蜂鸣器

有源电磁式蜂鸣器由音源电路、电磁线圈、磁铁、振动膜片及外壳等组成。接通电源后，音源电路产生的音频信号电流通过电磁线圈，使电磁线圈产生磁场。振动膜片在电磁线圈和磁铁的相互作用下，周期性地振动发声。

无源电磁式蜂鸣器的内部无音源电路，需要外部提供音频信号才能使之发声。

3. 类型判别

可从以下几个方面对蜂鸣器的类型进行判别。

（1）从外观上看，有源蜂鸣器引脚有正、负极性之分（引脚旁会标注极性或用不同颜色引线），无源蜂鸣器引脚则无极性，这是因为有源蜂鸣器内部音源电路的供电有极性要求。

（2）给蜂鸣器两引脚加合适的电压（3～24V），能连续发声的为有源蜂鸣器，仅接通、断开电源时发出"咔咔"声的为无源电磁式蜂鸣器，不发声的为无源压电式蜂鸣器。

（3）用万用表合适的欧姆挡测量蜂鸣器两引脚间的正、反向电阻，正、反向电阻相同且很小（一般为 8Ω 或 16Ω 左右，用 R×1Ω 挡测量）的为无源电磁式蜂鸣器，正、反向电阻均为无穷大（用 R×10kΩ 挡测量）的为无源压电式蜂鸣器，正、反向电阻在几百欧姆以上且测量时可能会发出连续音的为有源蜂鸣器。

（4）用数字万用表检测蜂鸣器类型如图 5-9 所示。

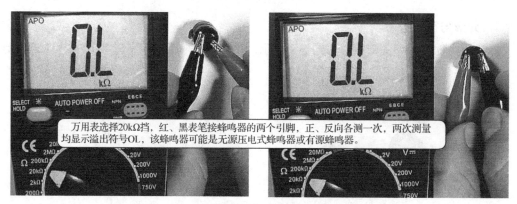

万用表选择20kΩ挡，红、黑表笔接蜂鸣器的两个引脚，正、反向各测一次，两次测量均显示溢出符号OL，该蜂鸣器可能是无源压电式蜂鸣器或有源蜂鸣器。

（a）正、反向测量蜂鸣器两引脚的电阻

将一个5V电压（可用手机充电器提供电压）接到蜂鸣器两个引脚，听有无声音发出。若无声音，可将蜂鸣器两引脚的5V电压极性对调，如果有声音发出，则为有源蜂鸣器，5V电压正极所接引脚为有源蜂鸣器的正极，另一个引脚为负极。

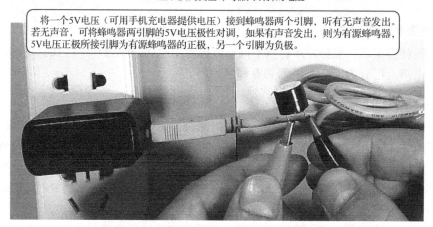

（b）给蜂鸣器加5V电压听有无声音发出

图 5-9　用数字万用表检测蜂鸣器类型

4．应用电路

图 5-10 是两种常见的蜂鸣器应用电路。

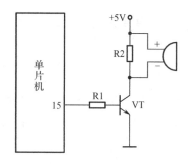

该电路采用了有源蜂鸣器，蜂鸣器内部含有音源电路。工作时，单片机会从15脚输出高电平，三极管VT饱和导通，此时U_{ce}为0.1～0.3V，即蜂鸣器两端加有5V电压，其内部的音源电路工作，产生音频信号推动内部发声器件发声；不工作时，单片机15脚输出低电平，VT截止，此时U_{ce}=5V，蜂鸣器两端电压为0V，蜂鸣器停止发声。

（a）有源蜂鸣器

图 5-10　蜂鸣器的应用电路

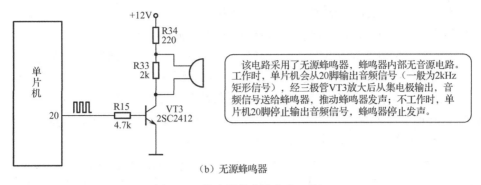

（b）无源蜂鸣器

图 5-10　蜂鸣器的应用电路（续）

5.2　按键输入控制 LED 和蜂鸣器的电路与程序说明

5.2.1　电路及控制功能

按键输入控制 LED 和蜂鸣器的电路如图 5-11 所示。该电路以 STM32F103ZET6 型单片机为控制中心，其控制功能如下。

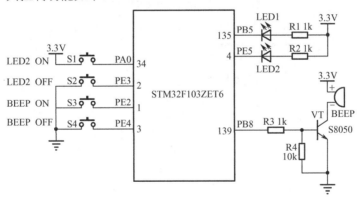

图 5-11　按键输入控制 LED 和蜂鸣器的电路

（1）电路通电后，LED1 始终闪烁发光。

（2）按下 S1 键，PA0 引脚输入高电平，PE5 引脚输出低电平，LED2 发光；按下 S2 键，PE3 引脚输入低电平，PE5 引脚输出高电平，LED2 熄灭。

（3）按下 S3 键，PE2 引脚输入低电平，PB8 引脚输出高电平，三极管 VT 导通，有源蜂鸣器负极接地（0V），正端接 3.3V，两引脚加有 3.3V 电压，蜂鸣器发声；按下 S4 键，PE4 引脚输入低电平，PB8 引脚输出低电平，三极管 VT 截止，有源蜂鸣器负极与地（0V）之间断开，供电切断，蜂鸣器停止工作，不发声。

5.2.2　创建按键输入控制 LED 和蜂鸣器的工程

按键输入控制 LED 和蜂鸣器工程采用位段访问方式编程比较方便，可复制并修改前面已创建的"位段访问方式编程闪烁点亮 LED"工程来创建本工程；如果复制并修改库函数编程模板来创建本工程，则需要复制位段访问定义的 bitband.h 文件。

复制并修改"位段访问方式编程闪烁点亮 LED"工程来创建按键输入控制 LED 和蜂鸣器工程的操作如图 5-12 所示。先复制"位段访问方式编程闪烁点亮 LED"工程，再将文件夹更名为"按键输入控制 LED 和蜂鸣器"，然后打开该文件夹，如图 5-12（a）所示；双击扩展名为.uvprojx 的工程文件，启动 Keil 软件打开工程，在该工程中新建 key.c 和 beep.c 两个空文件并关联到 User 工程组中，如图 5-12（b）所示。

（a）打开"按键输入控制 LED 和蜂鸣器"文件夹

（b）新建 key.c 和 beep.c 两个空文件并关联到 User 工程组中

图 5-12　创建按键输入控制 LED 和蜂鸣器工程

5.2.3　LED 端口配置程序及说明

led.c 文件中只有一个 LED_Init 函数，用于配置（初始化）LED 端口（GPIOB、PB5 和 GPIOE、PE5），其内容及说明如图 5-13 所示。由于要开启两个端口的时钟，第 6 行的

RCC_APB2PeriphClockCmd 函数使用了一个 "｜"（位或）符号，通过使用该符号可以同时开启更多端口时钟。

图 5-13　led.c 文件中的 LED 端口配置程序

5.2.4　蜂鸣器端口配置程序及说明

beep.c 文件中有一个 BEEP_Init 函数，用于配置（初始化）蜂鸣器端口（GPIOB、PB8），其内容及说明如图 5-14 所示。

图 5-14　beep.c 文件中的蜂鸣器端口配置程序

5.2.5　按键端口配置、检测程序及说明

key.c 文件中有 3 个函数，delay1 函数用于按键防抖延时，KEY_Init 函数用于配置按键输入端口（GPIOA、PA5 和 GPIOE、PE4、PE3、PE2），KEY_Scan 函数用于按键扫描检测。key.c 文件的程序及说明如图 5-15 所示，程序中的 PAin(0)、PEin(4)等为位段式位访问，其定义在 bitband.h 文件中，所以要将该文件包含（#include bitband.h）在 key.c 文件的程序中。

KEY_Scan 函数的输入参数 mode 值由 main.c 的主程序调用该函数时赋值。如果 mode=1（连续检测），则第 36 行程序检测到有键按下时先让 key=0，再检测是哪个键按下（不同的键按下返回不同的值），KEY_Scan 函数再次执行时，第 31~35 行程序会让 key=1，第 36 行

程序又会对按键进行检测；如果 mode=0（单次检测），则第 36 行程序检测到有键按下时让 key=0，第 34 行的 key=1 不会执行，第 36 行 if 语句因 key=0 不会执行第 39～51 行程序，即 mode=0 时，按键按下时只会检测一次按键，只有松开按键，第 52～56 行程序才会执行，让 key=1，当按键再次按下时，第 36～51 行按键检测程序才会再次执行。

```
key.c*                                                                                              ▼ ×
 1     /* KEY_Init函数用于配置按键输入端口,KEY_Scan函数用于按键扫描检测 */
 2     #include "stm32f10x.h"    //包含stm32f10x.h头文件,相当于将该文件的内容插到此处
 3     #include "bitband.h"      //包含bitband.h头文件,相当于将该文件的内容插到此处
 4
 5     void delay1(u32 i)   //delay1为延时函数,输入参数为无符号的32位整型变量i(u32 i)
 6   ┌ {                          //delay1函数的首大括号
 7   ┌   while(i--);              /* while为循环语句,当i值不为0(非0为真)时反复执行本条语句,每执行一次,i值减1,
 8   │                           当i值减到0时跳出while语句,i值越大,本条语句执行次数越多,所需时间越长,即延时时间越长 */
 9   └ }                          //delay1函数的尾大括号
10
11     void KEY_Init(void)   //KEY_Init函数用于配置按键输入端口(GPIOA、PA5和GPIOE、PE4、PE3、PE2)
12   ┌ {                          //KEY_Init函数的首大括号
13       GPIO_InitTypeDef GPIO_InitStructure;    //定义一个类型为GPIO_InitTypeDef的结构体变量GPIO_InitStructure
14       RCC_APB2PeriphClockCmd(RCC_APB2Periph_GPIOA|RCC_APB2Periph_GPIOE,ENABLE);/*执行RCC_APB2PeriphClockCmd函数,
15                                                                   开启GPIOA、GPIOE端口时钟 */
16       GPIO_InitStructure.GPIO_Pin=GPIO_Pin_0;       /*将结构体变量GPIO_InitStructure的成员GPIO_Pin设为GPIO_Pin_0,
17                                                       即选择待设置的GPIO端口引脚为0 */
18       GPIO_InitStructure.GPIO_Mode=GPIO_Mode_IPD;   //将GPIO端口工作模式设为IPD(下拉输入)
19   ┌   GPIO_Init(GPIOA,&GPIO_InitStructure);         /*执行GPIO_Init函数,取结构体变量GPIO_InitStructure设定的
20   │                                                   引脚、工作模式和速度初始化（配置）GPIOA端口*/
21       GPIO_InitStructure.GPIO_Pin=GPIO_Pin_4|GPIO_Pin_3|GPIO_Pin_2; //选择待设置的GPIO端口引脚为4、3、2,|为或符号
22       GPIO_InitStructure.GPIO_Mode=GPIO_Mode_IPU;             //将GPIO端口工作模式设为IPU(上拉输入)
23       GPIO_Init(GPIOE,&GPIO_InitStructure);         /*执行GPIO_Init函数,取结构体变量GPIO_InitStructure设定的引脚、
24   │                                                   工作模式和速度初始化（配置）GPIOE端口*/
25   └ }                          //KEY_Init函数的尾大括号
26
27   ┌ u8 KEY_Scan(u8 mode)   /*KEY_Scan为按键扫描函数,返回值为8位无符号整型数(u8),输入参数为8位无符号整型变量mode,
28   │                         mode=0时单次检测按键,mode=1时连续检测按键 */
29   ┌ {                          //KEY_Scan函数的首大括号
30       static u8 key=1;        //声明一个8位无符号静态(static)变量key,key初值为1,static类型变量分配的为固定存储空间
31   ┌   if(mode==1)            /* if为选择语句,如果mode=1,则mode==1成立(==为等于比较符),执行key=1,否则执行本if语句
32   │                           尾大括号之后的内容,mode在调用KEY_Scan函数时赋值 */
33   ┌   {
34         key=1;                //将变量key赋1,若首尾大括号中只有一条语句,则可省略大括号
35   └   }
36   ┌   if(key==1&&(PAin(0)==1||PEin(4)==0||PEin(3)==0||PEin(2)==0)) /*如果key=1且有键按下(PA0=1或PE4、PE3、PE2为0),
37   │                           则执行首尾大括号中的内容,&&为与运算符,||为或运算符, PA0引脚按键按下时,PA0=1(接电源),
38   │                           PAin(0)==1成立(真),PE4引脚按键按下时,PE4=0(接地),PEin(4)==0成立(真) */
39   ┌   {
40         delay1(100000);       //执行delay1函数,按键防抖
41         key=0;                /*将变量key赋0,if语句()内表达式不成立,本次后不再执行if语句(){}中的内容, 即检测到
42   │                           某键按下后仅检测一次所有按键状态,直到key=1时才会再检测按键 */
43         if(PAin(0)==1)        //如果PAin(0)==1成立(PA0引脚按键按下时,该表达式成立),则执行return 1
44         return 1;             //将1返给KEY_Scan函数,即KEY_Scan=1
45         else if(PEin(4)==0)   //如果PEin(4)==0成立(PE4引脚按键按下时,该表达式成立),则执行return 2
46         return 2;             //将2返给KEY_Scan函数,即KEY_Scan=2
47         else if(PEin(3)==0)   //如果PEin(3)==0成立(PE3引脚按键按下时,该表达式成立),则执行return 3
48         return 3;             //将3返给KEY_Scan函数,即让KEY_Scan=3
49         else if(PEin(2)==0)   //如果PEin(2)==0成立(PE2引脚按键按下时,该表达式成立),则执行return 4
50         return 4;             //将4返给KEY_Scan函数,即让KEY_Scan=4
51   └   }
52   ┌   else if(PAin(0)==0&&PEin(4)==1&&PEin(3)==1&&PEin(2)==1)      /*如果无任何键按下(PA0=0且PE4、PE3、PE2都为1),
53   │                           则执行下条指令key=1,&&为与运算符,PA0引脚按键未按下时,PA0=0(未接电源),PAin(0)==0成立(真),
54   │                           PE4引脚按键未按下时,PE4=1(未接地),PEin(4)==1成立(真) */
55       key=1;         //将变量key赋1
56       return 0;      //未按任何键时将0返给KEY_Scan函数,即让KEY_Scan=0
57   └ }                          //KEY_Scan函数的尾大括号
58
```

图 5-15   key.c 文件的程序及说明

5.2.6   主程序文件及说明

主程序文件是指含有 main 函数的程序文件，由于本工程的 main 函数写在 main.c 文件中，所以 main.c 文件为主程序文件，程序从 main 函数开始执行。main.c 文件的程序内容及说明如图 5-16 所示。

程序运行时，main 函数先执行 LED_Init 函数配置 LED 端口（GPIOB、PB5 和 GPIOE、PE5），执行 BEEP_Init 函数配置蜂鸣器端口（GPIOB、PB8），执行 KEY_Init 函数配置按键端口（GPIOA、PA5 和 GPIOE、PE4、PE3、PE2）。然后将 0 赋给 KEY_Scan 函数的输入参数 mode 并执行 KEY_Scan 函数（见 key.c 文件）。KEY_Scan 函数在检测到某个键按下时，会接着检测哪个按键按下，不同按键按下时 KEY_Scan 函数会得到不同的返回值，返回值赋给主程序中的变量 key（"key=KEY_Scan"）。switch 语句根据 key 值选择不同的输出，比如 KEY_Scan 函数检测到 PAin(0)引脚的按键按下，会将 1 返回 KEY_Scan 函数，主程序中的 key=KEY_Scan=1，switch 语句会让 PEout(5)引脚输出低电平，该引脚外接 LED2 点亮。

main.c 文件中的第 36～42 行程序的功能是闪烁点亮 LED1，其亮灭的时间间隔为 delay2（300000）×20，即间隔这么长时间执行一次"PBout(5)=!PBout(5)"。

```
1   /* 两个按键控制一只LED亮灭，两个按键开/关蜂鸣器，一只LED一直闪烁发光 */
2   #include "stm32f10x.h"   //包含stm32f10x.h头文件,相当于将该文件的内容插入此处
3   #include "bitband.h"     //包含bitband.h头文件,相当于将该文件的内容插入此处
4
5   void LED_Init(void);   //声明void LED_Init(void)函数,该函数本体在其他文件中,需要先声明才能调用
6   void BEEP_Init(void);  //声明void BEEP_Init(void)函数
7   void KEY_Init(void);   //声明void KEY_Init(void)函数
8   u8 KEY_Scan(u8 mode);  //声明u8 KEY_Scan(u8 mode)函数
9
10  void delay2(u32 i)   //delay2为延时函数,输入参数为无符号的32位整型变量i(u32 i)
11  {                    //delay2函数的首大括号
12    while(i--);        /* while为循环语句,当i值不为0(非0为真)时反复执行本条语句,
13                       每执行一次,i值减1,当i值减到0时跳出while语句,i值越大,
14                       本条语句执行次数越多,所需时间越长,即延时时间越长 */
15  }                    //delay2函数的尾大括号
16
17  int main()   /*main为主函数,无输入参数,返回值为整型数(int),一个工程只能有一个main函数,
18               不管有多少个程序文件,都会找到main函数并从该函数开始执行程序 */
19  {            //main函数的首大括号
20    u8 key,i=0;   //声明2个无符号8位整型变量key、i,并且为i赋值0
21    LED_Init();   //调用执行LED_Init函数(在led.c文件中),配置LED端口(GPIOB、PB5和GPIOE、PE5)
22    BEEP_Init();  //调用执行BEEP_Init函数(在beep.c文件中),配置蜂鸣器端口(GPIOB、PB8)
23    KEY_Init();   //调用执行KEY_Init函数(在key.c文件中),配置按键端口(GPIOA、PA5和GPIOE、PE4、PE3、PE2)
24    while(1)      /* while为循环语句,当()内的值为真(非0即为真)时,反复执行本语句首尾大括号中的内容,
25                  若()内的值为0,则跳出while语句,执行while语句尾大括号之后的内容*/
26    {             //while语句的首大括号
27      key=KEY_Scan(0);  /*先将0赋给KEY_Scan函数的输入参数mode,再执行KEY_Scan函数检测按键的状态,
28                        然后将不同按键按下时KEY_Scan函数得到的返回值赋给变量key */
29      switch(key)  //switch为选择语句,将变量key的值与case之后的值(或常量表达式)进行比较
30      {            //switch语句的首大括号
31        case 1: PEout(5)=0;break;  //如果key=1,让PEout(5)=0,即让PE5输出低电平(LED2亮),再跳出switch语句
32        case 3: PEout(5)=1;break;  //如果key=3,让PEout(5)=1,即让PE5输出高电平(LED2灭),再跳出switch语句
33        case 4: PBout(8)=1;break;  //如果key=4,让PBout(8)=1,即让PB8输出高电平(开蜂鸣器),再跳出switch语句
34        case 2: PBout(8)=0;break;  //如果key=2,让PBout(8)=0,即让PB8输出低电平(关蜂鸣器),再跳出switch语句
35      }            //switch语句的尾大括号
36      i++;         //每执行一次本指令,i值增1,用于计算while语句{}中的内容循环执行的次数
37      if(i%20==0)  /*如果i值除20的余数为0,即i值可被20整除,则执行本语句{}中的内容(i值每增20执行一次),
38                   %为相除取余符号 */
39      {            //if语句的首大括号
40        PBout(5)=!PBout(5);  //将GPIOB_ODR寄存器位5的别名地址的值取反,即让PB5引脚的输出电平变反(LED1状态变反)
41      }            //if语句的尾大括号
42      delay2(300000);  //将300000赋给delay2函数的输入参数i,再执行delay2函数延时
43    }              //while语句的尾大括号
44  }                //main函数的尾大括号
45
```

图 5-16 main.c 文件的程序及说明

第 6 章

中断的使用与编程实例

6.1 中断基础知识

6.1.1 什么是中断

在生活中经常会遇到这样的情况：正在书房看书时，突然客厅的电话响了，这时会停止看书，转而去接电话，接完电话后又回到书房接着看书。这种停止当前工作，转而去做其他工作，做完后又返回来做先前工作的现象称为中断。

单片机也有类似的中断现象，当单片机正在执行某程序时，如果突然出现意外情况，它就需要停止当前正在执行的程序，转而去执行处理意外情况的程序（又称中断服务程序、中断子程序），处理完后又接着执行原来的程序。STM32 单片机 Cortex-M3 内核中的 NVIC（Nested Vectored Interrupt Controller，嵌套向量中断控制器）用于处理中断相关功能。

6.1.2 中断源与中断优先级

1. 中断源

要让单片机的 CPU 中断当前正在执行的程序转而去执行中断子程序，需要向 CPU 发出中断请求信号。让 CPU 产生中断的信号源称为中断源（又称中断请求源）。

Cortex-M3 内核支持 256 个中断（16 个内核中断和 240 个外部中断）。STM32 单片机只使用其中一部分中断，STM32F103 系列芯片保留 60 个可屏蔽中断，STM32F107 系列芯片保留 68 个中断。

2. 中断优先级

单片机的 CPU 在工作时，如果一个中断源向它发出中断请求信号，它会马上响应中断；如果同时有两个或两个以上的中断源发出中断请求信号，CPU 会怎么办呢？CPU 会先响应优先级高的中断请求，然后再响应优先级低的中断请求。STM32F10xxx 单片机的中断及优先级见表 6-1，表中阴影部分的中断为 Cortex-M3 内核用到的中断，中断配置需要用到一些寄存器，表中的地址是指相应中断的基地址。

表 6-1 STM32F10xxx 单片机的中断及优先级

位置	优先级	优先级类型	中 断 名 称	说 明	地 址
—	—	—	—	保留	0x0000_0000
	−3	固定	Reset	复位	0x0000_0004
	−2	固定	NMI	不可屏蔽中断 RCC 时钟安全系统（CSS）连接到 NMI 向量	0x0000_0008
	−1	固定	硬件失效（HardFault）	所有类型的失效	0x0000_000C
	0	可设置	存储管理（MemManage）	存储器管理	0x0000_0010
	1	可设置	总线错误（BusFault）	预取指失败，存储器访问失败	0x0000_0014
	2	可设置	错误应用（UsageFault）	未定义的指令或非法状态	0x0000_0018
—	—	—	—	保留	0x0000_001C~ 0x0000_002B
	3	可设置	SVCall	通过 SWI 指令的系统服务调用	0x0000_002C
	4	可设置	调试监控（DebugMonitor）	调试监控器	0x0000_0030
—	—	—	—	保留	0x0000_0034
	5	可设置	PendSV	可挂起的系统服务	0x0000_0038
	6	可设置	SysTick	系统滴答定时器	0x0000_003C
0	7	可设置	WWDG	窗口定时器中断	0x0000_0040
1	8	可设置	PVD	达到 EXTI 的电源电压检测（PVD）中断	0x0000_0044
2	9	可设置	TAMPER	侵入检测中断	0x0000_0048
3	10	可设置	RTC	实时时钟（RTC）全局中断	0x0000_004C
4	11	可设置	FLASH	闪存全局中断	0x0000_0050
5	12	可设置	RCC	复位和时钟控制（RCC）中断	0x0000_0054
6	13	可设置	EXTI0	EXTI 线 0 中断	0x0000_0058
7	14	可设置	EXTI1	EXTI 线 1 中断	0x0000_005C
8	15	可设置	EXTI2	EXTI 线 2 中断	0x0000_0060
9	16	可设置	EXTI3	EXTI 线 3 中断	0x0000_0064
10	17	可设置	EXTI4	EXTI 线 4 中断	0x0000_0068
11	18	可设置	DMA1 通道 1	DMA1 通道 1 全局中断	0x0000_006C
12	19	可设置	DMA1 通道 2	DMA1 通道 2 全局中断	0x0000_0070
13	20	可设置	DMA1 通道 3	DMA1 通道 3 全局中断	0x0000_0074
14	21	可设置	DMA1 通道 4	DMA1 通道 4 全局中断	0x0000_0078
15	22	可设置	DMA1 通道 5	DMA1 通道 5 全局中断	0x0000_007C
16	23	可设置	DMA1 通道 6	DMA1 通道 6 全局中断	0x0000_0080
17	24	可设置	DMA1 通道 7	DMA1 通道 7 全局中断	0x0000_0084
18	25	可设置	ADC1_2	ADC1 和 ADC2 的全局中断	0x0000_0088
19	26	可设置	USB_HP_CAN_TX	USB 高优先级或 CAN 发送中断	0x0000_008C
20	27	可设置	USB_LP_CAN_RX0	USB 低优先级或 CAN 接收 0 中断	0x0000_0090
21	28	可设置	CAN_RX1	CAN 接收 1 中断	0x0000_0094
22	29	可设置	CAN_SCE	CAN SCE 中断	0x0000_0098

位置	优先级	优先级类型	中断名称	说　　明	地　　址
23	30	可设置	EXTI9_5	EXTI 线[9:5]中断	0x0000_009C
24	31	可设置	TIM1_BRK	TIM1 刹车中断	0x0000_00A0
25	32	可设置	TIM1_UP	TIM1 更新中断	0x0000_00A4
26	33	可设置	TIM1_TRG_COM	TIM1 触发和通信中断	0x0000_00A8
27	34	可设置	TIM1_CC	TIM1 捕获比较中断	0x0000_00AC
28	35	可设置	TIM2	TIM2 全局中断	0x0000_00B0
29	36	可设置	TIM3	TIM3 全局中断	0x0000_00B4
30	37	可设置	TIM4	TIM4 全局中断	0x0000_00B8
31	38	可设置	I2C1_EV	I^2C1 事件中断	0x0000_00BC
32	39	可设置	I2C1_ER	I^2C1 错误中断	0x0000_00C0
33	40	可设置	I2C2_EV	I^2C2 事件中断	0x0000_00C4
34	41	可设置	I2C2_ER	I^2C2 错误中断	0x0000_00C8
35	42	可设置	SPI1	SPI1 全局中断	0x0000_00CC
36	43	可设置	SPI2	SPI2 全局中断	0x0000_00D0
37	44	可设置	USART1	USART1 全局中断	0x0000_00D4
38	45	可设置	USART2	USART2 全局中断	0x0000_00D8
39	46	可设置	USART3	USART3 全局中断	0x0000_00DC
40	47	可设置	EXTI15_10	EXTI 线[15:10]中断	0x0000_00E0
41	48	可设置	RTCAlarm	连到 EXTI 的 RTC 闹钟中断	0x0000_00E4
42	49	可设置	USB 唤醒	连到 EXTI 的从 USB 待机唤醒中断	0x0000_00E8
43	50	可设置	TIM8_BRK	TIM8 刹车中断	0x0000_00EC
44	51	可设置	TIM8_UP	TIM8 更新中断	0x0000_00F0
45	52	可设置	TIM8_TRG_COM	TIM8 触发和通信中断	0x0000_00F4
46	53	可设置	TIM8_CC	TIM8 捕获比较中断	0x0000_00F8
47	54	可设置	ADC3	ADC3 全局中断	0x0000_00FC
48	55	可设置	FSMC	FSMC 全局中断	0x0000_0100
49	56	可设置	SDIO	SDIO 全局中断	0x0000_0104
50	57	可设置	TIM5	TIM5 全局中断	0x0000_0108
51	58	可设置	SPI3	SPI3 全局中断	0x0000_010C
52	59	可设置	UART4	UART4 全局中断	0x0000_0110
53	60	可设置	UART5	UART5 全局中断	0x0000_0114
54	61	可设置	TIM6	TIM6 全局中断	0x0000_0118
55	62	可设置	TIM7	TIM7 全局中断	0x0000_011C
56	63	可设置	DMA2 通道 1	DMA2 通道 1 全局中断	0x0000_0120
57	64	可设置	DMA2 通道 2	DMA2 通道 2 全局中断	0x0000_0124
58	65	可设置	DMA2 通道 3	DMA2 通道 3 全局中断	0x0000_0128
59	66	可设置	DMA2 通道 4_5	DMA2 通道 4 和 DMA2 通道 5 全局中断	0x0000_012C

3. 优先级分组

STM32F103 单片机的中断优先级分为主优先级（又称抢占式优先级）和从优先级（又称响应优先级）。高主优先级的中断会打断当前主程序或低主优先级中断程序的运行；主优先级相同时，高从优先级的中断优先被响应；如果中断的主、从优先级都相同，则根据其在中断表（见表 6-1）中的顺序决定先处理哪一个，靠前的先执行。

STM32F103 单片机的每个中断都有相应的中断优先级控制寄存器（8 位），使用其中的高 4 位设置主、从优先级。这 4 位可分为一组，只设置主优先级或从优先级；也可以分为两组，一组指定主优先级，另一组指定从优先级。中断优先级分组可使用 NVIC_PriorityGroupConfig 函数实现，该函数说明见表 6-2。

表 6-2 NVIC_PriorityGroupConfig 函数说明

函 数 名	NVIC_PriorityGroupConfig	
函数原型	viod NVIC_PriorityGroupConfig(u32 NVIC_PriorityGroup)	
功能描述	设置优先级分组：主优先级和从优先级	
输入参数	NVIC_PriorityGroup：优先级分组位长度，具体如下。	
	NVIC_PriorityGroup 值	说　　明
	NVIC_PriorityGroup_0	主优先级占 0 位，从优先级占 4 位
	NVIC_PriorityGroup_1	主优先级占 1 位，从优先级占 3 位
	NVIC_PriorityGroup_2	主优先级占 2 位，从优先级占 2 位
	NVIC_PriorityGroup_3	主优先级占 3 位，从优先级占 1 位
	NVIC_PriorityGroup_4	主优先级占 4 位，从优先级占 0 位
先决条件	优先级分组只能设置一次	
使用举例	/* 主优先级占 1 位，从优先级占 3 位 */ NVIC_PriorityGroupConfig(NVIC_PriorityGroup_1)	

NVIC_PriorityGroupConfig 函数在库文件 misc.c 中，当工程需要用到中断时，一定要将 misc.c、misc.h 文件添加到工程中。

6.2 外部中断/事件介绍

STM32F10xxx 单片机的外部中断/事件控制器（EXTI）包含多达 20 个用于产生事件/中断请求的边沿检测器。每个中断都可以选择类型（中断或事件）和触发方式（上升沿触发、下降沿触发或双边沿触发），还可被屏蔽（关闭）。

6.2.1 外部中断/事件控制器（EXTI）的组成框图及说明

图 6-1 所示是外部中断/事件控制器（EXTI）的组成框图。EXTI 支持 20 个中断/事件（EXTI0～EXTI19），中断请求信号去 NVIC 中断控制器，触发执行中断服务程序；事件请求信号一般去外设（如定时器、ADC 电路），触发外设工作，图中导线上的斜线旁标注 20，表示有 20 根同样的导线。

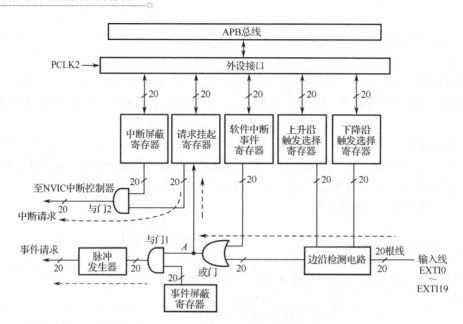

图 6-1 外部中断/事件控制器（EXTI）的组成框图

1）中断处理线路（以 EXTI0 为例）

外部信号（比如 PA3 引脚外接按键按下时产生的信号）从 EXTI0 输入线进入边沿检测电路，如果将下降沿触发选择寄存器（EXTI_FTSR）的位 0 设为 1，则该寄存器控制边沿检测电路在输入下降沿信号时输出 1（即下降沿有效）；如果将上升沿触发选择寄存器（EXTI_RTSR）的位 0 设为 1，则边沿检测电路在输入上升沿信号时输出 1。1 通过或门到达 A 点，再去请求挂起寄存器（EXTI_PR），将其位 0 置 1，位 0 的 1 送到与门 2 的输入端。如果中断屏蔽寄存器（EXTI_IMR）的位 0 为 0，这个 0 送到与门 2 的输入端，与门 2 会输出 0，即请求挂起寄存器位 0 的 1 无法通过与门 2 去 NVIC 中断控制器，即 EXTI0 中断被屏蔽（关断）。中断屏蔽寄存器的位 0 为 1 时，EXTI0 中断打开。

软件中断事件寄存器（EXTI_SWIER）可以通过软件方式产生中断/事件请求（无须 EXTI 输入线送入信号）。比如，当软件中断事件寄存器的位 0 为 0 时，往位 0 写入 1，该 1 经或门进入请求挂起寄存器，将请求挂起寄存器的位 0 置 1，这样就会产生一个 EXTI0 中断请求信号去 NVIC 中断控制器。

2）事件处理线路（以 EXTI0 为例）

事件、中断处理线路的或门之前的电路是公用的，或门输出的 1 送到与门 1 的输入端，同时事件屏蔽寄存器（EXTI_EMR）的位 0 的值也送到与门 1 的输入端，如果位 0 的值为 0，与门 1 关闭（与门 1 输出为 0，1 无法输出）；当位 0 的值为 1 时与门 1 开启，A 点的 1 经与门 1 输出到脉冲发生器，使其产生一个脉冲，作为事件请求信号去外设。

6.2.2 外部中断/事件线路的分配

1. EXTI0～EXTI19 线路的分配

STM32F10xxx 单片机有 EXTI0～EXTI19 共 20 条外部中断/事件线路，这些线路的分配见表 6-3，其中 EXTI0～EXTI15 分配给 IO 端口（GPIO*x*.0～GPIO*x*.15）、EXTI16～EXTI19 固定分配给一些外设。

表 6-3　EXTI0～EXTI19 线路的分配

EXTI 线路	分　　配
EXTI0～15	外部 IO 口的输入中断
EXTI16	连接到 PVD 输出
EXTI17	连接到 RTC 闹钟事件
EXTI18	连接到 USB OTG FS 唤醒事件
EXTI19	连接到以太网唤醒事件

2. EXTI0～EXTI15 与 IO 端口引脚的连接设置

STM32F103 单片机 IO 端口（GPIO*x*.0～GPIO*x*.15，*x*=A、B、C、D、E、F、G）有多达 105 个引脚，任何一个引脚都可用于中断/事件输入，而分配给这些引脚的中断/事件线路只有 EXTI0～EXTI15，两者数量不等，无法一一对应。解决方法是通过设置外部中断配置寄存器 （AFIO_EXTICR）某些位的值，将某引脚用作某条中断/事件线路输入。

IO 端口引脚与 EXTI 线路的连接选择如图 6-2 所示。外部中断配置寄存器有 4 个，分别为 AFIO_EXTICR1、AFIO_EXTICR2、AFIO_EXTICR3 和 AFIO_EXTICR4，AFIO_EXTICR1 用来配置 P*x*0～P*x*3（*x*= A、B、C、D、E、F、G）引脚与 EXTI0～EXTI3 线路的连接关系，

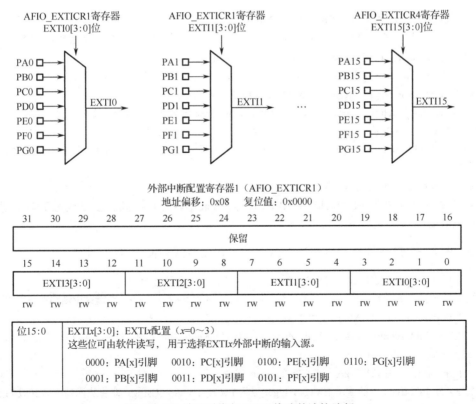

图 6-2　IO 端口引脚与 EXTI 线路的连接选择

AFIO_EXTICR2 用来配置 Px4～Px7 引脚与 EXTI4～EXTI7 线路的连接关系，AFIO_EXTICR3、AFIO_EXTICR4 配置功能以此类推。比如，若要 PB1 引脚用作 EXTI1 线路的输入端，可将 AFIO_EXTICR1 寄存器位 7～位 4 的值设为 0001，这样 PB1 引脚就与 EXTI1 线路建立了连接关系。

6.2.3 外部中断的编程使用步骤

（1）若要将某 GPIO 端口用作外部中断输入端，需要先使能该端口时钟，并将端口配置为输入模式，再使能 AFIO 时钟（功能复用时钟）。例如：

```
RCC_APB2PeriphClockCmd(RCC_APB2Periph_AFIO，ENABLE);
/*执行 RCC_APB2PeriphClockCmd 函数，开启功能复用（AFIO）时钟*/
```

（2）配置 GPIO 端口与中断通道的对应关系。例如：

```
GPIO_EXTILineConfig(GPIO_PortSourceGPIOA，GPIO_PinSource0);
/*执行 GPIO_EXTILineConfig 函数，将 PA0 引脚用作 EXTI0 线路输入端*/
```

（3）配置优先级分组。例如：

```
NVIC_PriorityGroupConfig(NVIC_PriorityGroup_2);
/*执行 NVIC_PriorityGroupConfig 优先级分组函数，将主、从优先级各设为 2 位*/
```

（4）配置 NVIC 寄存器，选择 EXTI 通道，设置主、从优先级，并开启中断。例如：

```
NVIC_InitStructure.NVIC_IRQChannel=EXTI0_IRQn;
/*将结构体变量 NVIC_InitStructure 的成员 NVIC_IRQChannel 设为 EXTI0_IRQn，即选择 EXTI0 通道*/
NVIC_InitStructure.NVIC_IRQChannelPreemptionPriority=2;
/*将 NVIC_InitStructure 的成员 NVIC_IRQChannelPreemptionPriority 设为 2，即将中断的主优先级设为 2*/
NVIC_InitStructure.NVIC_IRQChannelSubPriority=3;
/*将 NVIC_InitStructure 的成员 NVIC_IRQChannelSubPriority 设为 3，即将中断的从优先级设为 3 */
NVIC_InitStructure.NVIC_IRQChannelCmd=ENABLE;
/*将 NVIC_InitStructure 的成员 NVIC_IRQChannelCmd 设为 ENABLE（使能），即开启中断，关闭中断用 DISABLE（失能） */
NVIC_Init(&NVIC_InitStructure);
/*执行 NVIC_Init 函数，取结构体变量 NVIC_InitStructure 设定的中断通道、主/从优先级和使/失能来配置 NVIC 寄存器*/
```

（5）配置 EXTI 中断线路的中断模式、边沿检测方式和使/失能。例如：

```
EXTI_InitStructure.EXTI_Line=EXTI_Line0;
/*将结构体变量 EXTI_InitStructure 的成员 EXTI_Line 设为 EXTI_Line0，即选择中断线路 EXTI0*/
EXTI_InitStructure.EXTI_Mode=EXTI_Mode_Interrupt;
/*将 EXTI_InitStructure 的成员 EXTI_Mode 设为 EXTI_Mode_Interrupt，即将 EXTI 模式设为中断模式，事件模式为 EXTI_Mode_Event */
EXTI_InitStructure.EXTI_Trigger=EXTI_Trigger_Rising;
/*将 EXTI_InitStructure 的成员 EXTI_Trigger 设为 EXTI_Trigger_Rising，即将边沿检测方式设为上升沿检测，下降沿检测为 EXTI_Trigger_Falling，上升下降沿检测为 EXTI_Trigger_Rising_Falling */
```

```
EXTI_InitStructure.EXTI_LineCmd=ENABLE;
/*将 EXTI_InitStructure 的成员 EXTI_LineCmd 设为 ENABLE（使能），即开启中断线路*/
EXTI_Init(&EXTI_InitStructure);
/*执行 EXTI_Init 函数，取结构体变量 EXTI_InitStructure 设定的中断线路、中断模式、边沿检测方式和
使/失能来配置相关中断寄存器*/
```

（6）编写中断服务函数。例如：

```
void EXTI0_IRQHandler(void)   /*EXTI0_IRQHandler 为 EXTI0 的中断服务函数，
                                当 EXTI0 通道有中断请求时触发执行本函数*/

{
 //中断服务函数的程序代码
}
```

6.3 按键触发中断控制 LED 和蜂鸣器的编程与说明

按键触发中断控制 LED 和蜂鸣器的硬件电路与前面介绍的按键输入控制 LED 和蜂鸣器
相同，本节以按键触发外部中断方式来实现相同的功能。

6.3.1 创建按键触发中断控制 LED 和蜂鸣器的工程

按键触发中断控制 LED 和蜂鸣器工程的按键、LED 和蜂鸣器程序与按键输入控制 LED
和蜂鸣器相同，可复制并修改"按键输入控制 LED 和蜂鸣器"工程来创建本工程。

创建按键触发中断控制 LED 和蜂鸣器工程的操作如图 6-3 所示。先复制"按键输入控
制 LED 和蜂鸣器"工程，再将文件夹改名为"按键触发中断控制 LED 和蜂鸣器"，然后打
开该文件夹，如图 6-3（a）所示。双击扩展名为.uvprojx 的工程文件，启动 Keil 软件打开工
程，在该工程中新建一个 exti.c 文件，并关联到 User 工程组中，如图 6-3（b）所示，再将固
件库中的 misc.c 和 stm32f10x_exti.c 文件添加到 stdperiph_Driver 中，因为编写中断程序可能
会用到这两个文件中的函数。

（a）打开"按键触发中断控制 LED 和蜂鸣器"文件夹

图 6-3 创建按键触发中断控制 LED 和蜂鸣器工程

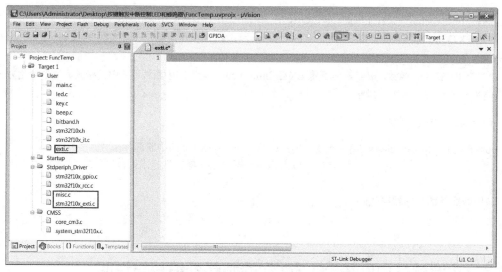

（b）新建 exti.c 文件并添加 misc.c、stm32f10x_exti.c 文件到工程中

图 6-3　创建按键触发中断控制 LED 和蜂鸣器工程（续）

6.3.2　中断程序及说明

图 6-4 所示是在 exti.c 文件中编写的中断程序。STM32 单片机的 IO 端口除具有输入、输出功能外，还可用作其他功能，用作 EXTI 中断功能时需要开启功能复用 IO 时钟（RCC_APB2Periph_AFIO，见第 8 行）。

图 6-4　exit.c 文件中的中断程序

```
43
44    /*配置EXTI4通道的NVIC寄存器 */
45    NVIC_InitStructure.NVIC_IRQChannel=EXTI4_IRQn;              //选择EXTI4通道
46    NVIC_InitStructure.NVIC_IRQChannelPreemptionPriority=2;   //将中断主优先级设为2
47    NVIC_InitStructure.NVIC_IRQChannelSubPriority =0;           //将中断从优先级设为0
48    NVIC_InitStructure.NVIC_IRQChannelCmd=ENABLE;              //将中断设为ENABLE(即使能,开启)
49    NVIC_Init(&NVIC_InitStructure);   //执行NVIC_Init函数,按设定的中断通道、主/从优先级和使/失能来配置NVIC寄存器
50
51    /* 配置EXTI0中断线路的中断模式、边沿检测方式和使/失能 */
52    EXTI_InitStructure.EXTI_Line=EXTI_Line0;
53                                //将结构体变量EXTI_InitStructure的成员EXTI_Line设为EXTI_Line0,即选择中断线路EXTI0
54    EXTI_InitStructure.EXTI_Mode=EXTI_Mode_Interrupt;  /*将EXTI_InitStructure的成员EXTI_Mode设为EXTI_Mode_Interrupt,
55                                即将EXTI模式设为中断模式,事件模式为EXTI_Mode_Event */
56    EXTI_InitStructure.EXTI_Trigger=EXTI_Trigger_Rising;
57                                /*将EXTI_InitStructure的成员EXTI_Trigger设为EXTI_Trigger_Rising,即将边沿检测方式设为上升沿检测,
58                                下降沿检测为EXTI_Trigger_Falling,上升下降沿检测为EXTI_Trigger_Rising_Falling */
59    EXTI_InitStructure.EXTI_LineCmd=ENABLE;          /*将EXTI_InitStructure的成员EXTI_LineCmd设ENABLE(使能),即开启中断线路
60    EXTI_Init(&EXTI_InitStructure);   /*执行EXTI_Init函数,取结构体变量EXTI_InitStructure设定的中断线路、中断模式、
61                                边沿检测方式和使/失能来配置相关中断寄存器*/
62
63    /*配置EXTI2、EXTI3、EXTI4中断线路的中断模式、边沿检测方式和使/失能 */
64    EXTI_InitStructure.EXTI_Line=EXTI_Line2|EXTI_Line3|EXTI_Line4; //选择中断线路EXTI2、EXTI3、EXTI4,多选用"|"(或)符
65    EXTI_InitStructure.EXTI_Mode=EXTI_Mode_Interrupt;          //将EXTI模式设为中断模式,事件模式为EXTI_Mode_Event
66    EXTI_InitStructure.EXTI_Trigger=EXTI_Trigger_Falling;      //将中断线路设为下降沿检测
67    EXTI_InitStructure.EXTI_LineCmd=ENABLE;                    //将中断线路设为ENABLE(即使能,开启)
68    EXTI_Init(&EXTI_InitStructure);                            //按设定的中断线路、中断模式、边沿检测方式和使/失能来配置相关中断寄存器
69  }                                                           // My_EXTI_Init函数的尾大括号
70
71  /*EXTI0通道产生中断时执行的中断服务函数*/
72  void EXTI0_IRQHandler(void)          //EXTI0_IRQHandler为EXTI0的中断服务函数,当EXTI0通道有中断请求时触发执行本函数
73  {                                    //EXTI0_IRQHandler函数的首大括号
74    if(EXTI_GetITStatus(EXTI_Line0)==1)  /*如果EXTI0线路有中断输入,EXTI_GetITStatus函数的返回值为1,
75                        即EXTI_GetITStatus(EXTI_Line0)=1,if的()内的等式成立,执行本语句首尾大括号中的内容*/
76    {
77      if(PAin(0)==1)                   //如果PA0引脚为高电平(PA0引脚外接按键按下),则执行PEout(5)=0
78      {
79        PEout(5)=0;                    //让PE5引脚输出低电平(外接LED点亮)
80      }
81    }
82    EXTI_ClearITPendingBit(EXTI_Line0);//执行EXTI_ClearITPendingBit函数,清除EXTI0线路的挂起位,以便接收下一次中断输入
83  }
84
85  /*EXTI2通道产生中断时执行的中断服务函数*/
86  void EXTI2_IRQHandler(void)          //EXTI2_IRQHandler为EXTI2的中断服务函数,当EXTI2中断通道有中断请求时触发执行本函数
87  {
88    if(EXTI_GetITStatus(EXTI_Line2)==1)  /*如果EXTI2线路有中断输入,EXTI_GetITStatus函数的返回值为1,
89                        即EXTI_GetITStatus(EXTI_Line2)=1,if的()内的等式成立,执行本if语句首尾大括号中的内容*/
90    {
91      if(PEin(2)==0)                   //如果PE2引脚为低电平(PE2引脚外接按键按下),则执行PBout(8)=1
92      {
93        PBout(8)=1;                    //让PB0引脚输出高电平(外接蜂鸣器发声)
94      }
95    }
96    EXTI_ClearITPendingBit(EXTI_Line2);//执行EXTI_ClearITPendingBit函数,清除EXTI2线路的挂起位,以便接收下一次中断输入
97  }
98
99  /*EXTI3通道产生中断时执行的中断服务函数*/
100 void EXTI3_IRQHandler(void)          //EXTI3_IRQHandler为EXTI3的中断服务函数,当EXTI3中断通道有中断请求时触发执行本函数
101 {
102   if(EXTI_GetITStatus(EXTI_Line3)==1)  /*如果EXTI3线路有中断输入,EXTI_GetITStatus函数的返回值为1,
103                        if的()内的等式成立,执行本if语句首尾大括号中的内容 */
104   {
105     if(PEin(3)==0)                   //如果PE3引脚为低电平(PE3引脚外接按键按下),则执行PEout(5)=1
106     {
107       PEout(5)=1;                    //让PE5引脚输出高电平(外接LED熄灭)
108     }
109   }
110   EXTI_ClearITPendingBit(EXTI_Line3);//执行EXTI_ClearITPendingBit函数,清除EXTI3线路的挂起位,以便接收下一次中断输入
111 }
112
113 /*EXTI4通道产生中断时执行的中断服务函数*/
114 void EXTI4_IRQHandler(void)          //EXTI4_IRQHandler为EXTI4的中断服务函数,当EXTI4中断通道有中断请求时触发执行本函数
115 {
116   if(EXTI_GetITStatus(EXTI_Line4)==1)  /*如果EXTI4线路有中断输入,EXTI_GetITStatus函数的返回值为1,
117                        if的()内的等式成立, 执行本if语句首尾大括号中的内容 */
118   {
119     if(PEin(4)==0)                   //如果PE4引脚为低电平(PE4引脚外接按键按下),则执行PBout(8)=0
120     {
121       PBout(8)=0;                    //让PB8引脚输出低电平(外接蜂鸣器停止发声)
122     }
123   }
124   EXTI_ClearITPendingBit(EXTI_Line4);//执行EXTI_ClearITPendingBit函数,清除EXTI4线路的挂起位,以便接收下一次中断输入
125 }
126
```

图 6-4　exit.c 文件中的中断程序（续）

中断服务函数是产生中断时执行的程序，有固定的名称与对应关系。EXTI0 通道产生中断时执行的中断服务函数名为 EXTI0_IRQHandler，EXTI1、EXTI2、EXTI3、EXTI4 对应的中断服务函数名分别为 EXTI1_IRQHandler、EXTI2_IRQHandler、EXTI3_IRQHandler、EXTI4_IRQHandler，EXTI5~EXTI9 共用一个中断服务函数 EXTI9_5_IRQHandler，EXTI10~EXTI15 共用一个中断服务函数 EXTI15_10_IRQHandler。

6.3.3 主程序及说明

图 6-5 所示是在 main.c 文件中编写的主程序（含 main 函数）。程序从 main 函数开始运行，执行 LED_Init 函数配置 LED 端口（GPIOB、PB5 和 GPIOE、PE5），执行 BEEP_Init 函数配置蜂鸣器端口（GPIOB、PB8），执行 KEY_Init 函数配置按键端口（GPIOA、PA5 和 GPIOE、PE4、PE3、PE2），执行 NVIC_PriorityGroupConfig 优先级分组函数，将中断的主、从优先级各设为 2 位，执行 My_EXTI_Init 函数，配置 EXTI0、EXTI2、EXTI3、EXTI4 中断通道，然后执行 while 循环语句。

main.c

```
1  #include "bitband.h"       //包含bitband.h头文件，相当于将该文件的内容插到此处
2
3  void LED_Init(void);       //声明void LED_Init(void)函数，该函数本体在其他文件中，需要先声明才能调用
4  void BEEP_Init(void);      //声明void BEEP_Init(void)函数
5  void KEY_Init(void);       //声明void KEY_Init(void)函数
6  void My_EXTI_Init(void);   //声明void My_EXTI_Init(void)函数
7
8  void delay2(u32 i)  //delay2为延时函数，输入参数为无符号的32位整型变量i(u32 i)
9  {                   //delay2函数的首大括号
10  while(i--);        /* while为循环语句，当i值不为0(非0为真)时反复执行本条语句，每执行一次,i值减1,当i值减到0时
11                        跳出while语句,i值越大,本条语句执行次数越多,所需时间越长，即延时时间越长 */
12 }                   //delay2函数的尾大括号
13
14 int main()        /*main为主函数，无输入参数，返回值为整型数(int)。一个工程只能有一个main函数，不管有多少个程序文件，
15                   都会找到main函数并从该函数开始执行程序 */
16 {                 //main函数的首大括号
17  u8 i=0;   //声明一个无符号8位整型变量i
18  LED_Init();                           //调用执行LED_Init函数(在led.c文件中)，配置LED端口(GPIOB、PB5和GPIOE、PE5)
19  BEEP_Init();          //调用执行BEEP_Init函数(在beep.c文件中)，配置蜂鸣器端口（GPIOB、PB8）
20  KEY_Init();           //调用执行KEY_Init函数(在key.c文件中)，配置按键端口(GPIOA、PA5和GPIOE、PE4、PE3、PE2)
21  NVIC_PriorityGroupConfig(NVIC_PriorityGroup_2);//执行NVIC_PriorityGroupConfig优先级分组函数,将主、从优先级各设为2位
22  My_EXTI_Init();       //调用执行My_EXTI_Init函数(在exti.c文件中)，配置EXTI0、EXTI2、EXTI3、EXTI4中断通道
23  while(1)              /* while为循环语句，当()内的值为真(非0即为真)时，反复执行本语句首尾大括号中的内容，
24                          若()内的值为0则跳出while语句，执行while语句尾大括号之后的内容*/
25  {                    //while语句的首大括号
26   i++;                //每执行一次本指令，i值增1，用于计算while语句{}中的内容循环执行的次数
27   if(i%20==0)         //如果i值除20的余数为0,即i值可被20整除,则执行本语句{}中的内容(i值每增20执行一次),%为相除取余符号
28   {                       //if语句的首大括号
29    PBout(5)=!PBout(5);    //让PB5引脚的输出电平变反(LED1状态变反)
30   }                       //if语句的尾大括号
31   delay2(300000);         //将300000赋给delay2函数的输入参数i，再执行delay2函数延时
32  }                   //while语句的尾大括号
33 }                   //main函数的尾大括号
34
```

图 6-5　在 main.c 文件中编写的主程序

while 语句中的第 26～31 行程序循环执行，其功能是闪烁点亮 PB5 引脚外接的 LED，LED 亮灭的时间间隔为 delay2(300000)×20，即间隔这么长时间执行一次“PBout(5)=!PBout(5)”，“!”为取反符号。

在 main.c 函数中执行 My_EXTI_Init 函数配置 EXTI0、EXTI2、EXTI3、EXTI4 中断通道后，如果某个中断通道的输入端有信号输入，以 EXTI0 通道为例，当 PA0 引脚外接按键按下时，该引脚输入一个上升沿进入 EXTI0 中断线路，经过一系列电路后得到一个中断请求信号送到 NVIC 中断控制器，触发执行 EXTI0_IRQHandler 中断服务函数（在 exti.c 文件中），该函数执行时判断是否 PA0=1（PA0 引脚按键按下），按下则让 PE5 引脚输出低电平，外接 LED 点亮。在使用中断时，只要配置好中断通道，则当该中断通道有中断输入时，就会马上触发执行对应名称的中断服务函数。

第 7 章

定时器的使用与编程实例

单片机的定时器是一种以计数方式来确定时间的电路，如果计数值增 1 或减 1 所需的时间为 1/9μs，那么定时器计数 9 次（计数值增 9 或减 9）的时间为 1μs。STM32 F1 系列单片机的定时器可分为系统定时器（SysTick）、通用定时器（TIM1～TIM8）、独立看门狗定时器（IWDG）、窗口看门狗定时器（WWDG）和实时时钟定时器（RTC），本章介绍常用的系统定时器和通用定时器。

7.1 SysTick 定时器（系统定时器）

SysTick 定时器又称系统定时器，是 Cortex-M3 内核中嵌入 NVIC（中断控制器）的一个外设。SysTick 定时器是一个 24 位向下递减的计数器，每计数一次所需时间为 1/SYSTICK，SYSTICK 是系统定时器时钟，可以直接取自系统时钟（72MHz），还可以是系统时钟 8 分频得到的时钟信号（9MHz）。

7.1.1 SysTick 定时器的寄存器

使用 SysTick 定时器是通过设置其寄存器来实现的。SysTick 定时器有 4 个寄存器，分别是 CTRL、LOAD、VAL 和 CALIB。

1）CTRL 寄存器（控制及状态寄存器）

CTRL 寄存器相应位功能见表 7-1，CLKSOURCE 位用于选择 SysTick 定时器时钟来源，该位为 1 时其时钟由系统时钟（72MHz）直接提供，为 0 时其时钟由系统时钟 8 分频（72MHz/8=9MHz）后提供。

表 7-1　CTRL 寄存器相应位功能

位	名 称	类 型	复 位 值	描 述
16	COUNTFLAG	R	0	如果在上次读取本寄存器后，SysTick 已经数到了 0，则该位为 1。如果读取该位，该位将自动清 0
2	CLKSOURCE	R/W	0	0=外部时钟源（STCLK）； 1=内核时钟（FCLK）
1	TICKINT	R/W	0	1=SysTick 倒数到 0 时产生 SysTick 异常请求； 0=数到 0 时无动作
0	ENABLE	R/W	0	SysTick 定时器的使能位

2）LOAD 寄存器（重装载计数值寄存器）

STM32F1 单片机的 SysTick 定时器是一个 24 位递减计数器，其 LOAD 寄存器（重装载计数值寄存器）只使用了低 24 位（bit23～bit0），当计数值减到 0 时自动重装设定的计数值，系统复位时，其值为 0。

3）VAL 寄存器（当前计数值寄存器）

VAL 寄存器（当前计数值寄存器）只使用了低 24 位（bit23～bit0），读取该寄存器时可得到定时器当前计数值，写该寄存器时会使之清 0，同时还会将 CTRL 寄存器的 COUNTFLAG 位清 0，系统复位时，其值为 0。

4）CALIB 寄存器（校准数值寄存器）

CALIB 寄存器相应位功能见表 7-2，该寄存器很少使用。

表 7-2 CALIB 寄存器相应位功能

位	名 称	类 型	复 位 值	描 述
31	NOREF	R	—	1=没有外部参考时钟（STCLK 不可用）; 0=外部参考时钟可用
30	SKEW	R	—	1=校准值不是准确的 10ms; 0=校准值是准确的 10ms
23:0	TENMS	R/W	0	10ms 的时间内倒计数的格数。芯片设计者应该通过 Cortex-M3 的输入信号提供该数值。若该值读回 0，则表示无法使用校准功能

7.1.2 SysTick 定时器的编程使用步骤

（1）选择 SysTick 定时器的时钟源。时钟源有 AHB 时钟和 AHB 时钟 8 分频两种选择，选择时钟源可采用 SysTick_CLKSourceConfig 函数。例如：

```
SysTick_CLKSourceConfig（SysTick_CLKSource_HCLK_Div8）;
/*SysTick_CLKSourceConfig 为 SysTick 时钟源设置函数，参数值为 SysTick_CLKSource_HCLK_Div8,
表示将时钟源设为 AHB 时钟除以 8。若要直接选择 AHB 时钟作为时钟源，则参数值应为 SysTick_
CLKSource_HCLK */
```

（2）计算出定时时间对应的计数值，并装载给 SysTick 定时器的 LOAD 寄存器。例如：

```
SysTick->LOAD=nus*fac_us;
  /*将延时微秒值×1μs 计数次数的结果赋给结构体变量 SysTick 的成员 LOAD 寄存器，即将 nus 时间的
计数值赋给 LOAD 寄存器 */
```

（3）将 SysTick 定时器的 VAL 寄存器的当前计数值清 0。例如：

```
SysTick->VAL=0x00;
/*将结构体变量 SysTick 的成员 VAL 寄存器清 0 */
```

（4）开启 SysTick 定时器倒计数。例如：

```
SysTick->CTRL|=1;
```

/*将 CTRL 寄存器的值和 1 进行位或（|=）运算，即让 CTRL 寄存器位 0（使能位）为 1，启动定时器开始倒计数*/

7.1.3 SysTick 定时器延时闪烁点亮 LED 的编程实例

SysTick 定时器延时闪烁点亮 LED 工程实现的功能是让 STM32F103ZET6 单片机 PC13 引脚外接的 LED 以亮 0.5s、灭 0.5s 的频率闪烁发光。

1. 创建工程

SysTick 定时器延时闪烁点亮 LED 工程可通过复制并修改前面已创建的"位段访问方式编程闪烁点亮 LED"工程来创建。

创建 SysTick 定时器延时闪烁点亮 LED 工程的操作如图 7-1 所示。先复制"位段访问方式编程闪烁点亮 LED"工程，再将文件夹改名为"SysTick 定时器延时闪烁点亮 LED"，然后打开该文件夹，如图 7-1（a）所示；双击扩展名为.uvprojx 的工程文件，启动 Keil 软件打开工程，在该工程中新建 SysTick.c 文件，并关联到 User 工程组中，再将固件库中的 misc.c 文件添加（关联）到 Startup 工程组中，本工程编译时需要用到该文件，如图 7-1（b）所示。

（a）打开"SysTick 定时器延时闪烁点亮 LED"文件夹

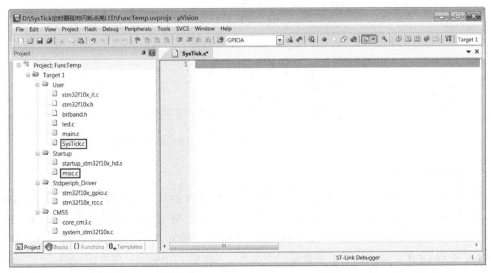

（b）新建 SysTick.c 文件并添加 misc.c 文件

图 7-1 创建 SysTick 定时器延时闪烁点亮 LED 工程

2. SysTick 定时器程序及说明

图 7-2 所示为在 SysTick.c 文件中编写的 SysTick 定时器程序。SysTick_Init 函数根据选择的时钟源和输入参数 SYSCLK 的值求出 fac_us 值（1μs 的计数次数）和 fac_ms（1ms 的计数次数）。delay_us 为微秒延时函数，delay_ms 为毫秒延时函数，以 delay_us 函数为例，该函数根据输入参数 nus 值和 SysTick_Init 函数求得的 fac_us 值计算出 nus 微秒对应的定时器计数值，定时器从该计数值倒计数到 0 用时为 nus 微秒，比如 fac_us＝9（1μs 计数 9 次），nus=500，那么 500μs 对应的定时器计数值为 4500，SysTick 定时器从 4500 倒计数到 0 用时 500μs。

SysTick.c

```
#include "stm32f10x.h"  //包含stm32f10x.h，相当于将该文件内容插到此处

static u8 fac_us=0;   //声明一个8位无符号静态(static)变量fac_us,其初值为0,static类型变量分配的为固定存储空间
static u16 fac_ms=0;  //声明一个16位无符号静态(static)变量fac_ms,其初值为0

/*SysTick_Init为SysTick定时器初始化函数，用于获得fac_us值(1μs的计数次数)和fac_ms(1ms的计数次数) */
void SysTick_Init(u8 SYSCLK)    //SysTick_Init函数的输入参数为SYSCLK，在调用本函数时赋值
{
 SysTick_CLKSourceConfig(SysTick_CLKSource_HCLK_Div8);   /*SysTick_CLKSourceConfig为SysTick时钟源设置函数,
          将时钟源设为SysTick_CLKSource_HCLK_Div8(AHB时钟除以8),若设为AHB时钟,则为SysTick_CLKSource_HCLK */
 fac_us=SYSCLK/8;       //将SYSCLK/8的值赋给变量fac_us，该值为1μs的计数次数
 fac_ms=(u16)fac_us*1000;    //将fac_us×1000的值赋给变量fac_ms，该值为1ms的计数次数
}

/*delay_us为微秒延时函数，其输入参数为32位无符号变量nus(延时微秒值),nus值≤798915 */
void delay_us(u32 nus)
{
 u32 temp;                   //声明一个32位无符号变量temp
 SysTick->LOAD=nus*fac_us;   /*将延时微秒值×1μs计数次数的结果赋给结构体SysTick的成员LOAD寄存器,
                              即将nus时间的计数值赋给LOAD 寄存器 */
 SysTick->VAL=0x00;         //将结构体SysTick的成员VAL(当前计数值)寄存器清0
 SysTick->CTRL|=1;  //将CTRL寄存器的值与1进行位或(|=)运算，即让CTRL寄存器位0(使能位)为1,启动定时器开始倒计数
 do              /*do while语句在执行时，先执行大括号内的语句组(循环体),然后用while判断表达式
                   是否为真(非0即为真)或表达式是否成立，若为真或表达式成立则执行大括号内的语句组,
                   直到while表达式为0(假)或不成立，直接跳出do while语句，执行之后的内容*/
 {
  temp=SysTick->CTRL;                    //将CTRL寄存器的值赋给变量temp
 }
while((temp&0x01)&&!(temp&(1<<16)));/*SysTick定时器计数时,CTRL寄存器位0(使能位)为1,temp&0x01结果为真(非0为真),
                   定时器倒计数未到0时，CTRL寄存器位15(COUNTFLAG位)为0,temp&(1<<16))结果为0,取反(!)则为真,
                   &&为与逻辑运算符,两真相与结果为真,反复执行temp=SysTick->CTRL,一旦定时器倒计数到0,
                   CTRL的位15变为1,temp&(1<<16))结果为真，取反为假,真&&假的结果为假,跳出do while语句 */
 SysTick->CTRL&=0;   //将CTRL寄存器的值和0进行位与(&=)运算,结果保存到CTRL寄存器,CTRL的位0(使能位)为0,停止计数
 SysTick->VAL =0X00; //将VAL寄存器的当前计数值清0
}

/*delay_ms为毫秒延时函数，其输入参数为16位无符号变量nms(延时毫秒值),SysTick定时器是24位，其计数最大值为0xffffff,
nms值≤0xffffff*8*1000/SYSCLK,SYSCLK为系统时钟72MHz,最大延时为1864ms,若延时大于1864ms,可以使用多个delay_ms函数 */
void delay_ms(u16 nms)
{
 u32 temp;            //声明一个32位无符号变量temp
 SysTick->LOAD=(u32)nms*fac_ms; /*将延时毫秒值×1ms计数次数的结果赋给结构体SysTick的成员LOAD寄存器,
                        即将nms时间的计数值赋给LOAD 寄存器 */
 SysTick->VAL =0x00;    //将结构体SysTick的成员VAL 寄存器清0
 SysTick->CTRL|=1;   //将CTRL寄存器的值与1进行位或(|=)运算，即让CTRL寄存器位0(使能位)为1,启动定时器开始倒计数
 do               /*do while语句在执行时，先执行大括号内的语句组(也称循环体),然后用while判断表达式
                    是否为真(非0即为真)或表达式是否成立，若为真或表达式成立则执行大括号内的语句组,
                    直到while表达式为0(假)或不成立，直接跳出do while语句，执行之后的内容*/
 {
  temp=SysTick->CTRL;                  //将CTRL寄存器的值赋给变量temp
 }
 while((temp&0x01)&&!(temp&(1<<16)));   /*定时器计数时,CTRL寄存器位0(使能位)为1,temp&0x01结果为真(非0为真),
                    定时器倒计数未到0时，CTRL寄存器位15(计数标志位)为0,temp&(1<<16))结果为0,取反(!)则为真,
                    &&为与逻辑运算符,两真相与结果为真,反复执行temp=SysTick->CTRL,一旦定时器倒计数到0,
                    CTRL的位15变为1,temp&(1<<16))结果为真，取反为假,真&&假的结果为假,跳出do while语句 */
 SysTick->CTRL&=0;   //将CTRL寄存器的值和0进行位与(&=)运算,结果保存到CTRL寄存器,CTRL的位0(使能位)为0,停止计数
 SysTick->VAL =0X00;    //将VAL寄存器的当前计数值清0
}
```

图 7-2　在 SysTick.c 文件中编写的 SysTick 定时器程序

3. 主程序及说明

图 7-3 所示是在 main.c 文件中编写的主程序（含 main 函数）。程序从 main 函数开始运行，先调用执行 SysTick_Init 函数（在 SysTick.c 文件中），同时将 72 赋给其输入参数 SYSCLK，计算出 fac_us 值（1μs 的计数次数）和 fac_ms（1ms 的计数次数）；然后执行 LED_Init 函数（在 led.c 文件中），开启 GPIOC 端口时钟，设置端口引脚号、工作模式和速度，再执行 while 语句的内容。

在 while 语句中，先执行“PCout（13）=!PCout（13）”，让 PC13 引脚输出电平变反，再执行 delay_ms 函数，同时将 500 赋给其输入参数 nms，delay_ms 函数根据 fac_us 值、fac_ms 值和输入参数 nms（500）得到 500ms 的计数值装载到 SysTick 定时器的 LOAD 寄存器，定时器使能

后开始倒计数，从装载计数值倒计数到 0 耗时 500ms，然后跳出 delay_ms 函数，再执行“PCout（13）=!PCout（13）”，如此反复，PC13 引脚电平 500ms 变化一次，外接 LED 闪烁发光。

```c
/* 使用SysTick定时器延时闪烁点亮LED */
#include "bitband.h"  //包含bitband.h头文件，相当于将该文件的内容插到此处

void LED_Init(void);           //声明LED_Init函数，声明后程序才可使用该函数
void SysTick_Init(u8 SYSCLK);  //声明SysTick_Init函数
void delay_ms(u16 nms);        //声明delay_ms函数

int main()          /*main为主函数，无输入参数，返回值为整型数(int)。一个工程只能有一个main函数，
                     不管有多少个程序文件，都会找到main函数并从该函数开始执行程序 */
{                   //main函数的首大括号
 SysTick_Init(72); /*将72赋给SysTick_Init函数的输入参数SYSCLK，再执行该函数,计算出fac_us值(1μs的计数次数)
                    和fac_ms(1ms的计数次数)供给delay_ms函数使用 */
 LED_Init();     //调用执行LED_Init函数(在led.c文件中)，开启GPIOC端口时钟，设置端口引脚号、工作模式和速度
 while(1)        //while为循环语句，当()内的值为真(非0即为真)时，反复执行本语句首尾大括号中的内容
  {                     //while语句的首大括号
   PCout(13)=!PCout(13); //将GPIOC_ODR寄存器位13的别名地址的值取反，即让PC13引脚输出电平变反
   delay_ms(500);        //将500赋给delay_ms函数(在SysTick.c文件中)的输入参数nms,再执行该函数延时500ms
  }                     //while语句的尾大括号
}                       //main函数的尾大括号
```

图 7-3　在 main.c 文件中编写的主程序

7.1.4　更换输出引脚时的程序改动

前面介绍的 SysTick 定时器延时闪烁点亮 LED 工程使用 PC13 引脚连接 LED，如果要更换成 PB5 引脚连接 LED，除硬件电路方面更换引脚外，还应对工程的 led.c 和 main.c 文件中的一些程序做相应的修改，工程中其他文件的程序不用改动。

led.c 文件中需要改动的内容如图 7-4（a）所示，将程序中的“GPIOC”改成“GPIOB”，“13”改成“5”，“PC13”改成“PB5”。main.c 文件中需要改动的部分如图 7-4（b）所示，将程序中的“PCout（13）”改成“PBout（5）”，“GPIOC”改成“GPIOB”，“13”改成“5”，“PC13”改成“PB5”。

```c
/* 开启GPIOC端口时钟，设置端口引脚号、工作模式和速度 */
#include "bitband.h"  //包含bitband.h，相当于将该文件内容插到此处

void LED_Init(void)   //LED_Init函数，其输入、输出参数均为void（空）
{                                            //LED_Init函数的首大括号
 GPIO_InitTypeDef GPIO_InitStructure;        //定义一个类型为GPIO_InitTypeDef的结构体变量GPIO_InitStructure
 RCC_APB2PeriphClockCmd(RCC_APB2Periph_GPIOC,ENABLE);  //执行RCC_APB2PeriphClockCmd函数，开启GPIOC端口时钟
 GPIO_InitStructure.GPIO_Pin=GPIO_Pin_13;              /*将结构体变量GPIO_InitStructure的成员GPIO_Pin设为
                                                         GPIO_Pin_13，即将GPIO端口引脚设为13 */
 GPIO_InitStructure.GPIO_Mode=GPIO_Mode_Out_PP;        //将GPIO端口工作模式设为PP（推挽输出）
 GPIO_InitStructure.GPIO_Speed=GPIO_Speed_50MHz;         //将GPIO端口工作速度设为50MHz
 GPIO_Init(GPIOC,&GPIO_InitStructure);              /*执行GPIO_Init函数，取结构体变量GPIO_InitStructure设定的
                                                      引脚、工作模式和速度初始化（配置）GPIOC端口*/
 GPIO_SetBits(GPIOC,GPIO_Pin_13);   /*执行GPIO_SetBits函数，将GPIOC端口的端口位13置1，即让PC13脚输出高电平，
                                      熄灭LED */
}                                   //LED_Init函数的尾大括号
```

（a）在 led.c 文件中将 GPIOC、13、PC13 分别改成 GPIOB、5、PB5

```c
/* 使用SysTick定时器延时闪烁点亮LED */
#include "bitband.h"  //包含bitband.h头文件，相当于将该文件的内容插到此处

void LED_Init(void);           //声明LED_Init函数，声明后程序才可使用该函数
void SysTick_Init(u8 SYSCLK);  //声明SysTick_Init函数
void delay_ms(u16 nms);        //声明delay_ms函数

int main()          /*main为主函数，无输入参数，返回值为整型数(int)。一个工程只能有一个main函数，
                     不管有多少个程序文件，都会找到main函数并从该函数开始执行程序 */
{                   //main函数的首大括号
 SysTick_Init(72); /*将72赋给SysTick_Init函数的输入参数SYSCLK，再执行该函数,计算出fac_us值(1μs的计数次数)
                    和fac_ms(1ms的计数次数)供给delay_ms函数使用 */
 LED_Init();     //执行LED_Init函数(在led.c文件中)，开启GPIOC端口时钟，设置端口引脚号、工作模式和速度
 while(1)        //while为循环语句，当()内的值为真(非0即为真)时，反复执行本语句首尾大括号中的内容
  {                     //while语句的首大括号
   PCout(13)=!PCout(13); //将GPIOC_ODR寄存器位13的别名地址的值取反，即让PC13引脚输出电平变反
   delay_ms(500);        //将500赋给delay_ms函数(在SysTick.c文件中)的输入参数nms,再执行该函数延时500ms
  }                     //while语句的尾大括号
}                       //main函数的尾大括号
```

（b）在 main.c 文件中将 PCout（13）、GPIOC、13、PC13 分别改成 PBout（5）、GPIOB、5、PB5

图 7-4　SysTick 定时器延时闪烁点亮 LED 工程输出引脚由 PC13 换成 PB5 的程序改动

7.2 通用定时器

STM32F1x 单片机有 8 个 TIM 定时器（TIM1～TIM8），TIM6、TIM7 为基本定时器，TIM2～TIM5 为通用定时器，TIM1、TIM8 为高级定时器。基本定时器的功能简单，类似于 51 单片机的定时器；通用定时器是在基本定时器的基础上扩展而来的，增加了输入捕获与输出比较等功能；高级定时器则是在通用定时器的基础上扩展而来的，增加了主要针对工业电机控制的可编程死区互补输出、重复计数器、带刹车断路功能。本节以通用定时器为例来介绍 TIM 定时器。

7.2.1 通用定时器的功能与组成

1. 功能

通用定时器（TIM2～TIM5）主要由一个可编程预分频器驱动的 16 位自动装载计数器构成，可以测量输入信号的脉冲长度（输入捕获）或者产生输出波形（输出比较和 PWM）。使用定时器预分频器和 RCC 时钟控制器预分频器，脉冲长度和波形周期可以在几微秒到几毫秒之间调整。每个定时器都是完全独立的，没有互相共享任何资源。它们可以一起同步操作。

TIM2～TIM5 通用定时器的主要功能如下。

（1）16 位向上、向下、向上/向下自动装载计数器。

（2）16 位可编程（可以实时修改）预分频器，计数器时钟频率的分频系数为 1～65536 之间的任意数值。

（3）4 个独立通道，可用作：①输入捕获；②输出比较；③PWM 生成（边缘或中间对齐模式）；④单脉冲模式输出。

（4）使用外部信号控制定时器和定时器互连的同步电路。

（5）如下事件发生时产生中断/DMA：

● 计数器向上溢出/向下溢出，计数器初始化（通过软件或者内部/外部触发）；

● 触发事件（计数器启动、停止、初始化或者由内部/外部触发计数）；

● 输入捕获；

● 输出比较。

（6）支持针对定位的增量（正交）编码器和霍尔传感器电路。

（7）触发输入作为外部时钟或者按周期的电流管理。

2. 组成

TIM2～TIM5 每个定时器都有 4 个通道，如 TIM4 的 4 个通道为 TIM4_CH1～TIM4_CH4，对应单片机 PB6～PB9 引脚，可用于信号输入或输出。图 7-5（a）所示为 TIM 通用定时器的结构详图，图 7-5（b）所示为其简化图（下方只画出了一个通道）。

1）定时器的时钟源

定时器的时钟源可由以下 4 种时钟提供。

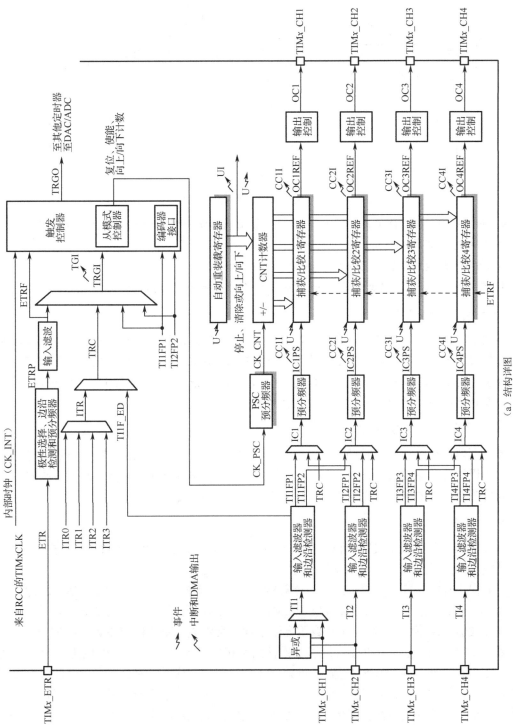

图7-5　TIM通用定时器的结构图

（a）结构详图

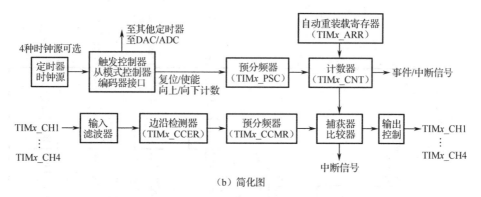

（b）简化图

图 7-5　TIM 通用定时器的结构图（续）

- 内部时钟（CK_INT），CK_INT 时钟一般由 APB1 时钟倍频而来，频率为 72MHz；
- 外部时钟模式 1-TIMx_CHx 引脚外部输入；
- 外部时钟模式 2-ETR 引脚外部触发输入；
- 内部触发输入（ITRx）：使用一个定时器作为另一个定时器的预分频器。

2）控制器与编码器接口

通用定时器的控制器包括触发控制器和从模式控制器。触发控制器用来针对片内外设输出触发信号，比如为其他定时器提供时钟和触发 DAC/ADC 转换；从模式控制器可以控制计数器复位、启动、递增/递减、计数。编码器接口连接 TIMx_CH1、TIMx_CH2 引脚外接的编码器，编码器产生的脉冲经编码器接口去计数器进行计数。

3）预分频器（TIMx_PSC）

预分频器用于对计数器时钟频率进行分频，其设置寄存器为 TIMx_PSC，通过寄存器的相应位来设置分频系数值（1~65536）。由于从模式控制器具有缓冲功能，故预分频器可实现实时更改，而新的预分频比将在下一更新事件发生时采用。

4）计数器（TIMx_CNT）

TIM 计数器是一个 16 位计数器，TIMx_CNT 寄存器存放计数值。计数模式有向上计数、向下计数、向上/向下计数（中央对齐计数）。

（1）向上计数模式。在该模式下，计数器从 0 开始计数，每来一个 CK_CNT 脉冲，计数值增 1，当计数值等于自动重装载值（TIMx_ARR 寄存器的值）时，又重新从 0 开始计数并生成计数器上溢事件。每次发生计数器上溢事件时会生成更新事件（UEV），将 TIMx_EGR 寄存器中的 UG 位置 1（通过软件程序或使用从模式控制器）也可以生成更新事件。将 TIMx_CR1 寄存器中的 UDIS 位置 1 可禁止 UEV 事件，这样可避免向自动重装载寄存器（ARR）写入新值时更新影子寄存器。在 UDIS 位写入 0 之前不会产生任何更新事件，不过计数器和预分频器计数器都会重新从 0 开始计数（预分频比保持不变）。此外，若将 TIMx_CR1 寄存器相应的中断位置 1，也会产生中断事件。

（2）向下计数模式。在该模式下，计数器从自动重装载值（TIMx_ARR 寄存器的值）开始递减计数到 0，然后重新从自动重装载值开始计数并生成计数器下溢事件。每次发生计数器下溢事件时会生成更新事件，将 TIMx_EGR 寄存器的 UG 位置 1（通过软件程序或使用从模式控制器）也可以生成更新事件。将 TIMx_CR1 寄存器的 UDIS 位置 1 可禁止 UEV 更新事件，这样可避免向自动重装载寄存器写入新值时更新影子寄存器。在 UDIS 位写入 0 之前不会产生任何更新事件，不过计数器会重新从当前自动重装载值开始计数，而预分频器计数器则重新从 0 开始计数（预分频比保持不变）。此外，若将 TIMx_CR1 寄存器的相应中断位置 1，也会产生中断事件。

（3）向上/向下计数（中央对齐计数）。在该模式下，计数器从 0 开始计数到自动重装载值（TIMx_ARR 寄存器的值）-1，生成计数器上溢事件，然后从自动重装载值开始向下计数到 1，并生成计数器下溢事件，再从 0 开始重新计数，如此反复进行。每次发生计数器上溢和下溢事件时都会生成更新事件。

5）自动重装载寄存器（TIMx_ARR）

自动重装载寄存器（TIMx_ARR）用来放置与 CNT 计数器比较的值。该寄存器由 TIMx_CR1 寄存器的 ARPE 位控制，当 ARPE=0 时，自动重装载寄存器不进行缓冲，寄存器内容直接传送到影子寄存器；当 APRE=1 时，在每一次更新事件（UEV）时，才把自动重装载寄存器（ARR）的内容传送到影子寄存器。

6）捕获器和比较器

捕获器和比较器可以对输入信号的上升沿、下降沿或者双边沿进行捕获，用于测量输入信号的脉宽及 PWM 输入信号的频率和占空比。

信号捕获测量原理：输入信号从 TIMx_CHx 引脚进入滤波器，滤除干扰成分后送到边沿检测器，如果选择上升沿捕获，则信号不倒相；如果选择下降沿捕获，则边沿检测器将信号倒相输出，再经预分频器（0/2/4/8 降频）后送入捕获器。当捕获器捕获到信号的跳变沿时，将此时的 TIMx_CNT 寄存器计数值锁存到捕获寄存器（TIMx_CCR）中；当捕获到下一个跳变沿时，将该跳变沿对应的 TIMx_CNT 寄存器计数值与先前保存到捕获寄存器的计数值进行比较（相减），就可以算出两个跳变沿之间的时间差，从而测出信号的脉宽或频率等参数。

7）输出控制

输出控制通过定时器的外部引脚对外输出控制信号，可以分为输出高电平（有效电平）、输出低电平（无效电平）、翻转、强制变为低电平、强制变为高电平和 PWM 输出等模式，具体使用何种模式由寄存器 CCMRx 的位 OCxM[2:0]配置，其中 PWM 输出模式使用较多。

7.2.2　通用定时器的编程使用步骤

（1）开启 TIM 定时器时钟。通用定时器（TIM2～TIM5）挂在 APB1 总线上，可采用 RCC_APB1PeriphClockCmd 函数来使能通用定时器时钟。例如：

```
RCC_APB1PeriphClockCmd（RCC_APB1Periph_TIM4, ENABLE）;
/*执行 RCC_APB1PeriphClockCmd 函数，开启 TIM4 时钟 */
```

（2）配置定时器的重装载计数值、分频系数、时钟分频因子和计数方式。例如：

```
TIM_TimeBaseInitStructure.TIM_Period=per;
/*将结构体变量 TIM_TimeBaseInitStructure 的成员 TIM_Period（自动重装载计数周期值）设为变量 per 的值，设置范围为 0～65535*/
```

TIM_TimeBaseInitStructure.TIM_Prescaler=psc;
/*将成员 TIM_Prescaler（预分频器的分频系数）设为变量 psc 的值，时钟源经过该预分频器后输出的才是定时器时钟，设置值范围为 0～65535，分频系数是除数，分母不能为 0，所以会自动加 1，分频系数为 1～65536*/
TIM_TimeBaseInitStructure.TIM_ClockDivision=TIM_CKD_DIV1;
/*将成员 TIM_ClockDivision（时钟分频因子）设为 TIM_CKD_DIV1，还可设为 TIM_CKD_DIV2、TIM_CKD_DIV4，时钟分频因子是定时器时钟 CK_INT 频率与数字滤波器采样时钟频率分频比*/
TIM_TimeBaseInitStructure.TIM_CounterMode=TIM_CounterMode_Up;
/*将成员 TIM_CounterMode（计数模式）设为 TIM_CounterMode_Up（向上计数），向下计数为 TIM_CounterMode_Down，向上/向下中央对齐计数模式 1/2/3 为 TIM_CounterMode_CenterAligned1/2/3*/
TIM_TimeBaseInit（TIM4，&TIM_TimeBaseInitStructure）;
/*执行 TIM_TimeBaseInit 函数，取结构体变量 TIM_TimeBaseInitStructure 设定的重装载计数值、分频系数、时钟分频因子和计数方式初始化（配置）TIM4 定时器*/

（3）配置定时器中断的中断源、主/从优先级和使能 NVIC 寄存器。例如：

TIM_ITConfig（TIM4，TIM_IT_Update，ENABLE）;
/*执行 TIM_ITConfig 函数，开启 TIM4 的 TIM_IT_Update（TIM 中断源）中断 */
TIM_ClearITPendingBit（TIM4，TIM_IT_Update）;
/*执行 TIM_ClearITPendingBit 函数，清除 TIM_IT_Update（TIM 中断源）的中断状态位 */
NVIC_InitStructure.NVIC_IRQChannel = TIM4_IRQn;
/*将结构体变量 NVIC_InitStructure 的成员 NVIC_IRQChannel 设为 TIM4_IRQn，即选择 TIM4 定时器中断*/
NVIC_InitStructure.NVIC_IRQChannelPreemptionPriority=2;
/*将成员 NVIC_IRQChannelPreemptionPriority 设为 2，即将中断的主优先级设为 2 */
NVIC_InitStructure.NVIC_IRQChannelSubPriority =3;
/*将成员 NVIC_IRQChannelSubPriority 设为 3，即将中断的从优先级设为 3 */
NVIC_InitStructure.NVIC_IRQChannelCmd = ENABLE;
/*将成员 NVIC_IRQChannelCmd 设为 ENABLE（使能），即开启中断，关闭中断用 DISABLE（失能） */
NVIC_Init（&NVIC_InitStructure）;
/*执行 NVIC_Init 函数，取结构体变量 NVIC_InitStructure 设定的中断通道、主/从优先级和使/失能来配置 NVIC 寄存器 */

TIM_ITConfig 函数说明见表 7-3，TIM_ClearITPendingBit 函数说明见表 7-4。

表 7-3 TIM_ITConfig 函数说明

函 数 名	TIM_ITConfig
函数原型	void TIM_ITConfig(TIM_TypeDef* TIMx, u16 TIM_IT, FunctionalState NewState)
功能描述	使能或者失能指定的 TIM 中断
输入参数 1	TIMx：x 可以是 2、3 或者 4，据此选择 TIM 外设
输入参数 2	TIM_IT：待使能或者失能的 TIM 中断源，取值如下。<table><tr><td>TIM_IT 值</td><td>描　述</td></tr><tr><td>TIM_IT_Update</td><td>TIM 中断源</td></tr><tr><td>TIM_IT_CC1</td><td>TIM 捕获/比较 1 中断源</td></tr><tr><td>TIM_IT_CC2</td><td>TIM 捕获/比较 2 中断源</td></tr><tr><td>TIM_IT_CC3</td><td>TIM 捕获/比较 3 中断源</td></tr><tr><td>TIM_IT_CC4</td><td>TIM 捕获/比较 4 中断源</td></tr><tr><td>TIM_IT_Trigger</td><td>TIM 触发中断源</td></tr></table>
输入参数 3	NewState：TIMx 中断的新状态。这个参数可以取 ENABLE 或者 DISABLE

表 7-4　TIM_ClearITPendingBit 函数说明

函 数 名	TIM_ClearITPendingBit	
函数原型	void TIM_ClearITPendingBit(TIM_TypeDef* TIMx, u16 TIM_IT)	
功能描述	清除 TIMx 的中断待处理位	
输入参数 1	TIMx：x 可以是 2、3 或者 4，据此选择 TIM 外设	
输入参数 2	TIM_IT：待检查的 TIM 中断待处理位，取值如下。	

TIM_IT 值	描　　述
TIME_IT_Update	TIM 中断源
TIME_IT_CC1	TIM 捕获/比较 1 中断源
TIME_IT_CC2	TIM 捕获/比较 2 中断源
TIME_IT_CC3	TIM 捕获/比较 3 中断源
TIME_IT_CC4	TIM 捕获/比较 4 中断源
TIME_IT_Trigger	TIM 触发中断源

（4）开启通用定时器计数。例如：

```
TIM_Cmd（TIM4，ENABLE）；
/*执行 TIM_Cmd 函数，使能 TIM4 定时器开始计数，关闭定时器用 DISABLE*/
```

（5）编写通用定时器的中断服务函数。例如：

```
void TIM4_IRQHandler（void）    /*TIM4_IRQHandler 为 TIM4 的中断服务函数，
                                 当 TIM4 定时器产生中断时触发执行本函数*/
{
//中断服务函数的程序代码
}
```

7.2.3　通用定时器中断闪烁点亮 LED 的编程实例

通用定时器中断闪烁点亮 LED 工程实现的功能是让 STM32F103ZET6 单片机 PB5 引脚外接的 LED 以亮 0.5s、灭 0.5s 的频率闪烁发光。

1．创建工程

通用定时器中断闪烁点亮 LED 工程可通过复制并修改前面已创建的"SysTick 定时器延时闪烁点亮 LED"工程来创建。

创建通用定时器中断闪烁点亮 LED 工程的操作如图 7-6 所示。先复制"SysTick 定时器延时闪烁点亮 LED"工程，再将文件夹改名为"通用定时器中断闪烁点亮 LED"，然后打开该文件夹，如图 7-6（a）所示；双击扩展名为.uvprojx 的工程文件，启动 Keil 软件打开工程，在该工程中新建 tim.c 文件，并关联到 User 工程组中，再将固件库中的 stm32f10x.tim.c 和 stm32f10x.exti.c 文件添加（关联）到 Stdperiph_Driver 工程组中，本工程编译时需要用到这两个库文件，如图 7-6（b）所示。

(a) 打开"通用定时器中断闪烁点亮 LED"文件夹

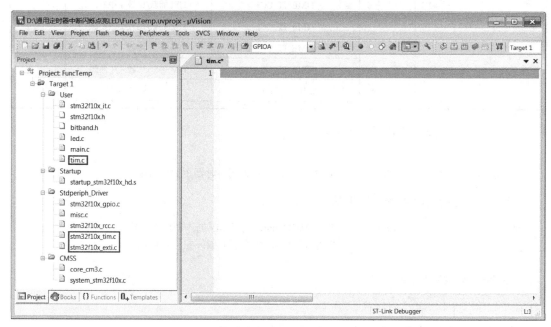

(b) 新建 tim.c 文件并添加 stm32f10x.tim.c 和 stm32f10x.exti.c 文件

图 7-6　创建通用定时器中断闪烁点亮 LED 工程

2. 通用定时器配置与定时器中断程序及说明

通用定时器配置与定时器中断程序写在 tim.c 文件中，其内容如图 7-7 所示。TIM4_Init 是 TIM4 定时器配置与定时器中断配置函数，配置定时器的重装载计数值、分频系数、时钟分频因子和计数方式，配置定时器中断的中断源、主/从优先级和使能 NVIC 寄存器。TIM4_IRQHandler 为 TIM4 的中断服务函数，当 TIM4 定时器产生中断时触发执行该函数。

3. 主程序及说明

图 7-8 所示是在 main.c 文件中编写的主程序（含 main 函数）。程序从 main 函数开始运行，先调用执行 NVIC_PriorityGroupConfig 优先级分组函数，将中断的主、从优先级各设为 2 位，然后执行 LED_Init 函数（在 led.c 文件中），开启 GPIOB 端口时钟，设置端口引脚号、工作模式和工作速度，再将 1000、36000-1 分别赋给 TIM4_Init 函数（在 tim.c 文件中）的输入参数 per 和 psc 并执行该函数。

```
1   #include "bitband.h"  //包含bitband.h,相当于将该文件内容插到此处
2
3   /* TIM4_Init为TIM4定时器及定时器中断配置函数,配置定时器的重装载计数值、分频系数、时钟分频因子和计数方式,
4      配置定时器中断的中断源、主/从优先级和使能NVIC寄存器 */
5   void TIM4_Init(u16 per,u16 psc)  /*输入参数per、psc分别存放自动重载载计数值和分频系数,在调用本函数时赋值,
6                                       定时时间T=((per)*(psc+1))/Tclk,Tclk=72MHz,per、psc设置范围为0~65535 */
7   {
8     TIM_TimeBaseInitTypeDef TIM_TimeBaseInitStructure; /*声明一个类型为TIM_TimeBaseInitTypeDef的结构体变量
9                                                           TIM_TimeBaseInitStructure */
10    NVIC_InitTypeDef NVIC_InitStructure;       //声明一个类型为NVIC_InitTypeDef的结构体变量NVIC_InitStructure
11
12    RCC_APB1PeriphClockCmd(RCC_APB1Periph_TIM4,ENABLE);  //执行RCC_APB1PeriphClockCmd函数,开启TIM4时钟
13
14    TIM_TimeBaseInitStructure.TIM_Period=per;      /*将结构体变量TIM_TimeBaseInitStructure的成员
15                                                      TIM_Period(重装载计数值)设为变量per的值*/
16    TIM_TimeBaseInitStructure.TIM_Prescaler=psc;   //将成员TIM_Prescaler(预分频器)的分频系数设为变量psc的值*/
17    TIM_TimeBaseInitStructure.TIM_ClockDivision=TIM_CKD_DIV1;  /*将成员TIM_ClockDivision(时钟分频因子)
18                                                      设为TIM_CKD_DIV1,还可设为TIM_CKD_DIV2、TIM_CKD_DIV4*/
19    TIM_TimeBaseInitStructure.TIM_CounterMode=TIM_CounterMode_Up;  /*将成员TIM_CounterMode(计数模式)设为
20                                                      TIM_CounterMode_Up(向上计数),向下计数为TIM_CounterMode_Down*/
21    TIM_TimeBaseInit(TIM4,&TIM_TimeBaseInitStructure);  /*执行TIM_TimeBaseInit函数,取结构体变量
22                                                      TIM_TimeBaseInitStructure设定的重装载计数值、分频系数、
23                                                      时钟分频因子和计数方式初始化(配置)TIM4定时器*/
24
25    TIM_ITConfig(TIM4,TIM_IT_Update,ENABLE);  //执行TIM_ITConfig函数,开启TIM4的TIM_IT_Update(TIM中断源)中断
26    TIM_ClearITPendingBit(TIM4,TIM_IT_Update);  /*执行TIM_ClearITPendingBit函数,
27                                                      清除TIM_IT_Update(TIM中断源)的中断状态位 */
28    NVIC_InitStructure.NVIC_IRQChannel = TIM4_IRQn;  /*将结构体变量NVIC_InitStructure的成员NVIC_IRQChannel
29                                                      设为TIM4_IRQn,即选择TIM4定时器中断*/
30    NVIC_InitStructure.NVIC_IRQChannelPreemptionPriority=2; /*将成员NVIC_IRQChannelPreemptionPriority设为2,
31                                                      即将中断的主优先级设为2 */
32    NVIC_InitStructure.NVIC_IRQChannelSubPriority =3;  /*将成员NVIC_IRQChannelSubPriority设为3,
33                                                      即将中断的从优先级设为3 */
34    NVIC_InitStructure.NVIC_IRQChannelCmd = ENABLE;  /*将成员NVIC_IRQChannelCmd设为ENABLE(使能),
35                                                      即开启中断,关闭中断用DISABLE(失能) */
36    NVIC_Init(&NVIC_InitStructure);       /*执行NVIC_Init函数,取结构体变量NVIC_InitStructure设定的中断通道、
37                                                      主/从优先级和使/失能来配置NVIC寄存器 */
38    TIM_Cmd(TIM4,ENABLE);  //执行TIM_Cmd函数,使能TIM4定时器开始计数
39  }
40
41  /*TIM4定时器产生中断时执行的中断服务函数*/
42  void TIM4_IRQHandler(void)  //TIM4_IRQHandler为TIM4的中断服务函数,当TIM4定时器产生中断时触发执行本函数
43  {
44    if(TIM_GetITStatus(TIM4,TIM_IT_Update))  /*如果TIM4的TIM_IT_Update(TIM中断源)产生中断,
45                                                      TIM_GetITStatus函数返回值为1,执行PBout(5)=!PBout(5)*/
46    {
47      PBout(5)=!PBout(5);  //让PB5引脚输出电平变反
48    }
49    TIM_ClearITPendingBit(TIM4,TIM_IT_Update);  /*执行TIM_ClearITPendingBit函数,
50                                                      清除TIM_IT_Update(TIM中断源)的中断位*/
51  }
52
```

图 7-7　在 tim.c 文件中编写的通用定时器配置与定时器中断程序

在执行 TIM4_Init 函数时,先配置定时器的重装载计数值、分频系数、时钟分频因子和计数方式,再配置定时器中断的中断源、主/从优先级和使能 NVIC 寄存器,并启动 TIM4 定时器按设定的 per 和 psc 值开始计数定时。定时时间 $T=((per)×(psc+1))/72MHz=(1000×36000)/72000000=0.5s$,TIM4 定时器从 0 计数到 1000 用时 0.5s,当计数到 1000 时产生一个上溢事件,触发执行 TIM4_IRQHandler 中断服务函数,该函数中的"PBout(5)=!PBout(5)"让 PB5 引脚输出电平变反,外接 LED 状态变反(亮→灭或灭→亮)。也就是说,TIM4 定时器每隔 0.5s 产生一次中断,触发执行中断服务函数,让 PB5 引脚输出电平翻转一次,外接 LED 状态变化一次,如此反复,PB5 引脚外接 LED 以亮 0.5s、灭 0.5s 的频率闪烁发光。

```
1   /* 使用通用定时器延时中断闪烁点亮LED */
2   #include "bitband.h"  //包含bitband.h头文件,相当于将该文件的内容插到此处
3
4   void LED_Init(void);        //声明LED_Init函数,声明后程序才可使用该函数
5   void TIM4_Init(u16 per,u16 psc);  //声明TIM4_Init函数
6
7   int main()              /*main为主函数,无输入参数,返回值为整型数(int)。一个工程只能有一个main函数,
8                             不管有多少个程序文件,都会找到main函数并从该函数开始执行程序 */
9   {
10    NVIC_PriorityGroupConfig(NVIC_PriorityGroup_2);  /*执行NVIC_PriorityGroupConfig优先级分组函数,
11                                                      将主、从优先级各设为2位 */
12    LED_Init();  //执行LED_Init函数(在led.c文件中),开启GPIOB端口时钟,设置端口引脚号、工作模式和速度
13    TIM4_Init(1000,36000-1);  /*将1000、36000-1分别赋给TIM4_Init函数(在tim.c文件中)的输入参数per和psc,
14                                                      再执行该函数延时500ms,T=((per)*(psc+1))/72MHz=0.5s */
15  }
16
```

图 7-8　在 main.c 文件中编写的主程序

7.3 定时器 PWM 输出功能的使用与编程实例

PWM（Pulse Width Modulation）意为脉冲宽度调制，简称脉宽调制，是一种对模拟信号进行数字编码的方法，它以不同占空比（高电平时间与周期的比值）的脉冲数字信号来代表模拟信号不同的电压值，脉冲占空比越大，代表的模拟电压值越高。

7.3.1 PWM 基本原理

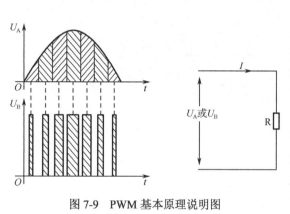

图 7-9 PWM 基本原理说明图

PWM 基本原理说明如图 7-9 所示，U_A 是一个正弦模拟信号，U_B 是一个脉冲宽度变化（即占空比变化）的 PWM 信号。U_A 模拟信号按相同时间分成 7 个区块，区块的面积与对应的电压值有关，电压值（取中间值）越高，对应的区块面积越大；U_B 信号有 7 个脉冲与 U_A 7 个区块对应，U_A 面积越大的区块对应的 U_B 脉冲越宽（占空比越大）。如果将 U_A、U_B 信号分别加到负载上，负载有电流流过，对负载来说，这两个信号虽然不一样，但效果近似相同，故可以用 U_B 信号来代替 U_A 信号。

7.3.2 定时器的 PWM 输出功能

STM32F1x 单片机除基本定时器（TIM6、TIM7）外，通用定时器（TIM2～TIM5）和高级定时器（TIM1、TIM8）均支持 PWM 输出功能，每个通用定时器能同时产生 4 路 PWM 输出，每个高级定时器能同时产生 8 路 PWM 输出。PWM 输出信号为脉宽可调（占空比可调节）的方波信号，信号频率由自动重装载寄存器 ARR 的值决定，占空比由比较寄存器 CCR 的值决定。

图 7-10 所示为通用定时器的 PWM 输出电路框图。在工作时，计数器对时钟信号进行计数（每来一个脉冲，计数值增 1 或减 1），计数值（TIMx_CNT 寄存器的值）同时送到比较器，比较寄存器 TIMx_CCRx 的值也送到比较器，如果 TIMx_CNT 值<TIMx_CCRx 值，比较器输出 PWM 信号的高电平（PWM1 模式），否则输出低电平。比如，TIMx_CCRx 值=600，TIMx_ARR 值=1000，向上计数时 TIMx_CNT 值从 0 开始往上增大，在小于 600 时，比较器输出 PWM 信号的高电平；当 TIMx_CNT 值由 600 变化到 1000 时，此期间比较器输出 PWM 信号的低电平，即输出一个占空比为 60% 的 PWM 信号，改变 TIMx_CCRx 值就能改变 PWM 信号的占空比（脉冲宽度）。

通用定时器的 PWM 输出模式有 PWM1～PWM8，其中 PWM1、PWM2 模式较为常用，两者的区别在于输出信号的极性不同。

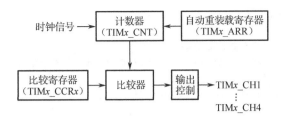

PWM1模式：TIMx_CNT值<TIMx_CCRx值，PWM输出高电平，否则输出低电平
PWM2模式：TIMx_CNT值<TIMx_CCRx值，PWM输出低电平，否则输出高电平

图 7-10　通用定时器的 PWM 输出电路框图

7.3.3 定时器 PWM 输出功能的编程使用步骤

（1）开启 GPIOx 端口时钟、TIMx 定时器时钟和 AFIO（复用功能 IO）时钟。例如：

RCC_APB2PeriphClockCmd（RCC_APB2Periph_GPIOB，ENABLE）；
/*执行 RCC_APB2PeriphClockCmd 函数，开启 GPIOB 时钟*/
RCC_APB1PeriphClockCmd（RCC_APB1Periph_TIM3，ENABLE）；//开启 TIM3 时钟
RCC_APB2PeriphClockCmd（RCC_APB2Periph_AFIO，ENABLE）；
/*开启 AFIO 时钟，让 GPIO 端口的复用功能电路工作 */

RCC_APB1PeriphClockCmd 为使能/失能 APB1 外设时钟函数，该函数有两个输入参数，输入参数 1 用于设置 APB1 外设时钟对象，其取值与对应的外设时钟对象见表 7-5；输入参数 2 有两个值：ENABLE（使能，开启）和 DISABLE（失能，关闭）。

表 7-5　RCC_APB1PeriphClockCmd（APB1 外设时钟使能/失能）函数说明

函 数 名	RCC_APB1PeriphClockCmd
函数原型	void RCC_APB1PeriphClockCmd(u32 RCC_APB1Periph, FunctionalState NewState)
功能描述	使能或者失能 APB1 外设时钟
输入参数 1	RCC_APB1Periph：门控 APB1 外设时钟，取值如下。 <table><tr><td>RCC_APB1Periph 值</td><td>描　述</td></tr><tr><td>RCC_APB1Periph_TIM2</td><td>TIM2 时钟</td></tr><tr><td>RCC_APB1Periph_TIM3</td><td>TIM3 时钟</td></tr><tr><td>RCC_APB1Periph_TIM4</td><td>TIM4 时钟</td></tr><tr><td>RCC_APB1Periph_WWDG</td><td>WWDG 时钟</td></tr><tr><td>RCC_APB1Periph_SPI2</td><td>SPI2 时钟</td></tr><tr><td>RCC_APB1Periph_USART2</td><td>USART2 时钟</td></tr><tr><td>RCC_APB1Periph_USART3</td><td>USART3 时钟</td></tr><tr><td>RCC_APB1Periph_I2C1</td><td>I2C1 时钟</td></tr><tr><td>RCC_APB1Periph_I2C2</td><td>I2C2 时钟</td></tr><tr><td>RCC_APB1Periph_USB</td><td>USB 时钟</td></tr><tr><td>RCC_APB1Periph_CAN</td><td>CAN 时钟</td></tr></table>
输入参数 2	NewState：指定外设时钟的新状态。这个参数可以取 ENABLE 或者 DISABLE

（2）配置 TIM*x* 定时器的重装载计数值、分频系数、时钟分频因子和计数方式。例如：

TIM_TimeBaseInitStructure.TIM_Period=per;
/*将结构体变量 TIM_TimeBaseInitStructure 的成员 TIM_Period（重装载计数值）设为变量 per 的值*/
TIM_TimeBaseInitStructure.TIM_Prescaler=psc;
/*将结构体变量 TIM_TimeBaseInitStructure 的成员 TIM_Prescaler（预分频器）的分频系数设为变量 psc 的值*/
TIM_TimeBaseInitStructure.TIM_ClockDivision=TIM_CKD_DIV1;
/*将结构体变量 TIM_TimeBaseInitStructure 的成员 TIM_ClockDivision（时钟分频因子）设为 TIM_CKD_ DIV1，还可设为 TIM_CKD_DIV2、TIM_CKD_DIV4*/
TIM_TimeBaseInitStructure.TIM_CounterMode=TIM_CounterMode_Up;
/*将结构体变量 TIM_TimeBaseInitStructure 的成员 TIM_CounterMode（计数模式）设为 TIM_Counter Mode_Up（向上计数），向下计数为 TIM_CounterMode_Down，双向（中央对齐）计数 1（2/3）为 TIM_ CounterMode_CenterAligned1（2/3）*/
TIM_TimeBaseInit（TIM3，&TIM_TimeBaseInitStructure）;
/*执行 TIM_TimeBaseInit 函数，取结构体变量 TIM_TimeBaseInitStructure 设定的重装载计数值、分频系数、时钟分频因子和计数方式初始化（配置）TIM3 定时器*/

（3）配置 TIM*x*_CH*y*（*x*=2～5，*y*=1～4）比较输出通道的输出模式、输出极性和输出状态。例如：

TIM_OCInitStructure.TIM_OCMode=TIM_OCMode_PWM1;
/*将结构体变量 TIM_OCInitStructure 的成员 TIM_OCMode（比较输出模式）设为 TIM_OCMode_PWM1（PWM1 输出模式 1）*/
TIM_OCInitStructure.TIM_OCPolarity=TIM_OCPolarity_Low;
/*将结构体变量 TIM_OCInitStructure 的成员 TIM_OCPolarity（输出极性）设为 Low（低电平），若设为 High（高电平），则输出信号变化相反*/
TIM_OCInitStructure.TIM_OutputState=TIM_OutputState_Enable;
/*将结构体变量 TIM_OCInitStructure 的成员 TIM_OutputState（输出状态）设为 TIM_OutputState_Enable（输出开启）*/
TIM_OC2Init（TIM3，&TIM_OCInitStructure）;
/*执行 TIM_OC2Init 函数，取结构体变量 TIM_OCInitStructure 设定的输出模式、输出极性、输出状态初始化（配置）TIM3_CH2 比较输出通道*/

（4）使能 TIM*x*_ARR 自动重装载寄存器和 TIM*x*_CCR*y* 比较寄存器，并开启（使能）TIM*x* 定时器，产生 PWM 信号。例如：

TIM_OC2PreloadConfig（TIM3，TIM_OCPreload_Enable）;
/*执行 TIM_OC2PreloadConfig 函数，使能比较寄存器 TIM3_CCR2 */
TIM_ARRPreloadConfig（TIM3，ENABLE）;
/*执行 TIM_ARRPreloadConfig 函数，使能自动重装载寄存器 TIM3_ARR */
TIM_Cmd（TIM3，ENABLE）;
/*执行 TIM_Cmd 函数，使能 TIM3 定时器*/

（5）配置 PWM 输出端口的引脚、工作模式和速度。例如：

GPIO_InitStructure.GPIO_Pin=GPIO_Pin_5;
/*将结构体变量 GPIO_InitStructure 的成员 GPIO_Pin 设为 GPIO_Pin_5，即将 GPIO 端口引脚号设为5*/
GPIO_InitStructure.GPIO_Speed=GPIO_Speed_50MHz;   //将 GPIO 端口工作速度设为 50MHz
GPIO_InitStructure.GPIO_Mode=GPIO_Mode_AF_PP; //将 GPIO 端口工作模式设为 AF_PP（复用推挽输出）
GPIO_Init（GPIOB，&GPIO_InitStructure）;
/*执行 GPIO_Init 函数，取结构体变量 GPIO_InitStructure 设定的引脚号、工作模式和速度配置 GPIOB 端口*/

（6）如果需要更换 PWM 输出引脚，可进行部分重映射或完全映射。例如：

GPIO_PinRemapConfig（GPIO_PartialRemap_TIM3，ENABLE）；
　/*执行 GPIO_PinRemapConfig 函数，对 TIM3 复用功能进行部分映射，其中 TIM3_CH2（PA7）映射到
PB5，这样可将 PA7 信号转移到 PB5 引脚 */

　　GPIO_PinRemapConfig 函数用于改变指定引脚的映射，其说明见表 7-6。TIM3 定时器 4
个通道映射时连接的引脚见表 7-7，比如 TIM3_CH2 通道在未映射时与 PA7 引脚连接，在部
分映射时与 PB5 引脚连接，在完全映射时与 PC7 引脚连接。

表 7-6　GPIO_PinRemapConfig 函数说明

函数名	GPIO_PinRemapConfig	
函数原形	void GPIO_PinRemapConfig(u32 GPIO_Remap, FunctionalState NewState)	
功能描述	改变指定引脚的映射	
输入参数 1	GPIO_Remap：选择重映射的引脚，其取值如下。	
	GPIO_Remap 值	描　　述
	GPIO_Remap_SPI1	SPI1 复用功能映射
	GPIO_Remap_I2C1	I2C1 复用功能映射
	GPIO_Remap_USART1	USART1 复用功能映射
	GPIO_Remap_USART2	USART2 复用功能映射
	GPIO_FullRemap_USART3	USART3 复用功能完全映射
	GPIO_PartialRemap_USART3	USART3 复用功能部分映射
	GPIO_FullRemap_TIM1	TIM1 复用功能完全映射
	GPIO_PartialRemap1_TIM2	TIM2 复用功能部分映射 1
	GPIO_PartialRemap2_TIM2	TIM2 复用功能部分映射 2
	GPIO_FullRemap_TIM2	TIM2 复用功能完全映射
	GPIO_PartialRemap_TIM3	TIM3 复用功能部分映射
	GPIO_FullRemap_TIM3	TIM3 复用功能完全映射
	GPIO_Remap_TIM4	TIM4 复用功能映射
	GPIO_Remap1_CAN	CAN 复用功能映射 1
	GPIO_Remap2_CAN	CAN 复用功能映射 2
	GPIO_Remap_PD01	PD01 复用功能映射
	GPIO_Remap_SWJ_NoJTRST	除 JTRST 外 SWJ 完全使能（JTAG+SW-DP）
	GPIO_Remap_SWJ_JTAGDisable	JTAG-DP 失能+SW-DP 使能
	GPIO_Remap_SWJ_Disable	SWJ 完全失能（JTAG+SW-DP）
输入参数 2	NewState：引脚重映射的新状态。这个参数可以取 ENABLE 或者 DISABLE	

表 7-7　TIM3 定时器 4 个通道映射时连接的引脚

TIM3 通道	无 重 映 射	部 分 映 射	完 全 映 射
TIM3_CH1	PA6	PB4	PC6
TIM3_CH2	PA7	PB5	PC7
TIM3_CH3	PB0		PC8
TIM3_CH4	PB1		PC9

7.3.4 定时器 PWM 输出无级调节 LED 亮度的编程实例

定时器 PWM 输出无级调节 LED 亮度的工程实现的功能是让 STM32F103ZET6 单片机的 PB5 引脚输出脉冲宽度（占空比）变化的 PWM 信号，让该引脚外接的 LED 慢慢变亮（脉冲逐渐变窄），然后慢慢变暗（脉冲逐渐变宽），如此反复。

1. 创建工程

定时器 PWM 输出无级调节 LED 亮度的工程可通过复制并修改前面已创建的"通用定时器中断闪烁点亮 LED"工程来创建。

创建定时器 PWM 输出无级调节 LED 亮度工程的操作如图 7-11 所示。先复制"通用定时器中断闪烁点亮 LED"工程，再将文件夹改名为"定时器 PWM 输出无级调节 LED 亮度"，然后打开该文件夹，如图 7-11（a）所示；双击扩展名为.uvprojx 的工程文件，启动 Keil 软件打开工程，在该工程中新建 pwm.c 文件，再将前面已创建的"SysTick 定时器延时闪烁点亮 LED"工程中的 SysTick.c 文件复制到本工程的 User 文件夹中，然后将 pwm.c 和 SysTick.c 关联到 User 工程组中，如图 7-11（b）所示。

（a）打开"定时器 PWM 输出无级调节 LED 亮度"文件夹

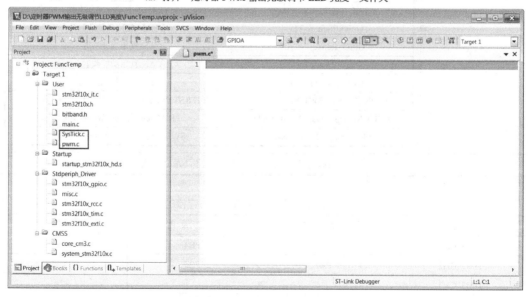

（b）新建 pwm.c 文件并添加 SysTick.c 文件

图 7-11 创建定时器 PWM 输出无级调节 LED 亮度的工程

2. 定时器 PWM 输出配置程序及说明

定时器 PWM 输出配置程序写在 pwm.c 文件中，其内容如图 7-12 所示。程序中只有一个 TIM3_CH2_PWM_Init 函数，该函数先开启 GPIOB 时钟、TIM3 时钟和 AFIO 时钟，操作结构体变量 TIM_TimeBaseInitStructure 配置 TIM3 定时器的重装载计数值、分频系数、时钟分频因子和计数方式；然后操作结构体变量 TIM_OCInitStructure 配置 TIM3_CH2 比较输出通道 PWM 的输出模式、输出极性和输出状态，再使能 TIM3_CCR2 比较寄存器、TIM3_ARR 自动重装载寄存器和 TIM3 定时器，这样 TIM3_CH2 通道开始产生 PWM 信号；接着操作结构体变量 GPIO_InitStructure 来配置 GPIOB 端口的引脚、工作模式和速度；最后执行 GPIO_PinRemapConfig 函数将 TIM3_CH2（PA7）映射到 PB5，TIM3_CH2 通道产生的 PWM 信号就从 PB5 引脚输出。

```c
#include "stm32f10x.h"   //包含stm32f10x.h头文件，相当于将该文件的内容插到此处

/*TIM3_CH2_PWM_Init函数用来配置GPIOB端口、TIM3定时器和TIM3_CH2比较输出通道，并将PWM脉冲
 从TIM3_CH2(PA7)映射到PB5引脚输出，PWM脉冲的周期T=((per)*(psc+1))/72MHz,频率f=1/T */
void TIM3_CH2_PWM_Init(u16 per,u16 psc) /*参数per、psc分别存放自动重装载计数值和分频系数,在调用本函数时赋值,
                                  定时时间T=((per)*(psc+1))/Tclk,Tclk=72MHz,per、psc设置范围为0～65535 */
{
 TIM_TimeBaseInitTypeDef TIM_TimeBaseInitStructure;  /*声明一个类型为TIM_TimeBaseInitTypeDef的结构体变量
                                                       TIM_TimeBaseInitStructure */
 TIM_OCInitTypeDef TIM_OCInitStructure; /*声明一个类型为TIM_OCInitTypeDef的结构体变量TIM_OCInitStructure*/
 GPIO_InitTypeDef GPIO_InitStructure;    /*声明一个类型为GPIO_InitTypeDef的结构体变量GPIO_InitStructure*/

/* 开启GPIOB时钟、TIM3时钟和AFIO(复用功能IO)时钟 */
 RCC_APB2PeriphClockCmd(RCC_APB2Periph_GPIOB,ENABLE); //执行RCC_APB2PeriphClockCmd函数，开启GPIOB时钟
 RCC_APB1PeriphClockCmd(RCC_APB1Periph_TIM3,ENABLE);  //开启TIM3时钟
 RCC_APB2PeriphClockCmd(RCC_APB2Periph_AFIO,ENABLE);  //开启AFIO时钟,让GPIO端口的复用功能电路工作

/*配置TIM3定时器的重装载计数值、分频系数、时钟分频因子和计数方式 */
 TIM_TimeBaseInitStructure.TIM_Period=per;      /*将结构体变量TIM_TimeBaseInitStructure的成员
                                                  TIM_Period(重装载计数值)设为变量per的值*/
 TIM_TimeBaseInitStructure.TIM_Prescaler=psc;   /*将成员TIM_Prescaler(预分频器)的分频系数设为变量psc的值*/
 TIM_TimeBaseInitStructure.TIM_ClockDivision=TIM_CKD_DIV1;    /*将成员TIM_ClockDivision(时钟分频因子)
                                                  设为TIM_CKD_DIV1,还可设为TIM_CKD_DIV2、TIM_CKD_DIV4*/
 TIM_TimeBaseInitStructure.TIM_CounterMode=TIM_CounterMode_Up;   /*将成员TIM_CounterMode(计数模式)设为
                                     TIM_CounterMode_Up(向上计数),向下计数为TIM_CounterMode_Down,
                                  双向(中央对齐)计数1(2/3)为TIM_CounterMode_CenterAligned1(2/3)*/
 TIM_TimeBaseInit(TIM3,&TIM_TimeBaseInitStructure); /*执行TIM_TimeBaseInit函数,取结构体变量
                                   TIM_TimeBaseInitStructure设定的重装载计数值、分频系数、
                                   时钟分频因子和计数方式初始化(配置)TIM3定时器*/

/*配置TIM3_CH2比较输出通道的输出模式、输出极性和输出状态*/
 TIM_OCInitStructure.TIM_OCMode=TIM_OCMode_PWM1;    /*将结构体变量TIM_OCInitStructure的成员TIM_OCMode
                                     (比较输出模式)设为TIM_OCMode_PWM1(PWM1输出模式1)*/
 TIM_OCInitStructure.TIM_OCPolarity=TIM_OCPolarity_Low;  /*将成员TIM_OCPolarity(输出极性)设为Low(低电平),
                                         若设为High(高电平),则输出信号变化相反*/
 TIM_OCInitStructure.TIM_OutputState=TIM_OutputState_Enable; /*将成员TIM_OutputState(输出状态)
                                            设为TIM_OutputState_Enable(输出开启)*/
 TIM_OC2Init(TIM3,&TIM_OCInitStructure);  /*执行TIM_OC2Init函数,取结构体变量TIM_OCInitStructure设定的
                                 输出模式、输出极性、输出状态初始化(配置)TIM3_CH2比较输出通道*/

 TIM_OC2PreloadConfig(TIM3,TIM_OCPreload_Enable); /*执行TIM_OC2PreloadConfig函数,使能TIM3_CCR2比较寄存器*/
 TIM_ARRPreloadConfig(TIM3,ENABLE);            /*执行TIM_ARRPreloadConfig函数,使能TIM3_ARR自动重装载寄存器*/
 TIM_Cmd(TIM3,ENABLE);                         /*执行TIM_Cmd函数,使能TIM3定时器*/

/*配置GPIOB端口的引脚、工作模式和速度，并将TIM3_CH2(PA7)映射到PB5引脚 */
 GPIO_InitStructure.GPIO_Pin=GPIO_Pin_5;    /*将结构体变量GPIO_InitStructure的成员GPIO_Pin设为GPIO_Pin_5,
                                   即将GPIO端口引脚设为5 */
 GPIO_InitStructure.GPIO_Speed=GPIO_Speed_50MHz;  //将GPIO端口工作速度设为50MHz
 GPIO_InitStructure.GPIO_Mode=GPIO_Mode_AF_PP;    //将GPIO端口工作模式设AF_PP（复用推挽输出）
 GPIO_Init(GPIOB,&GPIO_InitStructure);        /*执行GPIO_Init函数，取结构体变量GPIO_InitStructure设定的
                                    引脚、工作模式和速度初始化(配置)GPIOB端口*/

 GPIO_PinRemapConfig(GPIO_PartialRemap_TIM3,ENABLE); /*执行GPIO_PinRemapConfig函数,对TIM3复用功能进行部分
                                映射,其中TIM3_CH2(PA7)映射到PB5，这样可将PA7信号转移到PB5引脚 */
}
```

图 7-12　在 pwn.c 文件中编写的定时器 PWM 输出配置程序

PWM 信号的周期与 TIM3_ARR 自动重装载寄存器的值（计数值）有关，TIM3_ARR 的值越大，PWM 信号的周期越长（频率越低）；PWM 信号的占空比与 TIM3_CCR2 比较寄

存器的值（比较值）有关，TIM3_CCR2 的值越大，PWM 信号的占空比越大（脉冲越宽）。TIM3_ARR 的值和 TIM3_CCR2 的值在主程序中赋值，如果 TIM3_ARR 的值固定不变，而 TIM3_CCR2 的值每隔 10ms 增 1，那么输出的 PWM 信号的占空比每隔 10ms 就会增大一些。

3. 主程序及说明

图 7-13 所示是在 main.c 文件中编写的主程序（含 main 函数）。程序从 main 函数开始运行，先调用执行 SysTick_Init 函数（在 SysTick.c 文件中），同时将 72 赋给 SysTick_Init 函数的输入参数 SYSCLK，并执行该函数，计算出 fac_us 值（1μs 的计数次数）和 fac_ms（1ms 的计数次数）供给 delay_ms 函数使用；然后将 500、72-1 分别赋给 TIM3_CH2_PWM_Init 函数（在 pwm.c 文件中）的输入参数 per 和 psc，再执行该函数来配置 TIM3 定时器、TIM3_CH2 比较输出通道和 GPIOB 端口，并将 PWM 信号从 TIM3_CH2（PA7）映射到 PB5 引脚输出，PWM 脉冲的周期 $T=((\text{per})*(\text{psc}+1))/72\text{MHz}=0.5\text{ms}$，频率 $f=1/T=2\text{kHz}$，PWM 脉冲的占空比由比较寄存器 TIM3_CCR2 的值决定。

```
main.c
1   #include "stm32f10x.h"    //包含stm32f10x.h头文件，相当于将该文件的内容插到此处
2
3   void SysTick_Init(u8 SYSCLK); //声明SysTick_Init函数，声明后程序才可使用该函数
4   void TIM3_CH2_PWM_Init(u16 per,u16 psc);    //声明TIM3_CH2_PWM_Init函数
5   void delay_ms(u16 nms);              //声明delay_ms函数
6
7
8   int main()                /*main为主函数，无输入参数，返回值为整型数(int)。一个工程只能有一个main函数,
9                              不管有多少个程序文件，都会找到main函数并从该函数开始执行程序 */
10  {                         //main函数的首大括号
11   u16 i=0;    //声明一个无符号16位整型变量i,初值赋0
12   u8 fc=0;    //声明一个无符号8位整型变量fc,初值赋0
13   SysTick_Init(72);    /*将72赋给SysTick_Init函数(在SysTick.c文件中)的输入参数SYSCLK,并执行该函数,
14                         计算出fac_us值(1μs的计数次数)和fac_ms(1ms的计数次数)供给delay_ms函数使用*/
15   TIM3_CH2_PWM_Init(500,72-1);    /*将500、72-1分别赋给TIM3_CH2_PWM_Init函数(在pwm.c文件中)的输入参数
16                 per和psc,再执行该函数来配置GPIOB端口、TIM3定时器和TIM3_CH2比较输出通道,并将PWM脉冲从
17                 TIM3_CH2(PA7)映射到PB5引脚输出,PWM脉冲的周期T=((per)*(psc+1))/72MHz=0.5ms,
18                 频率f=1/T=2kHz,PWM脉冲的占空比由比较寄存器TIM3_CCR2的值决定 */
19   while(1)    //while为循环语句,当()内的值为真(非0即为真)时,反复执行本语句首尾大括号中的内容
20   {           //while语句的首大括号
21    if(fc==0)  //如果fc=0,执行本if语句首尾大括号中的内容,否则执行else语句首尾大括号中的内容
22    {          //if语句的首大括号
23     i++;      //i值加1
24     if(i==350) //如果i=350,执行fc=1,否则跳出当前if语句
25     {
26      fc=1;    //让fc=1
27     }
28    }          //if语句的尾大括号
29    else       //fc≠0时,执行else语句的首尾大括号中的内容
30    {          //else语句的首大括号
31     i--;      //i值减1
32     if(i==0)  //如果i=0,执行fc=0,否则跳出当前if语句
33     {
34      fc=0;    //让fc=0
35     }
36    }          //else语句的尾大括号
37    TIM_SetCompare2(TIM3,i);    /*执行TIM_SetCompare2函数,将TIM3通道2的比较寄存器TIM3_CCR2的值设为i */
38    delay_ms(10);    //将10赋给delay_ms函数(在SysTick.c文件中)的输入参数nms,再执行该函数延时10ms
39   }           //while语句的尾大括号
40  }            //main函数的尾大括号
41
```

图 7-13　在 main.c 文件中编写的主程序

接着执行 while 语句，由于 while 语句括号中的值为 1（真），故循环执行 while 首尾大括号中的内容（21～38 行程序）。while 语句中的程序工作过程：由于 fc=0→执行第 23 行的程序，i 值加 1→执行第 37 行程序，将 i 值赋给比较寄存器 TIM3_CCR2，产生与 i 值对应占

空比的 PWM 信号（i 值越小，占空比越小，脉冲宽度越窄）→执行第 38 行程序，延时 10ms→再执行第 23 行的程序，i 值加 1→执行第 37 行程序，PWM 信号占空比增大一些→执行第 38 行程序延时 10ms，如此反复，i 值不断增大，PWM 信号占空比不断增大。当 i 值增大到 350 时，执行第 26 行程序，让 fc=1，接着执行第 37、38 行程序，然后返回执行第 31 行程序（因 fc=1≠0），i 值减 1→执行第 37 行程序，PWM 信号占空比减小一些→执行第 38 行程序延时 10ms，如此反复，i 值不断减小，PWM 信号占空比不断减小。当 i 值减小到 0 时，执行第 34 行程序，让 fc=0，接着执行第 37、38 行程序，再返回执行第 23 行程序（因 fc=0），i 值加 1，以后不断重复上述过程，即 PWM 信号占空比慢慢变大（10ms 变化一次），再慢慢变小，占空比大时 PWM 信号的平均电压高。若 PWM 信号加到 LED 的负极，则当占空比慢慢变大时，LED 负极电压慢慢升高，亮度逐渐变暗。

若要改变 PWM 信号的极性（如将占空比慢慢变大转换成慢慢变小），可更换 PWM 输出模式，PWM1、PWM2 输出模式的信号极性相反；也可直接更改输出极性，Low、High 极性相反，具体可见 pwm.c 文件中的程序。

第 8 章

USART 串口通信与编程实例

8.1 串行通信基础知识

8.1.1 并行通信与串行通信

通信的概念比较广泛，在单片机技术中，单片机与单片机或单片机与其他设备之间的数据传输称为通信。根据数据传输方式的不同，可将通信分为并行通信和串行通信两种。

同时传输多位数据的方式称为并行通信。如图 8-1（a）所示，在并行通信方式下，单片机中的 8 位数据 10011101 通过 8 条数据线同时送到外部设备中。并行通信的特点是数据传输速度快，但由于需要的传输线多，故成本高，只适合近距离的数据通信。

逐位传输数据的方式称为串行通信。如图 8-1（b）所示，在串行通信方式下，单片机中的 8 位数据 10011101 通过一条数据线逐位传送到外部设备中。串行通信的特点是数据传输速度慢，但由于只需要一条传输线，故成本低，适合远距离的数据通信。

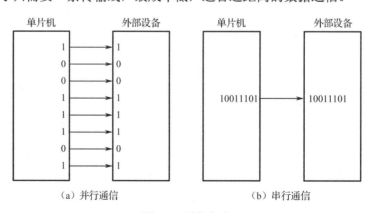

（a）并行通信　　　　　　　　　　（b）串行通信

图 8-1　通信方式

8.1.2 串行通信的两种方式

串行通信又可分为异步通信和同步通信两种。51 系列单片机采用异步通信方式。

1. 异步通信

在异步通信中，数据是一帧一帧传送的。异步通信如图 8-2 所示，这种通信以帧为单位进行数据传输，一帧数据传送完成后，可以接着传送下一帧数据，也可以等待，等待期间为空闲位（高电平）。

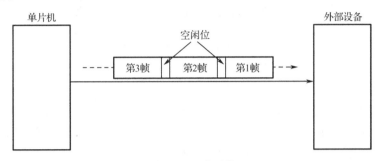

图 8-2 异步通信

在进行串行异步通信时，数据是以帧为单位传送的。异步通信的帧数据格式如图 8-3 所示。从图中可以看出，一帧数据由起始位、数据位、奇偶校验位和停止位组成。

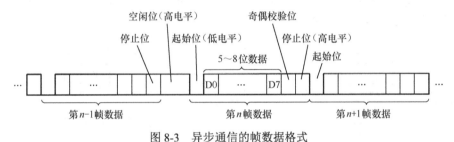

图 8-3 异步通信的帧数据格式

（1）起始位。表示一帧数据的开始，起始位一定为低电平。当单片机要发送数据时，先送一个低电平（起始位）到外部设备，外部设备接收到起始信号后，马上开始接收数据。

（2）数据位。它是要传送的数据，紧跟在起始位后面。数据位的数据可以是 5～8 位，传送数据时是从低位到高位逐位进行的。

（3）奇偶校验位。该位用于检验传送的数据有无错误。奇偶校验是检查数据传送过程中是否发生错误的一种校验方式，分为奇校验和偶校验。奇校验是指数据位和校验位中"1"的总个数为奇数，偶校验是指数据位和校验位中"1"的总个数为偶数。

以奇校验为例，若单片机传送的数据位中有偶数个"1"，为保证数据和校验位中"1"的总个数为奇数，奇偶校验位应为"1"。如果在传送过程中数据位中有数据产生错误，其中一个"1"变为了"0"，那么传送到外部设备的数据位和校验位中"1"的总个数为偶数，外部设备就知道传送过来的数据发生了错误，会要求重新传送数据。

数据传送采用奇校验或偶校验均可，但要求发送端和接收端的校验方式一致。在帧数据中，奇偶校验位也可以不用。

（4）停止位。它表示一帧数据的结束。停止位可以是 1 位、1.5 位或 2 位，但一定为高电平。一帧数据传送结束后，可以接着传送第二帧数据，也可以等待，等待期间数据线为高电平（空闲位）。如果要传送下一帧，只要让数据线由高电平变为低电平（下一帧起始位开始），接收器就开始接收下一帧数据。

2. 同步通信

在异步通信中，每一帧数据发送前都要用起始位，结束时都要用停止位，这样会占用一定的时间，导致数据传输速度较慢。为了提高数据传输速度，在计算机与一些高速设备进行数据通信时，常采用同步通信。同步通信的帧数据格式如图8-4所示。

… | 同步信号 | 数据 | 数据 | 数据 | 数据 | 数据 | …

图8-4　同步通信的帧数据格式

从图中可以看出，同步通信的数据后面取消了停止位，前面的起始位用同步信号代替，在同步信号后面可以跟很多数据，所以同步通信传输速度快。由于同步通信时要求发送端和接收端严格保持同步，故在传送数据时一般需要同时传送时钟信号。

8.1.3　串行通信的数据传送方向

串行通信根据数据的传送方向可分为3种方式：单工方式、半双工方式和全双工方式。这3种数据传送方式如图8-5所示。

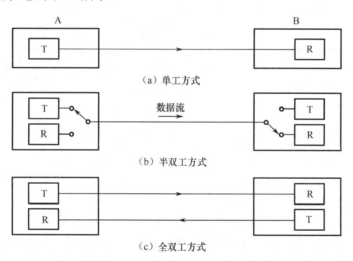

图8-5　数据传送方式

（1）单工方式。在这种方式下，数据只能向一个方向传送。单工方式如图8-5（a）所示，数据只能由发送端传输到接收端。

（2）半双工方式。在这种方式下，数据可以双向传送，但同一时间内，只能向一个方向传送，只有一个方向的数据传送完成后，才能向另一个方向传送数据。半双工方式如图8-5（b）所示，通信的双方都有发送器和接收器，一方发送时，另一方接收，由于只有一条数据线，所以双方不能在发送的同时进行接收。

（3）全双工方式。在这种方式下，数据可以双向传送，通信的双方都有发送器和接收器，由于有两条数据线，所以双方在发送数据的同时都可以接收数据。全双工方式如图8-5（c）所示。

8.2　USART 串口通信介绍

　　USART（Universal Synchronous Asynchronous Receiver and Transmitter）意为通用同步异步接收和发送器，UART 意为通用异步接收和发送器，它在 USART 的基础上去掉了同步通信功能。异步通信传送数据时不需要同时传送时钟信号，UART 较 USART 串口通信应用更为广泛。

　　USART 支持单工、半双工同步通信和全双工异步通信，也支持 LIN（局部互联网）、智能卡协议、IrDA（红外数据组织）SIR ENDEC 规范和调制解调器（CTS/RTS）操作，还允许多处理器通信，使用多缓冲器配置的 DMA 方式，可以实现高速数据通信。

8.2.1　USART 串口结构及说明

　　STM32F10x 单片机的 USART 串口结构如图 8-6 所示，USART 串口有 5 个引脚，URAT 串口不能进行同步通信，只有 2 个引脚（无 SCLK、nCTS、nRTS）。STM32F103ZET6 单片机有 3 个 USART 和 2 个 UART 串口，这些串口的外部引脚见表 8-1，USART1 串口与 APB2 总线连接，工作时需要提供 APB2 总线时钟，其他串口与 APB1 总线连接。

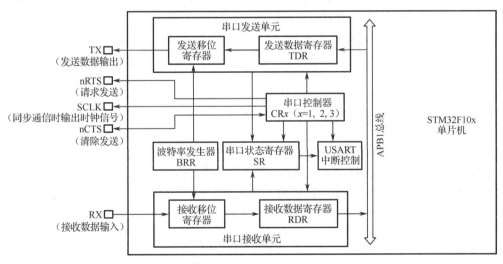

图 8-6　USART 串口结构

表 8-1　STM32F103ZET6 单片机 USART/UART 串口的外部引脚

引　　脚	APB2 总线	APB1 总线			
	USART1	USART2	USART3	UART4	UART5
TX	PA9	PA2	PB10	PC10	PC12
RX	PA10	PA3	PB11	PC11	PD2
SCLK	PA8	PA4	PB12		
nCTS	PA11	PA0	PB13		
nRTS	PA12	PA1	PB14		

1）发送数据过程

当发送数据（将 USART_CR1 控制寄存器的位 3（TE 位）置 1，使能发送）时，往 USART_DR 数据寄存器写入数据，该数据会通过总线自动存放到 TDR（发送数据寄存器）中，在串口控制器控制下，TDR 中的数据往发送移位寄存器传送；与此同时，BRR（波特率发生器）产生移位脉冲也送到发送移位寄存器，在移位脉冲的控制下，发送移位寄存器中的数据一位一位地向 TX 引脚传送（通常每来一个移位脉冲传送一位数据），移位脉冲频率越高（波特率越大），数据传送速度越快。

如果使能了 CTS 硬件流控制（将 USART_CR3 寄存器的位 9（CTSE 位）置 1），则串口控制器在发送数据之前会检测 nCTS（n 表示低电平有效）引脚电平，若为低电平，表示可以发送数据；若为高电平，则在发送完当前数据帧之后停止发送。USART_DR 数据寄存器只有低 9 位（位 8～位 0）有效，第 9 位数据是否有效取决于 USART_CR1 控制寄存器的 M 位，M=0 时为 8 位数据字长，M=1 时为 9 位数据字长，一般使用 8 位数据字长。

2）接收数据过程

在接收数据（将 USART_CR1 控制寄存器的位 2（RE 位）置 1，使能接收）时，数据由 RX 引脚送到接收移位寄存器，在 BRR 产生的移位脉冲控制下，接收移位寄存器中的数据一位一位地向 RDR（接收数据寄存器）传送。当读取 USART_DR 数据寄存器中的数据时，RDR 中的数据会自动传送给 USART_DR，以供读取。

如果使能了 RTS 硬件流控制（将 USART_CR3 寄存器的位 8（RTSE 位）置 1），则当串口控制器准备好接收新数据时，会将 nRTS 引脚变成低电平，当 RDR 已满时，nRTS 引脚变为高电平。

8.2.2 USART 中断控制

USART 在工作时，很多事件可触发中断，USART 的中断事件见表 8-2。要使用某个中断事件触发中断，应先将 USART_CR 控制寄存器的该中断事件使能位置 1（比如将 USART_CR1 的 TXEIE 位（位 7）置 1），当该中断事件（发送数据寄存器空）发生时，USART_SR 状态寄存器的事件标志位（USART_SR 的 TXE 位（位 7））会变为 1，则马上触发 USART 中断。

表 8-2 USART 的中断事件

中 断 事 件	事件标志（USART_SR 状态寄存器）	使能位（USART_CR 控制寄存器）
发送数据寄存器空	TXE	TXEIE
CTS 标志	CTS	CTSIE
发送完成	TC	TCIE
接收数据就绪可读	TXNE	TXNEIE
检测到数据溢出	ORE	
检测到空闲线路	IDLE	IDLEIE
奇偶检验错	PE	PEIE
断开标志	LBD	LBDIE

续表

中 断 事 件	事件标志（USART_SR 状态寄存器）	使能位（USART_CR 控制寄存器）
噪声标志，多缓冲通信中的溢出错误和帧错误	NE、ORT 或 FE	EIE

8.2.3　USART 串口通信的编程使用步骤

（1）开启用作 USART 串口的 GPIOx 端口的时钟和 USART 串口的时钟。例如：

```
RCC_APB2PeriphClockCmd(RCC_APB2Periph_GPIOA，ENABLE);
/*执行 RCC_APB2PeriphClockCmd 函数，开启 GPIOA 端口时钟*/
RCC_APB2PeriphClockCmd(RCC_APB2Periph_USART1，ENABLE);
/*执行 RCC_APB2PeriphClockCmd 函数，开启 USART1 串口时钟*/
```

（2）配置用作 USART 串口的 GPIOx 端口。例如：

```
GPIO_InitStructure.GPIO_Pin=GPIO_Pin_9;
/*将结构体变量 GPIO_InitStructure 的成员 GPIO_Pin 设为 GPIO_Pin_9，即将 GPIO 端口引脚设为9*/
GPIO_InitStructure.GPIO_Speed=GPIO_Speed_50MHz;
/*将 GPIO 端口的工作速度设为 50MHz */
GPIO_InitStructure.GPIO_Mode=GPIO_Mode_AF_PP;
/*将 GPIO 端口工作模式设为 AF_PP（复用推挽输出）*/
GPIO_Init(GPIOA，&GPIO_InitStructure);
/*执行 GPIO_Init 函数，取结构体变量 GPIO_InitStructure 设定的引脚、工作速度和工作模式配置 GPIOA
端口*/
```

（3）配置 USART 串口的波特率、数据位数、停止位、奇偶校验位、硬件流控制和收发模式。例如：

```
USART_InitStructure.USART_BaudRate = bound;
/*将结构体变量 USART_InitStructure 的成员 USART_BaudRate（波特率）设为 bound（在调用
USART1_Init 函数时赋值*/
USART_InitStructure.USART_WordLength=USART_WordLength_8b;
/*将 USART_InitStructure 的成员 USART_WordLength（数据位长度）设为 USART_WordLength_8b（8 位）*/
USART_InitStructure.USART_StopBits=USART_StopBits_1;
/*将 USART_InitStructure 的成员 USART_StopBits（停止位）设为 USART_StopBits_1（1 位）*/
USART_InitStructure.USART_Parity=USART_Parity_No;
/*将 USART_InitStructure 的成员 USART_Parity（奇偶校验位）设为 USART_Parity_No（无奇偶校验位），
偶校验为 USART_Parity_Even，奇校验为 USART_Parity_Odd */
USART_InitStructure.USART_HardwareFlowControl=USART_HardwareFlowControl_None;
/*将 USART_InitStructure 的成员 USART_HardwareFlowControl（硬件数据流控制）设为_None（无），
RTS 控制为_RTS，CTS 控制为_CTS，RTS 和 CTS 控制为_RTS_CTS */
USART_InitStructure.USART_Mode = USART_Mode_Rx|USART_Mode_Tx;
/*将 USART_InitStructure 的成员 USART_Mode（工作模式）设为 USART_Mode_Rx| USART_Mode_Tx
（接收与发送双模式）*/
USART_Init(USART1，&USART_InitStructure);
/*执行 USART_Init 函数，取结构体变量 USART_InitStructure 设定的波特率、数据长度、停止位、奇偶
校验位、硬件流控制和工作模式配置 USART1 串口*/
```

（4）配置 USART 串口的 NVIC 中断通道。例如：

NVIC_InitStructure.NVIC_IRQChannel = USART1_IRQn;
/*将结构体变量 NVIC_InitStructure 的成员 NVIC_IRQChannel（中断通道）设为 USART1_IRQn（USART1 串口 1 中断）*/
NVIC_InitStructure.NVIC_IRQChannelPreemptionPriority=3;
/*将 NVIC_InitStructure 的成员 NVIC_IRQChannelPreemptionPriority（中断的主优先级）设为 3*/
NVIC_InitStructure.NVIC_IRQChannelSubPriority =3;
/*将 NVIC_InitStructure 的成员 NVIC_IRQChannelSubPriority（中断的从优先级）设为 3*/
NVIC_InitStructure.NVIC_IRQChannelCmd = ENABLE;
/*将 NVIC_InitStructure 的成员 NVIC_IRQChannelCmd（中断通道使/失能）设为 ENABLE（使能），即开启中断通道，关闭中断通道用 DISABLE（失能）*/
NVIC_Init(&NVIC_InitStructure);
/*执行 NVIC_Init 函数，取结构体变量 NVIC_InitStructure 设定的中断通道、主/从优先级和使/失能来配置 NVIC 寄存器*/

（5）开启 USART 串口和 USART 串口中断。例如：

USART_Cmd(USART1，ENABLE);
/*执行 USART_Cmd 函数，开启（使能）USART1 串口*/
USART_ITConfig(USART1，USART_IT_RXNE，ENABLE);
/*执行 USART_ITConfig 函数，使能 USART1 串口的接收中断*/

USART_ITConfig 函数说明见表 8-3。

表 8-3　USART_ITConfig 函数说明

函 数 名	USART_ITConfig	
函数原型	void USART_ITConfig(USART_TypeDef* USARTx, u16 USART_IT, FunctionalState NewState)	
功能描述	使能或者失能指定的 USART 中断	
输入参数 1	USARTx：x 可以是 1、2 或者 3，据此选择 USART 外设	
输入参数 2	USART_IT：待使能或者失能的 USART 中断源，取值如下。	
	USART_IT 值	描　　述
	USART_IT_PE	奇偶错误中断
	USART_IT_TXE	发送中断
	USART_IT_TC	传输完成中断
	USART_IT_RXNE	接收中断
	USART_IT_IDLE	空闲总线中断
	USART_IT_LBD	LIN 中断检测中断
	USART_IT_CTS	CTS 中断
	USART_IT_ERR	错误中断
输入参数 3	NewState：USARTx 中断的新状态。这个参数可以取 ENABLE 或者 DISABLE	

（6）编写通用定时器的中断服务函数。例如：

```
void USART1_IRQHandler(void)        /*USART1 串口产生中断时会自动执行 USART1_IRQHandler 函数，
                                    不要使用其他函数名，函数的输入、输出参数均为 void（空）*/
{
  u8 r;                            //声明一个无符号的 8 位整型变量 r
  if(USART_GetITStatus(USART1，USART_IT_RXNE))  /*如果 USART1 的 USART_IT_RXNE（接收中
断）产生中断，USART_GetITStatus 函数返回值为 1，执行本 if 语句首尾大括号中的内容，否则执行尾大括
号之后的内容*/
  {
    r=USART_ReceiveData(USART1);     /*执行 USART_ReceiveData 函数，读取 USART1 串口接收到的
数据并赋给变量 r */
    USART_SendData(USART1，r+1);    /*执行 USART_SendData 函数，将变量 r 中的数据加 1 后通过
USART1 串口发送出去 */
    while(USART_GetFlagStatus(USART1，USART_FLAG_TC)==0);       /* 如果 USART1 串口的
USART_FLAG_TC（发送完成标志位）不为 1（数据未发送完），USART_GetFlagStatus 函数返回值为 0，等
式成立，反复执行本条语句，等待数据发送，一旦 USART_FLAG_TC 为 1（数据发送完成），执行下一条
语句*/
  }
  USART_ClearFlag (USART1，USART_FLAG_TC);   /*执行 USART_ClearFlag 函数，将 USART1 的
USART_FLAG_TC（发送完成标志位）清 0*/
}
```

USART_GetITStatus 函数说明见表 8-4，USART_ReceiveData 函数说明见表 8-5，USART_SendData 函数说明见表 8-6，USART_GetFlagStatus 函数说明见表 8-7，USART_ClearFlag 函数说明见表 8-8。

表 8-4　USART_GetITStatus 函数说明

函 数 名	USART_GetITStatus	
函数原型	ITStatus USART_GetITStatus(USART_TypeDerf* USART*x*, u16 USART_IT)	
功能描述	检查指定的 USART 中断发生与否	
输入参数 1	USART*x*：*x* 可以是 1、2 或者 3，据此选择 USART 外设	
输入参数 2	USART_IT：待检查的 USART 中断源，取值如下。	

USART_IT 值	描　　述
USART_IT_PE	奇偶错误中断
USART_IT_TXE	发送中断
USART_IT_TC	发送完成中断
USART_IT_RXNE	接收中断
USART_IT_IDLE	空闲总线中断
USART_IT_LBD	LIN 中断探测中断
USART_IT_CTS	CTS 中断

输入参数 2		
	USART_IT 值	描　述
	USART_IT_ORE	溢出错误中断
	USART_IT_NE	噪声错误中断
	USART_IT_FE	帧错误中断
返回值	USART_IT 的新状态	

表 8-5　USART_ReceiveData 函数说明

函 数 名	USART_ReceiveData
函数原型	u8 USART_ReceiveData(USART_TypeDef* USARTx)
功能描述	返回 USARTx 最近接收到的数据
输入参数	USARTx：x 可以是 1、2 或者 3，据此选择 USART 外设
返回值	接收到的字

表 8-6　USART_SendData 函数说明

函 数 名	USART_SendData
函数原型	void USART_SendData(USART_TypeDef* USARTx, u8 Data)
功能描述	通过外设 USARTx 发送单个数据
输入参数 1	USARTx：x 可以是 1、2 或者 3，据此选择 USART 外设
输入参数 2	Data：待发送的数据

表 8-7　USART_GetFlagStatus 函数说明

函 数 名	USART_GetFlagStatus	
函数原型	FlagStatus USART_GetFlagStatus(USART_TypeDef* USARTx, u16 USART_FLAG)	
功能描述	检查指定的 USART 标志位设置与否	
输入参数 1	USARTx：x 可以是 1、2 或者 3，据此选择 USART 外设	
输入参数 2	USART_FLAG：待检查的 USART 标志位，取值如下。	
	USART_FLAG 值	描　述
	USART_FLAG_CTS	CTS 标志位
	USART_FLAG_LBD	LIN 中断检测标志位
	USART_FLAG_TXE	发送数据寄存器空标志位
	USART_FLAG_TC	发送完成标志位
	USART_FLAG_RXNE	接收数据寄存器非空标志位
	USART_FLAG_IDLE	空闲总线标志位
	USART_FLAG_ORE	溢出错误标志位
	USART_FLAG_NE	噪声错误标志位
	USART_FLAG_FE	帧错误标志位
	USART_FLAG_PE	奇偶错误标志位
返回值	USART_FLAG 的新状态（SET 或者 RESET）	

表 8-8　USART_ClearFlag 函数说明

函 数 名	USART_ClearFlag
函数原型	void USART_ClearFlag(USART_TypeDef* USARTx, u16 USART_FLAG)
功能描述	清除 USARTx 的待处理标志位
输入参数 1	USARTx：x 可以是 1、2 或者 3，据此选择 USART 外设
输入参数 2	USART_FLAG：待清除的 USART 标志位，取值如下。

USART_FLAG 值	描　　述
USART_FLAG_CTS	CTS 标志位
USART_FLAG_LBD	LIN 中断检测标志位
USART_FLAG_TXE	发送数据寄存器空标志位
USART_FLAG_TC	发送完成标志位
USART_FLAG_RXNE	接收数据寄存器非空标志位
USART_FLAG_IDLE	空闲总线标志位
USART_FLAG_ORE	溢出错误标志位
USART_FLAG_NE	噪声错误标志位
USART_FLAG_FE	帧错误标志位
USART_FLAG_PE	奇偶错误标志位

8.3　单片机 USART 串口与其他设备的连接通信电路

8.3.1　带有 USART 串口的两台设备的连接通信电路

STM32 单片机的 USART 串口使用 TX（发送）端和 RX（接收）端与外部设备连接通信，传送数据使用 TTL 电平（3～5V 表示高电平 1，0～0.3V 表示低电平 0）。如果通信的两台设备都有 USART 串口，并且都使用 TTL 电平，那么两者可以直接连接通信，但一台设备的 TX、RX 端需与另一台设备的 TX、RX 端进行交叉连接，如图 8-7 所示。

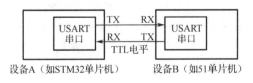

图 8-7　带有 USART 串口的两台设备的通信连接电路

8.3.2　单片机 USART 串口与计算机 RS-232C 口的连接通信电路

1．RS-232C 标准

1）两种形式的 RS-232C 接口

RS-232C 接口主要有 DB25 和 DB9 两种形式，如图 8-8 所示。两者有公、母头之分，公头的引脚为针，母头的引脚为孔，使用时公头插入母头。在面对公、母头时，其引脚顺序相反，引脚号以公头为准。DB25 接口用作 RS-232C 串口通信时，只用到其中 9 针。DB25、DB9 形式的 RS-232C 接口各引脚功能见表 8-9。

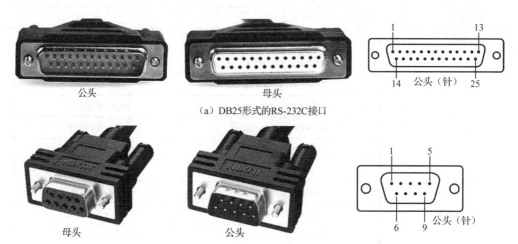

（a）DB25形式的RS-232C接口

公头　母头

（b）DB9形式的RS-232C接口（又称COM口）

母头　公头

图 8-8　两种形式的 RS-232C 接口

表 8-9　DB25、DB9 形式的 RS-232C 接口各引脚功能

9 针 RS-232C 串口（DB9）			25 针 RS-232C 串口（DB25）		
引脚	简写	功能说明	引脚	简写	功能说明
1	CD	载波侦测（Carrier Detect）	8	CD	载波侦测（Carrier Detect）
2	RXD	接收数据（Receive）	3	RXD	接收数据（Receive）
3	TXD	发送数据（Transmit）	2	TXD	发送数据（Transmit）
4	DTR	数据终端准备（Data Terminal Ready）	20	DTR	数据终端准备（Data Terminal Ready）
5	GND	地线（Ground）	7	GND	地线（Ground）
6	DSR	数据准备好（Data Set Ready）	6	DSR	数据准备好（Data Set Ready）
7	RTS	请求发送（Request To Send）	4	RTS	请求发送（Request To Send）
8	CTS	清除发送（Clear To Send）	5	CTS	清除发送（Clear To Send）
9	RI	振铃指示（Ring Indicator）	22	RI	振铃指示（Ring Indicator）

在串口通信时，DB9 形式的接口使用更为广泛，并且大多数情况下只用到 2（RXD）、3（TXD）和 5（GND）三个引脚。

2）RS-232C 逻辑电平

RS-232C 逻辑电平规定如下。

（1）在 TXD、RXD 数据线上，-15～-3V 表示逻辑 1，3～15V 表示逻辑 0。

（2）在 RTS、CTS、DSR、DTR 和 CD 等控制线上，-15～-3V 表示信号无效（OFF 状态），3～15V 表示信号有效（ON 状态）。

TTL 电平规定 0.3V 以下表示逻辑 0，3～5V 表示逻辑 1。

2. 单片机 USART 串口使用 MAX3232 芯片与计算机 COM 口的连接通信电路

STM32 单片机 USART 串口收发的数据为 TTL 电平（0.3V 以下表示 0, 3～5V 表示 1），而计算机 RS-232C 口收发的数据为 RS-232C 电平（3～15V 表示 0, -15～-3V 表示 1），由于电平不一致，两者不能直接连接通信，需要进行电平转换。

图 8-9 所示是 STM32F103ZET6 单片机 USART 串口与计算机 COM 口（DB9 形式的 RS-232C 串口）的连接通信电路，该电路采用 MAX3232（或 SP3232）芯片进行 RS-232C/TTL 电平转换。单片机发送数据时，从 TX（101）引脚输出 TTL 电平数据送入 MAX3232 芯片的 DIN1 引脚，经内部转换成 RS-232C 电平数据从 DOUT1 引脚输出，送到 COM 口（DB9 形式的接口）的引脚 2（RXD），将数据送入计算机；单片机接收数据时，COM 口引脚 3（TXD）将 RS-232C 电平数据送入 MAX3232 芯片的 RIN1 引脚，经内部转换成 TTL 电平数据从 ROUT1 引脚输出，送到单片机的 RX（102）引脚。

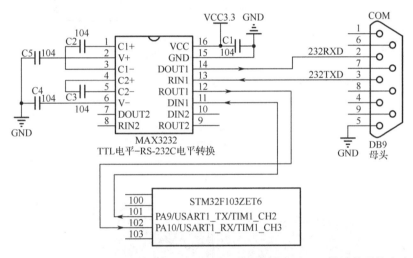

图 8-9　STM32F103ZET6 单片机 USART 串口与计算机 COM 口的连接通信电路

8.3.3　单片机 USART 串口使用 CH340 芯片与计算机 USB 口连接的通信电路与驱动安装

现在很多计算机不带 COM 口，若要与单片机 USART 串口连接，可使用 USB 口，但两者之间须使用 USB 转串口芯片（如 CH340、CP2102、PL2303、FT232 等）。

1. 通信电路

图 8-10（a）所示是由 CH340 芯片构成的 USB 口转 USART 串口（USB-TTL）通信电路，用于 STM32F103ZET6 单片机 USART 串口与计算机 USB 口的连接通信，该电路采用 CH340 芯片进行 USB-TTL 信号转换。单片机发送数据时，从 TX（101）引脚输出 TTL 电平数据送入 CH340 芯片的 RXD 引脚，经内部转换成 USB 数据从 UD+、UD-引脚输出，送到 USB 口的 D+、D-引脚，将数据送入计算机；单片机接收数据时，计算机将数据从 USB 口的 D+、D-引脚输出，送到 CH340 芯片的 UD+、UD-引脚，在内部转换成 TTL 电平数据从 TXD 引脚输出，送到单片机的 RX（102）引脚。

图 8-10（b）所示是由 CH340 芯片构成的 USB-TTL 转换通信板（又称烧录器、下载器），在使用时，将该通信板的 USB 口插入计算机的 USB 口，RXI（或 RXD）引脚与 STM32F103ZET6 单片机的 TX（101）引脚连接，TXO（或 TXD）引脚与 STM32F103ZET6 单片机的 RX（102）引脚连接。

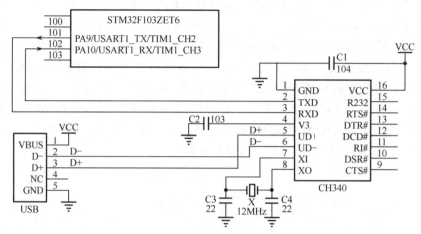

（a）由 CH340 芯片构成的 USB 口转 USART 串口（USB-TTL）通信电路

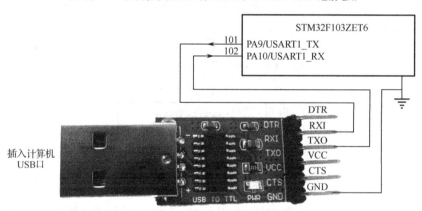

（b）由 CH340 芯片构成的 USB-TTL 转换通信板

图 8-10　STM32F103ZET6 单片机 USART 串口与计算机 USB 口的通信电路和通信板

CH340 是一个 USB 总线的转接芯片，可实现 USB 转串口、USB 转 IrDA 红外和 USB 转打印口等功能。CH340 芯片主要有 16 引脚和 20 引脚两种，各引脚功能见表 8-10。

表 8-10　CH340 芯片各引脚功能

SSOP20 引脚号	SOP16 引脚号	引脚名称	类型	引脚说明（括号中说明仅针对 CH340R 型号）
19	16	VCC	电源	正电源输入端，需要外接 0.1μF 退耦电容
8	1	GND	电源	公共接地端，直接连到 USB 总线的地线
5	4	V3	电源	在 3.3V 电源电压时连接 VCC 输入外部电源，在 5V 电源电压时外接容量为 0.01μF 的退耦电容
9	7	XI	输入	晶体振荡的输入端，需要外接晶体及振荡电容
10	8	XO	输出	晶体振荡的反相输出端，需要外接晶体及振荡电容

续表

SSOP20 引脚号	SOP16 引脚号	引脚名称	类型	引脚说明（括号中说明仅针对 CH340R 型号）
6	5	UD+	USB 信号	直接连到 USB 总线的 D+数据线
7	6	UD−	USB 信号	直接连到 USB 总线的 D−数据线
20	无	NOS#	输入	禁止 USB 设备挂起，低电平有效，内置上拉电阻
3	2	TXD	输出	串行数据输出（CH340R 型号为反相输出）
4	3	RXD	输入	串行数据输入，内置可控的上拉和下拉电阻
11	9	CTS#	输入	MODEM 联络输入信号，清除发送，低（高）电平有效
12	10	DSR#	输入	MODEM 联络输入信号，数据装置就绪，低（高）电平有效
13	11	RI#	输入	MODEM 联络输入信号，振铃指示，低（高）电平有效
14	12	DCD#	输入	MODEM 联络输入信号，载波检测，低（高）电平有效
15	13	DTR#	输出	MODEM 联络输出信号，数据终端就绪，低（高）电平有效
16	14	RTS#	输出	MODEM 联络输出信号，请求发送，低（高）电平有效
2	无	ACT#	输出	USB 配置完成状态输出，低电平有效
18	15	R232	输入	辅助 RS-232C 使能，高电平有效，内置下拉电阻
17	无	NC.	空脚	CH340T：空脚，必须悬空
		IR#	输入	CH340R：串口模式设定输入，内置上拉电阻，低电平为 SIR 红外线串口，高电平为普通串口
1	无	CKO	输出	CH340T：时钟输出
		NC.	空脚	CH340R：空脚，必须悬空

2．驱动程序的安装

计算机通过 USB 口连接由 CH340 芯片构成的 USB-TTL 转换电路后，需要在计算机中安装 CH340 芯片的驱动程序，计算机才能识别并使用 CH340 芯片进行数据的发送与接收。

CH340 芯片驱动程序的安装如图 8-11 所示。打开驱动程序文件夹，双击"SETUP.EXE"文件，如图 8-11（a）所示，弹出如图 8-11（b）所示对话框，单击"安装"按钮，即开始安装驱动程序。单击"卸载"按钮，可以卸载先前已安装的驱动程序。驱动程序安装成功后，会弹出安装成功对话框，如图 8-11（c）所示。

（a）打开驱动程序文件夹，双击"SETUP.EXE"文件

图 8-11 CH340 芯片驱动程序的安装

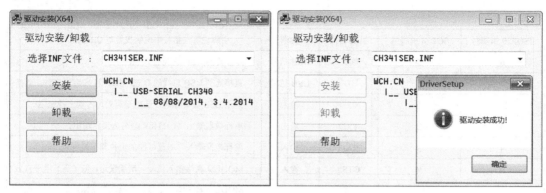

（b）单击"安装"按钮开始安装驱动程序　　　　　　（c）安装成功对话框

图 8-11　CH340 芯片驱动程序的安装（续）

3. 查看计算机连接 CH340 芯片的端口号

CH340 芯片的驱动程序安装后，将计算机 USB 口与由 CH340 芯片构成的 USB-TTL 转换电路连接，在计算机的设备管理器中可查看计算机与 CH340 芯片连接的端口号，如图 8-12 所示。

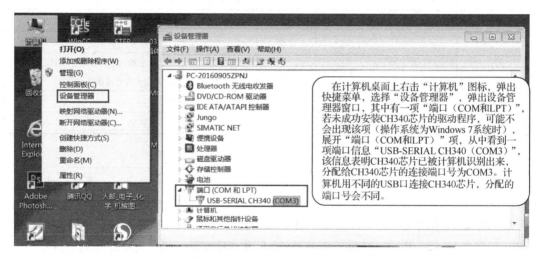

图 8-12　在设备管理器中查看计算机连接 CH340 芯片的端口号

8.4　单片机 USART 串口与计算机通信收发数据的编程实例

8.4.1　编程实现的功能

单片机 USART 串口与计算机通信程序实现的功能是：计算机往 STM32F103ZET6 单片机 USART1 串口发送数据，单片机接收到数据后，将数据加 1 再发送给计算机，同时让 PB5 引脚输出电平翻转，计算机与单片机之间每收发一次数据，PB5 引脚电平翻转一次，PB5 引脚外接 LED 状态（亮/暗）变化一次。

如果计算机使用 USB 口与单片机 USART 串口连接通信，其通信电路如图 8-10 所示；若计算机使用 COM 口（DB9 形式的 RS-232C 口）与单片机 USART 串口连接通信，其通信电路如图 8-9 所示。

8.4.2　创建工程

单片机用 USART 串口与计算机通信的工程可通过复制并修改前面已创建的"通用定时器中断闪烁点亮 LED"工程来创建。

创建用 USART 串口与计算机通信工程的操作如图 8-15 所示。先复制"通用定时器中断闪烁点亮 LED"工程，再将文件夹改名为"用 USART 串口与计算机通信"，然后打开该文件夹，如图 8-13（a）所示；双击扩展名为.uvprojx 的工程文件，启动 Keil 软件打开工程，在该工程中新建 usart.c 文件，并关联到 User 工程组中，再将固件库中的 stm32f10x_usart.c 文件添加（关联）到 Stdperiph_Driver 工程组中，如图 8-13（b）所示。

（a）打开"用 USART 串口与计算机通信"文件夹

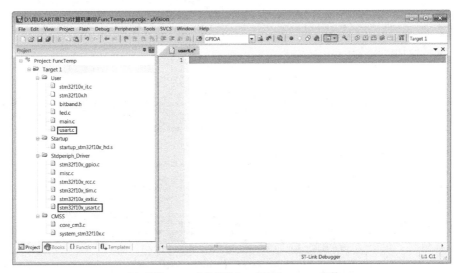

（b）新建 usart.c 文件并添加 stm32f10x_usart.c 文件

图 8-13　创建用 USART 串口与计算机通信的工程

8.4.3 配置 USART1 串口的端口、参数、工作模式和中断通道的程序及说明

配置 USART1 串口的端口、参数、工作模式和中断通道的程序写在 usart.c 文件中，其内容及说明如图 8-14 所示。

```c
usart.c                                                                                                    ▼ ×
 1  #include "bitband.h"  //包含bitband.h,相当于将该文件内容插到此处
 2
 3  /*USART1_Init函数配置USART1串口的端口、参数、工作模式和中断通道,再启动USART1串口,并使能USART1的接收中断*/
 4  void USART1_Init(u32 bound)              /* USART1_Init函数的输入参数为32位无符号整型变量bound(在调用时赋值),
 5                                              取值可为4800、9600、115200等 */
 6  {
 7    GPIO_InitTypeDef GPIO_InitStructure;   //定义一个类型为GPIO_InitTypeDef的结构体变量GPIO_InitStructure
 8    USART_InitTypeDef USART_InitStructure; //定义一个类型为USART_InitTypeDef的结构体变量USART_InitStructure
 9    NVIC_InitTypeDef NVIC_InitStructure;   //定义一个类型为NVIC_InitTypeDef的结构体变量NVIC_InitStructure
10
11    RCC_APB2PeriphClockCmd(RCC_APB2Periph_GPIOA,ENABLE); //执行RCC_APB2PeriphClockCmd函数,开启GPIOA端口时钟
12    RCC_APB2PeriphClockCmd(RCC_APB2Periph_USART1,ENABLE); //执行RCC_APB2PeriphClockCmd函数,开启USART1串口时钟
13
14    /* 配置PA9、PA10端口用作USART1串口的发送和接收端 */
15    GPIO_InitStructure.GPIO_Pin=GPIO_Pin_9;       /*将结构体变量GPIO_InitStructure的成员GPIO_Pin设为GPIO_Pin_9,
16                                                     即将 GPIO端口引脚设为9 */
17    GPIO_InitStructure.GPIO_Speed=GPIO_Speed_50MHz; //将GPIO端口工作速度设为50MHz
18    GPIO_InitStructure.GPIO_Mode=GPIO_Mode_AF_PP;   //将GPIO端口工作模式设为 AF_PP (复用推挽输出)
19    GPIO_Init(GPIOA,&GPIO_InitStructure);          /*执行GPIO_Init函数,取结构体变量GPIO_InitStructure设定的引脚、
20                                                     工作模式和速度配置GPIOA端口*/
21
22    GPIO_InitStructure.GPIO_Pin=GPIO_Pin_10;       /*将结构体变量GPIO_InitStructure的成员GPIO_Pin设为GPIO_Pin_10,
23                                                     即将GPIO端口引脚设为10 */
24    GPIO_InitStructure.GPIO_Mode=GPIO_Mode_IN_FLOATING; //将GPIO端口工作模式设为 IN_FLOATING (浮空输入)
25    GPIO_Init(GPIOA,&GPIO_InitStructure);          /*执行GPIO_Init函数,取结构体变量GPIO_InitStructure设定的引脚、
26                                                     工作模式和速度配置GPIOA端口*/
27
28    /*配置USART1串口的波特率、数据位数、停止位、奇偶校验位、硬件流控制和收发模式 */
29    USART_InitStructure.USART_BaudRate = bound;    /*将结构体变量USART_InitStructure的成员USART_BaudRate(波特率)设
30                                                     为 bound (在调用USART1_Init函数时赋值) */
31    USART_InitStructure.USART_WordLength=USART_WordLength_8b; /*将USART_InitStructure的成员USART_WordLength(数
32                                                     据位长度)设为USART_WordLength_8b(8位)*/
33    USART_InitStructure.USART_StopBits=USART_StopBits_1;  /*将USART_InitStructure的成员USART_StopBits (停止位)
34                                                     设为USART_StopBits_1 (1位) */
35    USART_InitStructure.USART_Parity=USART_Parity_No;  /*将USART_InitStructure的成员USART_Parity(奇偶校验位)设
36                                                     为 USART_Parity_No (无奇偶校验位),偶校验为USART_Parity_Even,
37                                                     奇校验为USART_Parity_Odd */
38    USART_InitStructure.USART_HardwareFlowControl=USART_HardwareFlowControl_None; /*USART_InitStructure的成员
39                                                     USART_HardwareFlowControl(硬件数据流控制)设为_None(无),
40                                                     RTS控制为_RTS,CTS控制为_CTS,RTS和CTS控制为_RTS_CTS */
41    USART_InitStructure.USART_Mode = USART_Mode_Rx|USART_Mode_Tx; /*将USART_InitStructure的成员USART_Mode(工作
42                                                     模式)设为USART_Mode_Rx| USART_Mode_Tx (接收与发送双模式) */
43    USART_Init(USART1, &USART_InitStructure);  /*执行USART_Init函数,取结构体变量USART_InitStructure的波特率、
44                                                     数据位长度、停止位、奇偶校验位、硬件流控制和工作模式配置USART1串口*/
45
46    USART_Cmd(USART1, ENABLE);                    /*执行USART_Cmd函数,开启(使能)USART1串口*/
47    USART_ClearFlag(USART1, USART_FLAG_TC);       /*执行USART_ClearFlag函数,清除USART1串口的发送完成标志位*/
48    USART_ITConfig(USART1, USART_IT_RXNE, ENABLE);  /*执行USART_ITConfig函数,使能USART1串口的接收中断*/
49
50    /*配置USART串口的中断通道*/
51    NVIC_InitStructure.NVIC_IRQChannel = USART1_IRQn;  /*将结构体变量NVIC_InitStructure的成员NVIC_IRQChannel(中断
52                                                     通道)设为USART1_IRQn(USART1串口1中断) */
53    NVIC_InitStructure.NVIC_IRQChannelPreemptionPriority=3;  /*将成员NVIC_IRQChannelPreemptionPriority(中断的主
54                                                     优先级)设为3 */
55    NVIC_InitStructure.NVIC_IRQChannelSubPriority =3;  /*将成员NVIC_IRQChannelSubPriority (中断的从优先级)设为3*/
56    NVIC_InitStructure.NVIC_IRQChannelCmd = ENABLE;  /*将成员NVIC_IRQChannelCmd(中断通道使/失能)设为ENABLE(使能),
57                                                     即开启中断通道,关闭中断通道用DISABLE(失能) */
58    NVIC_Init(&NVIC_InitStructure);               /*执行NVIC_Init函数,取结构体变量NVIC_InitStructure设定的中断通道、
59                                                     主/从优先级和使/失能来配置NVIC寄存器 */
60  }
61
62  /* USART1_IRQHandler为USART1串口产生中断时执行的中断服务函数*/
63  void USART1_IRQHandler(void)                  //USART1_IRQHandler函数的输入、输出参数均为void(空)
64  {
65    u8 r;                                        //声明一个无符号的8位整型变量r
66    if(USART_GetITStatus(USART1,USART_IT_RXNE))  /*如果USART1的USART_IT_RXNE(接收中断)产生中断,USART_GetITStatus
67                                                     函数返回值为1,执行本if语句首尾大括号中的内容,否则执行大括号之后的内容*/
68    {
69      r=USART_ReceiveData(USART1);               /*执行USART_ReceiveData函数,读取USART1串口接收到的数据并赋给变量r */
70      USART_SendData(USART1,r+1);                /*执行USART_SendData函数,将变量r的数据加1后通过USART1串口发送出去 */
71      while(USART_GetFlagStatus(USART1,USART_FLAG_TC)==0); /*如果USART1串口的USART_FLAG_TC(发送完成标志位)
72                                                     不为1(数据未发送完),  USART_GetFlagStatus函数返回值为0,等式成立,反复执行本条语句,
73                                                     等待数据发送;一旦USART_FLAG_TC为1(数据发送完成),则执行下一条语句 */
74    }
75    USART_ClearFlag (USART1,USART_FLAG_TC);/*执行USART_ClearFlag函数,将USART1的USART_FLAG_TC(发送完成标志位)清0*/
76    PBout(5)=!PBout(5);  //将PB5引脚的输出电平取反
77  }
78
```

图 8-14　在 usart.c 文件中编写的配置 USART1 串口的程序

8.4.4　主程序及说明

图 8-15 所示是在 main.c 文件中编写的主程序（含 main 函数）。程序从 main 函数开始运行，先调用执行 NVIC_PriorityGroupConfig 优先级分组函数，将中断的主、从优先级各设为 2 位；然后执行 LED_Init 函数（在 led.c 文件中），配置 PB5 端口，再将 115200 作为波特率赋给 USART1_Init 函数（在 usart.c 文件中）的输入参数；接着执行该函数配置 USART1 串口的端口、参数、工作模式和中断通道；最后启动 USART1 串口工作，并使能 USART1 串口的接收中断。

```
main.c*                                                                                          ▼ ×
1  #include "stm32f10x.h"           //包含stm32f10x.h头文件，相当于将该文件的内容插到此处
2
3  void LED_Init(void);            //声明LED_Init函数，声明后程序才可使用该函数
4  void USART1_Init(u32 bound);    //声明USART1_Init函数，声明后程序才可使用该函数
5
6  int main()                      /*main为主函数，无输入参数，返回值为整型数(int)。一个工程只能有一个main函数，
7                                    不管有多少个程序文件，都会找到main函数并从该函数开始执行程序 */
8 ⌐{
9 ⌐ NVIC_PriorityGroupConfig(NVIC_PriorityGroup_2);   /*执行NVIC_PriorityGroupConfig优先级分组函数，
10                                                       将主、从优先级各设为2位 */
11  LED_Init();          //执行LED_Init函数(在led.c文件中),开启GPIOB端口时钟,设置端口引脚号、工作模式和速度
12 ⌐ USART1_Init(115200); /*将115200作为波特率赋给USART1_Init函数(在usart.c文件中)的输入参数,再执行该函数配置
13       USART1串口的端口、参数、工作模式和中断通道,然后启动USART1串口工作,并使能USART1串口的接收中断*/
14  }
15
```

图 8-15　在 main.c 文件中编写的主程序

USART1_Init 函数将 USART1 串口的中断通道配置好并开启后，如果计算机向单片机 USART1 串口发送数据，会使单片机产生 USART1 串口中断，而自动执行该中断对应的 USART1_IRQHandler 函数（在 usart.c 文件中），先接收计算机发送过来的数据并存放到变量 r 中，然后将 r 值加 1，再发送出去，发送完成后将 PB5 端口的电平变反，PB5 引脚外接的 LED 状态（亮/暗）变反。

8.4.5　计算机与单片机通信收发数据测试

在进行计算机与单片机通信收发数据测试时，要确保：①用 USART 串口与计算机通信工程的程序已下载到 STM32 单片机；②按图 8-9 或图 8-10 所示的电路将计算机与 STM32 单片机连接起来。

1．串口调试助手介绍

在计算机与单片机通信收发数据时通常使用串口调试助手软件，这类软件互联网上有很多，虽然名称不一样，但功能大同小异，这里以 XCOM 串口调试助手为例进行说明。XCOM 串口调试助手是一个免安装软件，双击即可打开，其界面如图 8-16 所示。在打开 XCOM 串口调试助手后，先选择计算机与单片机的连接端口（端口号可在计算机的设备管理器中查看），再单击"打开/关闭串口"按钮，按钮上的指示灯亮，表明端口打开，计算机与单片机已建立了通信连接。

如果计算机与单片机无法建立通信连接，可这样处理：①检查硬件连接是否正常；②检查计算机中是否安装了通信电路的驱动程序（使用 USB-TTL 转换电路连接时）；③连接端口是否选择正确；④关闭再接通单片机电源（或复位单片机）；⑤关闭再打开 XCOM 串口调试助手。

2．收发数据测试

计算机与单片机通过 USART 串口通信时，两者传送的数据格式要相同，即数据传送的

波特率、数据位的位数、停止位的位数和奇偶校验位的位数应相同。在使用 XCOM 串口调试助手收发数据时，需要将数据格式设置成与单片机程序设置的数据格式一样。

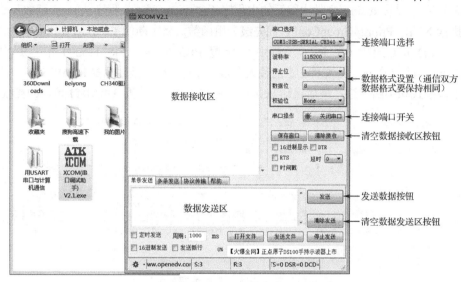

图 8-16　XCOM 串口调试助手软件界面

在计算机中用 XCOM 串口调试助手与单片机通信收发数据测试如图 8-17 所示。在数据发送区输入"1"，单击"发送"按钮，"1"从计算机通过通信电路传送到单片机，单片机将接收到的"1"加 1 后又发送到计算机，在 XCOM 串口调试助手的数据接收区显示"2"。如果勾选"16 进制显示"选项，则在数据接收区会显示字符"2"的 ASCII 码 32（二进制表示为 00110010），字符"1"的 ASCII 码为 31。如果在数据发送区输入"ABC"发送给单片机，单片机接收后加 1 发送回计算机，在数据接收区显示"BCD"，勾选"16 进制显示"选项，在数据接收区会显示字符"BCD"的 ASCII 码 42 43 44。

（a）发送"1"时接收到"2"　　　　　　　　（2）字符 2 的 ASCII 码为 32（十六进制）

图 8-17　在计算机中用 XCOM 串口调试助手与单片机通信收发数据测试

（c）发送"ABC"时接收到"BCD"　　　　（d）字符 BCD 的 ASCII 码为 42 43 44（十六进制）

图 8-17　在计算机中用 XCOM 串口调试助手与单片机通信收发数据测试（续）

XCOM 串口调试助手在发送数据时，发送的字符先转换成该字符的 ASCII 码（8 位二进制数），再传送到单片机，单片机将 ASCII 码值加 1 后发送到计算机，计算机显示的是 ASCII 码值加 1 对应的字符。

8.5　用 USART 串口输出 printf 函数指定格式的数据

8.5.1　printf 函数介绍

printf 函数是格式化输出函数，一般用于向标准输出设备（如显示器）按规定格式输出信息。在编程需要查看某些变量值或者其他信息时经常会用到该函数。

printf 函数的格式为：

```
int printf("<格式化字符串>", <参量表>);
```

函数返回值为整型，若成功则返回输出的字符数，输出出错则返回负值。

格式化字符串由两部分组成：一部分是正常字符，这些字符将按原样输出；另一部分是格式化规定符，以"%"开始，后跟一个或几个规定符，用来确定输出内容格式，规定符及含义如图 8-18 所示。

参量表是需要输出的一系列参数，其个数必须与格式化字符串所说明的输出参数个数一样多，各参数之间用","分开，且顺序一一对应，否则将会出现意想不到的错误。

%d	输出十进制有符号整数		
%u	输出十进制无符号整数		
%f	输出浮点数		
%s	输出字符串		
%c	输出单个字符		
%p	输出指针的值		
%e	输出指数形式的浮点数		
%x或%X	输出无符号十六进制整数	\n	换行
%o	输出无符号以八进制表示的整数	\f	清屏并换页
%g	将输出值按照%e或%f类型中	\r	回车
	输出长度较小的方式输出	\t	Tab符
%p	输出地址符	\xhh	一个ASCII码用十六进制表示,
%lu	输出32位无符号整数		hh是1～2个十六进制数
%llu	输出64位无符号整数		

图 8-18   printf 函数规定符的含义

printf 函数使用说明如下。

（1）在"%"和字母之间可以插进数字表示最大长度。例如，%3d 表示输出 3 位整型数，不够 3 位右对齐；%9.2f 表示输出长度为 9 的浮点数，其中小数位为 2，整数位为 6，小数点占一位，不够 9 位右对齐；%8s 表示输出 8 个字符的字符串，不够 8 个字符右对齐。

如果字符串的长度或整型数位数超过说明的长度，将按其实际长度输出。对于浮点数，若整数部分位数超过了说明的整数位长度，将按实际整数位输出；若小数部分位数超过了说明的小数位长度，则按说明的长度四舍五入输出。若要在输出值前加一些 0，就应在长度项前加个 0。例如，%04d 表示在输出一个小于 4 位的数值时，将在前面补 0 使其总长度为 4 位。

如果用非浮点数表示字符或整型数的输出格式，则小数点后的数字代表最大长度，小数点前的数字代表最小长度。例如，%6.9s 表示显示一个长度不小于 6 且不大于 9 的字符串，若大于 9，则第 9 个字符以后的内容将被删除。

（2）在"%"和字母之间可以加小写字母 l，表示输出为长型数。例如，%ld 表示输出 long 整数，%lf 表示输出 double 浮点数。

（3）可以控制输出左对齐或右对齐，在"%"和字母之间加入一个"-"号时输出为左对齐，否则为右对齐。例如，%-7d 表示输出 7 位整数左对齐，%-10s 表示输出 10 个字符左对齐。

8.5.2   printf 函数输出重定向为 USART 串口

C 语言的 printf 函数输出设备默认为显示器，如果从 USART 串口输出或送往 LCD 上显示，必须重新定义标准库函数中调用的与输出设备相关的函数。如果需要将 printf 函数输出重定向为 USART 串口，可修改 fputc 函数内部的程序，使之指向 USART 串口，该过程称为重定向，printf 函数在执行时会自动调用执行 fputc 函数。

1. fputc 函数内部程序的修改

fputc 函数的原功能是向指定的文件中写入一个字符，下面通过更改函数的内部程序，使其功能变成将指定的字符从 USART1 串口发送出去。修改后指向 USART1 串口的 fputc 函数内容如图 8-19 所示。

```
 3
 4 □/*在执行printf函数时会自动调用fputc函数,该函数的原功能是向指定的文件中写入一个字符。下面通过更改函数的
 5 └内部程序,使其功能变成将指定的字符从USART1串口发送出去 */
 6 □int fputc(int ch,FILE *p)   /* ch为要写入的字符,*p为文件指针,每写入一个字符,文件内部位置指针向后移动
 7                         一字节,写入成功时返回写入的字符,函数格式不用修改 */
 8 □{
 9    USART_SendData(USART1,(u8)ch);      /*执行USART_SendData函数,将变量ch中的数据通过USART1串口发送出去 */
10 □   while(USART_GetFlagStatus(USART1,USART_FLAG_TXE)==RESET);      /*如果USART1串口的USART_FLAG_TXE(发送数据
11        寄存器空标志)为0(数据未发送完),USART_GetFlagStatus函数返回值为RESET(即0),等式成立,反复执行本条语句,
12        等待数据发送,一旦USART1,USART_FLAG_TXE为1(数据发送完成),则执行下一条语句 */
13    return ch;    //将ch值给fputc函数
14 □}
15
```

图 8-19　修改后指向 USART1 串口的 fputc 函数内容

2. 选择使用微库（Use MicroLIB）

如果要使用 printf 函数，须在 Keil 软件中设置选择"Use MicroLIB"（使用微库），否则 printf 函数不会产生输出或出现各种奇怪的现象。设置选择"Use MicroLIB"的操作如图 8-20 所示，在 Keil 软件的工具栏上单击 🔧 工具，弹出"Options for Target'Target 1'"对话框，选择"Target"选项卡，勾选"Use MicroLIB"选项。

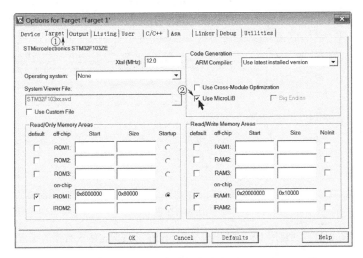

图 8-20　在"Target"选项卡中选中"Use MicroLIB"

8.5.3　用 USART 串口输出 printf 函数指定格式数据的工程与程序说明

1. 创建工程

用 USART 串口输出 printf 函数指定格式数据的工程可通过复制并修改前面已创建的"用 USART 串口与计算机通信"工程来创建。

创建用 USART 串口输出 printf 函数指定格式数据的工程如图 8-21 所示。先复制"用 USART 串口与计算机通信"工程，再将文件夹改名为"用 USART 串口输出 printf 函数指定格式的数据"，然后打开该文件夹，如图 8-21（a）所示；双击扩展名为.uvprojx 的工程文件，启动 Keil 软件打开工程，如图 8-21（b）所示，在该工程中仅需修改 usart.c 文件，其他文件不用改动。

（a）打开"用 USART 串口输出 printf 函数指定格式的数据"文件夹

（b）打开工程

图 8-21　创建用 USART 串口输出 printf 函数指定格式数据的工程

2．编写 fputc 函数并使用 printf 函数

在使用 printf 函数时会自动调用 fputc 函数，fputc 函数的原功能是向指定的文件中写入一个字符，下面在 usart.c 文件中重写 fputc 函数的内部程序，使其功能变成将指定的字符从 USART1 串口发送出去。另外，在 usart.c 文件中还用 printf 函数编写了一些程序。修改后的 usart.c 文件内容如图 8-22 所示，图中两个大矩形框中的部分为新增内容，为了将 USART1 串口接收来的数据原样发送出去，将先前的"USART_SendData(USART1，r+1)"改成 "USART_SendData(USART1，r)"。

3．程序工作过程

程序运行时，首先找到并执行主程序文件中的 main 函数，在 main 函数中先执行 NVIC_PriorityGroupConfig 函数进行优先级分组，再执行 LED_Init 函数（在 led.c 文件中）配置 PB5 端口，然后执行 USART1_Init 函数（在 usart.c 文件中）配置 USART1 串口，并启动 USART1 串口工作，使能 USART1 串口的接收中断。

```
1  #include "bitband.h" //包含bitband.h文件,相当于将该文件内容插到此处
2  #include "stdio.h"   //包含stdio.h,若程序中用到标准输入/输出函数(如fputc和printf函数)时就要包含该头文件
3
4  /*在执行printf函数时会自动调用fputc函数,该函数的原功能是向指定的文件中写入一个字符,下面通过更改函数的
5    内部程序,使其功能变成将指定的字符从USART1串口发送出去 */
6  int fputc(int ch,FILE *p)  /* ch为要写入的字符,*p为文件指针,每写入一个字符,文件内部位置指针向后移动
7                                一字节,写入成功时返回写入的字符,函数格式不用修改 */
8  {
9    USART_SendData(USART1,(u8)ch);       /*执行USART_SendData函数,将变量ch中的数据通过USART1串口发送出去 */
10   while(USART_GetFlagStatus(USART1,USART_FLAG_TXE)==RESET);  /*如果USART1串口的USART_FLAG_TXE(发送数据
11     寄存器空标志)为0(数据未发送完),USART_GetFlagStatus函数返回值为RESET(即0),等式成立,反复执行本条语句,
12     等待数据发送,一旦USART1,USART_FLAG_TXE为1(数据发送完成),则执行下一条语句 */
13   return ch;    //将ch值给fputc函数
14  }
15
16  /*USART1_Init函数配置USART1串口的端口、参数、工作模式和中断通道,再启动USART1串口,并使能USART1的接收中断*/
17  void USART1_Init(u32 bound)       /* USART1_Init函数的输入参数为32位无符号整型变量bound(在调用时赋值),
18                                       取值可为4800、9600、115200等 */
19  {
20   GPIO_InitTypeDef GPIO_InitStructure;  //定义一个类型为GPIO_InitTypeDef的结构体变量GPIO_InitStructure
21   USART_InitTypeDef USART_InitStructure; //定义一个类型为USART_InitTypeDef的结构体变量USART_InitStructure
22   NVIC_InitTypeDef NVIC_InitStructure;  //定义一个类型为NVIC_InitTypeDef的结构体变量NVIC_InitStructure
23
24   RCC_APB2PeriphClockCmd(RCC_APB2Periph_GPIOA,ENABLE); //执行RCC_APB2PeriphClockCmd函数,开启GPIOA端口时钟
25   RCC_APB2PeriphClockCmd(RCC_APB2Periph_USART1,ENABLE); //执行RCC_APB2PeriphClockCmd函数,开启USART1串口时钟
26
27   /* 配置PA9、PA10端口用作USART1串口的发送和接收端 */
28   GPIO_InitStructure.GPIO_Pin=GPIO_Pin_9;      /*将结构体变量GPIO_InitStructure的成员GPIO_Pin设为GPIO_Pin_9,
29                                                    即将 GPIO端口引脚设为9 */
30   GPIO_InitStructure.GPIO_Speed=GPIO_Speed_50MHz;  //将GPIO端口工作速度设为50MHz
31   GPIO_InitStructure.GPIO_Mode=GPIO_Mode_AF_PP;   //将GPIO端口工作模式设为 AF_PP (复用推挽输出)
32   GPIO_Init(GPIOA,&GPIO_InitStructure);        /*执行GPIO_Init函数,取结构体变量GPIO_InitStructure设定的引脚、
33                                                    工作模式和速度配置GPIOA端口*/
34
35   GPIO_InitStructure.GPIO_Pin=GPIO_Pin_10;     /*将结构体变量GPIO_InitStructure的成员GPIO_Pin设为GPIO_Pin_10,
36                                                    即将GPIO端口引脚设为10 */
37   GPIO_InitStructure.GPIO_Mode=GPIO_Mode_IN_FLOATING; /*将GPIO端口工作模式设为 IN_FLOATING (浮空输入)
38   GPIO_Init(GPIOA,&GPIO_InitStructure);        /*执行GPIO_Init函数,取结构体变量GPIO_InitStructure设定的引脚、
39                                                    工作模式和速度配置GPIOA端口*/
40
41   /*配置USART1串口的波特率、数据位数、停止位、奇偶校验位、硬件流控制和收发模式 */
42   USART_InitStructure.USART_BaudRate = bound; /*将结构体变量USART_InitStructure的成员USART_BaudRate(波特率)设
43                                                    为 bound(在调用USART1_Init函数时赋值) */
44   USART_InitStructure.USART_WordLength=USART_WordLength_8b; /*将USART_InitStructure的成员USART_WordLength(数
45                                                    据长度)设为USART_WordLength_8b(8位)*/
46   USART_InitStructure.USART_StopBits=USART_StopBits_1; /*将USART_InitStructure的成员USART_StopBits (停止位)
47                                                    设为USART_StopBits_1 (1位) */
48   USART_InitStructure.USART_Parity=USART_Parity_No;   /*将USART_InitStructure的成员USART_Parity(奇偶校验位)设
49                                                    为 USART_Parity_No (无奇偶校验位),偶校验为USART_Parity_Even,
50                                                    奇校验为USART_Parity_Odd */
51   USART_InitStructure.USART_HardwareFlowControl=USART_HardwareFlowControl_None; /*将USART_InitStructure的成员
52                                                    USART_HardwareFlowControl(硬件数据流控制)设为 None(无),
53                                                    RTS控制为_RTS,CTS 控制为_CTS, RTS和CTS 控制为_RTS_CTS */
54   USART_InitStructure.USART_Mode = USART_Mode_Rx|USART_Mode_Tx; /*将USART_InitStructure的成员USART_Mode(工作
55                                                    模式)设为USART_Mode_Rx| USART_Mode_Tx (接收与发送双模式) */
56   USART_Init(USART1, &USART_InitStructure); /*执行USART_Init函数,取结构体变量USART_InitStructure设定的波特率、
57                                                    数据长度、停止位、奇偶校验位、硬件流控制和工作模式配置USART1串口*/
58
59   USART_Cmd(USART1, ENABLE);                  /*执行USART_Cmd函数,开启(使能)USART1串口*/
60   USART_ClearFlag(USART1, USART_FLAG_TC);     /*执行USART_ClearFlag函数,清除USART1串口的发送完成标志位*/
61   USART_ITConfig(USART1, USART_IT_RXNE, ENABLE);  /*执行USART_ITConfig函数,使能USART1串口的接收中断*/
62
63   /*配置USART串口的中断通道*/
64   NVIC_InitStructure.NVIC_IRQChannel = USART1_IRQn; /*将结构体变量NVIC_InitStructure的成员NVIC_IRQChannel(中断
65                                                    通道)设为USART1_IRQn(USART1中断号) */
66   NVIC_InitStructure.NVIC_IRQChannelPreemptionPriority=3; /*将成员NVIC_IRQChannelPreemptionPriority(中断的主
67                                                    优先级)设为3 */
68   NVIC_InitStructure.NVIC_IRQChannelSubPriority =3; /*将成员NVIC_IRQChannelSubPriority (中断的从优先级)设为3*/
69   NVIC_InitStructure.NVIC_IRQChannelCmd = ENABLE; /*将成员NVIC_IRQChannelCmd(中断通道使/失能)设为ENABLE(使能),
70                                                    即开启中断通道,关闭中断通道用DISABLE(失能) */
71   NVIC_Init(&NVIC_InitStructure);    /*执行NVIC_Init函数,取结构体变量NVIC_InitStructure设定的中断通道、
72                                                    主/从优先级和使/失能来配置NVIC寄存器 */
73  }
74
75  /* USART1_IRQHandler为USART1串口产生中断时执行的中断服务函数*/
76  void USART1_IRQHandler(void)              //USART1_IRQHandler函数的输入、输出参数均为void(空)
77  {
78   u8 r;                                //声明一个无符号的8位整型变量r
79   if(USART_GetITStatus(USART1,USART_IT_RXNE)) /*如果USART1的USART_IT_RXNE(接收中断)产生中断,USART_GetITStatus
80                                                    函数返回值为1,执行本if语句首尾大括号中的内容,否则执行尾大括号之后的内容 */
81   {
82    r=USART_ReceiveData(USART1);      /*执行USART_ReceiveData函数,读取USART1串口接收到的数据并赋给变量r */
83    USART_SendData(USART1,r);         /*执行USART_SendData函数,将变量r中的数据加1后通过USART1串口发送出去 */
84    while(USART_GetFlagStatus(USART1,USART_FLAG_TC)==0); /*如果USART1串口的USART_FLAG_TC(发送完成标志位)
85                                                    不为1(数据未发送完),USART_GetFlagStatus函数返回值为0,等式成立,反复执行本条语句,
86                                                    等待数据发送;一旦USART_FLAG_TC为1(数据发送完成),则执行下一条语句 */
87   }
88   USART_ClearFlag (USART1,USART_FLAG_TC);/*执行USART_ClearFlag函数,将USART1的USART_FLAG_TC(发送完成标志位)清0*/
89   PBout(5)=!PBout(5);                 //将PB5引脚的输出电平取反
90   printf("字符的十进制整型数为%d",r);/*执行printf函数时会自动执行fputc函数,printf函数先将"字符的十进制整型数为"
91                                                    转换成 一系列的字符数据,再将变量r值按"%d"定义转换成十进制整型数,然后依次
92                                                    传递给fputc函数的变量ch,fputc函数将ch中的字符数据逐个通过USART1串口发送出去*/
93   printf(",该字符打印显示为%c\r\n",r);  /*将",该字符打印显示为"和r值转换成字符数据,通过USART1串口发送出去,
94                                                    %c表示打印字符,\r表示回车,\n表示换行 */
95  }
96
```

图 8-22 修改后的 usart.c 文件内容(两个大矩形框内为新增内容)

如果单片机 USART1 串口接收到数据，则会产生 USART1 串口中断，马上执行该中断对应的 USART1_IRQHandler 函数（在 usart.c 文件中）。在执行该函数时，先从 USART1 串口接收数据并存放到变量 r 中，再将 r 中的数据原样从 USART1 串口发送出去，发送完成后将 PB5 端口的电平变反，接着往后依次执行两个 printf 函数。

在执行"printf("字符的十进制整型数为%d"，r);"时，先将"字符的十进制整型数为"转换成一系列的字符数据，再将变量 r 值按"%d"定义转换成十进制整型数，然后依次传递给 fputc 函数的变量 ch，fputc 函数将 ch 中的字符数据逐个通过 USART1 串口发送出去。

在执行"printf("，该字符打印显示为%c\r\n"，r);"时，将"，该字符打印显示为"和 r 值转换成字符数据，通过 USART1 串口发送出去，%c 表示输出字符，\r 表示回车，\n 表示换行。

8.5.4 直观查看 printf 函数往 USART 串口输出的数据

单片机的变量值（变量中的数据）无法直观看到，若想知道某个或某些变量值，可使用 printf 函数将变量值输出到方便查看的设备中直观显示出来。

图 8-23 所示是使用 XCOM 串口调试助手查看单片机 USART 串口收发的数据，在操作前，确保"用 USART 串口输出 printf 函数指定格式数据"工程的程序已下载到单片机，单片机 USART1 串口与计算机之间通信连接正常。在 XCOM 软件中发送 1 时，实际是将字符 1 的十六进制数（ASCII 码）0x31 发送到单片机的变量 r 中，单片机再执行"USART_SendData(USART1，r)"将 r 值（0x31）原样发送回 XCOM 软件，在接收区显示 0x31 对应的字符 1。十六进制数 0x31 转换成二进制数为 00110001，转换成十进制数为 49。

（a）发送字符 1

图 8-23 使用 XCOM 串口调试助手查看单片机 USART 串口收发的数据

（b）字符 1 的十六进制数为 31

（c）发送字符 AB

图 8-23　使用 XCOM 串口调试助手查看单片机 USART 串口收发的数据（续）

第 9 章

ADC（模数转换器）的使用与编程实例

9.1 ADC 基本原理与电路

9.1.1 ADC 基本原理

ADC（Analog to Digital Converter）意为模数转换器，又称 A/D 转换器，其功能是将模拟信号转换成数字信号。模数转换一般由采样、保持、量化、编码 4 个步骤完成，如图 9-1 所示，模拟信号经采样、保持、量化和编码后就转换成数字信号。

图 9-1　模数转换的一般过程

1. 采样和保持

采样就是每隔一定的时间对模拟信号进行取值；而保持则是将采样取得的信号值保存下来。采样和保持往往结合在一起应用。下面以图 9-2 为例来说明采样和保持的原理。

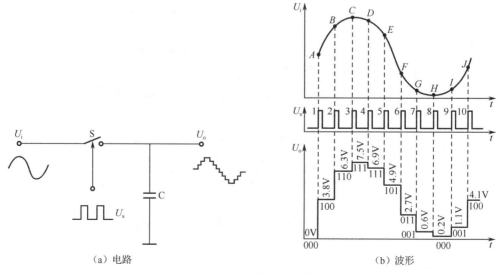

（a）电路　　　　　　　　　　　　（b）波形

图 9-2　采样和保持的原理

图 9-2（a）中的 S 为模拟开关，实际上一般为晶体管或场效应管。S 的通断受采样脉冲 U_s 的控制，当采样脉冲到来时，S 闭合，输入信号 U_i 可以通过；采样脉冲过后，S 断开，输入信号无法通过，S 起采样作用。电容 C 为保持电容，它能保存采样过来的信号电压值。

在工作时，给采样开关 S 输入图 9-2（b）所示的模拟信号 U_i，同时给开关 S 控制端加采样脉冲 U_s。当采样脉冲第一个脉冲到来时，S 闭合，此时正好是模拟信号 A 点电压到来，A 点电压通过开关 S 对保持电容 C 充电，在电容上充得与 A 点相同的电压；脉冲过后，S 断开，电容 C 无法放电，所以在电容上保持与 A 点一样的电压。

当第二个采样脉冲到来时，S 闭合，此时正好是模拟信号 B 点电压到来，B 点电压通过开关 S 对保持电容 C 充电，在电容 C 上充得与 B 点相同的电压；脉冲过后，S 断开，电容 C 无法放电，所以在电容 C 上保持与 B 点一样的电压。

当第三个采样脉冲到来时，在电容 C 上得到与 C 点一样的电压。

当第四个采样脉冲到来时，S 闭合，此时正好是模拟信号 D 点电压到来，由于 D 点电压较电容上的电压（第三个脉冲到来时 C 点对电容 C 充得的电压）略低，电容 C 通过开关 S 向输入端放电，放电使电容 C 上的电压下降到与模拟信号 D 点相同的电压；脉冲过后，S 断开，电容 C 无法放电，所以在电容 C 上保持与 D 点一样的电压。

当第五个采样脉冲到来时，S 闭合，此时正好是模拟信号 E 点电压到来，由于 E 点电压较电容 C 上的电压低，电容 C 通过开关 S 向输入端放电，放电使电容 C 上的电压下降到与模拟信号 E 点相同的电压；脉冲过后，S 断开，电容 C 无法放电，所以在电容 C 上保持与 E 点一样的电压。

如此工作后，在电容 C 上就得到如图 9-2（b）所示的 U_o 信号。

2．量化和编码

量化是指根据编码位数需要，将采样信号电压分割成整数个电压段的过程；编码是指将每个电压段用相应的二进制数表示的过程。

以图 9-2 所示信号为例，模拟信号 U_i 经采样、保持得到采样信号电压 U_o，U_o 的电压变化范围是 0～7.5V，现在需要用 3 位二进制数对它进行编码。由于 3 位二进制数只有 $2^3 = 8$ 个数值，所以将 0～7.5V 分成 8 份：0～0.5V 为第一份（又称第一等级），以 0V 作为基准，即在 0～0.5V 范围内的电压都当成 0V，编码时用"000"表示；0.5～1.5V 为第二份，基准值为 1V，编码时用"001"表示；1.5～2.5V 为第三份，基准值为 2V，编码时用"010"表示；以此类推，5.5～6.5V 为第七份，基准值为 6V，编码时用"110"表示；6.5～7.5V 为第八份，基准值为 7V，编码时用"111"表示。

综上所述，图 9-2（b）中的模拟信号经采样、保持后得到采样电压 U_o，采样电压 U_o 再经量化、编码后就转换成数字信号（000 100 110 111 111 101 011 001 000 001 100），从而完成了模数转换过程。

9.1.2 ADC 电路

ADC 种类很多，如逐次逼近型、双积分型、电压频率转换型等，下面介绍使用广泛的逐次逼近型 ADC。

逐次逼近型 ADC 是一种带有反馈环节的比较型 ADC。图 9-3 所示是 3 位逐次逼近型 ADC 结构示意图,它由比较器、DAC、寄存器和控制电路等组成。

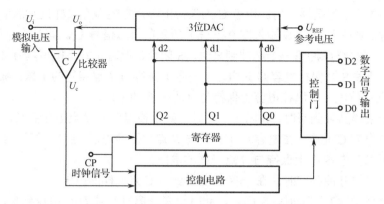

图 9-3 3 位逐次逼近型 ADC 结构示意图

其工作原理如下。

首先,控制电路将寄存器复位清 0,接着控制寄存器输出 Q2Q1Q0=100,100 经 DAC 转换成电压 U_o,U_o 送到比较器的 "+" 端;与此同时,待转换的模拟电压 U_i 送到比较器的 "-" 端,比较器将 U_o、U_i 两电压进行比较,比较结果有两种情况:$U_o>U_i$ 和 $U_o<U_i$。

(1) 若 $U_o>U_i$,则比较器输出 U_c 为高电平,表明寄存器输出数字信号 Q2Q1Q0=100 偏大。控制电路令寄存器将最高位 Q2 置 0,同时将 Q1 置 1,输出数字信号 Q2Q1Q0=010,010 再由 DAC 转换成电压 U_o 并送到比较器,与 U_i 进行比较。若 $U_o<U_i$,则比较器输出 U_c 为低电平,表明寄存器输出 Q2Q1Q0=010 偏小。控制电路令寄存器将 Q1 的 1 保留,同时将 Q0 置 1,寄存器输出 Q2Q1Q0=011,011 转换成的模拟电压 U_o 最接近输入电压 U_i,控制电路令控制门打开,寄存器输出的 011 经控制门送到数字信号输出端,011 就为当前取样点电压转换成的数字信号。接着控制电路将寄存器清 0,又令寄存器输出 100,开始将下一个取样点的 U_i 电压转换成数字信号。

(2) 若 $U_o<U_i$,则比较器输出 U_c 为低电平,表明寄存器输出数字信号 Q2Q1Q0=100 偏小。控制电路令寄存器将最高位 Q2 的 1 保留,同时将 Q1 置 1,输出数字信号 Q2Q1Q0=110,110 再由 DAC 转换成电压 U_o 并送到比较器,与 U_i 进行比较。若 $U_o>U_i$,则比较器输出 U_c 为高电平,表明寄存器输出 Q2Q1Q0=110 偏大。控制电路令寄存器将 Q1 置 0,同时将 Q0 置 1,寄存器输出 Q2Q1Q0=101,101 转换成的模拟电压 U_o 最接近输入电压 U_i,控制电路令控制门打开,寄存器输出的 101 经控制门送到数字信号输出端,101 就为当前取样点电压转换成的数字信号。接着控制电路将寄存器清 0,又令寄存器输出 100,开始将下一个取样点的 U_i 电压转换成数字信号。

总之,逐次逼近型 ADC 通过不断变化寄存器输出的数字信号,并将数字信号转换成电压与输入模拟电压进行比较,当数字信号转换成的电压逼近输入电压时,就将该数字信号作为模拟电压转换成数字信号输出,从而实现模数转换。逐次逼近型 ADC 在进行模数转换时,每次都需要逐位比较,对于 n 位 ADC,其完成一个取样点转换所需的时间是 $n+2$ 个时钟周期。

9.2　单片机 ADC 的结构与使用

STM32F103 单片机内部有 3 个 12 位逐次逼近型 ADC，每个 ADC 多达 18 个通道，可测量 16 个外部输入信号和 2 个内部信号，各通道的模数转换可以单次、连续、扫描或间断模式执行。ADC 的结果可以左对齐或右对齐，对齐方式存储在 16 位数据寄存器中。ADC 具有模拟看门狗特性，允许程序检测输入电压是否超出用户定义的上限值或者下限值。ADC 输入范围：$V_{REF-} \leqslant V_{IN} \leqslant V_{REF+}$，$V_{IN}$ 电压不要超过 3.3V。

9.2.1　ADC 的结构与工作过程

STM32F103 单片机内部有 3 个 ADC（ADC1～ADC3），结构大同小异，如图 9-4 所示，ADC3 的触发信号与 ADC1、ADC2 略有不同，其触发信号及电路见图右下方。

ADC 工作过程说明如下（以规则通道为例）。

外部模拟信号从 ADCx_IN0～ADCx_IN15 引脚（x=1～3，如 ADC1_IN0，即 PA0 引脚）输入 GPIO 端口，再经多路开关后送到规则通道。如果选择外部触发模数转换，外部触发信号由 EXTI_11 端输入，再经过两个多路开关和一个与门，触发规则通道 ADC 工作。ADC 将模拟信号转换成数字信号，存入数据寄存器。模数转换结束后产生结束信号，通过或门将 ADC_SR 寄存器相应的标志位置 1，如果开通了 ADC 中断，会使 ADC_CR1 寄存器的相应中断使能位置 1，经或门形成中断请求信号去 NCIV 的 ADC 中断，触发执行 ADC 中断服务程序。如果开启了模拟看门狗中断，当模拟信号电压低于下限值或高于上限值时，也会触发 ADC 中断。另外，转换结束后，还可以产生 DMA（直接内存存取控制器）请求，将转换好的数据直接存储到内存中，只有 ADC1 和 ADC3 可以产生 DMA 请求。

9.2.2　ADC 的输入通道与分组

1. 输入通道与输入引脚

STM32F103 单片机的 ADC1～ADC3 都有 10 个以上的输入通道，这些通道可分为外部输入通道和内部输入通道，外部输入通道（用 ADCx_IN0～ADCx_IN15 表示，x=1～3）用于接收外部引脚输入的模拟信号，内部输入通道连接内部温度传感器和内部参考电压 V_{REF}。STM32F103ZET6 单片机 3 个 ADC 外部输入通道的输入引脚见表 9-1。

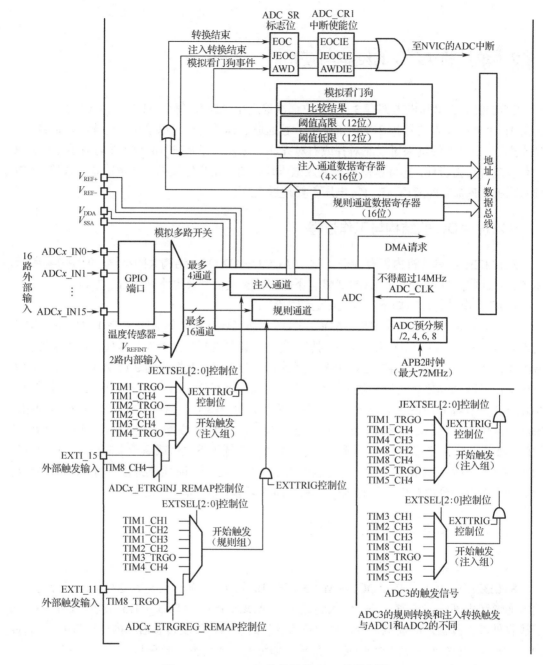

图 9-4 STM32F103 单片机的 ADC 结构框图

表 9-1 STM32F103ZET6 单片机 3 个 ADC 外部输入通道的输入引脚

输 入 通 道	对 应 引 脚		
	ADC1	ADC2	ADC3
通道 0	PA0	PA0	PA0
通道 1	PA1	PA1	PA1
通道 2	PA2	PA2	PA2

续表

输 入 通 道	对 应 引 脚		
	ADC1	ADC2	ADC3
通道 3	PA3	PA3	PA3
通道 4	PA4	PA4	PF6
通道 5	PA5	PA5	PF7
通道 6	PA6	PA6	PF8
通道 7	PA7	PA7	PF9
通道 8	PB0	PB0	PF10
通道 9	PB1	PB1	
通道 10	PC0	PC0	PC0
通道 11	PC1	PC1	PC1
通道 12	PC2	PC2	PC2
通道 13	PC3	PC3	PC3
通道 14	PC4	PC4	
通道 15	PC5	PC5	
通道 16	内部温度传感器	接内部 V_{SS}（0V）	接内部 V_{SS}（0V）
通道 17	内部参考电压 V_{REF}	接内部 V_{SS}（0V）	接内部 V_{SS}（0V）

2．通道分组

ADC 有 16 个外部输入通道，在某一时刻只能接收一个通道的输入信号，不能同时接收多个输入信号，但可以通过扫描切换的方式接收并处理多个输入信号。ADC 用规则和注入两种类型的通道来处理输入信号。如果输入信号进入规则通道，则按正常方式处理；若输入信号进入注入通道，该信号可中断规则通道的信号转换，应先对注入通道的信号进行转换，再返回处理规则通道的输入信号。

1）规则通道的数量和转换顺序设置

规则通道最多可接收 16 个输入通道信号，通道数量（1～16）由 ADC_SQR1 规则序列寄存器的位[23:20]设置。比如，ADC_SQR1 的位[23:20]设为 0001 时，选择两个输入通道。转换顺序的通道号（0～17）由 ADC_SQRx（x=1～3）寄存器设置，比如若要输入通道 3 第 1 个转换，应将 ADC_SQR3 的位[4: 0]（顺序 1 的通道号）设为 00011（即 3）。ADC_SQRx 规则序列寄存器各位功能说明见表 9-2。

表 9-2　ADC_SQRx 规则序列寄存器（地址偏移为 0x2C/30/34，复位值均为 0x00000000）各位功能说明

	位 31:24	保留。必须保持为 0
ADC_SQR1	位 23:20	L[3:0]：规则通道序列长度。由软件定义规则通道转换序列中的通道数目。 0000：1 个转换；0001：2 个转换 …… 1111：16 个转换
	位 19:15	SQ16[4:0]：规则序列中的第 16 个转换。 由软件定义转换序列中的第 16 个转换通道的编号（0～17）
	位 14:10	SQ15[4:0]：规则序列中的第 15 个转换

续表

ADC_SQR1	位 9:5	SQ14[4:0]: 规则序列中的第 14 个转换
	位 4:0	SQ13[4:0]: 规则序列中的第 13 个转换
ADC_SQR2	位 31:30	保留。必须保持为 0
	位 29:25	SQ12[4:0]: 规则序列中的第 12 个转换。由软件定义转换序列中的第 12 个转换通道的编号（0～17）
	位 24:20	SQ11[4:0]: 规则序列中的第 11 个转换
	位 19:15	SQ10[4:0]: 规则序列中的第 10 个转换
	位 14:10	SQ9[4:0]: 规则序列中的第 9 个转换
	位 9:5	SQ8[4:0]: 规则序列中的第 8 个转换
	位 4:0	SQ7[4:0]: 规则序列中的第 7 个转换
ADC_SQR3	位 31:30	保留。必须保持为 0
	位 29:25	SQ6[4:0]: 规则序列中的第 6 个转换。由软件定义转换序列中的第 6 个转换通道的编号（0～17）
	位 24:20	SQ5[4:0]: 规则序列中的第 5 个转换
	位 19:15	SQ4[4:0]: 规则序列中的第 4 个转换
	位 14:10	SQ3[4:0]: 规则序列中的第 3 个转换
	位 9:5	SQ2[4:0]: 规则序列中的第 2 个转换
	位 4:0	SQ1[4:0]: 规则序列中的第 1 个转换

2）注入通道的数量和转换顺序设置

注入通道最多可接收 4 个输入通道信号，通道数量（1～4）由 ADC_JSQR 注入序列寄存器的位[21:20]设置。比如，位[21:20]设为 10 时，选择 3 个输入通道。转换顺序的通道号（0～17）由 ADC_JSQR 的位[19: 0]设置。ADC_JSQR 注入序列寄存器各位功能说明见表 9-3。

表 9-3 ADC_JSQR 注入序列寄存器（地址偏移为 0x38，复位值为 0x00000000）各位功能说明

位 31:22	保留。必须保持为 0
位 21:20	JL[1:0]: 注入通道序列长度。由软件定义规则通道转换序列中的通道数目。 00: 1 个转换；01: 2 个转换；10: 3 个转换；11: 4 个转换
位 19:15	JSQ4[4:0]: 注入序列中的第 4 个转换。由软件定义转换序列中的第 4 个转换通道的编号（0～17）。 如果通道数量小于 4，则转换顺序是从 4−位[21:20]值开始的。 例如，ADC_JSQR[21:0]=10 00011 00011 00111 00010=0x23372，4−位[21:20]值=4−2=2，扫描转换顺序为通道 7、通道 3、通道 3，而不是通道 2、通道 7、通道 3
位 14:10	JSQ3[4:0]: 注入序列中的第 3 个转换
位 9:5	JSQ2[4:0]: 注入序列中的第 2 个转换
位 4:0	JSQ1[4:0]: 注入序列中的第 1 个转换

如果 ADC_SQR*x* 或 ADC_JSQR 寄存器在转换期间被更改，当前的转换被清除，则一个新的启动脉冲将被发送到 ADC，开始按新设置工作。

9.2.3 ADC 的启动与触发源选择

ADC 的启动与触发源选择由 ADC_CR2 控制寄存器来设置。ADC_CR2 控制寄存器各位

功能说明见表 9-4。

表 9-4　ADC_CR2 控制寄存器（地址偏移为 0x08，复位值为 0x0000 0000）各位功能说明

位 31:24	保留。必须保持为 0
位 23	TSVREFE：温度传感器和 V_{REFIN} 使能。 该位由软件设置和清除，用于开启或禁止温度传感器和 V_{REFINT} 通道。在多于 1 个 ADC 的器件中，该位仅出现在 ADC1 中。0：禁止温度传感器和 V_{REFINT}；1：启用温度传感器和 V_{REFINT}
位 22	SWSTART：开始转换规则通道。0：复位状态；1：开始转换规则通道。 由软件设置该位以启动转换，转换开始后硬件马上清除此位。如果在 EXTSEL[2:0]位中选择了 SWSTART 为触发事件，则该位用于启动一组规则通道的转换
位 21	JSWSTART：开始转换注入通道。0：复位状态；1：开始转换注入通道。 由软件设置该位以启动转换，软件可清除此位或在转换开始后硬件马上清除此位。如果在 JEXTSEL[2:0]位中选择了 JSWSTART 为触发事件，则该位用于启动一组注入通道的转换
位 20	EXTTRIG：规则通道的外部触发转换模式。 该位由软件设置和清除，用于开启或禁止可以启动规则通道组转换的外部触发事件。 0：不用外部事件启动转换；1：使用外部事件启动转换
位 19:17	EXTSEL[2:0]：选择启动规则通道组转换的外部事件。 ADC1 和 ADC2 的触发配置如下。 000：定时器 1 的 CC1 事件；001：定时器 1 的 CC2 事件；010：定时器 1 的 CC3 事件； 011：定时器 2 的 CC2 事件；100：定时器 3 的 TRGO 事件；101：定时器 4 的 CC4 事件； 110：EXTI 线 11/ TIM8_TRGO 事件（仅大容量产品具有 TIM8_TRGO 功能）；111：SWSTART。 ADC3 的触发配置如下。 000：定时器 3 的 CC1 事件；001：定时器 2 的 CC3 事件；010：定时器 1 的 CC3 事件； 011：定时器 8 的 CC1 事件；100：定时器 8 的 TRGO 事件；101：定时器 5 的 CC1 事件； 110：定时器 5 的 CC3 事件；111：SWSTART
位 16	保留。必须保持为 0
位 15	JEXTTRIG：注入通道的外部触发转换模式。 该位由软件设置和清除，用于开启或禁止可以启动注入通道组转换的外部触发事件。 0：不用外部事件启动转换；1：使用外部事件启动转换
位 14:12	JEXTSEL[2:0]：选择启动注入通道组转换的外部事件。 ADC1 和 ADC2 的触发配置如下。 000：定时器 1 的 TRGO 事件；001：定时器 1 的 CC4 事件；010：定时器 2 的 TRGO 事件； 011：定时器 2 的 CC1 事件；100：定时器 3 的 CC4 事件；101：定时器 4 的 TRGO 事件； 110：EXTI 线 15/TIM8_CC4 事件（仅大容量产品具有 TIM8_CC4 功能）；111：JSWSTART。 ADC3 的触发配置如下。 000：定时器 1 的 TRGO 事件；001：定时器 1 的 CC4 事件；010：定时器 4 的 CC3 事件； 011：定时器 8 的 CC2 事件；100：定时器 8 的 CC4 事件；101：定时器 5 的 TRGO 事件； 110：定时器 5 的 CC4 事件；111：JSWSTART
位 11	ALIGN：数据对齐。 该位由软件设置和清除。0：右对齐；1：左对齐
位 10:9	保留。必须保持为 0
位 8	DMA：直接存储器访问模式。0：不使用 DMA 模式；1：使用 DMA 模式。 该位由软件设置和清除。只有 ADC1 和 ADC3 能产生 DMA 请求
位 7:4	保留。必须保持为 0

位 3	RSTCAL：复位校准。0：校准寄存器已初始化；1：初始化校准寄存器。 该位由软件设置并由硬件清除。在校准寄存器被初始化后该位将被清除。 注：如果正在进行转换时设置 RSTCAL，则清除校准寄存器需要额外的周期
位 2	CAL：A/D 校准。0：校准完成；1：开始校准。 该位由软件设置以开始校准，并在校准结束时由硬件清除
位 1	CONT：连续转换。0：单次转换模式；1：连续转换模式。 该位由软件设置和清除。如果设置了此位，则转换将连续进行直到该位被清除
位 0	ADON：开/关 AD 转换器。0：关闭 ADC 转换/校准，并进入断电模式；1：开启 ADC 并启动转换。 该位由软件设置和清除。当该位为 0 时，写入 1 将把 ADC 从断电模式下唤醒。 当该位为 1 时，写入 1 将启动转换。 注：如果在这个寄存器中与 ADON 一起还有其他位被改变，则转换不被触发。这是为了防止触发错误的转换

9.2.4 ADC 的转换模式

ADC 的转换模式主要有单次转换、连续转换、扫描转换和间断转换几种。

1）单次转换模式

该模式下 ADC 只执行一次转换，可通过设置 ADC_CR2 寄存器 ADON 位（只适用于规则通道）或外部触发启动，这时 CONT 位为 0。一旦选择的通道转换完成，转换的数据即被存储在 16 位 ADC_DR 数据寄存器（规则通道）或 ADC_DRJ1 数据寄存器（注入通道）中，ADC_SR 状态寄存器的转换结束标志位 EOC 或 JEOC 被置 1；如果设置了 ADC_CR1 寄存器的 EOCIE 或 JEOCIE 位，则产生中断。

2）连续转换模式

该模式下 ADC 执行完当前转换后马上开始下一次转换，可通过设置 ADC_CR2 寄存器 ADON 位（只适用于规则通道）或外部触发启动，此时 CONT 位为 1。一旦选择的通道转换完成，转换的数据即被存储在 16 位 ADC_DR 数据寄存器（规则通道）或 ADC_DRJ1 数据寄存器（注入通道）中，转换结束标志 EOC 或 JEOC 被置 1；如果设置了 EOCIE 或 JEOCIE 位，则产生中断。

3）扫描转换模式

该模式用于扫描转换多个通道，可通过设置 ADC_CR1 寄存器的 SCAN 位来选择。一旦 SCAN 位为 1，ADC 会以扫描方式转换被 ADC_SQRx 寄存器（规则通道）或 ADC_JSQR（注入通道）选中的所有通道，每个通道执行单次转换，一个通道转换结束后自动切换到下一个通道。如果设置 CONT 位为 1，转换不会在选择组的最后一个通道上停止，而是再次从选择组的第一个通道继续转换。如果设置 DMA 位为 1，则在每次 EOC 后，DMA 控制器把规则组通道的转换数据传输到 SRAM 中，注入通道转换的数据总是存储在 ADC_JDRx 寄存器中。

4）间断转换模式

该模式用来将多个通道（总序列）分成几个短序列来依次转换。

规则通道的间断转换模式可通过设置 ADC_CR1 寄存器 DISCEN 位来激活，短序列的 n

（$n \leqslant 8$）值由 ADC_CR1 寄存器的 DISCNUM[2:0]位给出。一个外部触发信号可以启动 ADC_SQRx 寄存器设置的转换，直到此序列所有的转换完成为止。总序列长度由 ADC_SQR1 寄存器的 L[3:0]位定义。

举例：$n=3$，需转换的通道为 0、1、2、3、6、7、9、10。规则通道的间断转换模式的转换过程为：第一次触发转换的序列为 0、1、2；第二次触发转换的序列为 3、6、7；第三次触发转换的序列为 9、10，并产生 EOC 事件；第四次触发转换的序列 0、1、2。

注入通道的间断转换模式可通过设置 ADC_CR1 寄存器的 JDISCEN 位激活，按通道顺序逐个转换 ADC_JSQR 寄存器选择的通道。一个外部触发信号可以启动 ADC_JSQR 寄存器选择的下一个通道的转换，直到所有的转换完成为止。总序列长度由 ADC_JSQR 寄存器的 JL[1:0]位定义。

举例：$n=1$，需转换的通道为 1、2、3。注入通道的间断转换模式的转换过程为：第一次触发转换通道 1；第二次触发转换通道 2；第三次触发转换通道 3，并且产生 EOC 和 JEOC 事件；第四次触发转换通道 1。

ADC_SR 状态寄存器各位功能说明见表 9-5，ADC_CR1 控制寄存器各位功能说明见表 9-6。

表 9-5　ADC_SR 状态寄存器（地址偏移为 0x00，复位值为 0x0000 0000）各位功能说明

位 31:5	保留。必须保持为 0
位 4	STRT：规则通道开始位。0：规则通道转换未开始；1：规则通道转换已开始。 该位由硬件在规则通道组转换开始时设置，由软件清除
位 3	JSTRT：注入通道开始位。0：注入通道组转换未开始；1：注入通道组转换已开始。 该位由硬件在注入通道组转换开始时设置，由软件清除
位 2	JEOC：注入通道转换结束位。0：转换未完成；1：转换完成。 该位由硬件在所有注入通道组转换结束时设置，由软件清除
位 1	EOC：转换结束位。0：转换未完成；1：转换完成。 该位由硬件在规则或注入通道组转换结束时设置，由软件清除或在读取 ADC_DR 时清除
位 0	AWD：模拟看门狗标志位。0：没有发生模拟看门狗事件；1：发生模拟看门狗事件。 当转换的电压超出 ADC_LTR 和 ADC_HTR 寄存器定义的下限和上限值时，该位由硬件置 1，用软件清 0

表 9-6　ADC_CR1 控制寄存器（地址偏移为 0x04，复位值为 0x0000 0000）各位功能说明

位 31:24	保留。必须保持为 0
位 23	AWDEN：在规则通道上开启模拟看门狗。该位由软件设置和清除。 0：在规则通道上禁用模拟看门狗；1：在规则通道上使用模拟看门狗
位 22	JAWDEN：在注入通道上开启模拟看门狗。该位由软件设置和清除。 0：在注入通道上禁用模拟看门狗；1：在注入通道上使用模拟看门狗
位 21:20	保留。必须保持为 0
位 19:16	DUALMOD[3:0]：双模式选择。软件使用这些位选择操作模式。 0000：独立模式；0001：混合的同步规则+注入同步模式； 0010：混合的同步规则+交替触发模式；0011：混合同步注入+快速交叉模式； 0100：混合同步注入+慢速交叉模式；0101：注入同步模式； 0110：规则同步模式；0111：快速交叉模式；1000：慢速交叉模式；1001：交替触发模式。 注：在 ADC2 和 ADC3 中这些位为保留位。 在双模式中，改变通道的配置会产生一个重新开始的条件，这将导致同步丢失。建议在进行任何配置改变前关闭双模式

续表

位 15:13	DISCNUM[2:0]：间断模式通道计数。 软件通过这些位定义在间断模式下，收到外部触发后转换规则通道的数目。 000：1 个通道；001：2 个通道 …… 111：8 个通道
位 12	JDISCEN：在注入通道上的间断模式。 该位由软件设置和清除，用于开启或关闭注入通道组上的间断模式。 0：注入通道组上禁用间断模式；1：注入通道组上使用间断模式
位 11	DISCEN：在规则通道上的间断模式。 该位由软件设置和清除，用于开启或关闭规则通道组上的间断模式。 0：规则通道组上禁用间断模式；1：规则通道组上使用间断模式。
位 10	JAUTO：自动的注入通道组转换。 该位由软件设置和清除，用于开启或关闭规则通道组转换结束后自动的注入通道组转换。 0：关闭自动的注入通道组转换；1：开启自动的注入通道组转换
位 9	AWDSGL：扫描模式中在一个单一的通道上使用看门狗。 该位由软件设置和清除，用于开启或关闭由 AWDCH[4:0]位指定的通道上的模拟看门狗功能。 0：在所有的通道上使用模拟看门狗；1：在单一通道上使用模拟看门狗
位 8	SCAN：扫描模式。0：关闭扫描模式；1：使用扫描模式。 该位由软件设置和清除，用于开启或关闭扫描模式。在扫描模式中，转换由 ADC_SQRx 或 ADC_JSQRx 寄存器选中的通道。 注：如果分别设置了 EOCIE 或 JEOCIE 位，则只在最后一个通道转换完毕后才会产生 EOC 或 JEOC 中断
位 7	JEOCIE：允许产生注入通道转换结束中断。 该位由软件设置和清除，用于禁止或允许所有注入通道转换结束后产生中断。 0：禁止 JEOC 中断；1：允许 JEOC 中断。当硬件设置 JEOC 位时产生中断
位 6	AWDIE：允许产生模拟看门狗中断。 该位由软件设置和清除，用于禁止或允许模拟看门狗产生中断。在扫描模式下，如果看门狗检测到超范围的数值，则只有在设置了该位时扫描才会中止。 0：禁止模拟看门狗中断；1：允许模拟看门狗中断
位 5	EOCIE：允许产生 EOC 中断。 该位由软件设置和清除，用于禁止或允许转换结束后产生中断。 0：禁止 EOC 中断；1：允许 EOC 中断。当硬件设置 EOC 位时产生中断
位 4:0	AWDCH[4:0]：模拟看门狗通道选择位。 这些位由软件设置和清除，用于选择模拟看门狗保护的输入通道。 00000：ADC 模拟输入通道 0；00001：ADC 模拟输入通道 1…… 10000：ADC 模拟输入通道 16；10001：ADC 模拟输入通道 17。 注：ADC1 的模拟输入通道 16 和通道 17 在芯片内部分别连接温度传感器和 V_{REFINT}。 ADC2 的模拟输入通道 16 和通道 17 在芯片内部连接 V_{SS}。 ADC3 模拟输入通道 9、14、15、16、17 与 V_{SS} 相连

9.2.5 ADC_CLK 时钟与通道采样时间

ADC 在 ADC_CLK 时钟控制下工作，ADC_CLK 时钟由 APB2 总线时钟分频产生，最大值是 14MHz，分频因子由 RCC 时钟配置寄存器（RCC_CFGR）的位 15:14（ADCPRE[1:0]）设置，可以是 2/4/6/8 分频。APB2 总线时钟频率为 72MHz，而 ADC_CLK 时钟最大频率为 14MHz，故分频因子一般设置为 6，这样 ADC_CLK 时钟频率为 12MHz。

ADC 使用若干个 ADC_CLK 时钟周期对输入电压采样，采样周期数目可以通过 ADC_SMPR1 和 ADC_SMPR2 寄存器中的 SMPx[2:0]位更改。这两个寄存器说明如图 9-5 所示，比如设 ADC_SMPR2 的位[8:6]=001，则通道 2 的采样时间设为 7.5 周期。每个通道可以分别用不同的时间采样，采样时间长可以提高精确度，但转换时间长。总转换时间为

$$T_{CONV} = 采样时间 + 12.5\ 周期$$

例如，当 ADC_CLK=14MHz，采样时间为 1.5 周期时，T_{CONV} =1.5 +12.5=14 周期=1μs。

ADC_SMPR1采样时间寄存器1　地址偏移: 0x0C　复位值: 0x0000 0000

31	30	29	28	27	26	25	24	23	22	21	20	19	18	17	16
保留。必须保持为0								SMP17[2:0]			SMP16[2:0]			SMP15[2:1]	

15	14	13	12	11	10	9	8	7	6	5	4	3	2	1	0
SMP 15 0	SMP14[2:0]			SMP13[2:0]			SMP12[2:0]			SMP11[2:0]			SMP10[2:0]		

ADC_SMPR2采样时间寄存器2　地址偏移: 0x10　复位值: 0x0000 0000

31	30	29	28	27	26	25	24	23	22	21	20	19	18	17	16
保留	SMP9[2:0]			SMP8[2:0]			SMP7[2:0]			SMP6[2:0]			SMP5[2:1]		

15	14	13	12	11	10	9	8	7	6	5	4	3	2	1	0
SMP 5 0	SMP4[2:0]			SMP3[2:0]			SMP2[2:0]			SMP1[2:0]			SMP0[2:0]		

SMPx[2:0]：选择通道x的采样时间。用于独立地选择每个通道的采样时间。在采样周期中通道选择位必须保持不变。
000：1.5周期；001：7.5周期；010：13.5周期；011：28.5周期；101：55.5周期；110：71.5周期；111：239.5周期

图 9-5　ADC_SMPRx 采样时间寄存器

9.2.6　数据寄存器与数据对齐方式

ADC 将模拟信号转换成数字信号后会存放到数据寄存器中，其中规则通道转换来的数据存放到 ADC_DR 规则数据寄存器，注入通道转换来的数据存放到 ADC_JDRx（x=1~4）注入数据寄存器，这两种寄存器说明如图 9-6 所示。

ADC_JDRx（x=1~4）注入数据寄存器　地址偏移: 0x3C~0x48　复位值: 0x0000 0000

31	30	29	28	27	26	25	24	23	22	21	20	19	18	17	16
保留。必须保持为0															

15	14	13	12	11	10	9	8	7	6	5	4	3	2	1	0
JDATA[15:0]：注入转换的数据															

ADC_DR规则数据寄存器　地址偏移: 0x4C　复位值: 0x0000 0000

31	30	29	28	27	26	25	24	23	22	21	20	19	18	17	16
ADC2DATA[15:0]：在ADC1双模式下，存放ADC2转换的规则通道数据。在ADC2和ADC3中不使用这些位															

15	14	13	12	11	10	9	8	7	6	5	4	3	2	1	0
DATA[15:0]：规则转换的数据															

图 9-6　ADC_JDRx（x=1~4）注入数据寄存器和 ADC_DR 规则数据寄存器

规则通道最多可接收 16 个输入通道信号，但只有 1 个 ADC_DR 数据寄存器，当下一个通道转换来的数据送入 ADC_DR 数据寄存器时，该寄存器中的上一个通道数据会被覆盖。所以规则通道使用多通道输入时，当一个通道转换结束（ADC_SR 状态寄存器结束标志 EOC

变为 1）后，要马上将 ADC_DR 数据寄存器中的数据取走，也可以开启 DMA 模式，将数据保存到内存（SRAM）中。注入通道最多可接收 4 个输入通道信号，对应有 4 个数据寄存器（ADC_JDR1～ADC_JDR4），不会像规则通道寄存器那样产生数据覆盖的问题。

ADC 转换得到的数据为 12 位，数据寄存器采用 16 位存放 12 位数据，可通过 ADC_CR2 控制寄存器的 ALIGN 位（位 11）来设置数据左对齐或右对齐，ALIGN 位=0 为右对齐，12 位数据存放在数据寄存器的位[11: 0]；ALIGN 位=1 为左对齐，12 位数据存放在数据寄存器的位[15:4]。

9.2.7 模拟看门狗（上限值和下限值）设置

如果 ADC 转换的模拟电压低于下限值（或称低阈值）或高于上限值（高阈值），模拟看门狗的状态位 AWD（ADC_SR 状态寄存器的位 0）会被置 1。模拟看门狗的上限值由 ADC_HTR 寄存器设置，使用位[11:0]；下限值由 ADC_LTR 寄存器设置，使用位[11:0]。将 ADC_CR1 寄存器的 AWDIE 位（位 6）置 1，允许模拟看门狗产生的中断。

模拟看门狗监控的通道可由 ADC_CR1 寄存器相应位来设置，具体见表 9-7。比如，设置 AWDEN（位 23）=1，监控规则通道的所有输入通道；如果将 AWDSGL（位 9）和 AWDEN（位 23）均设为 1，则监控 AWDCH[4:0]位设置的规则通道的单个输入通道。

表 9-7 模拟看门狗监控通道的选择设置

ADC_CR1 寄存器控制位			模拟看门狗监控的通道
AWDSGL（位 9）	AWDEN（位 23）	JAWDEN（位 22）	
任意值	0	0	无
0	0	1	所有注入通道
0	1	0	所有规则通道
0	1	1	所有注入和规则通道
1	0	1	单一的[1]注入通道
1	1	0	单一的[1]规则通道
1	1	1	单一的[1]注入或规则通道

注：[1] 由 AWDCH[4:0]位选择。

9.2.8 ADC 的编程使用步骤

（1）开启 ADC 时钟和配置 ADC 端口。例如：

```
RCC_APB2PeriphClockCmd(RCC_APB2Periph_GPIOA|RCC_APB2Periph_ADC1，ENABLE);
/*执行 RCC_APB2PeriphClockCmd 函数，开启 GPIOA 端口和 ADC1 时钟*/
GPIO_InitStructure.GPIO_Pin=GPIO_Pin_1;
/*将结构体变量 GPIO_InitStructure 的成员 GPIO_Pin 设为 GPIO_Pin_1，即将 GPIO 端口引脚设为 1 */
GPIO_InitStructure.GPIO_Mode=GPIO_Mode_AIN;        //将 GPIO 端口工作模式设为 AIN（模拟输入）
GPIO_InitStructure.GPIO_Speed=GPIO_Speed_50MHz; //将 GPIO 端口工作速度设为 50MHz
GPIO_Init(GPIOA，&GPIO_InitStructure);
/*执行 GPIO_Init 函数，按结构体变量 GPIO_InitStructure 设定的引脚工作模式和速度配置 GPIOA 端口*/
```

（2）设置 ADC 分频因子。例如：

> RCC_ADCCLKConfig(RCC_PCLK2_Div6);
> /*执行 RCC_ADCCLKConfig 函数,将 ADC 分频因子设为 6(RCC_PCLK2_Div6),ADC_CLK=72MHz/6=12MHz，频率不能超过 14MHz。ADC 分频因子还可设为 RCC_PCLK2_Div2、RCC_PCLK2_Div4 和 RCC_PCLK2_Div8 */

（3）设置 ADC 的 ADC 模式、扫描模式、连续转换模式、外部触发、对齐方式和转换通道数量。例如：

> ADC_InitStructure.ADC_Mode=ADC_Mode_Independent;
> /*将结构体变量 ADC_InitStructure 的成员 ADC_Mode（ADC 模式）设为 ADC_Mode_Independent（独立模式），更多的 ADC 模式设置项见表 9-8 */
> ADC_InitStructure.ADC_ScanConvMode=DISABLE;
> /*将 ADC_ScanConvMode（扫描模式）设为 DISABLE（失能/关闭），即使用单次（单通道）模式*/
> ADC_InitStructure.ADC_ContinuousConvMode=DISABLE;
> /*将 ADC_ContinuousConvMode（连续转换模式）设为 DISABLE（关闭），即使用单次转换*/
> ADC_InitStructure.ADC_ExternalTrigConv=ADC_ExternalTrigConv_None;
> /*将 ADC_ExternalTrigConv（外部触发）设为 ADC_ExternalTrigConv_None（不使用外部触发），更多的外部触发源见表 9-9*/
> ADC_InitStructure.ADC_DataAlign=ADC_DataAlign_Right;
> /*ADC_DataAlign（数据对齐）设为 ADC_DataAlign_Right（右对齐），左对齐为 ADC_DataAlign_Left*/
> ADC_InitStructure.ADC_NbrOfChannel = 1;
> /*将 ADC_NbrOfChannel（ADC 转换的规则通道数量）设为 1（1 个通道，可设 1~16）*/
> ADC_Init(ADC1,　&ADC_InitStructure);
> /*执行 ADC_Init 函数，按结构体变量 ADC_InitStructure 设定的 ADC 模式、扫描模式、连续转换模式、外部触发、对齐方式和转换通道数量来配置 ADC1*/

表 9-8　ADC_Mode 设置项

ADC_Mode 设置项	说　　明
ADC_Mode_Independent	ADC1 和 ADC2 工作在独立模式
ADC_Mode_RegInjecSimult	ADC1 和 ADC2 工作在同步规则和同步注入模式
ADC_Mode_RegSimult_AlterTrig	ADC1 和 ADC2 工作在同步规则模式和交替触发模式
ADC_Mode_InjecSimult_FastInterl	ADC1 和 ADC2 工作在同步规则模式和快速交替模式
ADC_Mode_InjecSimult_SlowInterl	ADC1 和 ADC2 工作在同步注入模式和慢速交替模式
ADC_Mode_InjecSimult	ADC1 和 ADC2 工作在同步注入模式
ADC_Mode_RegSimult	ADC1 和 ADC2 工作在同步规则模式
ADC_Mode_FastInterl	ADC1 和 ADC2 工作在快速交替模式
ADC_Mode_SlowInterl	ADC1 和 ADC2 工作在慢速交替模式
ADC_Mode_AlterTrig	ADC1 和 ADC2 工作在交替触发模式

表 9-9　ADC_ExternalTrigConv（外部触发源）设置项

ADC_ExternalTrigConv（外部触发源）	说　　明
ADC_ExternalTrigConv_T1_CC1	选择定时器 1 的捕获比较 1 作为转换外部触发
ADC_ExternalTrigConv_T1_CC2	选择定时器 1 的捕获比较 2 作为转换外部触发

续表

ADC_ExternalTrigConv（外部触发源）	说　明
ADC_ExternalTrigConv_T1_CC3	选择定时器 1 的捕获比较 3 作为转换外部触发
ADC_ExternalTrigConv_T2_CC2	选择定时器 2 的捕获比较 2 作为转换外部触发
ADC_ExternalTrigConv_T3_TRGO	选择定时器 3 的 TRGO 作为转换外部触发
ADC_ExternalTrigConv_T4_CC4	选择定时器 4 的捕获比较 4 作为转换外部触发
ADC_ExternalTrigConv_Ext_IT11	选择外部中断线 11 事件作为转换外部触发
ADC_ExternalTrigConv_None	转换由软件而不是外部触发启动

（4）启动并校准 ADC。例如：

```
ADC_Cmd(ADC1, ENABLE);
/* 执行 ADC_Cmd（使能或者失能指定 ADC）函数，启动 ADC1*/
ADC_ResetCalibration(ADC1);
/*执行 ADC_ResetCalibration（重置指定的 ADC 校准寄存器）函数，重置 ADC1 的校准寄存器*/
while(ADC_GetResetCalibrationStatus(ADC1));
/*重置校准寄存器未结束时，ADC_GetResetCalibrationStatus（获取 ADC 重置校准寄存器状态）函数
的返回值为 1，反复执行本条语句，重置结束后，函数的返回值为 0，执行下一条语句*/
ADC_StartCalibration(ADC1);
/*执行 ADC_StartCalibration（开始指定 ADC 的校准程序）函数，开始校准 ADC1*/
while(ADC_GetCalibrationStatus(ADC1));
/*ADC1 校准未结束时，ADC_GetCalibrationStatus（获取指定 ADC 的校准状态）函数的返回值为 1，
反复执行本条语句，校准结束后，函数的返回值为 0，执行下一条语句*/
```

（5）读取 ADC 转换值。例如：

```
ADC_RegularChannelConfig(ADC1, ch, 1, ADC_SampleTime_239Cycles5);
/*执行 ADC_RegularChannelConfig 函数，将 ADC1 的 ch 通道设为第 1 个转换，采样时间设为 239.5
周期，该函数说明见表 9-10*/
ADC_SoftwareStartConvCmd(ADC1, ENABLE);
/*执行 ADC_SoftwareStartConvCmd 函数，使能 ADC1 的软件转换启动功能*/
while(!ADC_GetFlagStatus(ADC1, ADC_FLAG_EOC ));
/*ADC1 转换未结束时，转换结束标志位（ADC_FLAG_EOC）为 0，ADC_GetFlagStatus 函数返回值
为 0，取反（!）后为 1，反复执行本条语句，转换结束后执行下一条语句，该函数说明见表 9-11*/
tempval=ADC_GetConversionValue(ADC1);
/*先执行 ADC_GetConversionValue 函数，返回 ADC1 最近一次规则组的 AD 转换值，并将该值赋给
tempval */
```

ADC_RegularChannelConfig 函数说明见表 9-10，ADC_GetFlagStatus 函数说明见表 9-11。

表 9-10　ADC_RegularChannelConfig 函数说明

函 数 名	ADC_RegularChannelConfig
函数原型	void ADC_RegularChannelConfig(ADC_TypeDef* ADCx, u8 ADC_Channel, u8 Rank, u8 ADC_SampleTime)
功能描述	设置指定 ADC 的规则组通道，设置它们的转换顺序和采样时间
输入参数 1	ADCx：x 可以是 1 或者 2，据此选择 ADC 外设 ADC1 或 ADC2

续表

输入参数 2	ADC_Channel：被设置的 ADC 通道，取值如下。		
	ADC_Channel 值	说　明	
	ADC_Channel_0	选择 ADC 通道 0	
	ADC_Channel_1	选择 ADC 通道 1	
	⋮		
	ADC_Channel_16	选择 ADC 通道 16	
	ADC_Channel_17	选择 ADC 通道 17	
输入参数 3	Rank：规则组采样顺序。取值范围为 1～16		
输入参数 4	ADC_SampleTime：指定 ADC 通道的采样时间值，取值如下。		
	ADC_SampleTime 值	说　明	
	ADC_SampleTime_1Cycles5	采样时间为 1.5 周期	
	ADC_SampleTime_7Cycles5	采样时间为 7.5 周期	
	ADC_SampleTime_13Cycles5	采样时间为 13.5 周期	
	ADC_SampleTime_28Cycles5	采样时间为 28.5 周期	
	ADC_SampleTime_41Cycles5	采样时间为 41.5 周期	
	ADC_SampleTime_55Cycles5	采样时间为 55.5 周期	
	ADC_SampleTime_71Cycles5	采样时间为 71.5 周期	
	ADC_SampleTime_239Cycles5	采样时间为 239.5 周期	

表 9-11　ADC_GetFlagStatus 函数说明

函 数 名	ADC_GetFlagStatus		
函数原型	FlagStatus ADC_GetFlagStatus(ADC_TypeDef* ADCx, u8 ADC_FLAG)		
功能描述	检查指定 ADC 标志位置 1 与否		
输入参数 1	ADCx：x 可以是 1 或者 2，据此选择 ADC 外设 ADC1 或 ADC2		
输入参数 2	ADC_FLAG：指定需检查的标志位，取值如下。		
	ADC_FLAG 的值	说　明	
	ADC_FLAG_AWD	模拟看门狗标志位	
	ADC_FLAG_EOC	转换结束标志位	
	ADC_FLAG_JEOC	注入组转换结束标志位	
	ADC_FLAG_JSTRT	注入组转换开始标志位	
	ADC_FLAG_STRT	规则组转换开始标志位	

9.3　用 ADC 检测电压并通信显示电压值的编程实例

9.3.1　用 ADC 检测电压并通信显示电压值的电路及说明

图 9-7 所示是单片机用 ADC 检测电压并与计算机通信的电路，调节电位器 RP 可使 PA1

的输入电压在 0~3.3V 范围内变化,单片机内部的 ADC 将该范围内的电压转换成 0000 0000 0000~1111 1111 1111(对应十六进制数为 0x0~0xFFF)范围的 12 位数据,该数据转换成相应的字符数据,通过 USART1 串口和 USB 转 TTL 通信板发送给计算机,在计算机中使用串口调试助手可查看 PA1 引脚的输入电压值。

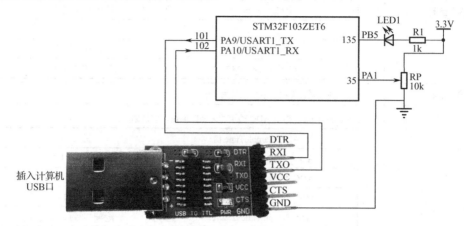

图 9-7　用单片机 ADC 检测电压并与计算机通信的电路

9.3.2　创建工程

单片机用 ADC 检测电压并与计算机通信显示电压值的工程可通过复制并修改前面已创建的"用 USART 串口输出 printf 函数指定格式的数据"工程来创建。

创建用 ADC 检测电压并与计算机通信显示电压值工程的操作如图 9-8 所示。先复制"用 USART 串口输出 printf 函数指定格式的数据"工程,再将文件夹改名为"用 ADC 检测电压并与计算机通信显示电压值",然后打开该文件夹,如图 9-8(a)所示;双击扩展名为.uvprojx 的工程文件,启动 Keil 软件打开工程,在该工程中新建 adc.c 文件,并添加到 User 工程组中,再将固件库中的 stm32f10x_adc.c 文件添加到 Stdperiph_Driver 工程组中,如图 9-8(b)所示。由于本工程需要用到 SysTick 定时器延时,故将前面已编写的 SysTick.c 文件(在"SysTick 定时器延时闪烁点亮 LED"工程的 User 文件夹中)复制到本工程的 User 文件夹中,再将该文件添加到 User 工程组。

(a)打开"用 ADC 检测电压并与计算机通信显示电压值"文件夹

图 9-8　创建用 ADC 检测电压并与计算机通信显示电压值工程

（b）新建 adc.c 文件并添加 SysTick.c 和 stm32f10x_adc.c 文件

图 9-8　创建用 ADC 检测电压并与计算机通信显示电压值工程（续）

9.3.3　配置 USART1 串口的程序及说明

本工程配置 USART1 串口的程序与"用 USART 串口输出 printf 函数指定格式的数据"工程一样，都编写在 usart.c 文件中，两者程序内容大部分相同，仅后面几行程序不同，如图 9-9（a）所示，方框内的程序本工程不需要，将这些程序删掉即可。

```
75  /* USART1_IRQHandler为USART1串口产生中断时执行的中断服务函数*/
76  void USART1_IRQHandler(void)            //USART1_IRQHandler函数的输入、输出参数均为void(空)
77  {
78    u8 r;                                 //声明一个无符号的8位整型变量r
79    if(USART_GetITStatus(USART1,USART_IT_RXNE)) /*如果USART1的USART_IT_RXNE(接收中断)产生中断,USART_GetITStatus
80                                  函数返回值为1,执行本if语句首尾大括号中的内容，否则执行尾大括号之后的内容*/
81    {
82      r=USART_ReceiveData(USART1);       /*执行USART_ReceiveData函数,读取USART1串口接收到的数据并赋给变量r */
83      USART_SendData(USART1,r);          /*执行USART_SendData函数,将变量r中的数据加1后通过USART1串口发送出去 */
84      while(USART_GetFlagStatus(USART1,USART_FLAG_TC)==0);  /*如果USART1串口的USART_FLAG_TC(发送完成标志位)
85                              不为1(数据未发送完)，USART_GetFlagStatus函数返回值为0,等式成立,反复执行本条语句,
86                              等待数据发送；一旦USART_FLAG_TC为1(数据发送完成),则执行下一条语句 */
87    }
88    USART_ClearFlag (USART1,USART_FLAG_TC);/*执行USART_ClearFlag函数,将USART1的USART_FLAG_TC(发送完成标志位)清0*/
89    PBout(5)=!PBout(5);                    //将PB5引脚的输出电平取反
90    printf("字符的十进制整型数为%d",r);/*执行printf函数时会自动执行fputc函数, printf函数先将"字符的十进制整型数为"
91                              转换成一系列的字符数据，再将变量r值按"%d"定义转换成十进制整型数，然后依次
92                              传递给fputc函数的变量ch, fputc函数将ch中的字符数据逐个通过USART1串口发送出去*/
93    printf(",该字符打印显示为%c\r\n",r);  /*将,该字符打印显示为"和r值转换成字符数据，通过USART1串口发送出去，
94                              %c表示打印字符, \r表示回车, \n表示换行 */
95  }
96
```

（a）"用 USART 串口输出 printf 函数指定格式的数据"工程的 usart.c 文件部分内容

```
75  /* USART1_IRQHandler为USART1串口产生中断时执行的中断服务函数*/
76  void USART1_IRQHandler(void)            //USART1_IRQHandler函数的输入、输出参数均为void(空)
77  {
78    u8 r;                                 //声明一个无符号的8位整型变量r
79    if(USART_GetITStatus(USART1,USART_IT_RXNE)) /*如果USART1的USART_IT_RXNE(接收中断)产生中断,USART_GetITStatus
80                                  函数返回值为1,执行本if语句首尾大括号中的内容，否则执行尾大括号之后的内容*/
81    {
82      r=USART_ReceiveData(USART1);       /*执行USART_ReceiveData函数,读取USART1串口接收到的数据并赋给变量r */
83      USART_SendData(USART1,r);          /*执行USART_SendData函数,将变量r中的数据加1后通过USART1串口发送出去 */
84      while(USART_GetFlagStatus(USART1,USART_FLAG_TC)==0);  /*如果USART1串口的USART_FLAG_TC(发送完成标志位)
85                              不为1(数据未发送完)，USART_GetFlagStatus函数返回值为0,等式成立,反复执行本条语句,
86                              等待数据发送；一旦USART_FLAG_TC为1(数据发送完成),则执行下一条语句 */
87    }
88    USART_ClearFlag (USART1,USART_FLAG_TC);/*执行USART_ClearFlag函数,将USART1的USART_FLAG_TC(发送完成标志位)清0*/
89  }
90
```

（b）本工程的 usart.c 文件部分内容

图 9-9　两个工程的 usart.c 文件内容比较

9.3.4 配置 ADC 的程序及说明

配置 ADC 的程序编写在 adc.c 文件中，其内容如图 9-10 所示。该程序主要有 ADCx_Init 和 Get_ADC_Value 两个函数：ADCx_Init 函数用来配置 ADC1 的时钟、端口、工作模式、触发方式、数据对齐和通道数量，再启动 ADC1 并进行 ADC 校准；Get_ADC_Value 函数先配置转换通道、采样时间和使能 AD 转换，再执行 for 语句让 ADC 进行 n 次 AD 转换而得到 n 次累加总值，然后将总值除以 n 得到平均值并返回给 Get_ADC_Value 函数，供其他程序读取。

```
adc.c
 1  #include "stm32f10x.h"     //包含stm32f10x.h,相当于将该文件内容插到此处
 2  void delay_ms(u16 nms);    //声明delay_ms函数,声明后程序才可使用该函数
 3
 4  /*ADCx_Init函数用来配置ADC1的时钟、端口、工作模式、触发方式、数据对齐和通道数量,再启动ADC1并进行ADC校准*/
 5  void ADCx_Init(void)       //ADCx_Init函数无输入、输出参数,void意为空
 6  {
 7    GPIO_InitTypeDef GPIO_InitStructure;     //定义一个类型为GPIO_InitTypeDef的结构体变量GPIO_InitStructure
 8    ADC_InitTypeDef  ADC_InitStructure;      //定义一个类型为ADC_InitTypeDef的结构体变量ADC_InitStructure
 9
10    RCC_APB2PeriphClockCmd(RCC_APB2Periph_GPIOA|RCC_APB2Periph_ADC1,ENABLE); /*执行RCC_APB2PeriphClockCmd函数,
11                                                                开启GPIOA端口和ADC1时钟*/
12    RCC_ADCCLKConfig(RCC_PCLK2_Div6);        /*执行RCC_ADCCLKConfig函数,将ADC分频因子设为6(RCC_PCLK2_Div6),
13                                                ADC_CLK=72MHz/6=12MHz,频率不能超过14MHz*/
14
15    GPIO_InitStructure.GPIO_Pin=GPIO_Pin_1;          /*将结构体变量GPIO_InitStructure的成员GPIO_Pin设为GPIO_Pin_1,
16                                                       即将GPIO端口引脚设为1 */
17    GPIO_InitStructure.GPIO_Mode=GPIO_Mode_AIN;       //将GPIO端口工作模式设为AIN(模拟输入)
18    GPIO_InitStructure.GPIO_Speed=GPIO_Speed_50MHz;   //将GPIO端口工作速度设为50MHz
19    GPIO_Init(GPIOA,&GPIO_InitStructure);            /*执行GPIO_Init函数,取结构体变量GPIO_InitStructure设定的引脚、
20                                                       工作模式和速度配置GPIOA端口*/
21
22    ADC_InitStructure.ADC_Mode=ADC_Mode_Independent;    /*将结构体变量ADC_InitStructure的成员ADC_Mode(ADC模式)
23                                                          设为ADC_Mode_Independent(独立模式)*/
24    ADC_InitStructure.ADC_ScanConvMode=DISABLE;        /*将ADC_ScanConvMode(扫描模式)设为DISABLE(失能/关闭)*/
25    ADC_InitStructure.ADC_ContinuousConvMode=DISABLE;  /*将ADC_ContinuousConvMode(连续转换模式)设为DISABLE(关闭)*/
26    ADC_InitStructure.ADC_ExternalTrigConv=ADC_ExternalTrigConv_None;  /*将ADC_ExternalTrigConv(外部触发)
27                                                          设为ADC_ExternalTrigConv_None(不使用外部触发)*/
28    ADC_InitStructure.ADC_DataAlign=ADC_DataAlign_Right;/*ADC_DataAlign(数据对齐)设为ADC_DataAlign_Right(右对齐)*/
29    ADC_InitStructure.ADC_NbrOfChannel = 1;   /*将ADC_NbrOfChannel(ADC转换的规则通道数量)设为1(1个通道,可设为1~16)*/
30    ADC_Init(ADC1, &ADC_InitStructure);        /*执行ADC_Init函数,按结构体变量ADC_InitStructure设定的ADC模式、扫描模式、
31                                                  连续转换模式、外部触发、对齐方式和转换通道数量来配置ADC1*/
32
33    ADC_Cmd(ADC1, ENABLE);         /*执行ADC_Cmd函数,启动ADC1*/
34
35    ADC_ResetCalibration(ADC1);    /*执行ADC_ResetCalibration函数,重置ADC1的校准寄存器*/
36    while(ADC_GetResetCalibrationStatus(ADC1)); /*重置校准寄存器未结束时,ADC_GetResetCalibrationStatus函数的返回值
37                                                  为1,反复执行本条语句,重置结束后,函数的返回值为0,执行下一条语句*/
38    ADC_StartCalibration(ADC1);                 /*执行ADC_StartCalibration函数,开始校准ADC1*/
39    while(ADC_GetCalibrationStatus(ADC1));      /*ADC1校准未结束时,ADC_GetCalibrationStatus函数的返回值为1,
40                                                  反复执行本条语句,校准结束后,函数的返回值为0,执行下一条语句*/
41    ADC_SoftwareStartConvCmd(ADC1, ENABLE);     /*执行ADC_SoftwareStartConvCmd函数,使能ADC1的软件转换启动功能*/
42  }
43
44  /*Get_ADC_Value函数先配置转换通道、采样时间和使能AD转换,再执行for语句让ADC进行n次AD转换而得到n次累加总值,
45    然后将总值除以n得到平均值并返回给Get_ADC_Value函数,供其他程序读取*/
46  u16 Get_ADC_Value(u8 ch,u8 n)  /*输入参数ch、n在调用本函数时赋值,ch为转换的通道,n为AD转换的次数*/
47  {
48    u32 tempval=0;      //声明一个32位无符号整型变量tempval,变量初值赋0
49    u8 t;               //声明一个8位无符号整型变量t
50
51    ADC_RegularChannelConfig(ADC1,ch,1,ADC_SampleTime_239Cycles5);  /*执行ADC_RegularChannelConfig函数,
52                              将ADC1的ch通道(ch为Get_ADC_Value函数的输入参数)第1个转换,采样时间为239.5周期*/
53    for(t=0;t<n;t++)   /*for也是循环语句,执行时先用t=0时i赋初值,然后判断t<n是否成立,若成立,则执行for语句
54                         首尾大括号中的内容,执行完再执行t++将i值加1,接着又判断t<1是否成立,如此反复进行,
55                         直到t<n不成立时,才跳出for语句,去执行for语句尾大括号之后的内容,这里的for语句大括号
56                         中的内容会循环执行n次,n为Get_ADC_Value函数的输入参数 */
57    {
58      ADC_SoftwareStartConvCmd(ADC1, ENABLE);     /*执行ADC_SoftwareStartConvCmd函数,使能ADC1的软件转换启动功能*/
59      while(!ADC_GetFlagStatus(ADC1,ADC_FLAG_EOC)); /*ADC1转换未结束时,转换结束标志位(ADC_FLAG_EOC)为1,
60                                                      ADC_GetFlagStatus函数返回值为0,取反(!)后为1,反复
61                                                      执行本条语句,转换结束后执行下一条语句 */
62      tempval+=ADC_GetConversionValue(ADC1);      /*先执行ADC_GetConversionValue函数,返回本次ADC1规则组的AD转换值,
63                                                     并将该值与变量tempval中的值相加后又赋给tempval */
64      delay_ms(5);       //执行delay_ms函数,延时5ms
65    }
66    return tempval/n; /*tempval值是n次AD转换数据的累加值,tempval/n为数据平均值,将平均值返回给Get_ADC_Value函数*/
67  }
68
```

图 9-10 配置 ADC 的程序及说明

9.3.5 主程序及说明

主程序是指含 main.c 函数的程序，将该程序编写在 main.c 文件中，其内容如图 9-11 所示。程序运行时，首先执行主程序中的 main 函数，在 main 函数中先执行 SysTick_Init 函数，配置 SysTick 定时器并计算出 fac_us 值（1μs 的计数次数）和 fac_ms 值（1ms 的计数次数）供给 delay_ms 函数使用，再执行 NVIC_PriorityGroupConfig 函数进行优先级分组，然后执行 LED_Init 函数配置 PB5 端口，而后执行 USART1_Init 函数配置、启动 USART1 串口，并开启 USART1 串口的接收中断，之后执行 ADCx_Init 函数，配置并启动 ADC1 工作。

```c
#include "bitband.h"    //包含bitband.h文件,相当于将该文件内容插到此处
#include "stdio.h"      //包含stdio.h,程序中用到标准输入/输出函数(如fputc和printf函数)时要包含该头文件

void LED_Init(void);            //声明LED_Init函数,声明后程序才可使用该函数
void USART1_Init(u32 bound);    //声明USART1_Init函数,声明后程序才可使用该函数
void ADCx_Init(void);           //声明ADCx_Init函数
void SysTick_Init(u8 SYSCLK);   //声明SysTick_Init函数
void delay_ms(u16 nms);         //声明delay_ms函数
u16 Get_ADC_Value(u8 ch,u8 times); //声明Get_ADC_Value函数

int main()          /*main为主函数,无输入参数,返回值为整型数(int)。一个工程只能有一个main函数,
                    不管有多少个程序文件,都会找到main函数并从该函数开始执行程序 */
{
    u16 value=0;    //声明一个无符号的16位整型变量value,value初值赋0
    float vol;      //声明一个浮点型变量(含有小数点的变量)vol
    SysTick_Init(72); /*将72赋给SysTick_Init函数的输入参数SYSCLK,再执行该函数,计算出fac_us值(1μs的计数次数)
                    和fac_ms(1ms的计数次数)供给delay_ms函数使用 */
    NVIC_PriorityGroupConfig(NVIC_PriorityGroup_2); /*执行NVIC_PriorityGroupConfig优先级分组函数,
                    将主、从优先级各设为2位 */
    LED_Init();     /*执行LED_Init函数(在led.c文件中),开启GPIOB端口时钟,设置端口引脚号、工作模式和速度
    USART1_Init(115200); /*将115200作为波特率赋给USART1_Init函数(在usart.c文件中)的输入参数,再执行该函数配置USART1
                    串口的端口、参数、工作模式和中断通道,然后启动USART1串口工作,并使能USART1串口的接收中断*/
    ADCx_Init();    /*执行ADCx_Init函数,配置ADC的时钟、端口、工作模式、触发方式、数据对齐和通道数量,
                    再启动ADC1并进行ADC校准*/

    while(1)        //while为循环语句,当()内的值为真(非0即为真)时,反复执行本语句首尾大括号中的内容
    {
        value=Get_ADC_Value(ADC_Channel_1,20); /*先将转换的通道和转换次数20赋给Get_ADC_Value函数,再执行该函数进行
                    20次AD转换,计算得到平均值返回给Get_ADC_Value函数,再赋给变量value*/
        printf("模拟电压转换成的数据为：%X\r\n",value);   /*执行printf函数时会自动执行fputc函数(在uasrt.c文件中),
                    printf函数先将"模拟电压转换成的数据为："转换成一系列的字符数据,再将
                    变量value值按"%X"定义转换成十六进制整型数,然后依次传递给fputc函数的
                    变量ch,fputc函数中的字符数据逐个通过USART1串口发送出去*/
        vol=(float)value*(3.3/4095); /*3.3/4095表示将3.3V分成4095份,value为12位AD转换值,最大值为111111111111(4095),
                    value值*(3.3/4095)为value值对应的十进制数(不会大于3.3V)的电压值,
                    该值赋给变量vol,float用于强制value变量为浮点型 */
        printf("该数据表示的电压值为：%.2fV\r\n",vol); /*将"该数据表示的电压值为：V"和vol值转换成字符数据,通过USART1
                    串口发送出去,%.2f表示输出浮点数,小数位为2位,\r表示回车,\n表示换行*/
        printf("-------------------------\r\n"); /*将"---"转换成字符数据,通过USART1串口发送出去 */
        PBout(5)=!PBout(5);       //将PB5引脚的输出电平取反
        delay_ms(1000);           //执行delay_ms函数,延时1000ms
    }
}
```

图 9-11 main.c 文件中的主程序

配置完 SysTick 定时器、PB5 端口、USART1 串口和 ADC1 后，再执行 while 循环语句。while 循环语句内部程序执行过程如下。

（1）执行"value=Get_ADC_Value(ADC_Channel_1，20)"，让 ADC 进行 20 次 AD 转换，再计算出平均值赋给变量 value。

（2）执行"printf("模拟电压转换成的数据为：%X\r\n"，value)"，先将"模拟电压转换成的数据为："转换成一系列的字符数据，再将变量 value 值按"%X"定义转换成十六进制整型数，两者通过 USART1 串口发送出去。

（3）执行"vol=(float)value*(3.3/4095)"，计算出 value 值对应的十进制数（不会大于 3.3V 的电压值）。

（4）执行"printf("该数据表示的电压值为：%.2fV\r\n"，vol)"，将"该数据表示的电压值为：V"和 vol 值转换成字符数据，通过 USART1 串口发送出去。

（5）执行"printf("-------------------------\r\n")"，将"----"转换成字符数据，通过 USART1 串口发送出去。

（6）执行"PBout(5)=!PBout(5)"，将 PB5 引脚的输出电平取反，该引脚外接 LED 状态（亮/暗）变反。

（7）执行"delay_ms(1000)"，延时 1000ms（即 1s）。

以上（1）～（7）过程每隔 1s 执行一次，PB5 引脚外接 LED 的状态每隔 1s 变化一次，由于 USART1 串口与计算机连接，其发送出去的数据可用计算机中的串口调试助手软件查看。

9.3.6 查看 AD 电压值

在计算机中可使用 XCOM 串口调试助手查看单片机通过 USART 串口发送过来的 AD 电压值，如图 9-12（a）所示，串口调试助手接收区中的"A1B"为 AD 电压值的十六进制数，反向计算可知 ADC 数据寄存器中的 AD 电压数据为 1010 0001 1011，该数据转换成模拟电压值为 2.08V。调节单片机 PA1 引脚外接电位器，PA1 引脚输入电压发生变化，AD 转换得到的数据也会变化，串口调试助手显示的十六进制数电压值和对应的实际电压值都会发生变化，如图 9-12（b）所示。

（a）显示 AD 电压值对应的十六进数值和实际电压值　　　　（b）调节电位器改变电压时显示的电压值发生变化

图 9-12　用 XCOM 串口调试助手查看 AD 电压值

9.4 单片机内部温度传感器的使用与测温编程实例

9.4.1 单片机内部温度传感器及温度检测电路

STM32F10x 单片机的 ADC1 有一个内部温度传感器，用于监测芯片的温度，也可以将整个芯片当作一个测温体，测量其他物体的温度，比如将手指接触芯片表面，会引起芯片温度变化，从而可测出手指温度。单片机内部温度传感器更适合检测温度的变化，如果需要测量精确的温度，应使用一个外置的温度传感器。

单片机内部温度传感器是 ADC1 通道 16 的输入器件，其温度检测电路如图 9-13 所示。

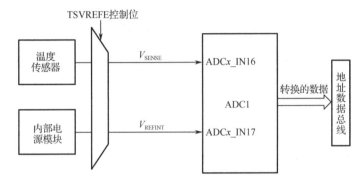

图 9-13 单片机内部温度传感器的温度检测电路

内部温度传感器的使用步骤如下。

（1）选择 ADC1_IN16 输入通道。

（2）选择采样时间为 17.1μs。

（3）将 ADC_CR2 控制寄存器的 TSVREFE 控制位（位 23）置 1，启用温度传感器。

（4）将 ADC_CR2 控制寄存器的 ADON 位（位 0）置 1，启动 AD 转换。

（5）读取 ADC 数据寄存器中的 AD 电压数据 V_{SENSE}。

（6）利用以下公式得出温度：

$$温度（℃） = (V_{25} - V_{SENSE}) / Avg\_Slope + 25$$

式中，V_{SENSE} 为温度传感器的电压；V_{25} 为温度传感器在 25℃时的 V_{SENSE} 电压；Avg_Slope 为温度传感器的温度/电压曲线的平均斜率（单位：mV/℃或 μV/℃），Avg_Slope 值一般取 0.0043mV/℃。

9.4.2 单片机内部温度传感器检测温度并通信显示温度值的编程实例

1. 创建工程

内部温度传感器检测温度并通信显示温度值的工程可通过复制并修改前面已创建的"用 ADC 检测电压并与计算机通信显示电压值"工程来创建。

创建内部温度传感器检测温度并通信显示温度值工程的操作如图 9-14 所示。先复制"用

ADC 检测电压并与计算机通信显示电压值"工程，再将文件夹改名为"内部温度传感器检测温度并通信显示温度值"，然后打开该文件夹，如图 9-14（a）所示；双击扩展名为.uvprojx 的工程文件，启动 Keil 软件打开工程，在该工程中先将 adc.c 文件删掉，再新建一个 adc_ts.c 文件，并添加到 User 工程组中，如图 9-14（b）所示。

（a）打开"内部温度传感器检测温度并通信显示温度值"文件夹

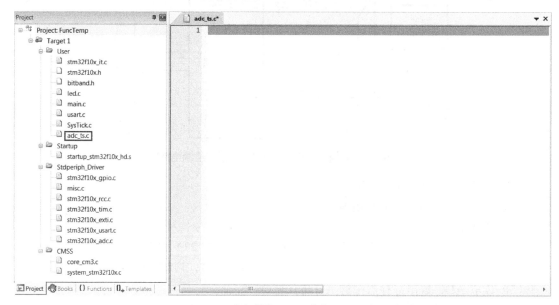

（b）新建 adc_ts.c 文件

图 9-14 创建内部温度传感器检测温度并通信显示温度值工程

2. 配置 ADC 和内部温度传感器的程序及说明

配置 ADC 和内部温度传感器的程序编写在 adc_ts.c 文件中，其内容如图 9-15 所示。该程序由 ADC_Temp_Init、Get_ADC_Value 和 Get_Temperature 三个函数组成。ADC_Temp_Init 函数用来配置 ADC1 的时钟、工作模式、触发方式、数据对齐和通道数量，开启 ADC 内部温度传感器，再启动 ADC1 并进行 ADC 校准。Get_ADC_Value 函数先配置转换通道、采样时间和使能 AD 转换，再执行 for 语句让 ADC 进行 n 次 AD 转换而得到 n 次累加总值，然后将总值除 n 得到平均值并返回给 Get_ADC_Value 函数，供其他程序读取。Get_Temperature 函数先将内部温度传感器输出的电压转换成 AD 值，再用 AD 值计算得到温度值，最后将温度值返回给 Get_Temperature 函数，供其他程序读取。

```
adc_ts.c                                                                                    ▼ ×
  1   #include "stm32f10x.h"    //包含stm32f10x.h,相当于将该文件内容插入此处
  2   void delay_ms(u16 nms);   //声明delay_ms函数,声明后程序才可使用该函数
  3
  4 □ /*ADC_Temp_Init函数用来配置ADC1的时钟、工作模式、触发方式、数据对齐和通道数量,开启ADC内部温度传感器,
  5     再启动ADC1并进行ADC校准*/
  6   void ADC_Temp_Init(void)     //ADC_Temp_Init函数无输入、输出参数,void意为空
  7 □ {
  8    ADC_InitTypeDef  ADC_InitStructure;    //定义一个类型为ADC_InitTypeDef的结构体变量ADC_InitStructure
  9
 10    RCC_APB2PeriphClockCmd(RCC_APB2Periph_ADC1,ENABLE);        /*执行RCC_APB2PeriphClockCmd函数,开启ADC1时钟*/
 11    RCC_ADCCLKConfig(RCC_PCLK2_Div6);            /*执行RCC_ADCCLKConfig函数,将ADC分频因子设为6(RCC_PCLK2_Div6),
 12                                                  ADC_CLK=72MHz/6=12MHz,ADC_CLK频率不要超过14MHz */
 13
 14    ADC_InitStructure.ADC_Mode=ADC_Mode_Independent;    /*将结构体变量ADC_InitStructure的成员ADC_Mode(ADC模式)
 15                                                         设为ADC_Mode_Independent(独立模式)*/
 16    ADC_InitStructure.ADC_ScanConvMode=DISABLE;         /*将ADC_ScanConvMode(扫描模式)设为DISABLE(失能/关闭)*/
 17    ADC_InitStructure.ADC_ContinuousConvMode=DISABLE;   /*将ADC_ContinuousConvMode(连续转换模式)设为DISABLE(关闭)*/
 18 □ ADC_InitStructure.ADC_ExternalTrigConv=ADC_ExternalTrigConv_None;  /*将ADC_ExternalTrigConv(外部触发)
 19                                                          设为ADC_ExternalTrigConv_None(不使用外部触发)*/
 20    ADC_InitStructure.ADC_DataAlign=ADC_DataAlign_Right;/*ADC_DataAlign(数据对齐)设为ADC_DataAlign_Right(右对齐)*/
 21    ADC_InitStructure.ADC_NbrOfChannel = 1;   /*将ADC_NbrOfChannel(ADC转换的规则通道数量)设为1(1个通道,可设为1~16)*/
 22 □ ADC_Init(ADC1, &ADC_InitStructure);    /*执行ADC_Init函数,取结构体变量ADC_InitStructure设定的ADC模式、扫描模式、
 23                                            连续转换模式、外部触发、对齐方式和转换通道数量来配置ADC1*/
 24
 25    ADC_TempSensorVrefintCmd(ENABLE);   /*执行ADC_TempSensorVrefintCmd函数,开启ADC内部温度传感器*/
 26    ADC_Cmd(ADC1, ENABLE);              /*执行ADC_Cmd函数,启动ADC1*/
 27
 28    ADC_ResetCalibration(ADC1);         /*执行ADC_ResetCalibration函数,重置ADC1的校准寄存器*/
 29    while(ADC_GetResetCalibrationStatus(ADC1));  /*重置校准寄存器未结束时,ADC_GetResetCalibrationStatus函数的返回值
 30                                          为1,反复执行本条语句,重置结束后,函数的返回值为0,执行下一条语句*/
 31    ADC_StartCalibration(ADC1);         /*执行ADC_StartCalibration函数,开始校准ADC1*/
 32    while(ADC_GetCalibrationStatus(ADC1));       /*ADC1校准未结束时,ADC_GetCalibrationStatus函数的返回值为1,
 33                                          反复执行本条语句,校准结束后, 函数的返回值为0,执行下一条语句*/
 34    ADC_SoftwareStartConvCmd(ADC1, ENABLE);     /*执行ADC_SoftwareStartConvCmd函数,使能ADC1的软件转换启动功能*/
 35   }
 36
 37 □ /*Get_ADC_Value函数先配置转换通道、采样时间和使能AD转换,再执行for语句让ADC进行 次AD转换而得到 次累加总值,
 38     然后将总值除n得到平均值并返回给Get_ADC_Value函数,供其他程序读取 */
 39   u16 Get_ADC_Value(u8 ch,u8 n)  /*输入参数ch、n在调用本函数时赋值,ch为转换的通道,n为AD转换的次数*/
 40 □ {
 41    u32 tempval=0;    //声明一个32位无符号整型变量tempval,变量初值赋0
 42    u8 t;             //声明一个8位无符号整型变量t
 43
 44    ADC_RegularChannelConfig(ADC1,ch,1,ADC_SampleTime_239Cycles5);  /*执行ADC_RegularChannelConfig函数,
 45                                          将ADC1的ch通道(ch为Get_ADC_Value函数的输入参数)第1个转换,采样时间为239.5周期*/
 46 □ for(t=0;t<n;t++)         /*for为循环语句,执行时先用t=0对t赋初值,然后判断t<n是否成立,若成立,则执行for语句
 47                             首尾大括号中的内容,执行完后执行t++将t值加1,接着又判断t<1是否成立,如此反复进行,
 48                             直到t<n不成立时,才跳出for语句,去执行for语句尾大括号之后的内容,这里的for语句大括号
 49                             中的内容会循环执行n次,n为Get_ADC_Value函数的输入参数*/
 50 □ {
 51    ADC_SoftwareStartConvCmd(ADC1, ENABLE);     /*执行ADC_SoftwareStartConvCmd函数,使能ADC1的软件转换启动功能*/
 52    while(!ADC_GetFlagStatus(ADC1,ADC_FLAG_EOC)); /*ADC1转换未结束时,转换结束标志位(ADC_FLAG_EOC)为0,
 53                                          ADC_GetFlagStatus函数返回值为0,取反(!)后为1,反复
 54                                          执行本条语句,转换结束后执行下一条语句 */
 55 □ tempval+=ADC_GetConversionValue(ADC1);  /*先执行ADC_GetConversionValue函数,返回本次ADC1规则组的AD转换值,
 56                                          并将该值与变量tempval中的值相加后又赋给tempval */
 57    delay_ms(5);      //执行delay_ms函数,延时5ms
 58   }
 59    return tempval/n; /*tempval值是n次AD转换数据的累加值,tempval/n为数据平均值,将平均值返回给Get_ADC_Value函数*/
 60   }
 61
 62   /*Get_Temperature函数先将内部温度传感器输出的电压转换成AD值,再用AD值计算得到温度值,最后将温度值返回给函数*/
 63   int Get_Temperature(void)  //函数无输入参数(void),返回值为整型数(int)
 64 □ {
 65    u32 adcval;            //声明一个32位无符号整型变量adcval
 66    int temp;             //声明一个整型变量temp
 67    double temperature;    //声明一个双精度浮点型变量temperature
 68    adcval=Get_ADC_Value(ADC_Channel_16,10);    /*先执行Get_ADC_Value函数,将ADC1通道16的内部温度传感器输出的电压
 69                                          进行AD转换,转换10次取平均值赋给变量adcval */
 70    temperature=(float)adcval*(3.3/4095);  /*3.3/4095表示将3.3V分成4095份,adcval为12位AD转换值,最大值
 71                                          为111111111111(4095),adcval×(3.3/4095)为adcval值对应的
 72                                          十进制数电压值(不大于3.3V的电压值),该值赋给变量temperature,
 73                                          float用于强制将adcval变量为浮点型 */
 74 □ temperature=(1.43-temperature)/0.0043+25; /*1.43为温度传感器在25℃时输出的电压值,0.0043为温度传感器的
 75                                          温度/电压曲线的平均斜率(单位:mv/℃),将上条程序得到的temperature值(电压值)
 76                                          按"(1.43-temperature)/0.0043+25"计算出温度值(℃),再将温度值赋给temperature */
 77 □ temp=temperature*100;    /*将temperature中的温度值×100,即温度值的小数点右移2位,结果赋给整型变量temp,
 78                             temp只保存温度值的整数部分,×100可将温度值2位小数变成整数保留下来,以后用÷100还原*/
 79    return temp;           /*将变量temp值返回给Get_Temperature函数,供其他程序读取 */
 80   }
 81
```

图 9-15　配置 ADC 和内部温度传感器的程序及说明

3. 主程序及说明

主程序是指含 main.c 函数的程序，将该程序编写在 main.c 文件中，其内容如图 9-16 所示。程序运行时，首先执行主程序中的 main 函数，在 main 函数中先执行 SysTick_Init 函数，配置 SysTick 定时器并计算出 fac_us 值（1μs 的计数次数）和 fac_ms 值（1ms 的计数次数）供给 delay_ms 函数使用，再执行 NVIC_PriorityGroupConfig 函数进行优先级分组，然后执行 LED_Init 函数配置 PB5 端口，而后执行 USART1_Init 函数配置、启动 USART1 串口，并开启 USART1 串口的接收中断，之后执行 ADC_Temp_Init 函数，配置 ADC，开启 ADC 内部温度传感器，再启动 ADC 工作。接着执行 while 循环语句，该语句内部程序说明见程序的注释部分。

图 9-16 main.c 文件中的主程序

程序运行时，PB5 引脚外接 LED 的状态每隔 1s 变化一次，如果单片机用 USART1 串口与计算机连接通信，则在计算机中可用串口调试助手查看温度传感器检测的芯片温度值。

9.4.3 查看内部温度传感器检测的芯片温度

在计算机中可使用 XCOM 串口调试助手查看单片机通过 USART1 串口发送过来的内部

温度传感器检测的芯片温度，如图 9-17（a）所示，显示的"+34.91℃"为温度传感器测得的芯片正常温度，再用电吹风往单片机芯片表面吹热风，发现温度传感器检测的芯片温度值越来越高，如图 9-17（b）所示，每隔 1s 检测一次温度。

（a）内部温度传感器检测的芯片正常温度　　　　　（b）用电吹风加热芯片时测得的温度

图 9-17　用 XCOM 串口调试助手查看单片机内部温度传感器检测的芯片温度

第 10 章

DAC（数模转换器）的使用与编程实例

DAC（Digital to Analog Converter）意为数模转换器，又称 DA 转换器，其功能是将数字信号转换成模拟信号。DAC 与 ADC 功能相反，ADC 将模拟电压转换成数字信号（二进制数据），便于数字电路进行各种处理和存储；由于人体难以感知数字信号的变化，这时可用 DAC 将数字信号转换成模拟信号，驱动一些部件（如扬声器、显示器等），使之发出人体能直观感知变化的信号。

10.1 DA 转换原理与过程

10.1.1 DA 转换基本原理

不管十进制数还是二进制数，都可以写成数码与权的组合表达式。例如，二进制数 1011 可以表示为

$$(1101)_2 = 1 \times 2^3 + 1 \times 2^2 + 0 \times 2^1 + 1 \times 2^0 = 8 + 4 + 0 + 1 = 13$$

这里的 1 和 0 称为数码，2^3、2^2、2^1、2^0 称为权，位数越高，权值越大，所以 $2^3 > 2^2 > 2^1 > 2^0$。

DA 转换的基本原理是将数字信号中的每位数按权值大小转换成相应大小的电压，再将这些电压相加而得到的电压就是模拟信号电压。

10.1.2 DA 转换过程

DA 转换过程如图 10-1 所示，数字信号输入 DA 转换电路，当第 1 个数字信号 100 输入时，经 DA 转换输出 4V 电压；当第 2 个数字信号 110 输入时，经 DA 转换输出 6V 电压……当第 10 个数字信号 100 输入时，经 DA 转换输出 4V 电压。DA 转换电路输出的电压变化不是连续的，有一定的跳跃变化，经平滑电路平滑后输出较平滑的模拟信号。

用 3 位二进制数表示 0～7V 电压时，每个 3 位二进制数表示 1V 范围内的电压。比如，用 011 表示 2.5～3.4V 范围内的电压，无法表示一些细微的电压变化。如果用 8 位二进制数表示 0～7V 电压，那么就有 255 个 8 位二进制数，每个 8 位二进制数表示的电压范围为 7/255（约 0.027V），这样细微的电压变化都可以用相应的数字信号（二进制数）表示，更接近真实的信号。

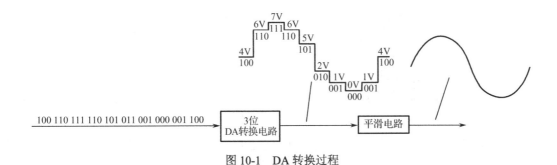

图 10-1　DA 转换过程

10.2　单片机 DAC 的结构与使用

STM32F103 单片机内部包含两个 DAC，每个 DAC 都有 1 个输出通道且有单独的转换器。DAC 可以配置为 8 位或 12 位模式，也可以与 DMA 控制器配合使用。DAC 工作在 12 位模式时，数据可以设置成左对齐或右对齐。在双 DAC 模式下，两个 DAC 通道可以独立进行转换，也可以同时进行转换并同步更新两个通道的输出。DAC 可以通过引脚输入参考电压 V_{REF+} 以获得更精确的转换结果。

10.2.1　DAC 的结构与工作过程

STM32F103 单片机内部有两个 DAC（DAC1、DAC2），两者结构相同，单个 DAC 结构如图 10-2 所示。

DAC 工作时，DHRx 数据保持寄存器中的数据先送到 DORx 数据输出寄存器，再送到 DACx 数模转换器，转换成模拟电压，经输出缓存后从 DAC_OUTx 引脚输出。若设置 DAC 产生噪声信号，DHRx 寄存器中的数据与噪声发生器产生的噪声数据相加（可将噪声信号抬高一个直流电平），再送到 DORx 寄存器，然后由 DACx 数模转换器转换成模拟噪声信号输出。如果设置 DAC 产生三角波信号，DHRx 寄存器中的数据与三角波发生器产生的三角波数据相加后送 DORx 寄存器，再由 DACx 转换成模拟三角波信号输出。

如果需要 DAC 由触发信号来控制工作，可将 DAC_CR 控制寄存器的 TENx 位设为 1，使能 DAC 触发，触发信号由 TSELx[2:0]位设置选择。当 TSELx=111 时选择软件触发，这时若将 DAC_SWTRIGR 软件触发寄存器的 SWTRIGx 位（位 1 或位 0）置 1，则可触发 DAC（DAC2、DAC1）开始工作。

数据经过 DAC 被线性地转换为模拟电压输出，其范围为 $0 \sim V_{REF+}$。DAC 引脚的输出电压满足以下关系：

$$DAC 输出电压 = V_{REF} \times (DOR / 4095)$$

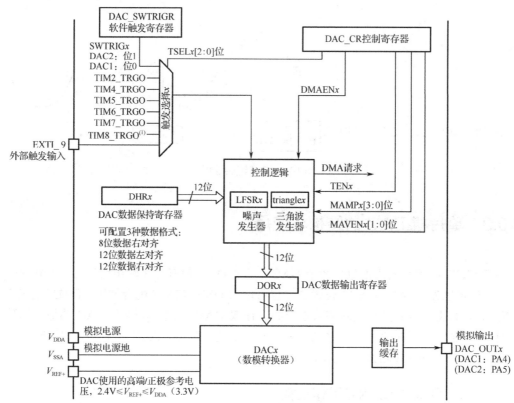

注意：一旦使能DACx通道，相应的GPIO引脚（PA4或者PA5）就会自动与DAC的模拟输出相连。
为了避免寄生的干扰和额外的功耗，之前应当将引脚PA4或者PA5设置成模拟输入（AIN）。

图 10-2　单个 DAC 结构图

10.2.2　DAC_CR 控制寄存器说明

DAC 主要是在 DAC_CR 控制寄存器的控制下工作的，该寄存器说明见表 10-1。

表 10-1　DAC_CR 控制寄存器（地址偏移为 0x00，复位值为 0x0）说明

位 31:29	保留
位 28	DMAEN2：DAC 通道 2 DMA 使能。该位由软件设置和清除。 0：关闭 DAC 通道 2 DMA 模式；1：使能 DAC 通道 2 DMA 模式
位 27:24	MAMP2[3:0]：DAC 通道 2 屏蔽/幅值选择器。 由软件设置这些位，用来在噪声生成模式下选择屏蔽位，在三角波生成模式下选择波形的幅值。 0000：不屏蔽 LSFR 位 0 / 三角波幅值等于 1；0001：不屏蔽 LSFR 位[1:0] / 三角波幅值等于 3； 0010：不屏蔽 LSFR 位[2:0] / 三角波幅值等于 7；0011：不屏蔽 LSFR 位[3:0] / 三角波幅值等于 15； 0100：不屏蔽 LSFR 位[4:0] / 三角波幅值等于 31；0101：不屏蔽 LSFR 位[5:0] / 三角波幅值等于 63； 0110：不屏蔽 LSFR 位[6:0] / 三角波幅值等于 127；0111：不屏蔽 LSFR 位[7:0] / 三角波幅值等于 255； 1000：不屏蔽 LSFR 位[8:0] / 三角波幅值等于 511；1001：不屏蔽 LSFR 位[9:0] / 三角波幅值等于 1023； 1010：不屏蔽 LSFR 位[10:0] / 三角波幅值等于 2047；≥1011：不屏蔽 LSFR 位[11:0] / 三角波幅值等于 4095
位 23:22	WAVE2[1:0]：DAC 通道 2 噪声/三角波生成使能。由软件设置和清除。 00：关闭波形发生器；10：使能噪声波形发生器；1x：使能三角波发生器

续表

位 21:19	TSEL2[2:0]：DAC 通道 2 触发选择。用于选择 DAC 通道 2 的外部触发事件。 000：TIM6 TRGO 事件；001：对于互联型产品是 TIM3 TRGO 事件，对于大容量产品是 TIM8 TRGO 事件； 010：TIM7 TRGO 事件；011：TIM5 TRGO 事件；100：TIM2 TRGO 事件；101：TIM4 TRGO 事件； 110：外部中断线 9；111：软件触发。 注意：此 3 位只能在 TEN2 = 1（DAC 通道 2 触发使能）时设置
位 18	TEN2：DAC 通道 2 触发使能。该位由软件设置和清除，用来使能/关闭 DAC 通道 2 的触发。 0：关闭 DAC 通道 2 触发，写入 DAC_DHRx 寄存器的数据在 1 个 APB1 时钟周期后传入 DAC_DOR2 寄存器； 1：使能 DAC 通道 2 触发，写入 DAC_DHRx 寄存器的数据在 3 个 APB1 时钟周期后传入 DAC_DOR2 寄存器。 注：如果选择软件触发，则写入寄存器 DAC_DHRx 的数据只需要 1 个 APB1 时钟周期就可以传入寄存器 DAC_DOR2
位 17	BOFF2：关闭 DAC 通道 2 输出缓存。该位由软件设置和清除，用来使能/关闭 DAC 通道 2 的输出缓存。 0：使能 DAC 通道 2 输出缓存；1：关闭 DAC 通道 2 输出缓存
位 16	EN2：DAC 通道 2 使能。该位由软件设置和清除，用来使能/关闭 DAC 通道 2。 0：关闭 DAC 通道 2；1：使能 DAC 通道 2
位 15:13	保留
位 12	DMAEN1：DAC 通道 1 DMA 使能。该位由软件设置和清除。 0：关闭 DAC 通道 1 DMA 模式；1：使能 DAC 通道 1 DMA 模式
位 11:8	MAMP1[3:0]：DAC 通道 1 屏蔽/幅值选择器。 由软件设置这些位，用来在噪声生成模式下选择屏蔽位，在三角波生成模式下选择波形的幅值。 0000：不屏蔽 LSFR 位 0 / 三角波幅值等于 1；0001：不屏蔽 LSFR 位[1:0] / 三角波幅值等于 3； 0010：不屏蔽 LSFR 位[2:0] / 三角波幅值等于 7；0011：不屏蔽 LSFR 位[3:0] / 三角波幅值等于 15； 0100：不屏蔽 LSFR 位[4:0] / 三角波幅值等于 31；0101：不屏蔽 LSFR 位[5:0] / 三角波幅值等于 63； 0110：不屏蔽 LSFR 位[6:0] / 三角波幅值等于 127；0111：不屏蔽 LSFR 位[7:0] / 三角波幅值等于 255； 1000：不屏蔽 LSFR 位[8:0] / 三角波幅值等于 511；1001：不屏蔽 LSFR 位[9:0] / 三角波幅值等于 1023； 1010：不屏蔽 LSFR 位[10:0] / 三角波幅值等于 2047；≥1011：不屏蔽 LSFR 位[11:0] / 三角波幅值等于 4095
位 7:6	WAVE1[1:0]：DAC 通道 1 噪声/三角波生成使能。由软件设置和清除。 00：关闭波形生成；10：使能噪声波形发生器；1x：使能三角波发生器
位 5:3	TSEL1[2:0]：DAC 通道 1 触发选择。用于选择 DAC 通道 1 的外部触发事件。 000：TIM6 TRGO 事件；001：对于互联型产品是 TIM3 TRGO 事件，对于大容量产品是 TIM8 TRGO 事件； 010：TIM7 TRGO 事件；011：TIM5 TRGO 事件；100：TIM2 TRGO 事件；101：TIM4 TRGO 事件； 110：外部中断线 9；111：软件触发。 注意：此 3 位只能在 TEN1= 1（DAC 通道 1 触发使能）时设置
位 2	TEN1：DAC 通道 1 触发使能。该位由软件设置和清除，用来使能/关闭 DAC 通道 1 的触发。 0：关闭 DAC 通道 1 触发，写入寄存器 DAC_DHRx 的数据在 1 个 APB1 时钟周期后传入寄存器 DAC_DOR1； 1：使能 DAC 通道 1 触发，写入寄存器 DAC_DHRx 的数据在 3 个 APB1 时钟周期后传入寄存器 DAC_DOR1。 注：如果选择软件触发，写入寄存器 DAC_DHRx 的数据只需要 1 个 APB1 时钟周期就可以传入寄存器 DAC_DOR1
位 1	BOFF1：关闭 DAC 通道 1 输出缓存。该位由软件设置和清除，用来使能/关闭 DAC 通道 1 的输出缓存。 0：使能 DAC 通道 1 输出缓存；1：关闭 DAC 通道 1 输出缓存
位 0	EN1：DAC 通道 1 使能。该位由软件设置和清除，用来使能/失能 DAC 通道 1。 0：关闭 DAC 通道 1；1：使能 DAC 通道 1

10.2.3　DAC 使用的编程步骤

（1）开启 DAC 端口、DAC 通道时钟和配置 DAC 端口。例如：

```
RCC_APB2PeriphClockCmd(RCC_APB2Periph_GPIOA,ENABLE);
```

```
/*执行 RCC_APB2PeriphClockCmd 函数，开启 GPIOA 端口时钟*/
RCC_APB1PeriphClockCmd(RCC_APB1Periph_DAC, ENABLE);
/*执行 RCC_APB1PeriphClockCmd 函数，开启 DAC 通道时钟*/
GPIO_InitStructure.GPIO_Pin=GPIO_Pin_4;
/*将结构体变量 GPIO_InitStructure 的成员 GPIO_Pin 设为 GPIO_Pin_4，即选择 GPIO 端口的引脚4*/
GPIO_InitStructure.GPIO_Speed=GPIO_Speed_50MHz;
/*将 GPIO 端口工作速度设为 50MHz*/
GPIO_InitStructure.GPIO_Mode=GPIO_Mode_AIN;
/*将 GPIO 端口工作模式设为 Mode_AIN（模拟输入），为了避免寄生的干扰和额外的功耗，引脚 PA4
（DAC1）或者 PA5（DAC2）在用作模拟电压输出时应当设置成模拟输入*/
GPIO_Init(GPIOA,&GPIO_InitStructure);
/*执行 GPIO_Init 函数，按结构体变量 GPIO_InitStructure 设定的引脚、工作速度和模式配置 GPIOA 端口*/
```

（2）配置 DAC 的触发、波形发生器、噪声屏蔽/三角波幅值和输出缓存。例如：

```
DAC_InitStructure.DAC_Trigger=DAC_Trigger_None;
/*将结构体变量 DAC_InitStructure 的成员 DAC_Trigger（触发）设为 DAC_Trigger_None（不使用触发）*/
DAC_InitStructure.DAC_WaveGeneration=DAC_WaveGeneration_None;
/*将 DAC_WaveGeneration（波形发生器）设为 DAC_WaveGeneration_None（不使用）*/
DAC_InitStructure.DAC_LFSRUnmask_TriangleAmplitude=DAC_LFSRUnmask_Bit0;
/*将噪声屏蔽/三角波幅值项设为默认值，该项只有在使用噪声或三角波发生器时才有效*/
DAC_InitStructure.DAC_OutputBuffer=DAC_OutputBuffer_Disable;
/*将 DAC_OutputBuffer（输出缓存）设为不使用（DAC_OutputBuffer_Disable），若使用输出缓存应设
为 DAC_OutputBuffer_Enable*/
DAC_Init(DAC_Channel_1,&DAC_InitStructure);
/*执行 DAC_Init 函数，取结构体变量 DAC_InitStructure 设定的触发、波形发生器、噪声屏蔽/三角波幅
值和输出缓存配置 DAC1 通道*/
```

编程时可在编程软件中查询结构体变量 DAC_InitStructure 成员的更多设置项，以成员
DAC_Trigger 为例，查询该成员更多设置项的操作如图 10-3 所示。选中程序中成员 DAC_

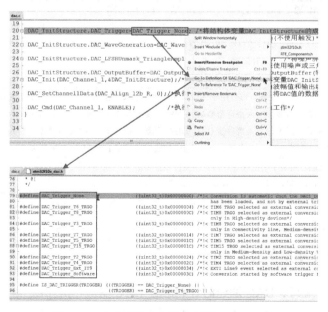

图 10-3　查看结构体变量成员的更多设置项

Trigger 的设置项"DAC_Trigger_None"，右击，弹出快捷菜单，选择"Go To Definition of DAC_ Trigger_None"，该设置项所在的文件"stm32f10x_dac.h"被打开，光标条自动定位在 DAC_ Trigger_None 项，方框内均为成员 DAC_Trigger 的设置项。

（3）设置 DA 值的数据格式。例如：

```
DAC_SetChannel1Data(DAC_Align_12b_R, 0);
/*执行 DAC_SetChannel1Data 函数，将 DAC 值的数据格式设为 12 位右对齐（DAC_Align_12b_R），数据格式还可设为 12 位左对齐（DAC_Align_12b_L）和 8 位左对齐（DAC_Align_8b_L）*/
```

（4）使能启动 DAC 工作。例如：

```
DAC_Cmd(DAC_Channel_1, ENABLE);
/*执行 DAC_Cmd 函数，使能启动 DAC1 工作*/
```

10.3 用 DAC 转换数据并通信显示模拟电压值的编程实例

10.3.1 用 DAC 转换数据并通信显示模拟电压值的电路及说明

图 10-4 所示是用 DAC 转换数据并通信显示模拟电压值的电路。在工作时，单片机 DAC1 的 DA 值（即要转换成模拟电压的二进制数据）经 DAC 转换成模拟电压，从 PA4（DAC_OUT1）引脚输出。每按一下 S1 键，DA 值增大 400，PA4 引脚输出电压增大约 0.32V，直到 DA 值增大到 4095（PA4 引脚输出电压为 3.3V）；每按一下 S2 键，DA 值减小 400，PA4 引脚输出电压减小约 0.32V，直到 DA 值减小到 0（PA4 引脚输出电压为 0V）。单片机通过 USART1 串口和 USB 转 TTL 通信板与计算机通信，在计算机的串口调试助手窗口会显示 DA 值和对应的输出电压值。

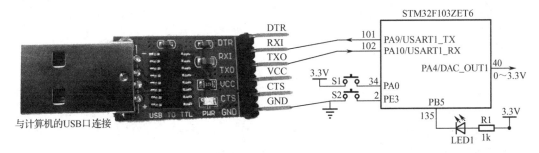

图 10-4　用 DAC 转换数据并通信显示模拟电压值的电路

PA4 引脚输出的模拟电压可用万用表测量。单片机每隔 1000ms 从 USART1 串口发送一次 DA 值和对应的输出电压值，PB5 引脚外接的 LED 每隔 1000ms 状态（亮/灭）变化一次。

10.3.2 创建工程

单片机用 DAC 转换数据并通信显示模拟电压值的工程可通过复制并修改前面已创建的"用 ADC 检测电压并与计算机通信显示电压值"工程来创建。

创建用 DAC 转换数据并通信显示模拟电压值工程的操作如图 10-5 所示。先复制"用 ADC 检测电压并与计算机通信显示电压值"工程,再将文件夹改名为"用 DAC 转换数据并通信显示模拟电压值",然后打开该文件夹,如图 10-5(a)所示;双击扩展名为.uvprojx 的工程文件,启动 Keil 软件打开工程,在该工程中删掉 adc.c 文件,再新建一个 dac.c 文件,并添加到 User 工程组中,然后将固件库中的 stm32f10x_dac.c 文件添加到 Stdperiph_Driver 工程组中,如图 10-5(b)所示。由于本工程需要用到按键检测,故将前面已编写的 key.c 文件(在"按键输入控制 LED 和蜂鸣器"工程的 User 文件夹中)复制到本工程的 User 文件夹中,再将该文件添加到 User 工程组。

(a)打开"用 DAC 转换数据并通信显示模拟电压值"文件夹

(b)新建 dac.c 文件并添加 key.c 和 stm32f10x_dac.c 文件

图 10-5 创建用 DAC 转换数据并通信显示模拟电压值工程

10.3.3 配置 DAC 的程序及说明

配置 DAC 的程序编写在 dac.c 文件中,其内容如图 10-6 所示。程序中只有一个 DAC1_Init 函数,该函数先开启 DAC1 端口时钟和 DAC 通道时钟,再配置 DAC 端口的引脚、工作速度和模式,然后配置 DAC1 的触发、波形发生器、噪声屏蔽/三角波幅值和输出缓存,最后设置 DAC 数据格式并使能启动 DAC1。

```
dac.c                                                                           ▼ ×
 1  #include "stm32f10x.h"    //包含stm32f10x.h头文件，相当于将该文件的内容插到此处
 2
 3 /* DAC1_Init函数先开启DAC1端口时钟和DAC通道时钟，再配置DAC端口的引脚、工作速度和模式,然后配置DAC1的触发、
 4    波形发生器、噪声屏蔽/三角波幅值和输出缓存，最后设置DAC数据格式并使能启动DAC1*/
 5  void DAC1_Init(void)
 6 {
 7    GPIO_InitTypeDef  GPIO_InitStructure; //定义一个类型为GPIO_InitTypeDef的结构体变量GPIO_InitStructure
 8    DAC_InitTypeDef DAC_InitStructure;     //定义一个类型为DAC_InitTypeDef的结构体变量DAC_InitStructure
 9
10    RCC_APB2PeriphClockCmd(RCC_APB2Periph_GPIOA,ENABLE);//执行RCC_APB2PeriphClockCmd函数,开启GPIOA端口时钟
11    RCC_APB1PeriphClockCmd(RCC_APB1Periph_DAC, ENABLE); //执行RCC_APB1PeriphClockCmd函数,开启DAC时钟
12
13    GPIO_InitStructure.GPIO_Pin=GPIO_Pin_4;   /*将结构体变量GPIO_InitStructure的成员GPIO_Pin设为GPIO_Pin_4,
14                                   即将 GPIO端口引脚设为4*/
15    GPIO_InitStructure.GPIO_Speed=GPIO_Speed_50MHz; //将GPIO端口工作速度设为50MHz
16    GPIO_InitStructure.GPIO_Mode=GPIO_Mode_AIN;   //将GPIO端口工作模式设为Mode_AIN（模拟输入）
17    GPIO_Init(GPIOA,&GPIO_InitStructure);    /*执行GPIO_Init函数,取结构体变量GPIO_InitStructure设定的引脚、
18                                   工作模式和速度配置GPIOA端口*/
19
20    DAC_InitStructure.DAC_Trigger=DAC_Trigger_None; /*将结构体变量DAC_InitStructure的成员DAC_Trigger(触发)
21                                   设为DAC_Trigger_None(不使用触发)*/
22    DAC_InitStructure.DAC_WaveGeneration=DAC_WaveGeneration_None;  /*将DAC_WaveGeneration(波形发生器)
23                                   设为DAC_WaveGeneration_None(不使用)*/
24    DAC_InitStructure.DAC_LFSRUnmask_TriangleAmplitude=DAC_LFSRUnmask_Bit0;  /*将噪声屏蔽/三角波幅值项
25                                   设为默认值,该项只有在使用噪声或三角波发生器时才有效*/
26    DAC_InitStructure.DAC_OutputBuffer=DAC_OutputBuffer_Disable; /*将DAC_OutputBuffer(输出缓存)设为不使用*/
27    DAC_Init(DAC_Channel_1,&DAC_InitStructure);/*执行DAC_Init函数,取结构体变量DAC_InitStructure设定的触发、
28                                   波形发生器、噪声屏蔽/三角波幅值和输出缓存配置DAC1通道*/
29    DAC_SetChannel1Data(DAC_Align_12b_R, 0);/*执行DAC_SetChannel1Data函数,将DAC值的数据格式设为12位右对齐*/
30
31    DAC_Cmd(DAC_Channel_1, ENABLE);       /*执行DAC_Cmd函数,使能启动DAC1工作*/
32 }
33
```

图 10-6　配置 DAC 的程序及说明

10.3.4　主程序及说明

主程序是指含 main.c 函数的程序，该程序编写在 main.c 文件中，其内容如图 10-7 所示。程序运行时，先执行主程序中的 main 函数，在 main 函数中执行 SysTick_Init 函数，配置 SysTick 定时器并计算出 fac_us 值（1μs 的计数次数）和 fac_ms 值（1ms 的计数次数）供给 delay_ms 函数使用；然后依次执行 NVIC_PriorityGroupConfig 函数、USART1_Init 函数、DAC1_Init 函数和 KEY_Init 函数，配置中断分组、USART1 串口、DAC1 和按键输入端口。接着执行 while 循环语句，由于 while 语句()内的值为真（非 0 即为真），所以 while 语句首尾大括号中的程序会反复执行。

程序运行时，单片机每隔 1000ms 从 USART1 串口发送一次 DA 值和对应的输出电压值，PB5 引脚外接的 LED 每隔 1000ms 状态（亮/灭）变化一次。单片机通过 USART1 串口往计算机发送的 DA 值和对应的输出电压值，可用计算机中的 XCOM 串口调试助手查看。

10.3.5　查看 DA 值与对应的模拟电压

在计算机中可使用 XCOM 串口调试助手查看单片机通过 USART 串口发送过来的 DA 值与对应的模拟电压，如图 10-8 所示。在图 10-8（a）所示串口调试助手接收区中，当十六进制 DA 值为 0 时，十进制 DA 值也为 0，该值对应的模拟电压为 0V。如果按压 PA0 引脚外接的按键 S1，DA 值会增大，对应转换成的模拟电压也升高，比如十六进制 DA 值为 190（对应的二进制数为 0001 1001 0000），十进制 DA 值则为 400，对应的模拟电压为 0.32V，如图 10-8（b）所示。

```
main.c                                                                              ▾ × ×
  1  #include "bitband.h"    //包含bitband.h文件,相当于将该文件内容插到此处
  2  #include "stdio.h"      //包含stdio.h,程序中用到标准输入/输出函数(如fputc和printf函数)时就要包含该头文件
  3
  4  void SysTick_Init(u8 SYSCLK);      //声明SysTick_Init函数
  5  void LED_Init(void);               //声明LED_Init函数,声明后程序才可使用该函数
  6  void USART1_Init(u32 bound);       //声明USART1_Init函数,声明后程序才可使用该函数
  7  void KEY_Init(void);               //声明KEY_Init函数
  8  void DAC1_Init(void);              //声明DAC1_Init函数
  9  u8 KEY_Scan(u8 mode);              //声明KEY_Scan函数
 10  void delay_ms(u16 nms);            //声明delay_ms函数
 11
 12  int main()            /*main为主函数,无输入参数,返回值为整型数(int)。一个工程只能有一个main函数,
 13                          不管有多少个程序文件,都会找到main函数并从该函数开始执行程序 */
 14  {
 15    u8 key;             //声明为8位无符号变量key
 16    int dacvalue=0;     //声明一个整型变量dacvalue,初值赋0
 17    u16 dacval;         //声明一个16位无符号变量dacval
 18    float dacvol;       //声明一个浮点型变量dacvol
 19
 20    SysTick_Init(72);   /*将72赋给SysTick_Init函数的输入参数SYSCLK,再执行该函数,计算出fac_us值(1µs的计数次数)
 21                          和fac_ms(1ms的计数次数)供给delay_ms函数使用 */
 22    NVIC_PriorityGroupConfig(NVIC_PriorityGroup_2);    /*执行NVIC_PriorityGroupConfig优先级分组函数,
 23                                                         将主、从优先级各设为2位 */
 24    LED_Init();         /*执行LED_Init函数(在led.c文件中),开启GPIOB端口时钟,设置端口引脚号、工作模式和速度 */
 25    USART1_Init(115200);/*将115200作为波特率赋给USART1_Init函数(在usart.c文件中)的输入参数,再执行该函数配置USART1
 26                          串口,然后启动USART1串口,并使能USART1串口的接收中断 */
 27    DAC1_Init();        /*执行DAC1_Init函数配置DAC1端口和DAC1通道,再使能启动DAC1*/
 28    KEY_Init();         /*执行KEY_Init函数,配置按键输入端口*/
 29
 30    while(1)            //while为循环语句,当()内的值为真(非0即为真)时,反复执行本语句首尾大括号中的内容
 31    {
 32      key=KEY_Scan(0);  /*将0(单次检测)赋给KEY_Scan函数的输入参数并执行该函数来检测按键,再将函数的返回值赋给
 33                          变量key,按下不同的键,函数的返回值不同,PA0引脚按键按下时返回1,PE3引脚按键按下时返回3*/
 34      if(key==1)        /*如果PA0引脚按键按下时key=1成立,则执行"dacvalue+=400" */
 35      {
 36        dacvalue+=400;      //将变量dacvalue的值加400,相当于dacvalue=dacvalue+400
 37        if(dacvalue>=4000)  //如果dacvalue>=4000,则执行"dacvalue=4095"
 38        {
 39          dacvalue=4095;    //将4095赋给dacvalue
 40        }
 41        DAC_SetChannel1Data(DAC_Align_12b_R,dacvalue);/*执行DAC_SetChannel1Data函数,将DA值数据格式设为12位右对齐*/
 42      }
 43      else if(key==3)   //如果PE3引脚按键按下时key=3成立,则执行"dacvalue-=400"
 44      {
 45        dacvalue-=400;      //将变量dacvalue的值减400,相当于dacvalue=dacvalue-400
 46        if(dacvalue<=0)     //如果dacvalue<=0,则执行"dacvalue=0"*/
 47        {
 48          dacvalue=0;       //将0赋给dacvalue
 49        }
 50        DAC_SetChannel1Data(DAC_Align_12b_R,dacvalue);/*执行DAC_SetChannel1Data函数,将DA值数据格式设为12位右对齐*/
 51      }
 52      dacval=DAC_GetDataOutputValue(DAC_Channel_1);/*执行DAC_GetDataOutputValue函数,读取DAC1的DA值并赋给变量dacval*/
 53      dacvol=(float)dacval*(3.3/4095); /*3.3/4095表示将3.3V分成4095份,dacval*3.3/4095,最大值为111111111111(4095),
 54                                         dacval值*(3.3/4095)为dacval对应的十进制数(不会大于3.3V的电压值),
 55                                         该值赋给变量dacvol,float用于强制value变量为浮点型 */
 56      printf("十六进制DA值为:%X\r\n",dacval); /*执行printf函数时会自动执行fputc函数(在usart.c文件中),printf函数先
 57                                                将"十六进制DA值为:"转换成一系列的字符数据,再将变量dacval值
 58                                                按"%X"定义转换成十六进制整型数,然后依次传递给fputc函数的变量ch,
 59                                                fputc函数将ch中的字符数据逐个通过USART1串口发送出去*/
 60      printf("十进制DA值为:%d\r\n",dacval); /*将"十进制DA值为:"转换成一系列的字符数据,再将变量dacval值
 61                                              按"%d"定义转换成十进制整型数字符数据,通过USART1串口发送出去*/
 62      printf("DA值转换成模拟电压为:%.2fV\r\n",dacvol); /*将"DA值转换成模拟电压为:V"和dacvol值转换成字符数据,通过
 63                                                         USART1串口发送出去,%.2f表示输出浮点数,小数位为2位,\r表示回车,\n表示换行*/
 64      printf("------------------------------\r\n"); /*将"----"转换成字符数据,通过USART1串口发送出去*/
 65      PBout(5)=!PBout(5);    //将PB5引脚的输出电平取反
 66      delay_ms(1000);        //执行delay_ms函数,延时1000ms,单个delay_ms函数最大延时为1864ms
 67    }
 68  }
 69
```

图 10-7　main.c 文件中的主程序

（a）DA 值为 0 时对应的模拟电压

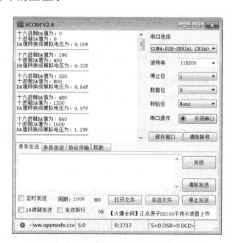

（b）改变 DA 值时对应的模拟电压随之变化

图 10-8　用 XCOM 串口调试助手查看 DA 值与对应的模拟电压

第 11 章

光敏传感器测光与 DS18B20 测温的电路与编程实例

11.1 光敏传感器的使用与测光编程实例

11.1.1 光敏传感器

光敏传感器是一种对光线敏感的传感器，其种类很多，如光敏电阻器、光电管、光电倍增管、光敏三极管、太阳能电池、红外线传感器、紫外线传感器、光纤式光电传感器、色彩传感器、CCD 和 CMOS 图像传感器等。下面介绍最简单、常用的光敏传感器——光敏电阻器。

1. 光敏电阻器的外形与符号

光敏电阻器是一种对光线敏感的电阻器，当照射的光线强弱发生变化时，阻值也会随之变化，通常光线越强阻值越小。根据光的敏感性不同，光敏电阻器可分为可见光光敏电阻器（硫化镉材料）、红外光光敏电阻器（砷化镓材料）和紫外光光敏电阻器（硫化锌材料）。其中硫化镉材料制成的可见光光敏电阻器应用最广泛。光敏电阻器的实物外形与图形符号如图 11-1 所示。

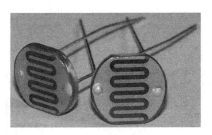

（a）实物外形

国内常用图形符号　　国外常用图形符号

（b）图形符号

图 11-1　光敏电阻器的实物外形与图形符号

2. 光敏电阻器的应用电路

光敏电阻器的功能与固定电阻器一样，不同在于它的阻值可以随光线强弱变化而变化。光敏电阻器的应用电路如图 11-2 所示。

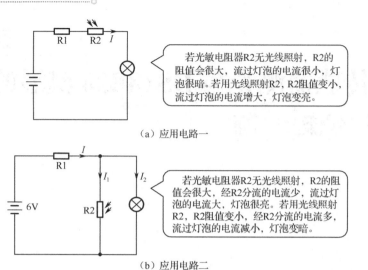

若光敏电阻器R2无光线照射，R2的阻值会很大，流过灯泡的电流很小，灯泡很暗。若用光线照射R2，R2阻值变小，流过灯泡的电流增大，灯泡变亮。

（a）应用电路一

若光敏电阻器R2无光线照射，R2的阻值会很大，经R2分流的电流少，流过灯泡的电流大，灯泡很亮。若用光线照射R2，R2阻值变小，经R2分流的电流多，流过灯泡的电流减小，灯泡变暗。

（b）应用电路二

图 11-2　光敏电阻器的应用电路

3. 用指针万用表检测光敏电阻器

光敏电阻器的检测分两步，只有两步测量均正常，才能说明光敏电阻器正常。光敏电阻器的检测如图 11-3 所示。

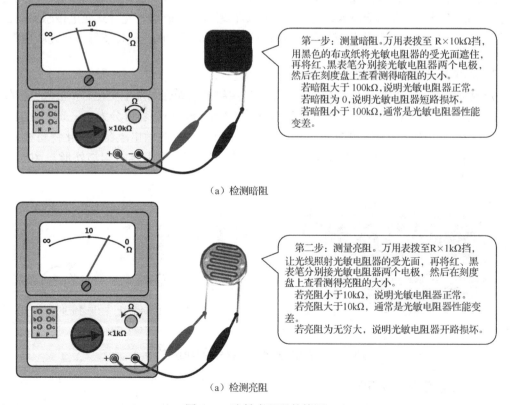

第一步：测量暗阻。万用表拨至 R×10kΩ挡，用黑色的布或纸将光敏电阻器的受光面遮住，再将红、黑表笔分别接光敏电阻器两个电极，然后在刻度盘上查看测得暗阻的大小。
若暗阻大于 100kΩ，说明光敏电阻器正常。
若暗阻为 0，说明光敏电阻器短路损坏。
若暗阻小于 100kΩ，通常是光敏电阻器性能变差。

（a）检测暗阻

第二步：测量亮阻。万用表拨至R×1kΩ挡，让光线照射光敏电阻器的受光面，再将红、黑表笔分别接光敏电阻器两个电极，然后在刻度盘上查看测得亮阻的大小。
若亮阻小于10kΩ，说明光敏电阻器正常。
若亮阻大于10kΩ，通常是光敏电阻器性能变差。
若亮阻为无穷大，说明光敏电阻器开路损坏。

（a）检测亮阻

图 11-3　光敏电阻器的检测

4．用数字万用表检测光敏电阻器

用数字万用表检测光敏电阻器如图 11-4 所示，图 11-4（a）所示为测量光敏电阻器的亮阻，图 11-4（b）所示为测量光敏电阻器的暗阻。

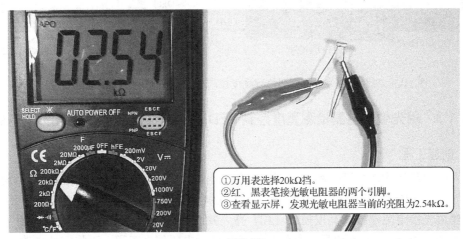

①万用表选择20kΩ挡。
②红、黑表笔接光敏电阻器的两个引脚。
③查看显示屏，发现光敏电阻器当前的亮阻为2.54kΩ。

（a）测量亮阻

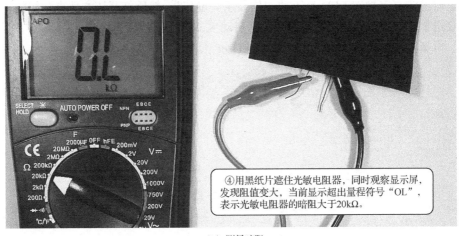

④用黑纸片遮住光敏电阻器，同时观察显示屏，发现阻值变大，当前显示超出量程符号"OL"，表示光敏电阻器的暗阻大于20kΩ。

（b）测量暗阻

图 11-4　用数字万用表检测光敏电阻器

11.1.2　用光敏电阻器检测亮度控制 LED 亮灭并与计算机通信的电路

图 11-5 所示是单片机用光敏电阻器检测亮度控制 LED 亮灭并与计算机通信的电路。光线越强，光敏电阻器的阻值越小，PF8 脚的电压越低，内部 ADC 输入电压越低，转换得到的 AD 值（12 位数据）越小，经程序处理后得到的亮度值（0～100）越大。亮度值通过单片机的 USART1 串口和 USB 转 TTL 通信板与计算机通信，在计算机中可用串口调试助手查看亮度值。当亮度值低于 20 时，单片机的 PB5 引脚输出低电平，外接的 LED 导通发光。

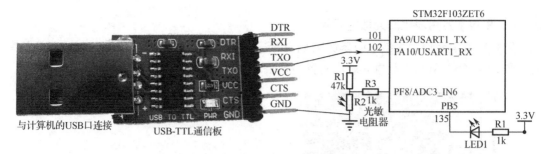

图 11-5　单片机用光敏电阻器检测亮度控制 LED 亮灭并与计算机通信的电路

11.1.3　用光敏电阻器检测亮度控制 LED 亮灭并通信显示亮度值的程序及说明

1. 创建工程

用光敏电阻器检测亮度控制 LED 亮灭并通信显示亮度值的工程可通过复制并修改前面已创建的"用 ADC 检测电压并与计算机通信显示电压值"工程来创建。

创建用光敏电阻器检测亮度控制 LED 亮灭并通信显示亮度值工程的操作如图 11-6 所示。先复制"用 ADC 检测电压并与计算机通信显示电压值"工程，再将文件夹改名为"用光敏电阻器检测亮度控制 LED 亮灭并通信显示亮度值"，然后打开该文件夹，如图 11-6（a）所示；双击扩展名为.uvprojx 的工程文件，启动 Keil 软件打开工程，先将工程中的 adc.c 文件删掉，再新建 lightsens.c 文件，并添加到 User 工程组中，如图 11-6（b）所示。

（a）打开"用光敏电阻器检测亮度控制 LED 亮灭并通信显示亮度值"文件夹

（b）新建 lightsens.c 文件

图 11-6　创建用光敏电阻器检测亮度控制 LED 亮灭并通信显示亮度值工程

2. 光敏电阻器输入电压转换处理的程序及说明

光敏电阻器输入电压转换处理程序编写在 lightsens.c 文件中，其内容如图 11-7 所示，该程序主要由 Lsens_Init、Get_ADC3 和 Lsens_Get_Val 三个函数组成。Lsens_Init 函数用来配置 ADC3 的时钟、端口、工作模式、触发方式、数据对齐和通道数量，再启动 ADC3 并进

```
lightsens.c
1  #include "stm32f10x.h"       //包含stm32f10x.h头文件,相当于将该文件的内容插到此处
2  void delay_ms(u16 nms);      //声明delay_ms函数,声明后程序才可使用该函数
3
4  /*Lsens_Init函数用来配置ADC3的时钟、端口、工作模式、触发方式、数据对齐和通道数量,再启动ADC3并进行ADC校准*/
5  void Lsens_Init(void)
6  {
7    GPIO_InitTypeDef GPIO_InitStructure;    //定义一个类型为GPIO_InitTypeDef的结构体变量GPIO_InitStructure
8    ADC_InitTypeDef ADC_InitStructure;      //定义一个类型为ADC_InitTypeDef的结构体变量ADC_InitStructure
9
10   RCC_APB2PeriphClockCmd(RCC_APB2Periph_GPIOF,ENABLE);/*执行RCC_APB2PeriphClockCmd函数,开启GPIOF端口时钟*/
11   RCC_APB2PeriphClockCmd(RCC_APB2Periph_ADC3, ENABLE );/*执行RCC_APB2PeriphClockCmd函数,开启ADC3通道时钟*/
12
13   RCC_APB2PeriphResetCmd(RCC_APB2Periph_ADC3,ENABLE);/*执行RCC_APB2PeriphResetCmd函数,对ADC3通道进行复位*/
14   RCC_APB2PeriphResetCmd(RCC_APB2Periph_ADC3,DISABLE);/*执行RCC_APB2PeriphResetCmd函数,关闭ADC3通道复位*/
15
16   GPIO_InitStructure.GPIO_Pin=GPIO_Pin_8;  /*将结构体变量GPIO_InitStructure的成员GPIO_Pin设为GPIO_Pin_8,
17                                              即选择GPIO端口引脚8*/
18   GPIO_InitStructure.GPIO_Mode=GPIO_Mode_AIN;   //将GPIO端口工作模式设为GPIO_Mode_AIN(模拟输入)
19   GPIO_InitStructure.GPIO_Speed=GPIO_Speed_50MHz; //将GPIO端口工作速度设为50MHz
20   GPIO_Init(GPIOF, &GPIO_InitStructure);   /*执行GPIO_Init函数,取结构体变量GPIO_InitStructure设定的引脚、
21                                              工作模式和速度配置GPIOF端口*/
22
23   ADC_DeInit(ADC3);    /*执行ADC_DeInit函数,重设ADC3通道全部寄存器为默认值*/
24
25   ADC_InitStructure.ADC_Mode=ADC_Mode_Independent; /*将结构体变量ADC_InitStructure的成员ADC_Mode(ADC模式)
26                                                       设为ADC_Mode_Independent(独立模式)*/
27   ADC_InitStructure.ADC_ScanConvMode=DISABLE;      /*将ADC_ScanConvMode(扫描模式)设为DISABLE(失能/关闭),
28                                                       即选择单通道模式*/
29   ADC_InitStructure.ADC_ContinuousConvMode=DISABLE;  /*将ADC_ContinuousConvMode(连续转换模式)设为
30                                                       DISABLE(关闭),即选择单次转换模式*/
31   ADC_InitStructure.ADC_ExternalTrigConv=ADC_ExternalTrigConv_None; /*将ADC_ExternalTrigConv(外部触发)
32                                             设为ADC_ExternalTrigConv_None(不使用外部触发),即选择软件启动转换*/
33   ADC_InitStructure.ADC_DataAlign=ADC_DataAlign_Right; /*将ADC数据对齐设为ADC_DataAlign_Right(右对齐)*/
34   ADC_InitStructure.ADC_NbrOfChannel=1;    /*将ADC转换的规则通道数量设为1(1个通道,可设为1~16)*/
35
36   ADC_Init(ADC3, &ADC_InitStructure); /*执行ADC_Init函数,取结构体变量ADC_InitStructure设定的ADC模式、
37                                          扫描模式、连续转换模式、外部触发、对齐方式和转换通道数量来配置ADC1*/
38
39   ADC_Cmd(ADC3, ENABLE);       /*执行ADC_Cmd函数,使能启动ADC3*/
40
41   ADC_ResetCalibration(ADC3);  /*执行ADC_ResetCalibration函数,重置ADC3的校准寄存器*/
42   while(ADC_GetResetCalibrationStatus(ADC3));/*重置校准寄存器未结束时,ADC_GetResetCalibrationStatus函数
43                             返回值为1,反复执行本条语句,重置结束后,函数的返回值为0,执行下一条语句*/
44   ADC_StartCalibration(ADC3);              /*执行ADC_StartCalibration函数,开始校准ADC3*/
45   while(ADC_GetCalibrationStatus(ADC3));   /*ADC3校准未结束时,ADC_GetCalibrationStatus函数的返回值为1,
46                             反复执行本条语句,校准结束后,函数的返回值为0,执行下一条语句*/
47  }
48
49  /*Get_ADC3函数先配置ADC转换通道、采样时间和使能ADC转换,再将AD转换值返回给Get_ADC3函数,供其他程序读取*/
50  u16 Get_ADC3(u8 ch)  /*输入参数ch为AD转换的通道,在调用本函数时赋值*/
51  {
52    ADC_RegularChannelConfig(ADC3,ch,1,ADC_SampleTime_239Cycles5);  /*执行ADC_RegularChannelConfig函数,
53                                      将ADC3的ch通道第1个转换,采样时间为239.5周期*/
54    ADC_SoftwareStartConvCmd(ADC3,ENABLE);  /*执行ADC_SoftwareStartConvCmd函数,使能ADC3的软件转换启动功能*/
55    while(!ADC_GetFlagStatus(ADC3,ADC_FLAG_EOC ));  /*ADC3转换未结束时,转换结束标志位(ADC_FLAG_EOC)为0,
56                                      ADC_GetFlagStatus函数返回值为0,取反(!)后为1,反复
57                                      执行本条语句,转换结束后执行下一条语句 */
58    return ADC_GetConversionValue(ADC3); /*执行ADC_GetConversionValue函数,将最近一次ADC3规则组的AD转换值
59                                      返回给Get_ADC3函数*/
60  }
61
62  /*Lsens_Get_Val函数先执行for语句让ADC3进行10次AD转换得到10次累加总值,然后将总值除以10得到平均AD值(0~4000),
63    再将AD值除以40得到0~100范围内的值返回给Lsens_Get_Val函数,供其他程序读取 */
64  u8 Lsens_Get_Val(void)
65  {
66    u32 tempval=0;       //声明一个32位无符号整型变量tempval,初值赋0
67    u8 t;                //声明一个8位无符号整型变量
68    for(t=0;t<10;t++)    /*for为循环语句,执行时先用t=0对t赋初值0,然后判断t<10是否成立,若成立则执行for语句
69                          首尾大括号中的内容,执行完后再将t++将t值加1,接着又判断t<10是否成立,如此反复进行,
70                          直到t<10不成立,才跳出for语句,去执行for语句尾大括号之后的内容,for语句大括号中的
71                          内容会反复执行10次 */
72    {
73      tempval+=Get_ADC3(ADC_Channel_6);  /*先执行Get_ADC3函数,将最近一次ADC3规则组通道6的AD转换值返回给函数,
74                                           并将该值与变量tempval中的值相加后赋给tempval */
75      delay_ms(5);       //执行delay_ms函数,延时5ms
76    }
77    tempval/=10;         /*将变量tempval中的10次累计AD转换值除以10,得到平均值再赋给tempval */
78    if(tempval>4000)tempval=4000; //如果tempval>4000成立,执行tempval=4000,否则执行下一条语句
79    return (u8)(100-(tempval/40));/*将"100-(tempval/40)"值返回给Lsens_Get_Val函数,(tempval/40)范围为0~100,
80                                   ADC输入电压越高,(tempval/40)值越大,而(100-(tempval/40))值则越小 */
81  }
82
```

图 11-7　光敏电阻器输入电压转换处理的程序及说明

行 ADC 校准。Get_ADC3 函数的主要功能是让 ADC3 将光敏电阻器输入电压转换成 12 位 AD 值，并把 AD 值返回给 Get_ADC3 函数，供其他程序读取。Lsens_Get_Val 函数通过调用执行 Get_ADC3 函数，让 ADC3 进行 10 次 AD 转换并求得平均 AD 值（0～4000），再将 AD 值除以 40 得到 0～100 范围内的值返回给 Lsens_Get_Val 函数，供其他程序读取。

3．主程序及说明

主程序的内容如图 11-8 所示。程序运行时，首先找到并执行主程序中的 main 函数，在 main 函数中先执行 SysTick_Init 函数配置 SysTick 定时器，再执行 NVIC_PriorityGroupConfig 函数进行优先级分组，然后执行 LED_Init 函数配置 PB5 端口，而后执行 USART1_Init 函数配置、启动 USART1 串口并开启 USART1 串口的接收中断，之后执行 Lsens_Init 函数配置 ADC3 并启动 ADC3。

接着执行 while 语句，在该语句中先执行 Lsens_Get_Val 函数并读取该函数返回的亮度值，再执行 printf 函数，将亮度值转换成字符数据从单片机 USART1 串口发送出去，然后执行 if…else…语句，判断亮度值。如果亮度值小于 20，让 PB5 引脚输出低电平，点亮该引脚外接的 LED；如果亮度值大于或等于 20，让 PB5 引脚输出高电平，熄灭 LED。如果将单片机 USART1 串口与计算机连接，其发送出去的字符数据（亮度值）可用计算机中的串口调试助手软件查看。

```c
1  #include "bitband.h"     //包含bitband.h文件,相当于将该文件内容插到此处
2  #include "stdio.h"       //包含stdio.h,程序中用到标准输入/输出函数(如fputc和printf函数)时要包含该头文件
3
4  void SysTick_Init(u8 SYSCLK);      //声明SysTick_Init函数,声明后程序才可使用该函数
5  void LED_Init(void);               //声明LED_Init函数,声明后程序才可使用该函数
6  void USART1_Init(u32 bound);       //声明USART1_Init函数,声明后程序才可使用该函数
7  void Lsens_Init(void);             //声明Lsens_Init函数
8  u8 Lsens_Get_Val(void);            //声明ULsens_Get_Val函数
9  void delay_ms(u16 nms);            //声明delay_ms函数
10
11 int main()               /*main为主函数,无输入参数,返回值为整型数(int)。一个工程只能有一个main函数,
12                              不管有多少个程序文件,都会找到main函数并从该函数开始执行程序 */
13 {
14   u8 lsvalue=0;;          //声明一个无符号的8位整型变量lsvalue,初值赋0
15   SysTick_Init(72);       /*将72赋给SysTick_Init函数的输入参数SYSCLK,再执行该函数,计算出fac_us值(1μs的计数次数)
16                              和fac_ms(1ms的计数次数)供给delay_ms函数使用 */
17   NVIC_PriorityGroupConfig(NVIC_PriorityGroup_2); /*执行NVIC_PriorityGroupConfig优先级分组函数,
18                              将上、从优先级各设为2位 */
19   LED_Init();             //执行LED_Init函数(在led.c文件中),开启GPIOB端口时钟,设置端口引脚号、工作模式和速度
20   USART1_Init(115200);    /*将115200作为波特率赋给USART1_Init函数(在usart.c文件中)的输入参数,再执行该函数配置USART1
21                              串口的端口、参数、工作模式和中断通道,然后启动USART1串口工作,并使能USART1串口的接收中断*/
22   Lsens_Init();           /*执行Lsens_Init函数(在lightsens.c文件中)配置ADC3的时钟、端口、工作模式、触发方式、
23                              数据对齐和通道数量,再启动ADC3并进行ADC校准*/
24   while(1)                //while为循环语句,当()内的值为真(非0即为真)时,反复执行本语句首尾大括号中的内容
25   {
26     lsvalue=Lsens_Get_Val();                      /*执行Lsens_Get_Val函数,让ADC3将输入模拟电压转换成AD值(0～4000),
27                                                       再将AD值除以40后得到0～100范围内的值赋给变量lsvalue */
28     printf("光亮度(0～100): %d\r\n",lsvalue); /*将"光亮度(0～100): "转换成一系列的字符数据,再将变量lsvalue值
29                                                       按"%d"定义转换成十进制整型数字字符数据,两者通过USART1串口发送出去,
30                                                       \r表示回车,\n表示换行 */
31     printf("-----------------\r\n");            /*将----转换成字符数据,通过USART1串口发送出去*/
32     if(lsvalue<20)        //如果lsvalue值小于20,执行"PBout(5)=0"
33     {
34       PBout(5)=0;         //让PB5引脚输出低电平,外接LED点亮
35     }
36     else                  //否则(即lsvalue值大于或等于20),执行"PBout(5)=1"
37     {
38       PBout(5)=1;         //让PB5引脚输出高电平,外接LED熄灭
39     }
40     delay_ms(1000);       //执行delay_ms函数,延时1000ms,单个delay_ms函数最大延时为1864ms
41   }
42 }
43
```

图 11-8 main.c 文件中的主程序

4．查看光敏电阻器检测的亮度值

在计算机中可使用 XCOM 串口调试助手查看单片机通过 USART 串口发送过来的光敏

电阻器检测的亮度值。如图 11-9（a）所示，XCOM 串口调试助手接收区中的"70"为光敏电阻器检测的亮度值，如果用不透明物体遮住光敏电阻器，亮度值会变小，如图 11-9（b）所示。如果亮度值小于 20，单片机 PB5 引脚外接的 LED 会发光变亮。

（a）显示亮度值　　　　　　　　　　　（b）遮住光敏电阻器时亮度值会变小

图 11-9　用 XCOM 串口调试助手查看光敏电阻器检测的亮度值

11.2　DS18B20 数字温度传感器的使用与测温编程实例

11.2.1　DS18B20 数字温度传感器

DS18B20 是一种内含温度敏感元件和数字处理电路的数字温度传感器，温度敏感元件将温度转换成相应的信号后再经电路进行处理，然后通过单总线（1 根总线）接口输出数字温度信号。单片机与 DS18B20 连接后，通过运行相关的读写程序来读取温度值和控制 DS18B20。DS18B20 具有体积小、适用电压宽、抗干扰能力强和精度高的特点。

1．外形与引脚规律

DS18B20 数字温度传感器有 3 个引脚，分别是 GND（地）、DQ（数字输入/输出）和 VDD（电源），其外形与引脚如图 11-10 所示。DS18B20 数字温度传感器可以封装成各种形式，如管道式、螺纹式、磁铁吸附式和不锈钢封装式等。封装后的 DS18B20 可用于电缆沟测温、高炉水循环测温、锅炉测温、机房测温、农业大棚测温、洁净室测温和弹药库测温等各种非极限温度场合。

2．技术性能

（1）独特的单线接口方式，DS18B20 在与单片机连接时仅需要一根线即可实现单片机与 DS18B20 的双向通信。

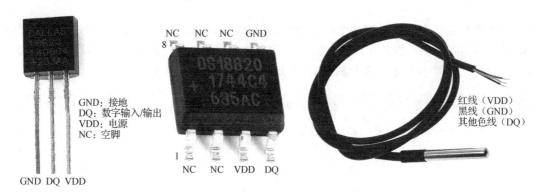

GND：接地
DQ：数字输入/输出
VDD：电源
NC：空脚

图 11-10　DS18B20 外形与引脚

（2）测温范围为-55～+125℃，在-10～+85℃时精度为±0.5℃。

（3）支持多点组网功能，多个 DS18B20 可以并联在唯一的三线上实现多点测温，但最多只能并联 8 个，若数量过多，会使供电电源电压过低，从而造成信号传输不稳定。

（4）工作电源电压为 3.0～5.5V，在寄生电源方式下可由数据线供电，电源极性接反短时不会烧坏，但不能工作。

（5）温度敏感元件和有关电路全部封装起来，在使用中不需要任何外围元件。

（6）测量结果以 9～12 位数字量方式串行传送，分辨温度可设为 0.5℃、0.25℃、0.125℃和 0.0625℃。

（7）在 9 位分辨率时最长在 93.75ms 内把温度值转换为数字，12 位分辨率时最长在 750ms 内把温度值转换为数字。

3. 内部结构及说明

DS18B20 的内部结构如图 11-11 所示。在测量时，温敏元件与测温电路将温度转换为温度数据，存放到高速暂存器的第 0、1 字节，再通过单线接口从 DQ 引脚输出。当测量的温度超出设置的高温值和低温值时，会触发报警。

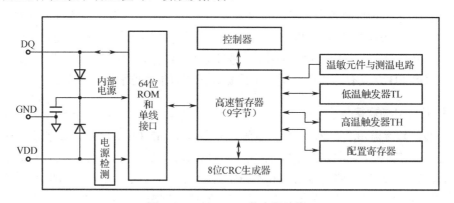

图 11-11　DS18B20 的内部结构

DS18B20 可采用 VDD 引脚直接接电源供电，电源经 VDD 引脚和下二极管为内部电路供电，也可以采用数据线高电平供电。当 DQ 引脚连接的数据线为高电平时，高电平通过上二极管对内部电容充电，电容上得到电压供给内部电路，由于温度测量时电流较大，为获得稳定的电源，DQ 端数据线应使用阻值小的强上拉电阻与电源连接。

1）64 位 ROM

DS18B20 内部有一个 64 位 ROM，其内容在出厂前被激光刻入，可以看作该 DS18B20 的地址编号。ROM 的数据组成如图 11-12 所示，最低 8 位为产品系列号（DS18B20 为 28H）；中间 48 位为 DS18B20 自身的序列号，不同 DS18B20 有不同的序列号，可以此来区分一根总线上挂接的多个 DS18B20；最高 8 位为低 56 位的 CRC 码（循环冗余校验码）。

8位（低56位的CRC码）	48位（本芯片的序列号）	8位（产品系列号）
MSB （最高位）		LSB （最低位）

图 11-12　ROM 的数据组成

2）存储器

存储器由高速暂存器和一个非易失性的电可擦除 EEPROM 组成，低温触发器 TL、高温触发器 TH 和配置寄存器属于 EEPROM。高速暂存器由 9 字节（寄存器）组成，各字节的功能分配如图 11-13（a）所示。高速暂存器的 4 号字节为配置寄存器，用来设置 DS18B20 的精度，其各位功能如图 11-13（b）所示。

暂存器字节编号	字节内容
0	温度值低位（LS Byte）
1	温度值高位（MS Byte）
2	高温限值（TH）
3	低温限值（TL）
4	配置寄存器
5	保留
6	保留
7	保留
8	CRC校验值

（a）高速暂存器9字节分配

配置寄存器

TM	R1	R0	1	1	1	1	1

TM位：测试模式，0—工作模式（默认），1—测试模式。
低5位全部固定为1。
R1、R0位：精度设置，默认为11（12位），具体如下。

R1	R0	精　度	最大转换时间	
0	0	9b（0.5℃）	93.75ms	（t_{CONV}/8）
0	1	10b（0.25℃）	187.5ms	（t_{CONV}/4）
1	0	11b（0.125℃）	375ms	（t_{CONV}/2）
1	1	12b（0.0625℃）	750ms	（t_{CONV}）

（b）配置寄存器各位功能

0号字节温度值低位

位7							位0
2^3	2^2	2^1	2^0	2^{-1}	2^{-2}	2^{-3}	2^{-4}

1号字节温度值高位

位15					位10		位8
S	S	S	S	S	2^6	2^5	2^4

上电复位时温度寄存器默认值为+85℃

温度寄存器中的数据		对应实际温度（℃）
（二进制）	（十六进制）	
0000 0111 1101 0000	07D0h	+125
0000 0101 0101 0000	0550h	+85
0000 0001 1001 0001	0191h	+25.0625
0000 0000 1010 0010	00A2h	+10.125
0000 0000 0000 1000	0008h	+0.5
0000 0000 0000 0000	0000h	0
1111 1111 1111 1000	FFF8h	−0.5
1111 1111 0101 1110	FF5Eh	−10.125
1111 1110 0110 1111	FE6Eh	−25.0625
1111 1100 1001 0000	FC90h	−55

（c）温度值寄存器各位功能

图 11-13　高速暂存器组成及功能

高速暂存器的 0、1 号字节（寄存器）用于存放测得的温度数据，其各位功能如图 11-13（c）所示。如果测得的温度大于 0，5 个 S 位均为 0，将温度数据乘以 0.0625（默认精度是 12b），可得到实际温度。比如，寄存器中的温度数据为 0000 1001 1001 0000，对应的十六进制数为 0x0550，因为 5 个 S 位均为 0，表明温度值为正；十六进制数 0x0550 对应的十进制数为 1360，将这个值乘以 0.0625（选择 12b 时），得到 +85（℃）即为实际温度。

如果测得的温度小于 0，5 个 S 位均为 1，需要将寄存器中的温度数据各位取反后加 1（即求补码），再乘以 0.0625 才可得到实际温度。比如，温度数据为 1111 1100 1001 0000，将该数值各位取反后加 1 为 0000 0011 0111 0000，对应的十六进制数为 0x0370，对应的十进制数为 880，将这个值乘以 0.0625 得到 55。由于 5 个 S 位均为 1，表明温度值为负，即该温度数据表示的实际温度为 -55℃。

4．访问时序

单片机（控制器）通过一根线访问 DS18B20，访问的一般过程为：①单片机向 DS18B20 发送复位信号，DS18B20 回复应答信号，该过程又称初始化；②单片机向 DS18B20 发送指令或数据（写 1 或写 0）；③单片机接收 DS18B20 发送过来的数据（读 1 或读 0）。单片机访问 DS18B20 的电路如图 11-14 所示。

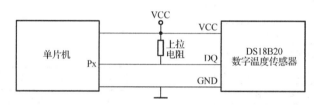

图 11-14　单片机访问 DS18B20 的电路

1）初始化（发送复位信号及回复应答信号）

单片机访问 DS18B20 时，先向 DS18B20 发送低电平复位信号，DS18B20 复位后向单片机发送低电平应答信号，初始化时序如图 11-15 所示。

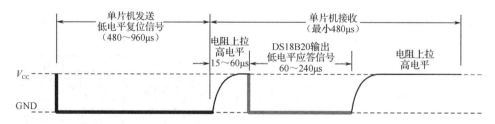

图 11-15　初始化（发送复位信号及回复应答信号）时序

初始化时序说明如下。

（1）访问前数据线（单总线）为高电平。

（2）单片机 Px 端输出低电平复位信号，对 DS18B20 进行复位，低电平持续时间应为 480～960μs。

（3）单片机停止输出复位信号，数据线被上拉电阻拉为高电平，该过程时间应为 15～60μs。

（4）DS18B20 的 DQ 端输出低电平应答信号输入单片机，应答信号时间应在 60～240μs。

如果 DS18B20 损坏或无法工作，单片机将不会接收到应答信号。

（5）DS18B20 停止输出应答信号，数据线被上拉电阻拉为高电平。

2）写 0、写 1 时序（单片机向 DS18B20 发送指令或数据）

单片机通过向 DS18B20 发送指令代码来控制其工作。比如，DS18B20 开始温度转换的指令代码为 44H（即 0x44），只要单片机向 DS18B20 发送 0100 0100，就能让 DS18B20 开始温度转换。单片机向 DS18B20 发送信号称为写操作，写 0、写 1 时序如图 11-16 所示。

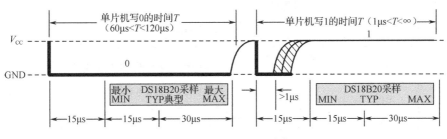

图 11-16　写 0、写 1 时序

在写 0 时，单片机输出 0（低电平），数据线由高电平变为低电平，DS18B20 的 DQ 端输入为低电平，0（低电平）持续时间应为 60～120μs，然后单片机停止输出 0，数据线被上拉电阻上拉为高电平。在写 1 时，单片机先输出低电平，低电平持续时间大于 1μs 小于 15μs，然后单片机输出 1（高电平），持续时间大于 15μs 为佳。每个写 0、写 1 时序只传送一个 0 和 1，虽然对每个写 0、写 1 时序的时长没有严格的规定，但建议时长为 60μs。

3）读 0、读 1 时序（单片机从 DS18B20 读取数据）

当单片机需要从 DS18B20 读取数据时，先向 DS18B20 发送读数据指令，然后 DS18B20 才向单片机发送数据。在写 0、写 1 时单片机 Px 引脚为输出模式，在读 0、读 1 时转为输入模式。单片机接收 DS18B20 发送过来的信号称为读操作，读 0、读 1 时序如图 11-17 所示。

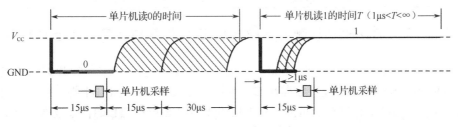

图 11-17　读 0、读 1 时序

在读 0 时，DS18B20 输出 0（低电平），数据线变为低电平，单片机输入为 0，0 的持续时间不要小于 15μs，然后 DS18B20 停止输出 0，数据线被上拉电阻拉为高电平。在读 1 时，DS18B20 先输出低电平，持续时间不小于 1μs，然后输出 1（高电平），数据线变为高电平，单片机输入为 1，1 的持续时间大于 15μs 为佳。每个读 0、读 1 时序只传送一个 0 和 1，虽然对每个读 0、读 1 时序的时长没有严格的规定，但建议时长为 60μs。

5. 操作指令

单片机要操作 DS18B20，须向其发送指令代码。DS18B20 指令分为 ROM 指令和功能指令，各指令代码说明见表 11-1。单片机向 DS18B20 发送某个指令代码，DS18B20 会执行相应的操作。比如，单片机向 DS18B20 发送指令代码 33H（即 0x33），DS18B20 接收到该指令代码后，会将 ROM 中的 64 位值发送给单片机。

表 11-1 DS18B20 指令代码说明

命 令 类 型	命令代码	命 令 名 称	说　　明
ROM Commands（ROM 指令）	F0H	Search ROM（搜索 ROM）	用于确定挂接在同一总线上 DS18B20 的个数，识别 64 位 ROM 地址
	33H	Read ROM（读 ROM）	读 DS18B20 的 ROM 中的编码值（即 64 位地址）
	55H	Match ROM（匹配 ROM）	发出此命令后，接着发出 64 位 ROM 编码，用于选中某个设备
	CCH	Skip ROM（忽略 ROM）	表示后续发出的命令将会发给所有设备，如果总线上只有一个 DS18B20，则特别适用此命令
	ECH	Alarm ROM（警报搜索）	执行此命令后，只有温度超过设定值上限或下限的芯片才会做出响应
Function Commands（功能指令）	44H	Convert Temperature（启动温度转换）	不同精度需要不同转换时间，结果存入暂存器
	4EH	Write Scratchpad（写暂存器）	可写入 3 字节：TH、TL 和配置值（用于选择精度），TH、TL 可用于设置报警上、下限，或给用户自己使用
	BEH	Read Scratchpad（读暂存器）	读 9 字节
	48H	Copy Scratchpad（复制暂存器）	将暂存器中的 TH、TL 和配置值复制给 EEPROM
	B8H	Recall EEPROM（重调 EEPROM）	将 EEPROM 中的 TH、TL 和配置值读入暂存器
	B4H	Read Power Supply（读供电方式）	外接电源供电时，DS18B20 发送 1；数据线寄生供电时，DS18B20 发送 0

11.2.2　用 DS18B20 检测温度控制 LED 亮灭并与计算机通信的电路

图 11-18 所示是单片机用 DS18B20 检测温度控制 LED 亮灭并与计算机通信的电路。用 DS18B20 检测、转换得到的温度数据从 DQ 端输出送入单片机的 PG11 脚，经程序处理后得到实际温度值，温度值通过单片机的 USART1 串口和 USB 转 TTL 通信板发送给计算机，在

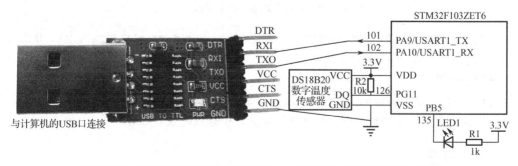

图 11-18　用 DS18B20 检测温度控制 LED 亮灭并与计算机通信的电路

计算机中可用 XCOM 串口调试助手查看温度值。另外，当温度值高于 30℃时，单片机的 PB5 引脚输出低电平，外接的 LED 导通发光。

11.2.3　用 DS18B20 检测温度控制 LED 亮灭并通信显示温度值的程序及说明

1．创建工程

用 DS18B20 检测温度控制 LED 亮灭并通信显示温度值的工程可通过复制并修改前面已创建的"用光敏电阻器检测亮度控制 LED 亮灭并通信显示亮度值"工程来创建。

创建用 DS18B20 检测温度控制 LED 亮灭并通信显示温度值工程的操作如图 11-19 所示。先复制"用光敏电阻器检测亮度控制 LED 亮灭并通信显示亮度值"工程，再将文件夹改名为"用 DS18B20 检测温度控制 LED 亮灭并通信显示温度值"，然后打开该文件夹，如图 11-19（a）所示；双击扩展名为.uvprojx 的工程文件，启动 Keil 软件打开工程，先将工程中的 lightsens.c 文件删掉，再新建 ds18b20.c 文件，并添加到 User 工程组中，如图 11-19（b）所示。

（a）打开"用 DS18B20 检测温度控制 LED 亮灭并通信显示温度值"文件夹

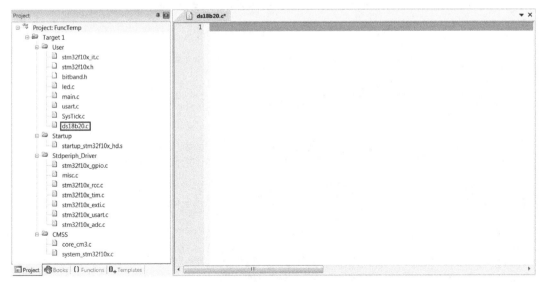

（b）新建 ds18b20.c 文件

图 11-19　创建用 DS18B20 检测温度控制 LED 亮灭并通信显示温度值工程

2．配置读写端口和读写 DS18B20 的程序及说明

配置读写端口和读写 DS18B20 的程序编写在 ds18b20.c 文件中，程序及说明如图 11-20

所示。程序中的 GPIOx_SetIN 函数用于将 PG11 端口配置成输入模式（用于读 DS18B20）；GPIOx_SetOUT 函数用于将 PG11 端口配置成输出模式（用于写 DS18B20）；DS18B20_Reset 函数的功能是让 PG11 引脚输出低电平复位信号使 DS18B20 复位；DS18B20_Check 函数的功能是检测 PG11 引脚有无低电平应答信号输入来判断 DS18B20 的有无；DS18B20_ReadBit 函数的功能是从 DS18B20 读取一位数；DS18B20_ReadByte 函数通过调用执行 8 次 DS18B20_ReadBit 函数从 DS18B20 中读取一字节（8 位）数据；DS18B20_WriteByte 函数的功能是向 DS18B20 写入一字节数据；DS18B20_Start 函数的功能是启动 DS18B20 开始温度转换；DS18B20_Init 函数用于配置 PG11 端口并发送复位信号和检测应答信号；DS18B20_GetTemperature 函数的功能是从 DS18B20 中读取温度数据并根据温度数据的正负计算出实际温度。

```c
ds18b20.c                                                                              ▼ ×
 1  #include "bitband.h"        //包含bitband.h文件,相当于将该文件内容插到此处
 2  void delay_us(u32 nus);     //声明delay_us函数,声明后程序才可使用该函数
 3
 4  /*GPIOx_SetIN函数用于将PG11端口配置成输入模式*/
 5  void GPIOx_SetIN(void)
 6  {
 7    GPIO_InitTypeDef GPIO_InitStructure;    //定义一个类型为GPIO_InitTypeDef的结构体变量GPIO_InitStructure
 8
 9    GPIO_InitStructure.GPIO_Pin=GPIO_Pin_11; /*将结构体变量GPIO_InitStructure的成员GPIO_Pin设为GPIO_Pin_11,
10                                               即选择GPIO端口引脚11*/
11    GPIO_InitStructure.GPIO_Mode=GPIO_Mode_IPU; //将GPIO端口工作模式设为GPIO_Mode_IPU(上拉输入)
12    GPIO_Init(GPIOG,&GPIO_InitStructure);    /*执行GPIO_Init函数,取结构体变量GPIO_InitStructure设定的引脚、
13                                               工作模式配置GPIOG端口*/
14  }
15
16  /*GPIOx_SetOUT函数用于将PG11端口配置成输出模式*/
17  void GPIOx_SetOUT(void)
18  {
19    GPIO_InitTypeDef  GPIO_InitStructure;   //定义一个类型为GPIO_InitTypeDef的结构体变量GPIO_InitStructure
20
21    GPIO_InitStructure.GPIO_Pin=GPIO_Pin_11; /*将结构体变量GPIO_InitStructure的成员GPIO_Pin设为GPIO_Pin_11,
22                                               即选择GPIO端口引脚11*/
23    GPIO_InitStructure.GPIO_Speed=GPIO_Speed_50MHz; //将GPIO端口工作速度设为50MHz
24    GPIO_InitStructure.GPIO_Mode=GPIO_Mode_Out_PP;  //将GPIO端口工作模式设为GPIO_Mode_Out_PP(推挽输出)
25    GPIO_Init(GPIOG,&GPIO_InitStructure);    /*执行GPIO_Init函数,取结构体变量GPIO_InitStructure设定的引脚、
26                                               工作模式和速度配置GPIOG端口*/
27  }
28
29  /*DS18B20_Reset函数的功能是让PG11引脚输出低电平复位信号,送给DS18B20使其复位*/
30  void DS18B20_Reset(void)
31  {
32    GPIOx_SetOUT();   //执行GPIOx_SetOUT函数,将PG11引脚设为输出模式
33    PGout(11)=0;      //让PG11引脚输出低电平
34    delay_us(750);    //执行delay_us函数,延时750μs
35    PGout(11)=1;      //让PG11引脚输出高电平
36    delay_us(15);     //执行delay_us函数,延时15μs
37  }
38
39  /*DS18B20_Check函数的功能是检测PG11引脚有无低电平应答信号(由DS18B20送来),检测到高电平时,检测200μs后返回1;
40  检测到低电平时,若低电平超过240μs也返回1,低电平不超过240μs表示该低电平为应答信号,将0返回给函数*/
41  u8 DS18B20_Check(void)
42  {
43    u8 retry=0;       //声明一个8位无符号变量retry,初值赋0
44    GPIOx_SetIN();    //执行GPIOx_SetIN函数,将PG11引脚设为输入模式
45    while (PGin(11)&&retry<200)     /*如果PG11=1且变量retry值小于200,则反复执行while大括号中的内容,
46                                      即若PG11输入为高电平,则检测200us,&&为逻辑与符号 */
47    {
48      retry++;        //变量retry值加1
49      delay_us(1);    //延时1μs
50    };
51    if(retry>=200)return 1;   /*如果retry值大于或等于200,将1返回给DS18B20_Check函数,
52                                即检测到PG11输入的高电平超过200μs时返回1 */
53    else retry=0;             //否则(即retry值小于200时)将retry清0
54
55    while (!PGin(11)&&retry<240)  /*如果!PGin(11)=1(即PG11=0)且变量retry值小于240,则反复执行while大括号中的
56                                    内容,即PG11输入为低电平时检测240μs,如果未到240μs出现PG11=1,则跳出while语句,
57                                    执行"return 0",!为取反符号 */
58    {
59      retry++;        //变量retry值加1
60      delay_us(1);    //延时1μs
61    };
```

图 11-20　配置读写端口和读写 DS18B20 的程序及说明

```
62  │  if(retry)>=240)return 1;    /*如果retry值大于或等于240,将1返回给DS18B20_Check函数,
63  │                              即检测到PG11输入的低电平超过200μs时返回1*/
64  │  return 0;                    //将0返回给DS18B20_Check函数
65  │ }
66  │
67  │ /*DS18B20_ReadBit函数的功能是从DS18B20读取一位数,读取的数先存到变量data中,再返回给函数*/
68  │ u8 DS18B20_ReadBit(void)
69  │ {
70  │  u8 data;                     //声明一个8位无符号变量data
71  │  GPIOx_SetOUT();              //执行GPIOx_SetOUT函数,将PG11引脚设为输出模式
72  │  PGout(11)=0;                 //让PG11引脚输出低电平
73  │  delay_us(2);                 //延时2μs引脚输出高电平
74  │  PGout(11)=1;                 //让PG11引脚输出高电平
75  │  GPIOx_SetIN();               //执行GPIOx_SetIN函数,将PG11引脚设为输入模式
76  │  delay_us(12);                //延时2μs
77  │  if(PGin(11))data=1;          //如果PG11=1,让data值为1,即将PG11脚读取的1存到变量data中(最低位)
78  │  else data=0;                 //否则(即PG11=0),让data值为0
79  │  delay_us(50);                //延时50μs
80  │  return data;                 //将data值返回给DS18B20_ReadBit函数
81  │ }
82  │
83  │ /*DS18B20_ReadByte函数的功能是从DS18B20读取 1 字节(8位)数据,该函数使用for语句调用
84  │ DS18B20_ReadBit函数8次,从低位到高位读取8位数,先存放到变量dat中,再返回给DS18B20_ReadByte函数*/
85  │ u8 DS18B20_ReadByte(void)
86  │ {
87  │  u8 i,j,dat=0;                //声明3个8位无符号变量i、j和dat,dat初值赋0
88  │  for (i=1;i<=8;i++)          /*for是循环语句,执行时先让变量i=1,然后判断i≤8是否成立,若成立,则执行for语句
89  │                              首尾大括号中的内容,执行完后再执行i++将i加1,接着再判断i≤8是否成立,如此反复,
90  │                              直到i≤8不成立,才跳出for语句,去执行for语句尾大括号之后的内容。for语句大括号
91  │                              中的内容会循环执行8次,从DS18B20中读取8位数据(1字节) */
92  │  {
93  │   j=DS18B20_ReadBit();        //执行DS18B20_ReadBit函数,从DS18B20中读取1位数,并赋给变量j
94  │   dat=(j<<7)|(dat>>1);        /*j值左移7位(来自读取的最低位被移到最高位),dat值右移1位,两者再进行位或(|)运算,
95  │                              结果赋给dat,j值最低位(读取的位)被置放到dat的最高位,dat原最高位被右移了1位*/
96  │  }
97  │  return dat;                  //读完8位数据后,将dat中的8位数据返回给DS18B20_ReadByte函数
98  │ }
99  │
100 │ /*DS18B20_WriteByte函数的功能是向DS18B20中写入1字节数据。该函数先将要写的dat值最低位放到testb的最低位,
101 │ 若testb的最低位为1,让PG11脚输出1;若testb的最低位为0,让PG11脚输出0。写完一位后将dat值的次低位移到最低位,
102 │ 再重复上述操作,执行8次后,dat值8位数全部从PG11脚输出*/
103 │ void DS18B20_WriteByte(u8 dat)  //输入变量dat值为要写的数据,在调用本函数时赋值
104 │ {
105 │  u8 j,testb;                  //声明2个8位无符号变量j和testb
106 │  GPIOx_SetOUT();              //执行GPIOx_SetOUT函数,将PG11引脚设为输出模式
107 │  for (j=1;j<=8;j++)          //for是循环语句,for语句大括号中的内容会循环执行8次,向DS18B20中写入8位数据(1字节)
108 │  {
109 │   testb=dat&0x01;             /*将dat值与0x01进行位与(&)运算,结果赋给变量testb,即将dat最低位存到testb最低位,
110 │                              testb高7位全部变为0 */
111 │   if(testb)                   //如果testb值为1,执行if大括号中的内容（写1）
112 │   {
113 │    PGout(11)=0;               //让PG11输出低电平
114 │    delay_us(2);               //延时2μs
115 │    PGout(11)=1;               //让PG11输出高电平
116 │    delay_us(60);              //延时60μs
117 │   }
118 │   else                        //如果testb值为0,执行else大括号中的内容（写0）
119 │   {
120 │    PGout(11)=0;               //让PG11输出低电平
121 │    delay_us(60);              //延时60μs
122 │    PGout(11)=1;               //让PG11输出高电平
123 │    delay_us(2);               //延时2μs
124 │   }
125 │   dat=dat>>1;                 //将dat值右移1位
126 │  }
127 │ }
128 │
129 │ /*DS18B20_Start函数的功能是启动DS18B20开始温度转换,先发出复位信号,再检测应答信号,最后发出温度转换指令*/
130 │ void DS18B20_Start(void)
131 │ {
132 │  DS18B20_Reset();            //执行DS18B20_Reset函数,让PG11引脚输出低电平复位信号,复位DS18B20
133 │  DS18B20_Check();            //执行DS18B20_Check函数,检测PG11引脚有无应答信号输入以确定有无DS18B20
134 │  DS18B20_WriteByte(0xcc);    //执行DS18B20_WriteByte函数,向DS18B20中写入指令代码0xcc,忽略ROM
135 │  DS18B20_WriteByte(0x44);    //执行DS18B20_WriteByte函数,向DS18B20中写入指令代码0x44,启动温度转换
136 │ }
137 │
138 │ /*DS18B20_Init函数用于配置PG11端口的时钟、工作速度和工作模式,再让PG11脚输出复位信号,并检测有无应答信号*/
139 │ u8 DS18B20_Init(void)
140 │ {
141 │  GPIO_InitTypeDef  GPIO_InitStructure;  //定义一个类型为GPIO_InitTypeDef的结构体变量GPIO_InitStructure
142 │
143 │  RCC_APB2PeriphClockCmd(RCC_APB2Periph_GPIOG,ENABLE);/*执行RCC_APB2PeriphClockCmd函数,开启GPIOG端口时钟*/
144 │
145 │  GPIO_InitStructure.GPIO_Pin=GPIO_Pin_11;  /*将结构体变量GPIO_InitStructure的成员GPIO_Pin设为GPIO_Pin_11,
146 │                                           即选择GPIOG端口引脚11*/
147 │  GPIO_InitStructure.GPIO_Speed=GPIO_Speed_50MHz;  //将GPIO端口工作速度设为50MHz
148 │  GPIO_InitStructure.GPIO_Mode=GPIO_Mode_Out_PP;  //将GPIO端口工作模式设为GPIO_Mode_Out_PP(推挽输出)
```

图 11-20　配置读写端口和读写 DS18B20 的程序及说明（续）

```
149  GPIO_Init(GPIOG,&GPIO_InitStructure);      /*执行GPIO_Init函数,取结构体变量GPIO_InitStructure设定的引脚、
150                                              工作模式和速度配置GPIOG端口*/
151
152  DS18B20_Reset();         //执行DS18B20_Reset函数,让PG11引脚输出低电平复位信号,复位DS18B20
153  return DS18B20_Check();  /*执行DS18B20_Check函数,检测PG11引脚有无应答信号输入,有应答信号时将DS18B20_Check
154                             函数的值为1,将该值返回给DS18B20_Init函数;无应答信号时,将0返回给DS18B20_Init函数*/
155  }
156
157  /*DS18B20_GetTemperature函数的功能是从DS18B20暂存器中读取温度数据。先启动温度转换,再将存放在暂存器中的
158    温度数据读到变量temp中,然后根据温度数据的正负计算出实际温度,最后将实际温度值返回给函数*/
159  float DS18B20_GetTemperature(void)
160  {
161    u8 a,b;          //声明2个8位无符号变量a和b
162    u16 temp;        //声明1个16位无符号变量temp
163    float value;     //声明1个浮点型变量value
164    DS18B20_Start();  //执行DS18B20_Start函数,发送开始温度转换指令,转换来的温度数据存放到DS18B20暂存器中
165    DS18B20_Reset(); //执行DS18B20_Reset函数,让PG11引脚输出低电平复位信号,复位DS18B20
166    DS18B20_Check(); //执行DS18B20_Check函数,检测PG11引脚有无应答信号输入以确定有无DS18B20
167
168    DS18B20_WriteByte(0xcc);  //执行DS18B20_WriteByte函数,向DS18B20中写入指令代码0xcc,忽略ROM
169    DS18B20_WriteByte(0xbe);  //执行DS18B20_WriteByte函数,向DS18B20中写入指令代码0xbe,读取DS18B20暂存器
170    a=DS18B20_ReadByte();     //执行DS18B20_ReadByte函数,从DS18B20中读取1字节(低字节)
171    b=DS18B20_ReadByte();     //执行DS18B20_ReadByte函数,从DS18B20中读取1字节(高字节)
172    temp=b;                   //将变量b的值赋给变量temp
173    temp=(temp<<8)+a;         //将temp值左移8位再与a值相加,b值和a值分别存到16位变量temp的高8位和低8位
174    if((temp&0xf800)==0xf800) /*如果temp值与0xf800位与运算的结果等于0xf800,则temp最高5位全为1,测得温度为负温度,
175                                执行if大括号中的内容 */
176    {
177      temp=(~temp)+1;         //将temp值各位取反后加1,~为位非符号
178      value=temp*(-0.0625);   //将temp值与-0.0625相乘,得到实际温度值,存入变量value中
179    }
180    else                      /*如果temp值和0xf800位与运算的结果不等于0xf800,表明temp最高5位全为0,测得温度为正温度,
181                                执行else大括号中的内容 */
182    {
183      value=temp*0.0625;      //将temp值与0.0625相乘,得到实际温度值,存入变量value中
184    }
185    return value;             //将变量value的值返回给DS18B20_GetTemperature,供其他程序读取
186  }
187
```

图 11-20 配置读写端口和读写 DS18B20 的程序及说明（续）

3．主程序及说明

主程序在 main.c 文件中，内容如图 11-21 所示。程序运行时，首先找到并执行主程序中的 main 函数，在 main 函数中先执行 SysTick_Init 函数配置 SysTick 定时器，再执行 NVIC_PriorityGroupConfig 函数进行优先级分组，然后执行 LED_Init 函数配置 PB5 端口，而后执行 USART1_Init 函数配置、启动 USART1 串口并开启 USART1 串口的接收中断，之后执行 while 语句。

在 while 语句中，先执行 DS18B20_Init 函数，配置 PG11 端口的时钟、工作速度和工作模式；再发送复位信号并检测有无应答信号，如果有应答信号，则执行 DS18B20_GetTemperature 函数，读取 DS18B20 的温度数据并根据温度数据的正负计算出实际温度；然后执行 printf 函数，将温度值转换成字符数据从单片机 USART1 串口发送出去；而后执行 if…else…语句判断温度值，如果温度值大于 30℃，让 PB5 引脚输出低电平，点亮该引脚外接的 LED，如果温度值小于或等于 30℃，则让 PB5 引脚输出高电平，熄灭 LED。

如果将单片机 USART1 串口与计算机连接，则其发送出去的字符数据（温度值）可用计算机中的串口调试助手软件查看。

4．查看 DS18B20 检测的温度值

在计算机中可使用 XCOM 串口调试助手查看单片机通过 USART1 串口发送过来的 DS18B20 检测的温度值。如图 11-22（a）所示，XCOM 串口调试助手接收区显示单片机已检测到 DS18B20 的存在，DS18B20 当前检测的温度值为 25.38℃；如果用手捏住 DS18B20（人体温度高于 30℃），会发现温度值升高，如图 11-22（b）所示。如果温度值大于 30℃，单片机 PB5 引脚外接的 LED 将会发光变亮。

```
main.c
 1  #include "bitband.h"     //包含bitband.h文件,相当于将该文件内容插到此处
 2  #include "stdio.h"       //包含stdio.h,程序中用到标准输入/输出函数(如fputc和printf函数)时要包含该头文件
 3
 4  void SysTick_Init(u8 SYSCLK);   //声明SysTick_Init函数,声明后程序才可使用该函数
 5  void LED_Init(void);            //声明LED_Init函数,声明后程序才可使用该函数
 6  void USART1_Init(u32 bound);    //声明USART1_Init函数,声明后程序才可使用该函数
 7  u8 DS18B20_Init(void);          //声明DS18B20_Init函数
 8  float DS18B20_GetTemperature(void);  //声明DS18B20_GetTemperature函数
 9  void delay_ms(u16 nms);         //声明delay_ms函数
10
11  int main()              /*main为主函数,无输入参数,返回值为整型数(int)。一个工程只能有一个main函数,
12                          不管有多少个程序文件,都会找到main函数并从该函数开始执行程序 */
13  {
14    float temper;         //声明一个浮点型变量temper
15
16    SysTick_Init(72);     /*将72赋给SysTick_Init函数的输入参数SYSCLK,再执行该函数,计算出fac_us值(1μs的计数次数)
17                          和fac_ms(1ms的计数次数)供给delay_ms函数使用 */
18    NVIC_PriorityGroupConfig(NVIC_PriorityGroup_2); /*执行NVIC_PriorityGroupConfig优先级分组函数,
19                          将主、从优先级各设为2位 */
20    LED_Init();           //执行LED_Init函数(在led.c文件中),开启GPIOB端口时钟,设置端口引脚号、工作模式和速度
21    USART1_Init(115200);  /*将115200作为波特率赋给USART1_Init函数(在usart.c文件)的输入参数,再执行该函数配置USART1
22                          串口的端口、参数、工作模式和中断通道,然后启动USART1串口工作,并使能USART1串口的接收中断 */
23    while(DS18B20_Init()) /*先执行DS18B20_Init函数,配置PG11端口的时钟、工作速度和工作模式,再让PG11脚输出复位信号,
24                          并检测有无应答信号,若无应答信号,DS18B20_Init函数的值为1,执行while大括号中的内容 */
25    {
26      printf("未检测到DS18B20!\r\n");  /*将"未检测到DS18B20!"转换成一系列的字符数据,通过USART1串口发送出去,
27                          \r表示回车,\n表示换行 */
28      delay_ms(500);      //执行delay_ms函数,延时500ms
29    }
30    printf("已检测到DS18B20!\r\n");  //将"已检测到DS18B20!"转换成一系列的字符数据,通过USART1串口发送出去
31    while(1)              //while的()中的值为真(非0即为真),反复执行大括号中的内容
32    {
33      temper=DS18B20_GetTemperature();  /*执行DS18B20_GetTemperature函数,启动温度转换,将DS18B20暂存器中的温度数据
34                          读到变量temp中,并根据温度数据的正负计算出实际温度,然后将实际温度值返回
35                          给DS18B20_GetTemperature函数,再传递给变量temper */
36      if(temper<0)        //如果temper值小于0(负温度),执行if大括号中的内容
37      {
38        printf("DS18B20检测的温度: -");  /*将"DS18B20检测的温度为: -"转换成一系列的字符数据,通过USART1串口发送出去*/
39      }
40      else                //如果temper值大于0,执行else大括号中的内容
41      {
42        printf("DS18B20检测的温度: ");  /*将"DS18B20检测的温度为: "转换成一系列的字符数据,通过USART1串口发送出去*/
43      }
44      printf("%.2f℃\r\n",temper);    /*将变量temper值按%.2f定义转换成浮点数字字符数据,再将"℃"转换成字符数据,
45                          两者通过USART1串口发送出去,%.2f表示输出浮点数,小数位为2位*/
46      printf("--------------------\r\n");  /*将"----"转换成字符数据,通过USART1串口发送出去*/
47      if(temper>30)       //如果temper值大于30(即温度大于30℃),执行PBout(5)=0
48      {
49        PBout(5)=0;       //让PB5引脚输出低电平,外接LED点亮
50      }
51      else                //如果temper值小于或等于30(即温度小于或等于30℃),执行PBout(5)=1
52      {
53        PBout(5)=1;       //让PB5脚输出高电平,外接LED熄灭
54      }
55      delay_ms(1500);     //执行delay_ms函数,延时1500ms,单个delay_ms函数最大延时为1864ms
56    }
57  }
58
```

图 11-21　main.c 文件中的主程序

（a）显示温度值　　　　　　　　　　（b）用手捏住 DS18B20 时温度值升高

图 11-22　用 XCOM 串口调试助手查看 DS18B20 检测的温度值

第 12 章

红外遥控与 RTC 实时时钟的使用与编程实例

12.1 红外遥控收发装置与遥控编码方式

12.1.1 红外线与可见光

红外线又称红外光，是一种不可见光（属于一种电磁波）。红、橙、黄、绿、青、蓝、紫为可见光，其波长从长到短（频率从低到高），如图 12-1 所示。红光的波长范围为 622～760nm，紫光的波长范围为 400～455nm，较红光波长更长的光叫红外线，较紫光波长更短的光叫紫外线。红外遥控使用波长在 760～1500nm 之间的近红外线来传送控制信号。

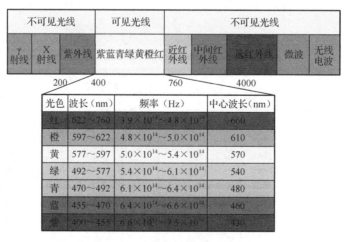

图 12-1　电磁波的划分与可见光

12.1.2 红外线发射器与红外线发光二极管

1. 红外线发射器

图 12-2（a）所示是一种常见的红外线发射器——红外线遥控器，其电路组成如图 12-2（b）

所示。当按下键盘上的某个按键时，编码电路产生一个与之对应的二进制编码信号，该编码信号调制在 38kHz 载波上送往红外线发光二极管，使之发出与电信号一样变化的红外光。

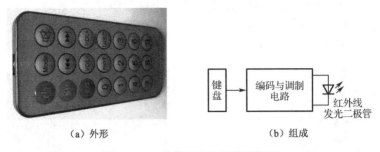

（a）外形　　　　　　　　　　　　　　　　（b）组成

图 12-2　一种常见的红外线发射器

2．红外线发光二极管

1）外形与图形符号

红外线发光二极管通电后会发出人眼无法看见的红外光，家用电器的遥控器采用红外线发光二极管发射遥控信号。红外线发光二极管的外形与图形符号如图 12-3 所示。

（a）外形　　　　　　　　　　　　　　　　（b）图形符号

图 12-3　红外线发光二极管的外形与图形符号

2）用指针万用表检测红外线发光二极管

红外线发光二极管具有单向导电性，其正向导通电压略高于 1V。在检测时，将指针万用表拨至 R×1kΩ 挡，红、黑表笔分别接两个电极，正、反向各测一次，以阻值小的一次测量为准，红表笔接的为负极，黑表笔接的为正极。对于未使用过的红外线发光二极管，引脚长的为正极，引脚短的为负极。

在检测红外线发光二极管好坏时，使用指针万用表的 R×1kΩ 挡测量正、反向电阻，正常时正向电阻在 20～40kΩ 之间，反向电阻应在 500kΩ 以上。若正向电阻偏大或反向电阻偏小，则表明管子性能不良；若正、反向电阻均为 0 或无穷大，则表明管子短路或开路。

3）用数字万用表检测红外线发光二极管

用数字万用表检测红外线发光二极管如图 12-4 所示，测量时万用表选择二极管测量挡，红、黑表笔分别接红外线发光二极管一个引脚，正、反向各测一次。当测量出现 0.800～2.000 范围内的数值时，如图 12-4（a）所示，表明红外线发光二极管已导通（红外线发光二极管的导通电压较普通发光二极管低），红表笔接的为正极，黑表笔接的为负极。互换表笔测量时显示屏会显示 OL 符号，如图 12-4（b）所示，表明红外线发光二极管未导通。

4）区分红外线发光二极管与普通发光二极管

红外线发光二极管的起始导通电压为 1～1.3V，普通发光二极管为 1.6～2V，指针万用表选择 R×1Ω~R×1kΩ 挡时，内部使用 1.5V 电池，根据这些规律可使用万用表 R×100Ω 挡来测量管子的正、反向电阻。若正、反向电阻均为无穷大或接近无穷大，所测管子为普通发光二极管；若正向电阻小、反向电阻大，所测管子为红外线发光二极管。由于红外线为不可见光，故也可使用 R×10kΩ 挡正、反向测量管子，同时观察管子是否有光发出，有光发出者为普通二极管，无光发出者为红外线发光二极管。

（a）测量时已导通　　　　　　　　　　　　　　　　（b）测量时未导通

图 12-4　用数字万用表检测红外线发光二极管

3. 用手机摄像头判断遥控器的红外线发光二极管是否发光

如果遥控器正常，按压按键时遥控器会发出红外光信号，虽然人眼无法看见红外光，但可借助手机的摄像头或数码相机来观察遥控器能否发出红外光。启动手机的摄像头功能，将遥控器有红外线发光二极管的一端朝向摄像头，再按压遥控器上的按键，若遥控器正常，可以在手机屏幕上看到遥控器发光二极管发出的红外光，如图 12-5 所示。如果遥控器有红外光发出，一般可认为遥控器是正常的。

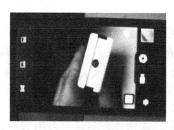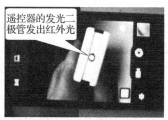

图 12-5　用手机摄像头查看遥控器发光二极管是否发出红外光

12.1.3　红外线光敏二极管与红外线接收器

1. 红外线光敏二极管

1）外形与图形符号

红外线光敏二极管又称红外线接收二极管，简称红外线接收管，能将红外光转换成电信号，为了减少可见光的干扰，常采用黑色树脂材料封装。红外线光敏二极管的外形与图形符号如图 12-6 所示。

（a）外形　　　　　　　　　　　　　　（b）图形符号

图 12-6　红外线光敏二极管的外形与图形符号

2）极性与好坏检测

红外线光敏二极管具有单向导电性，在检测时，将指针万用表拨至 R×1kΩ 挡，红、黑表笔分别接两个电极，正、反向各测一次，以阻值小的一次测量为准，红表笔接的为负极，黑表笔接的为正极。对于未使用过的红外线光敏二极管，引脚长的为正极，引脚短的为负极。

在检测红外线光敏二极管好坏时，使用指针万用表的 R×1kΩ 挡测量正、反向电阻，正常时正向电阻在 3～4kΩ 之间，反向电阻应达 500kΩ 以上。若正向电阻偏大或反向电阻偏小，则表明管子性能不良；若正、反向电阻均为 0 或无穷大，则表明管子短路或开路。

2．红外线接收器

1）外形

红外线接收器由红外线光敏二极管和放大解调等电路组成，这些元件和电路通常封装在一起，称为红外线接收组件，如图 12-7 所示。

2）电路结构原理

红外线接收组件内部由红外线光敏二极管和接收集成电路组成，接收集成电路内部主要由放大、选频及解调电路组成，红外线接收组件内部电路结构如图 12-8 所示。接收头的红外线光敏二极管将红外线遥控器发射来的红外光转换成电信号，送入接收集成电路进行放大，然后经选频电路选出特定频率的信号（频率多数为 38kHz），再由解调电路从该信号中除去载波信号，取出二进制编码信号，从 OUT 端输出去单片机。

VS838　　　1838　　　LF0038M

图 12-7　红外线接收组件

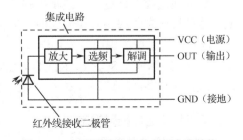

图 12-8　红外线接收组件内部电路结构

3）引脚极性识别

红外线接收组件有 VCC（电源，通常为 5V）、OUT（输出）和 GND（接地）3 个引脚，在安装和更换时，这 3 个引脚不能弄错。红外线接收组件 3 个引脚的排列没有统一规范，可以使用万用表来判别 3 个引脚的极性。

在检测红外线接收组件引脚极性时，将指针万用表置于 R×10Ω 挡，测量各引脚之间的正、反向电阻（共测量 6 次），以阻值最小的那次测量为准，黑表笔接的为 GND 引脚，红表笔接的为 VCC 引脚，余下的为 OUT 引脚。

如果要在电路板上判别红外线接收组件的引脚极性，可找到接收组件旁边的有极性电容器，因为接收组件的 VCC 端一般会接有极性电容器进行电源滤波，故接收组件的 VCC 引脚与有极性电容器正引脚直接连接（或通过一个 100Ω 以上的电阻连接），GND 引脚与电容器的负引脚直接连接，余下的引脚为 OUT 引脚，如图 12-9 所示。

图 12-9　在电路板上判别红外线接收组件 3 个引脚的极性

4）好坏判别与更换

在判别红外线接收组件好坏时，在红外线接收组件的 VCC 和 GND 引脚之间接上 5V 电源，然后将万用表置于直流 10V 挡，测量 OUT 引脚电压（红、黑表笔分别接 OUT、GND 引脚）。在未接收遥控信号时，OUT 引脚电压约为 5V；再将遥控器对准接收组件，按压按键让遥控器发射红外线信号，若接收组件正常，OUT 引脚电压会发生变化（下降），说明输出脚有信号输出，否则可能是接收组件损坏。

红外线接收组件损坏后，若找不到同型号组件更换，也可用其他型号的组件更换。一般来说，相同接收频率的红外线接收组件都能互换，38 系列（1838、838、0038 等）红外线接收组件频率相同，可以互换。由于它们的引脚排列可能不一样，更换时要先识别出各引脚，再将新组件引脚对号入座安装。

12.1.4　红外遥控的编码方式

红外线遥控器通过红外线将控制信号传送给其他电路，实现对电路的遥控控制。这个控制信号是按一定的编码方式形成的一串脉冲信号，不同功能的按键会编码得到不同的脉冲信号。红外遥控系统的编码方式还没有一个统一的国际标准，欧洲和日本生产厂家的编码方式主要有 RC5、NEC、SONY、REC80、SAMSWNG 等，国内家用电器生产厂家多采用上述编码方式。在这些遥控编码方式中，NEC 编码方式应用较多。

1. NEC 遥控编码规定

NEC 遥控编码规定如下。

- 载波频率使用 38kHz;
- 位时间为 1.125ms（0）和 2.25ms（1）;
- 用不同占空比的脉冲表示 0 和 1;
- 地址码和指令码均为 8 位;
- 地址码和指令码传送两次;
- 引导码时间为 9ms（高电平）+4.5ms（低电平）。

2. 遥控指令信号的编码格式

NEC 遥控指令信号的编码格式如图 12-10 所示。当操作遥控器的某个按键时，会产生一个脉冲串信号，该信号由引导码、地址码、地址反码、控制码、控制反码组成。引导码表示信号的开始，由 9ms 低电平和 4.5ms 高电平组成，地址码、地址反码、控制码、控制反码均为 8 位数据格式。数据传送时按低位在前、高位在后的顺序进行，传送反码是为了增加传输的可靠性（可用于校验）。如果一个完整编码脉冲串发送完成后未松开按键，遥控器仅发送起始码（9ms）和结束码（2.5ms）。

图 12-10　NEC 遥控指令信号的编码格式

遥控指令信号在发送时需要装载到 38kHz 载波信号上再发射出去，遥控接收器接收后需要解调去掉 38kHz 载波信号取出遥控指令信号，如果将遥控指令信号比作人，那么载波信号就相当于交通工具。

在 NEC 遥控指令信号中，0.56ms 高电平+1.68ms 低电平表示"1"，时长约为 2.25ms，0.56ms 高电平+0.56ms 低电平表示"0"，时长约为 1.125ms。红外接收组件接收到信号并解调去掉载波后，得到遥控指令信号，该信号变反，"1"为 0.56ms 低电平+1.68ms 高电平，"0"为 0.56ms 低电平+0.56ms 高电平，如图 12-11 所示。

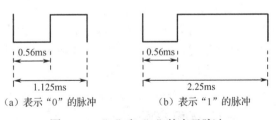

图 12-11　"0"和"1"的表示脉冲

12.2　红外遥控 LED 亮灭并通信显示接收码的电路与编程实例

12.2.1　红外遥控 LED 亮灭并通信显示接收码的电路

红外遥控 LED 亮灭并通信显示接收码的电路与遥控器如图 12-12 所示，当按下遥控器上的电源键时,单片机 PB5 引脚外接的 LED 点亮,按其他任何键均可熄灭 LED。如果将 USB-TTL 通信板与计算机连接,在计算机的串口调试助手软件窗口会显示遥控接收组件接收到的按键产生的指令码。

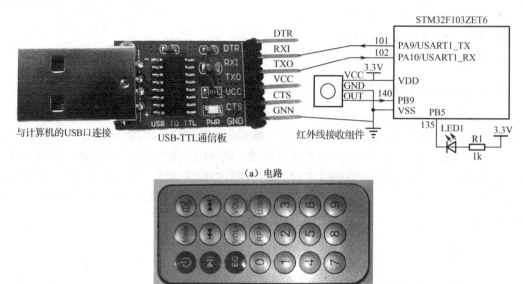

(a)电路

(b)遥控器

图 12-12　红外遥控 LED 亮灭并通信显示接收码的电路与遥控器

12.2.2　红外遥控 LED 亮灭并通信显示接收码的程序及说明

1. 创建工程

红外遥控 LED 亮灭并通信显示接收码的工程可通过复制并修改前面已创建的"用光敏电阻器检测亮度控制 LED 亮灭并通信显示亮度值"工程来创建。

创建红外遥控 LED 亮灭并通信显示接收码工程的操作如图 12-13 所示。先复制"用光敏电阻器检测亮度控制 LED 亮灭并通信显示亮度值"工程,再将文件夹改名为"红外遥控 LED 亮灭并通信显示接收码",然后打开该文件夹,如图 12-13(a)所示;双击扩展名为.uvprojx 的工程文件,启动 Keil 软件打开工程,先将工程中的 lightsens.c 文件删掉,再新建 irrec.c 文件,并添加到 User 工程组中,如图 12-13(b)所示。

(a)打开"红外遥控 LED 亮灭并通信显示接收码"文件夹

图 12-13　创建红外遥控 LED 亮灭并通信显示接收码工程

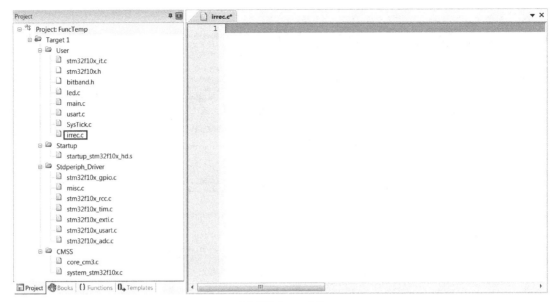

（b）新建 irrec.c 文件

图 12-13　创建红外遥控 LED 亮灭并通信显示接收码工程（续）

2．红外遥控接收通道配置与接收码读取的程序及说明

红外遥控接收通道配置与接收码读取的程序编写在 irrec.c 文件中，其内容如图 12-14 所示。该程序主要由 Irrec_Init、Irrec_time 和 EXTI9_5_IRQHandler 函数组成。Irrec_Init 函数的功能是将 PB9 端口配置成 EXTI9 通道中断输入端，以用作红外遥控接收输入端，PB9 引脚输入下降沿时触发中断。Irrec_time 函数用于读取 PB9 引脚输入值，若输入为高电平，则检测高电平时间并将时间值返回给函数。EXTI9_5_IRQHandler 函数为 EXTI9 通道产生中断时执行的中断服务函数，当 PB9 引脚输入下降沿时触发中断而执行本函数，该函数通过调用 Irrec_time 函数来检测 PB9 引脚高电平时间，若高电平时间为 4～5ms，则判断输入为引导码，再检测后续高电平时间；若高电平时间为 1.2～1.8ms，则接收的数据为"1"；若高电平时间为 0.2～1.0ms，则接收数据为"0"，接收的 32 位数据（接收码）存放在变量 irdata 中。

```
 1  #include "stm32f10x.h"      //包含stm32f10x.h头文件,相当于将该文件的内容插到此处
 2  void delay_us(u32 nus)      //声明delay_us函数,声明后程序才可使用该函数
 3  u32 irdata;                 //声明一个无符号32位整型变量irdata,用于存放接收码
 4  u8 irflag;                  //声明一个无符号8位整型变量irflag,用于存放接收标志
 5
 6  /*Irrec_Init函数将PB9端口配置成EXTI9通道中断输入端,用作红外遥控接收输入端,PB9引脚输入下降沿时触发中断*/
 7  void Irrec_Init()
 8  {
 9    GPIO_InitTypeDef GPIO_InitStructure;   //定义一个类型为GPIO_InitTypeDef的结构体变量GPIO_InitStructure
10    EXTI_InitTypeDef EXTI_InitStructure;   //定义一个类型为EXTI_InitTypeDef的结构体变量EXTI_InitStructure
11    NVIC_InitTypeDef NVIC_InitStructure;   //定义一个类型为NVIC_InitTypeDef的结构体变量NVIC_InitStructure
12
13    /*开启PB9端口时钟、功能复用IO时钟,配置工作模式为上拉输入,并将PB9设为外部中断线路输入端*/
14    RCC_APB2PeriphClockCmd(RCC_APB2Periph_GPIOB|RCC_APB2Periph_AFIO,ENABLE);/*执行RCC_APB2PeriphClockCmd函数,
15                                                                 开启GPIOB端口和功能复用IO时钟*/
16    GPIO_InitStructure.GPIO_Pin=GPIO_Pin_9;    /*将结构体变量GPIO_InitStructure的成员GPIO_Pin设为GPIO_Pin_9,
17                                                  即选择GPIO端口引脚9*/
18    GPIO_InitStructure.GPIO_Mode=GPIO_Mode_IPU; /*将GPIO端口工作模式设为GPIO_Mode_IPU(上拉输入)
19    GPIO_Init(GPIOB,&GPIO_InitStructure);       /*执行GPIO_Init函数,取结构体变量GPIO_InitStructure设定的引脚、
20                                                  工作模式配置GPIOB端口*/
21    GPIO_EXTILineConfig(GPIO_PortSourceGPIOB, GPIO_PinSource9); /*执行GPIO_EXTILineConfigtfq函数,将PB9引脚
22                                                  设为外部中断线路输入端  */
23    EXTI_ClearITPendingBit(EXTI_Line9);         /*执行EXTI_ClearITPendingBit函数,清除外部中断线路9的挂起位,
24                                                  以便接收下一次中断输入  */
```

图 12-14　红外遥控接收通道配置与接收码读取的程序及说明

```
25
26   /*配置EXTI9中断线路的中断模式、边沿检测方式和开启中断线路 */
27   EXTI_InitStructure.EXTI_Line=EXTI_Line9;
28                 //将结构体变量EXTI_InitStructure的成员EXTI_Line(中断线路)设为EXTI_Line9,即选择中断线路EXTI9
29   EXTI_InitStructure.EXTI_Mode=EXTI_Mode_Interrupt;/*将成员EXTI_Mode设为EXTI_Mode_Interrupt,
30                 即将EXTI模式设为中断模式,事件模式为EXTI_Mode_Event */
31   EXTI_InitStructure.EXTI_Trigger=EXTI_Trigger_Falling;
32                 /*将EXTI_InitStructure的成员EXTI_Trigger(边沿检测方式)设为EXTI_Trigger_Falling(下降沿检测),
33                 上升沿检测为EXTI_Trigger_Rising,上升下降沿检测为EXTI_Trigger_Rising_Falling */
34   EXTI_InitStructure.EXTI_LineCmd=ENABLE; //将中断线路设为ENABLE(即使能/开启)
35   EXTI_Init(&EXTI_InitStructure); //按设定的中断线路、中断模式、边沿检测方式和使/失能来配置相关中断寄存器
36
37   /* 配置EXTI9通道的NVIC寄存器(中断通道、主/从优先级和使能) */
38   NVIC_InitStructure.NVIC_IRQChannel=EXTI9_5_IRQn;
39                 //将结构体变量NVIC_InitStructure的成员NVIC_IRQChannel(中断通道)设为EXTI9_5_IRQn,即选择EXTI9-5通道
40   NVIC_InitStructure.NVIC_IRQChannelPreemptionPriority=0;
41                 //将NVIC_InitStructure的成员NVIC_IRQChannelPreemptionPriority设为0,即将中断主优先级设为0
42   NVIC_InitStructure.NVIC_IRQChannelSubPriority=1;
43                 //将NVIC_InitStructure的成员NVIC_IRQChannelSubPriority设为1,即将中断的从优先级设为1
44   NVIC_InitStructure.NVIC_IRQChannelCmd=ENABLE;
45                 //将NVIC_InitStructure的成员NVIC_IRQChannelCmd设为ENABLE(使能),即开启中断,关闭中断用DISABLE(失能)
46   NVIC_Init(&NVIC_InitStructure); //执行NVIC_Init函数,按设定的中断通道、主/从优先级和使/失能来配置NVIC寄存器
47   }
48
49   /*Irrec_time函数用于读取PB9引脚输入值,若输入为高电平,则检测高电平时间并将时间值返回给函数*/
50   u8 Irrec_time()
51   {
52     u8 t=0;              //声明一个无符号8位整型变量t,初值赋0
53     while(GPIO_ReadInputDataBit(GPIOB,GPIO_Pin_9)==1) /*先执行GPIO_ReadInputDataBit函数,读取PB9引脚输入值,
54                          若输入值为1(高电平),while小括号内等式成立,大括号中的内容反复执行*/
55     {
56       t++;               //将变量t值增1
57       delay_us(20);      //执行delay_us函数,延时20μs
58       if(t>=250) return t; //如果t≥250,即PB9脚高电平时间≥250×20μs=5ms,将t值返回给Irrec_time函数并退出函数
59     }
60     return t;            //PB9脚输入值为0(低电平)时,将t值(0～250)返回给Irrec_time函数
61   }
62
63   /*EXTI9_5_IRQHandler为EXTI9通道产生中断时执行的中断服务函数,当PB9引脚输入下降沿时触发中断而执行本函数。函数
64   先检测PB9引脚高电平时间,若高电平时间为4～5ms,则判断输入为引导码,再检测后续高电平时间;若高电平时间为1.2～1.8ms,
65   则接收的数据为"1";若高电平时间为0.2～1.0ms,则接收数据为"0",接收的32位数据(接收码)存放在变量irdata中 */
66   void EXTI9_5_IRQHandler(void)
67   {
68     u8 Tim=0,Ok=0,Data=0,Num=0;   //声明4个8位无符号整型变量Tim、Ok、Data和Num,Tim、Ok和Num初值均赋0
69     while(1)                       //while为循环语句,当小括号中的内容为真(非0即为真)时,大括号中的内容反复执行
70     {                              //while语句首大括号
71       if(GPIO_ReadInputDataBit(GPIOB,GPIO_Pin_9)==1)  /*先执行GPIO_ReadInputDataBit函数,读取PB9引脚输入值,
72                          若输入值为1(高电平),小括号内等式成立,执行本if大括号中的内容*/
73       {
74         Tim=Irrec_time();    //执行Irrec_time函数,并将该函数的返回值(高电平时间)赋给变量Tim
75         if(Tim>=250) break;  //如果Tim值≥250,即PB9脚高电平时间≥250×20μs=5ms,则PB9输入的不是引导码,跳出while语句
76
77         if(Tim>=200&&Tim<250) //如果250>Tim值≥200,即PB9脚输入高电平时间在4～5ms之间,则PB9输入的为引导码,执行Ok=1
78         {
79           Ok=1;              //让变量Ok=1
80         }
81         else if(Tim>=60&&Tim<90) //如果90>Tim值≥60,即PB9脚输入高电平时间在1.2～1.8ms之间,则输入为"1",执行Data=1
82         {
83           Data=1;            //让变量Data=1
84         }
85         else if(Tim>=10&&Tim<50) //如果50>Tim值≥10,即PB9脚输入高电平时间在0.2～1.0ms之间,则输入为"0",执行Data=0
86         {
87           Data=0;            //让变量Data=0
88         }
89
90         if(Ok==1)            //如果Ok=1,即PB9脚已收到引导码,则执行本if语句大括号中的内容
91         {
92           irdata<<=1;        //将变量irdata的值左移1位,irdata值最低位为0
93           irdata+=Data;      //将irdata值与Data值相加,即把Data值最低位放到irdata的最低位
94           if(Num>=32)        //如果变量Num值≥32,32位接收码已接收完成,则执行本if语句大括号中的内容
95           {
96             irflag=1;        //让变量irflag=1,即接收完32位接收码后将irflag置1
97             break;           //跳出while语句
98           }
99         }
100        Num++;    //while语句大括号中内容每执行一次,读取1位接收码,Num值增1,直到Num值≥32时执行"break"跳出while语句
101      }
102    }             // while语句尾大括号
103    EXTI_ClearITPendingBit(EXTI_Line9); /*执行EXTI_ClearITPendingBit函数,清除外部中断线路9的挂起位,以便接收
104                          下一次中断输入 */
105  }
106
```

图 12-14　红外遥控接收通道配置与接收码读取的程序及说明(续)

3. 主程序及说明

主程序在 main.c 文件中,其内容如图 12-15 所示。程序运行时,首先找到并执行主程序中的 main 函数,在 main 函数中先执行 SysTick_Init 函数配置 SysTick 定时器,执行 NVIC_

PriorityGroupConfig 函数进行优先级分组，执行 LED_Init 函数配置 PB5 端口，而后执行
USART1_Init 函数配置、启动 USART1 串口并开启 USART1 串口的接收中断，之后执行
Irrec_Init 函数，将 PB9 端口配置成 EXTI9 通道中断输入端，用作红外遥控接收输入端，当
PB9 引脚输入下降沿时（遥控信号的引导码输入时）触发中断，自动执行EXTI9_5_IRQHandler
中断服务函数，开始从 PB9 引脚接收遥控码。

```
main.c
1  #include "bitband.h"    //包含bitband.h文件,相当于将该文件内容插到此处
2  #include "stdio.h"      //包含stdio.h,程序中用到标准输入/输出函数(如fputc和printf函数)时要包含该头文件
3
4  void SysTick_Init(u8 SYSCLK);    //声明SysTick_Init函数,声明后程序才可使用该函数
5  void LED_Init(void);            //声明LED_Init函数,声明后程序才可使用该函数
6  void USART1_Init(u32 bound);    //声明USART1_Init函数
7  void Irrec_Init(void);          //声明Irrec_Init函数
8  extern u32 irdata;   //声明一个无符号32位外部变量irdata,外部变量分配静态存储区,多个文件可共同使用该变量
9  extern u8 irflag;    //声明一个无符号8位外部变量irflag,该变量在其他文件中已有声明
10
11 int main()           /*main为主函数,无输入参数,返回值为整型数(int)。一个工程只能有一个main函数,
12                        不管有多少个程序文件,都会找到main函数并从该函数开始执行程序 */
13 {
14  SysTick_Init(72);   /*将72赋给SysTick_Init函数的输入参数SYSCLK,再执行该函数,计算出fac_us值(1μs的计数次数)
15                        和fac_ms(1ms的计数次数)供给delay_ms函数使用 */
16  NVIC_PriorityGroupConfig(NVIC_PriorityGroup_2); /*执行NVIC_PriorityGroupConfig优先级分组函数,
17                        将主、从优先级各设为2位 */
18  LED_Init();         //执行LED_Init函数(在led.c文件中),开启GPIOB端口时钟,设置端口引脚号、工作模式和速度
19  USART1_Init(115200);/*将115200作为波特率赋给USART1_Init函数(在eusart.c文件中)的输入参数,再执行该函数配置USART1
20                        串口的端口、参数、工作模式和中断通道,然后启动USART1串口工作,并使能USART1串口的接收中断*/
21  Irrec_Init();       /*执行Irrec_Init函数,将PB9端口配置成EXTI9通道中断输入端,用作红外遥控接收输入端,当PB9引脚
22                        输入下降沿时触发中断,自动执行EXTI9_5_IRQHandler中断服务函数,开始从PB9引脚接收遥控输入码*/
23  while(1)            //while为循环语句,当小括号中的内容为真(非0即为真)时,大括号中的内容反复执行
24  {                   //while语句首大括号
25   if(irflag==1)      //如果32位遥控码接收完成,接收完成标志变量irflag=1,执行本if语句大括号中的内容
26   {
27    irflag=0;         //将irflag值清0
28    printf("红外接收码: %08X\r\n",irdata); /*执行printf函数,先将"红外接收码: "转换成一系列的字符数据,再将
29                        变量irdata值按%08X定义转换成十六进制字符数据,两者通过USART1串口发送出去,
30                        %08X表示输出十六进制字符,字符数量为8个,不足左边用0补齐,\r表示回车,\n表示换行*/
31    if(irdata==0x00FFA25D) //如果接收到电源键的遥控码,irdata=0x00FFA25D(电源键遥控码)成立,执行PBout(5)=0
32    {
33     PBout(5)=0;      //让PB5引脚输出低电平,外接LED点亮
34    }
35    else              //如果接收到其他键的遥控码,执行PBout(5)=1
36    {
37     PBout(5)=1;      //让PB5引脚输出高电平,外接LED熄灭
38    }
39    irdata=0;         //将变量irdata中的遥控接收码清0
40   }
41  }                   //while语句尾大括号
42 }
43
```

图 12-15　main.c 文件中的主程序

接着执行 while 语句，当用 if 语句判断 32 位遥控码接收完成时，执行 printf 函数，将遥
控码转换成字符数据从单片机 USART1 串口发送出去；再执行 if…else…语句，判断接收码
是否与按下电源键产生的遥控码相同，如果相同，让 PB5 引脚输出低电平，该引脚外接的
LED 点亮，如果不同（遥控器的电源键之外的其他键被按下），则让 PB5 引脚输出高电平，
熄灭 LED。

如果将单片机 USART1 串口与计算机连接，则其发送出去的字符数据（遥控接收码）
可用计算机中的串口调试助手软件查看。

4．查看遥控接收码

在计算机中可使用 XCOM 串口调试助手查看单片机通过 USART1 串口发送过来的遥控
接收码。如图 12-16（a）所示，XCOM 串口调试助手接收区中的"00FFA25D"为按遥控器
的电源键时接收到的遥控码，同时单片机 PB5 引脚外接的 LED 点亮；图 12-16（b）所示为
依次按数字 1、2、3 键时接收到的遥控码，按这些键时 PB5 引脚外接的 LED 不会亮。

(a) 按电源键时接收到的遥控码　　　　　　(b) 依次按数字 1、2、3 键时接收到的遥控码

图 12-16　用 XCOM 串口调试助手查看遥控接收码

12.3　RTC（实时时钟）的使用与编程实例

RTC（Real_Time Clock）意为实时时钟，是一个独立的定时器。RTC 模块在相应软件配置下，可提供时钟日历功能。修改计数器的值可以重新设置系统当前的时间和日期。RTC 模块和时钟配置系统（RCC_BDCR 寄存器）处于后备区域（BKP），即在系统复位或从待机模式唤醒后，RTC 的设置和时间维持不变。

系统复位后，对后备寄存器和 RTC 的访问被禁止，这是为了防止对后备区域寄存器的意外写操作。如果要配置后备寄存器和访问 RTC，可这样处理：①设置 RCC_APB1ENR 寄存器的 PWREN 和 BKPEN 位，使能电源和后备接口时钟；②设置 PWR_CR 寄存器的 DBP 位，使能对后备寄存器和 RTC 的访问。

12.3.1　RTC 的结构与工作原理

RTC 的结构如图 12-17 所示。RTCCLK 为 RTC 的输入时钟信号，可取自 HSE 时钟（8MHz）的 128 分频，也可以直接取自 LSE 时钟（32.768kHz），还可以取自 LSI 时钟（40kHz）。具体选择哪个时钟作为 RTCCLK 时钟，可通过设置 RCC_BDCR 后备区域控制寄存器的位[9:8]来决定，一般选择 32.768kHz 的 LSE 时钟作为 RTCCLK 时钟。

如果将 LSE 时钟作为 RTCCLK 时钟送给 RTC_DIV 寄存器，同时 RTC_PRL 寄存器中的预分频装载值 32767 装入 RTC_DIV 寄存器，则每输入一个 RTCCLK 时钟脉冲，RTC_DIV 寄存器的值减 1。当输入第 32768 个 RTCCLK 时钟脉冲时，正好用时 1s，RTC_DIV 寄存器的值变为 0，会输出一个 RTC_Second 脉冲。然后 RTC_PRL 寄存器中的预分频装载值 32767 又重新装入 RTC_DIV 寄存器，开始下一秒的计时，即每隔 1s 时间 RTC_DIV 寄存器会输出一个 RTC_Second 脉冲。

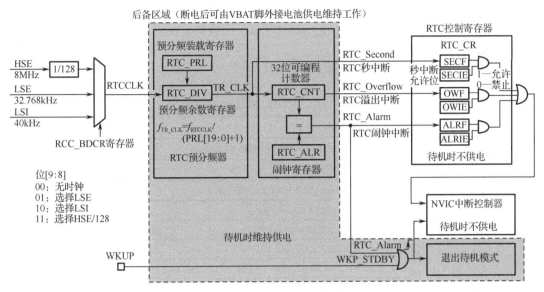

图 12-17　RTC 的结构

RTC_Second 脉冲分作两路，一路去将 RTC_CR 控制寄存器的 SECF（秒标志）位置 1，如果 SECIE（秒中断允许）位为 1，与门输出 1，1 经或门后送到 NVIC 中断控制器，触发中断而执行特定的中断服务程序（函数）。RTC_Second 脉冲另一路送到 RTC_CNT 寄存器（32 位可编程计数器，可设置计数值），每输入一个 RTC_Second 脉冲，RTC_CNT 寄存器的值减 1，当减到 0 时会产生一个 RTC_Overflow 脉冲（可作为 RTC 溢出中断信号）。如果在 RTC_ALR 闹钟寄存器中设置了闹钟值，则当 RTC_CNT 的计数值与 RTC_ALR 寄存器的闹钟值相等时，会产生一个 RTC_Alarm 脉冲（可作为 RTC 闹钟中断信号）。

RTC_Alarm 脉冲和 WKUP 引脚输入信号均可使系统退出待机模式，也可以触发中断。

12.3.2　RTC 使用的编程步骤

（1）使能 PWR（电源）、BKP（后备区域）时钟和开启 RTC、BKP 寄存器的访问。例如：

```
RCC_APB1PeriphClockCmd(RCC_APB1Periph_PWR | RCC_APB1Periph_BKP,ENABLE);
/*执行 RCC_APB1PeriphClockCmd 函数，使能 PWR（电源）和 BKP（后备区域）时钟*/
PWR_BackupAccessCmd(ENABLE);
/*执行 PWR_BackupAccessCmd 函数，开启 RTC 和 BKP 寄存器的访问*/
```

（2）复位后备区域，开启 RTC 时钟。例如：

```
BKP_DeInit();
/*执行 BKP_DeInit 函数，将 BKP（后备区域）的全部寄存器重设为默认值*/
RCC_LSEConfig(RCC_LSE_ON);
/*执行 RCC_LSEConfig 函数，设置使用外部低速晶振（LSE），关闭晶振用 RCC_LSE_OFF，LSE 晶振被外部时钟旁路用 RCC_LSE_Bypass*/
```

（3）选择并使能 RTC 时钟。例如：

```
RCC_RTCCLKConfig(RCC_RTCCLKSource_LSE);
/*执行 RCC_RTCCLKConfig 函数，选择 LSE 时钟作为 RTC 时钟（RTCCLK），该函数的说明见表 12-1*/
RCC_RTCCLKCmd(ENABLE);
/*执行 RCC_RTCCLKCmd 函数，使能 RTC 时钟*/
```

表 12-1 RCC_RTCCLKConfig 函数说明

函 数 名	RCC_RTCCLKConfig	
函数原型	void RCC_RTCCLKConfig(u32 RCC_RTCCLKSource)	
功能描述	设置 RTC 时钟（RTCCLK）	
输入参数	RCC_RTCCLKSource：定义 RTCCLK，取值如下。	
	RCC_RTCCLKSource 值	描　　述
	RCC_RTCCLKSource_LSE	选择 LSE 作为 RTC 时钟
	RCC_RTCCLKSource_LSI	选择 LSI 作为 RTC 时钟
	RCC_RTCCLKSource_HSE_Div128	选择 HSE 时钟频率除以 128 作为 RTC 时钟
先决条件	RTC 时钟一经选定即不能更改，除非复位后备区域	

（4）开启 RTC 配置模式，设置 RTC 预分频数和初始时间，然后退出配置模式，再配置 RTC 中断。例如：

```
RTC_EnterConfigMode();
/*执行 RTC_EnterConfigMode 函数，进入 RTC 配置模式*/
RTC_SetPrescaler(32767);
/*执行 RTC_SetPrescaler 函数，将 RTC 预分频数设为 32767，参数类型为 u32*/
RTC_SetCounter(3668);
/*执行 RTC_SetCounter 函数，设置 RTC 初始时间为 1:1:8，3668 为 0 时开始计时的总秒数，3668 秒=3600+
60+8=1 小时+1 分+8 秒，参数类型为 u32*/
RTC_ExitConfigMode();
/*执行 RTC_ExitConfigMode 函数，退出配置模式*/
RTC_WaitForLastTask();
/*执行 RTC_WaitForLastTask 函数，等待最近一次对 RTC 寄存器的写操作完成*/
RTC_ITConfig(RTC_IT_SEC, ENABLE);
/*执行 RTC_ITConfig 函数，使能 RTC 秒中断，该函数的说明见表 12-2*/
RTC_NVIC_Config();
/*执行 RTC_NVIC_Config 函数，配置 NVIC 寄存器来设定中断通道、主/从优先级和开通中断通道*/
```

表 12-2 RTC_ITConfig 函数说明

函 数 名	RTC_ITConfig
函数原型	void RTC_ITConfig(u16 RTC_IT, FunctionalState NewState)
功能描述	使能或者失能指定的 RTC 中断

续表

	RTC_IT：待使能或者失能的 RTC 中断源，取值如下。	
输入参数 1	RTC_IT 值	描　述
	RTC_IT_OW	溢出中断使能
	RTC_IT_ALR	闹钟中断使能
	RTC_IT_SET	秒中断使能
输入参数 2	NewState：RTC 中断的新状态。这个参数可以取 ENABLE 或者 DISABLE	
先决条件	在使用本函数前必须先调用函数 RTC_WaitForLastTask，等待标志位 RTOFF 被设置	

（5）编写 RTC 中断服务函数，函数名固定为 RTC_IRQHandler。例如：

```
void RTC_IRQHandler(void)
{
    if (RTC_GetITStatus(RTC_IT_SEC) !=0)       /*执行 RTC_GetITStatus 函数读取秒中断状态，发生中断时
状态值为 1，等式成立，执行本 if 语句大括号中的内容*/
    {
    //此处编写在中断时需要执行的程序
    }
    RTC_ClearITPendingBit(RTC_IT_SEC | RTC_IT_OW); /*执行 RTC_ClearITPendingBit 函数，清除秒中
断和溢出中断*/
    RTC_WaitForLastTask();   /*执行 RTC_WaitForLastTask 函数，等待最近一次对 RTC 寄存器的写操作完
成*/
}
```

12.3.3　RTC 控制 LED 亮灭并通信显示时间的电路

RTC 控制 LED 亮灭并通信显示时间的电路如图 12-18 所示，单片机通电后，PB5 引脚外接的 LED 闪烁发光（亮、暗时间均为 1s），如果用 USB-TTL 通信板与计算机连接通信，则在计算机的串口调试助手软件窗口会显示 RTC 时间，每隔 1s 时间更新一次。

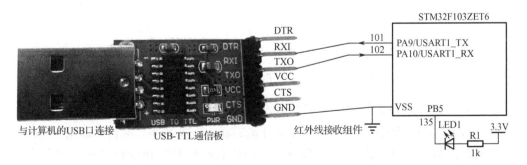

图 12-18　RTC 控制 LED 亮灭并通信显示时间的电路

12.3.4　RTC 控制 LED 亮灭并通信显示时间的程序及说明

1. 创建工程

RTC 控制 LED 亮灭并通信显示时间的工程可通过复制并修改前面已创建的“红外遥控

LED 亮灭并通信显示接收码"工程来创建。

创建 RTC 控制 LED 亮灭并通信显示时间工程的操作如图 12-19 所示。先复制"红外遥控 LED 亮灭并通信显示接收码"工程，再将文件夹改名为"RTC 控制 LED 亮灭并通信显示时间"，然后打开该文件夹，如图 12-19（a）所示；双击扩展名为.uvprojx 的工程文件，启动 Keil 软件打开工程，先将工程中的 irrec.c 文件删掉，然后新建 rtc.c 文件，并添加到 User 工程组中，再从固件库中将 stm32f10x_rtc.c、stm32f10x_bkp.c 和 stm32f10x_pwr.c 3 个驱动文件添加到 Stdperiph_Driver 工程组中，程序需要使用这些文件中的函数，如图 12-19（b）所示。

（a）打开"RTC 控制 LED 亮灭并通信显示时间"文件夹

（b）新建 rtc.c 文件并添加 3 个驱动文件

图 12-19　创建 RTC 控制 LED 亮灭并通信显示时间的工程

2．RTC 初始化、中断配置和中断处理的程序及说明

RTC 初始化、中断配置和中断处理的程序编写在 rtc.c 文件中，其内容如图 12-20 所示。该程序主要由 RTC_NVIC_Config、RTC_Get、RTC_Init 和 RTC_IRQHandler 函数组成。

在程序运行时，主程序中的 main 函数会调用本文件中的 RTC_Init 函数（使能 PWR、BKP 的时钟和寄存器的访问，选择 RTC 时钟，设置预分频值，使能 RTC 中断，设置 RTC 初始时间），在 RTC_Init 函数中执行 RTC_NVIC_Config 函数配置中断，执行 RTC_Get 函数获取 RTC 时间。RTC_Init 函数开启和配置 RTC 秒中断后，每隔 1s 产生一次秒中断触发执行一次 RTC_IRQHandler 中断服务函数。该函数先读取中断状态，再获取当前 RTC 时间，然后将 RTC 时间转换成字符数据从 USART1 串口发送出去，同时让 PB5 引脚电平变反。

```
rtc.c                                                                                    ▼ ×
 1  #include "bitband.h"     //包含bitband.h，相当于将该文件内容插到此处
 2  #include "stdio.h"       //包含stdio.h,程序中用到标准输入/输出函数(如fputc和printf函数)时要包含该头文件
 3
 4  void delay_ms(u16 nms);  /*声明delay_ms函数,如果A函数中需要调用B函数,而B函数在其他文件中或在A函数之后,
 5                           需要在调用前对B函数进行声明,否则编译时会报警或出错 */
 6  typedef struct          /*定义一个名为calendarTypeDef的结构体,该结构体包含hour(小时)、min(分)和sec(秒)
 7                           3个成员变量,成员变量类型均为8位无符号整型变量 */
 8  {
 9    u8 hour;u8 min;u8 sec;
10  }calendarTypeDef;
11
12  calendarTypeDef calendar;              //定义一个结构体类型为calendarTypeDef的结构变量calendar
13
14  /*RTC_NVIC_Config函数用于选择RTC中断通道、设置主/从优先级和开启中断 */
15  static void RTC_NVIC_Config(void)      //用static将RTC_NVIC_Config函数定义为静态函数,使该函数只在本文件中有效
16  {
17    NVIC_InitTypeDef NVIC_InitStructure;  //定义一个结构体类型为NVIC_InitTypeDef的结构变量NVIC_InitStructure
18    NVIC_InitStructure.NVIC_IRQChannel=RTC_IRQn; /*将结构体变量NVIC_InitStructure的成员NVIC_IRQChannel设为RTC_IRQn,
19                           即选择RTC中断通道*/
20    NVIC_InitStructure.NVIC_IRQChannelPreemptionPriority=0; /*将NVIC_IRQChannelPreemptionPriority(中断的主优先级)
21                           设为0*/
22    NVIC_InitStructure.NVIC_IRQChannelSubPriority=0;        //将NVIC_IRQChannelSubPriority(中断的从优先级)设为0
23    NVIC_InitStructure.NVIC_IRQChannelCmd = ENABLE;        /*将NVIC_IRQChannelCmd设为ENABLE(使能),即开启中断,
24                           关闭中断用DISABLE(失能)*/
25    NVIC_Init(&NVIC_InitStructure);  /*执行NVIC_Init函数,取结构体变量NVIC_InitStructure设定的中断通道、主/从优先级和
26                           使/失能来配置NVIC寄存器*/
27  }
28
29  /*RTC_Get函数先获取RTC计时的总秒数值,再转换得到时、分、秒值,分别存入结构体变量calendar的成员变量hour、min和sec中 */
30  void RTC_Get()
31  {
32    u32 timedata=0;                    //声明一个32位无符号整型变量timedata,存放RTC计时的总秒数值,timedata初值赋0
33    timedata=RTC_GetCounter();          //先执行RTC_GetCounter函数,获取RTC的时间值(总秒数值),并赋给变量timedata
34    calendar.hour=timedata/3600;        //将timedata(总秒数值)除以3600得到小时值,赋给结构体变量calendar的成员hour
35    calendar.min=(timedata%3600)/60;    //将总秒数值除以3600取余数,再把余数除以60得到分值赋给结构体变量calendar的成员min
36    calendar.sec=(timedata%3600)%60;    //将总秒数值除以3600取余数,然后把余数除以60再取余数得到秒值赋给calendar的成员sec
37  }
38
39  /*RTC_Init为RTC初始化函数,主要功能有使能PWR、BKP的时钟和寄存器的访问、选择RTC时钟、设置预分频值、使能RTC中断、
40  设置RTC初始时间、配置中断和获取RTC时间等。在首次执行本函数时,BKP_DR1备份数据寄存器的值为复位值0x0,第1个if语句
41  小括号内的等式成立,执行本if语句大括号中的内容,设置RTC初始时间并往BKP_DR1寄存器中写入0x3030。BKP_DR1寄存器的值不会被
42  系统复位、电源复位和从待机模式唤醒复位,可由后备区域或引脚TAMPER事件复位,故再次执行RTC_Init函数时,BKP_DR1值
43  为0x3030,第1个if语句小括号内的等式不成立,不会执行第1个if语句大括号中的初始化操作,而执行else大括号中的内容。如果
44  设置了新时间要写入RTC,可将!=改为==后下载程序,设置新时间后将==改回!=再下载程序,避免每次执行函数时都写初始时间*/
45  u8 RTC_Init(void)
46  {
47    u8 temp=0;                          //声明一个8位无符号整型变量temp,初值赋0
48    RCC_APB1PeriphClockCmd(RCC_APB1Periph_PWR|RCC_APB1Periph_BKP,ENABLE); /*执行RCC_APB1PeriphClockCmd函数,
49                           使能(开启)PWR(电源)和BKP(后备区域)时钟*/
50    PWR_BackupAccessCmd(ENABLE);        /*执行PWR_BackupAccessCmd函数,使能软件对RTC和BKP寄存器的访问*/
51    if(BKP_ReadBackupRegister(BKP_DR1)!=0x3030) /*执行BKP_ReadBackupRegister函数,从BKP_DR1备份数据寄存器中读取数据,
52                           由于BKP_DR1寄存器复位值为0x0,不等于0x3030(0x0之外的任意值),
53                           if语句小括号中的等式成立,执行本if语句大括号中的内容,!=为不等于符号*/
54    {
55      BKP_DeInit();           //执行BKP_DeInit函数,将BKP(后备区域)的全部寄存器重设为默认值
56      RCC_LSEConfig(RCC_LSE_ON); //执行RCC_LSEConfig函数,设置使用外部低速晶振(LSE),关闭晶振用RCC_LSE_OFF
57      while(RCC_GetFlagStatus(RCC_FLAG_LSERDY)==0&&temp<250) /*执行RCC_GetFlagStatus函数检查LSE晶振就绪标志位,
58                           未准备好函数返回值为0(假),若temp<250成立(真),则
59                           "0&&temp<250"的结果为假,&&为逻辑与符号,假&&真为假,
60                           while小括号中的等式成立,反复执行大括号中的内容,
61                           等待LSE晶振准备就绪*/
62      {
63        temp++;              //变量temp值增1
64        delay_ms(10);        //执行delay_ms函数,延时10ms
65      }
66      if(temp>=250)return 1;  /*如果temp≥250,即LSE晶振准备时间超过250×10=2500ms仍未工作,晶振有问题,
67                           返回1给RTC_Init函数,同时退出函数,不执行后续内容*/
68      RCC_RTCCLKConfig(RCC_RTCCLKSource_LSE); //执行RCC_RTCCLKConfig函数,选择LSE时钟作为RTC时钟(RTCCLK)
69      RCC_RTCCLKCmd(ENABLE);  //执行RCC_RTCCLKCmd函数,使能RTC时钟
70      RTC_WaitForLastTask();  //执行RTC_WaitForLastTask函数,等待最近一次对RTC寄存器的写操作完成
71      RTC_WaitForSynchro();   //执行RTC_WaitForSynchro函数,等待RTC寄存器与RTC APB时钟同步
72      RTC_ITConfig(RTC_IT_SEC, ENABLE); //执行RTC_ITConfig函数,使能RTC秒中断
73      RTC_WaitForLastTask();  //执行RTC_WaitForLastTask函数,等待最近一次对RTC寄存器的写操作完成
74      RTC_EnterConfigMode();  //执行RTC_EnterConfigMode函数,进入RTC配置模式
75      RTC_SetPrescaler(32767); //执行RTC_SetPrescaler函数,将RTC预分频值设为32767
76      RTC_WaitForLastTask();  //执行RTC_WaitForLastTask函数,等待最近一次对RTC寄存器的写操作完成
77      RTC_SetCounter(3668);   /*执行RTC_SetCounter函数,设置RTC初始时间为1:1:8,
78                           3668是0时开始计时的总秒数值,3668秒=3600+60+8=1小时+1分+8秒 */
79      RTC_ExitConfigMode();   //执行RTC_ExitConfigMode函数,退出配置模式
80      BKP_WriteBackupRegister(BKP_DR1,0X3030);/*执行RTC_Set函数,向BKP_DR1备份数据寄存器中写入0X3030(与前面相同)*/
81    }
82    else                     //如果从BKP_DR1备份数据寄存器中读取的值等于0x3030,则执行else大括号中的内容
83    {
84      RTC_WaitForSynchro();   //执行RTC_WaitForSynchro函数,等待RTC寄存器与RTC APB时钟同步
85      RTC_ITConfig(RTC_IT_SEC, ENABLE); //执行RTC_ITConfig函数,使能RTC秒中断
86      RTC_WaitForLastTask();  //执行RTC_WaitForLastTask函数,等待最近一次对RTC寄存器的写操作完成
87    }
88    RTC_NVIC_Config();  //执行RTC_NVIC_Config函数,配置NVIC寄存器来设定中断通道、主/从优先级和开通中断通道
89    RTC_Get();          //执行RTC_Get函数,获取当前的RTC时间
90    return 0;           //将0返回给RTC_Init函数,表示初始化成功
```

图 12-20　RTC 初始化、中断配置和中断处理程序及说明

```
91  }
92
93  /*RTC_IRQHandler为RTC中断服务函数,当产生RTC中断时会自动执行本函数,先读取中断状态,再获取当前RTC时间,
94  然后将RTC时间转换成字符数据从USART1串口发送出去,同时让PB5引脚电平变反*/
95  void RTC_IRQHandler(void)
96  {
97    if (RTC_GetITStatus(RTC_IT_SEC) !=0)              /*执行RTC_GetITStatus函数读取秒中断状态,发生中断时状态值为1,
98                                                        等式成立,执行本if语句大括号中的内容*/
99    {
100     RTC_Get();                                      //执行RTC_Get函数,获取当前的RTC时间
101     printf("RTC时间:%d:%d:%d\r\n",calendar.hour,calendar.min,calendar.sec); /*将"RTC时间:时值:分值:秒值"转换成
102                                                      字符数据,通过USART1串口发送出去 */
103     PBout(5)=!PBout(5);                             //让PB5引脚输出电平变反,外接LED状态(亮灭)变反
104   }
105   RTC_ClearITPendingBit(RTC_IT_SEC|RTC_IT_OW);      //执行RTC_ClearITPendingBit函数,清除秒中断和溢出中断
106   RTC_WaitForLastTask();                            //执行RTC_WaitForLastTask函数,等待最近一次对RTC寄存器的写操作完成
107  }
108
```

图 12-20 RTC 初始化、中断配置和中断处理程序及说明(续)

3. 主程序及说明

主程序在 main.c 文件中,其内容如图 12-21 所示。程序运行时,首先找到并执行主程序中的 main 函数,在 main 函数中先执行 SysTick_Init 函数配置 SysTick 定时器,再执行 NVIC_PriorityGroupConfig 函数进行优先级分组,然后执行 LED_Init 函数配置 PB5 端口,而后执行 USART1_Init 函数配置、启动 USART1 串口并开启 USART1 串口的接收中断,之后执行 RTC_Init 函数,使能 PWR、BKP 的时钟和寄存器的访问,选择 RTC 时钟,设置预分频值,使能 RTC 中断,设置 RTC 初始时间,配置中断和获取 RTC 时间。

```
main.c
1   #include "stm32f10x.h"    //包含stm32f10x.h头文件,相当于将该文件的内容插到此处
2
3   void SysTick_Init(u8 SYSCLK);      //声明SysTick_Init函数,声明后程序才可使用该函数
4   void LED_Init(void);               //声明LED_Init函数,声明后程序才可使用该函数
5   void USART1_Init(u32 bound);       //声明USART1_Init函数
6   u8 RTC_Init(void);                 //声明RTC_Init函数
7
8   int main()                  /*main为主函数,无输入参数,返回值为整型数(int)。一个工程只能有一个main函数,
9                                不管有多少个程序文件,都会找到main函数并从该函数开始执行程序 */
10  {
11    SysTick_Init(72);        /*将72赋给SysTick_Init函数的输入参数SYSCLK,再执行该函数,计算出fac_us值(1μs的计数次数)
12                              和fac_ms(1ms的计数次数)供给delay_ms函数使用 */
13    NVIC_PriorityGroupConfig(NVIC_PriorityGroup_2); /*执行NVIC_PriorityGroupConfig优先级分组函数,
14                                                      将主、从优先级各设为2位 */
15    LED_Init();              //执行LED_Init函数(在led.c文件中),开启GPIOB端口时钟,设置端口引脚号、工作模式和速度
16    USART1_Init(115200);     /*将115200作为波特率赋给USART1_Init函数(在eusart.c文件中)的输入参数,再执行该函数配置USART1
17                              串口的端口、参数、工作模式和中断通道,然后启动USART1串口工作,并使能USART1串口的接收中断*/
18    RTC_Init();              /*执行RTC_Init函数,使能PWR、BKP时钟和寄存器的访问,选择RTC时钟,设置预分频值,使能RTC秒中断,
19                              设置RTC初始时间,配置中断和获取RTC时间*/
20    while(1)
21    {
22      //此处可编写需要反复执行的程序
23    }
24  }
25
```

图 12-21 main.c 文件中的主程序

通过 RTC_Init 函数开启和配置 RTC 秒中断后,RTC 每隔 1s 产生一次秒中断,触发执行一次 RTC_IRQHandler 中断服务函数,该函数先获取当前的 RTC 时间,再将 RTC 时间转换成字符数据从 USART1 串口发送出去,同时让 PB5 引脚电平变反,PB5 引脚外接 LED 状态(亮灭)变反。如果将单片机 USART1 串口与计算机连接,则其发送出去的字符数据(RTC 时间)可用计算机中的串口调试助手软件查看。

4. 查看遥控接收码

在计算机中可使用 XCOM 串口调试助手查看单片机通过 USART1 串口发送过来的 RTC 时间。如图 12-22(a)所示,XCOM 串口调试助手接收区中的"1:1:8"为程序中设置的 RTC

初始时间，每隔 1s 发送一次新时间，如图 12-22（b）所示，同时单片机 PB5 引脚外接的 LED 闪烁发光（1s 亮、1s 灭，反复进行）。

（a）显示 RTC 初始时间（程序中设置的时间）

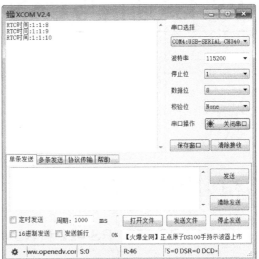

（b）每隔 1s 发送一次新时间

图 12-22　用 XCOM 串口调试助手查看 RTC 时间

第 13 章

RS-485 通信与 CAN 通信的原理与编程实例

13.1 RS-485 通信基础

13.1.1 RS-232、RS-422 和 RS-485 通信标准的比较

RS-232、RS-422 和 RS-485 是 3 种串行通信物理接口标准，RS-485 标准推出时间最晚，三者比较见表 13-1。

表 13-1 RS-232、RS-422 和 RS-485 标准的比较

标　　准		RS-232	RS-422	RS-485
工作方式		单端（非平衡）	差分（平衡）	差分（平衡）
节点数		1 收 1 发（点对点）	1 发 10 收	1 发 32 收
最大传输电缆长度		50 英尺（1 英尺=0.3m）	4000 英尺	4000 英尺
最大传输速率		20Kbps	10Mbps	10Mbps
连接方式		点对点（全双工）	一点对多点（四线制，全双工）	多点对多点（两线制，半双工）
电气特性	逻辑 1	−15～−3V	两线间电压差+2～+6V	两线间电压差+2～+6V
	逻辑 0	+3～+15V	两线间电压差−6～−2V	两线间电压差−6～−2V

RS-232 标准只能进行 1 对 1 通信，采用 3 线（发送线 RX、接收线 TX 和地线 GND）传送数据，RX 或 TX 线与地线之间（单端方式）的电压为−15～−3V 时表示传送数据"1"，为 3～15V 时表示传送数据"0"，最大传输速度为 20Kbps，最长传输距离为 50 英尺（约 15m）。RS-485 标准可实现 1 台设备与 32 台设备连接通信，采用 2 线（A 线和 B 线）传送数据，A、B 线之间的电压差为+2～+6V 时表示传送数据"1"，A、B 线之间的电压差为−6～−2V 时表示传送数据"0"，最大传输速度为 10Mbps，最长传输距离为 4000 英尺（约 1200m）。RS-422 与 RS-485 标准很多内容相同，但 RS-422 需要用 4 线传输，连接设备的数量也不及 RS-485。所以，3 种标准中 RS-485 应用越来越广泛，如工业控制领域、交通自动化控制领域和现场总线通信网络等。

13.1.2　RS-485 设备的通信连接

1．两台 RS-485 设备的通信连接

两台 RS-485 设备的通信连接如图 13-1 所示。当甲设备的 RS-485 收发器 A、B 端输出
+3V 电压（如 A 端 3V，B 端 0V）时，乙设备的 RS-485 收发器 A、B 端输入+3V 电压，即
甲设备从 A、B 端发送数据"1"，乙设备则从 A、B 端接收数据"1"；当甲设备输出数据"0"
时，其 RS-485 收发器 A、B 端输出–3V 电压（如 A 端 0V，B 端+3V），乙设备的 RS-485 收
发器 A、B 端输入–3V 电压（接收数据"0"）。

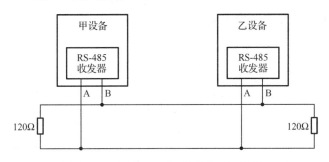

图 13-1　两台 RS-485 设备的通信连接

如果 RS-485 总线连接的设备多、通信电缆长，电缆上会存在较大的信号反射影响数据
传输，在 RS-485 总线始端和终端连接 120Ω 的匹配电阻可减小这种影响。如果仅两台 RS-485
设备连接，这种情况不严重，通信线可使用普通双绞线（网线中有 4 对双绞线，可选用其中
一对），且始端和终端可不用连接电阻。

2．多台 RS-485 设备的通信连接

多台 RS-485 设备的通信连接如图 13-2 所示。RS-485 通信一般采用主从方式，即 RS-485
网络中只能有一台主机，其他的全部为从机。

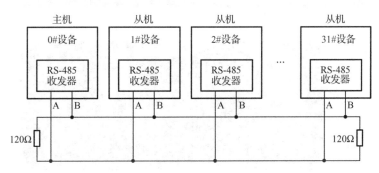

图 13-2　多台 RS-485 设备的通信连接

13.1.3　单片机 TTL 转 RS-485 电路

STM32 单片机串口通过 TX、RX 端发送和接收数据，这两个端子采用单端不平衡传送
信号（即以 RX/TX 与地之间的电压来传送数据 1 和 0），而 RS-485 设备的 A、B 端采用差

分平衡方式传送数据（即通过 A、B 之间的电压来传送数据 1 和 0），两者不能直接连接通信，需要使用单片机 TTL 转 RS-485 电路进行连接转换。

单片机 TTL 转 RS-485 电路和实物模块如图 13-3 所示，MAX3458 为 TTL 转 RS-485 芯片，可以进行 TTL/RS-485 相互转换。在单片机发送数据时，从 TX 发送端输出信号送到 MAX3485 芯片的 DI 输入端，与此同时，单片机发送控制端输出一个高电平控制信号到 MAX3485 芯片的 DE 输入使能端，芯片内部的 D 驱动器打开，将 DI 单路数据转换 RS-485 信号从 A、B 端输出，送给 RS-485 设备。在单片机接收数据时，其他 RS-485 设备将 RS-485 信号送到 MAX3485 芯片内部接收器的 A、B 端，与此同时，单片机的接收控制端输出一个低电平控制信号到芯片的 $\overline{\text{RE}}$ 端，接收器打开，将 RS-485 信号（A、B 信号）转换到单路信号从 RO 端输出去单片机的 RX 接收端。

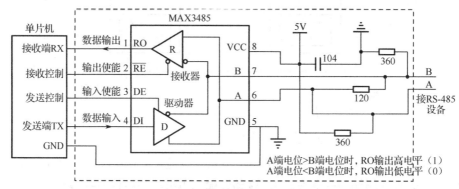

（a）电路图

（b）实物模块一（带发送和接收控制端）

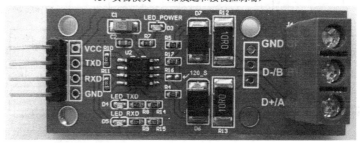

（b）实物模块二（无发送和接收控制端，自动流向控制）

图 13-3　单片机 TTL 转 RS-485 电路和实物模块

RS-485 信号流向控制编程比较麻烦，特别是在未知通信数据协议时，不知道何时转换收发方向，这时可选用带自动流向控制的 TTL 转 RS-485 转换模块，如图 13-3（c）所示，该模块无发送和接收控制端。

13.1.4　RS-232/RS-485 转换器与 USB/RS-485 转换器

计算机一般无 RS-485 接口，如果 RS-485 设备要与计算机通信，须在计算机端使用 RS-232/RS-485 转换器或 USB/RS-485 转换器。图 13-4 所示为 RS-232/RS-485 转换器，可以进行 RS-232 和 RS-485 信号的相互转换，其 RS-232 接口（DB9 型母孔接口）插入计算机的 RS-232 接口，RS-485 接线端与 RS-485 设备（如收银机、PLC 和门禁系统等）连接。图 13-5 所示是两种形式的 USB/RS-485 转换器，可以进行 USB 和 RS-485 信号的相互转换，其 USB 接口插入计算机的 USB 接口，RS-485 接线端与 RS-485 设备连接。

与 TTL/RS-485 转换器一样，USB/RS-485 转换器与计算机连接好后，还需要在计算机中安装该转换器的驱动程序，成功安装后在计算机的设备管理器中可查看到类似图 13-5（b）所示的信息，记下 COM 端口号（图中为 COM4），在进行通信设置时选择该端口。

此端连接各种RS-485设备（通信距离最大1200m）

接线端	RS-485半双工接线
T/R+	RS-485（A+）
T/R-	RS-485（B-）
GND	地线
VCC	+5V备用电源输入

收银机	PLC	门禁系统	条码打印机
扫描仪	PLAM	数控机床	外置MODEM
税控机	手写板	温控设备	LED显示屏
编程机	触摸屏	工业仪表	工业控制机

此端连接计算机（通信距离最大15m）

DB9母头/孔型（PIN）	RS-232C接口信号
1	保护地
2	发送数据SOUT（TXD）
3	接收数据SIN（RXD）
4	数据终端准备DTR
5	信号地GND
6	数据装置准备DSR
7	请求发送RTS
8	清除发送CTS
9	响铃指示RI

图 13-4　RS-232/RS-485 转换器

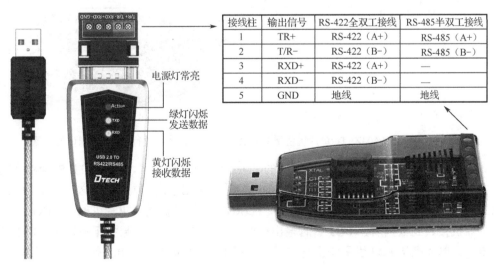

接线柱	输出信号	RS-422全双工接线	RS-485半双工接线
1	TR+	RS-422（A+）	RS-485（A+）
2	T/R-	RS-422（B-）	RS-485（B-）
3	RXD+	RS-422（A+）	—
4	RXD-	RS-422（B-）	—
5	GND	地线	地线

电源灯常亮

绿灯闪烁发送数据

黄灯闪烁接收数据

（a）两种形式的 USB/RS-485 转换器

图 13-5　USB/RS-485 转换器

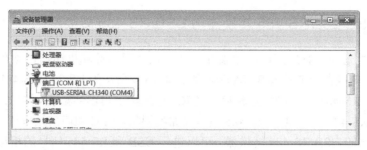

（b）在设备管理器中查看 USB/RS-485 转换器与计算机连接的端口

图 13-5　USB/RS-485 转换器（续）

13.2　单片机与计算机 RS-485 通信的电路与编程实例

13.2.1　单片机与计算机 RS-485 通信的电路

图 13-6 所示是 STM32F103ZET6 单片机使用 USART2 串口与计算机进行 RS-485 通信的电路，由于单片机和计算机都没有 RS-485 端口，故两者进行 RS-485 通信用到了 TTL/RS-485 转换器和 USB/RS-485 转换器。

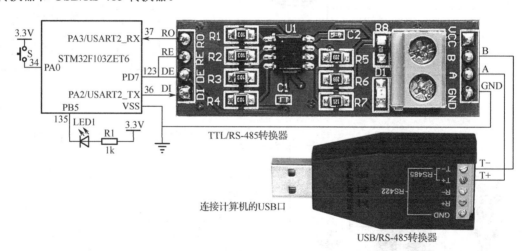

图 13-6　STM32F103ZET6 单片机使用 USART2 串口与计算机进行 RS-485 通信的电路

该电路工作过程为：上电后，单片机的 PD7 引脚输出低电平，控制 TTL/RS-485 转换器工作在接收状态。如果在计算机中使用 XCOM 串口调试助手向单片机发送 8 字节数据（如 12345678），则这些数据经 USB/RS-485 和 TTL/RS-485 转换器送入单片机的 USART2_RX 引脚，单片机接收到数据后让 PB5 引脚输出低电平，LED 点亮。如果按下按键 S，则 PA0 输入高电平，单片机从 PD7 引脚输出高电平，控制 TTL/RS-485 转换器工作在发送状态，同时单片机将接收到的数据从 USART2_TX 引脚输出，经 TTL/RS-485 和 USB/RS-485 转换器送往计算机，在计算机中的 XCOM 串口调试助手中会显示接收到的 8 字节数据。

13.2.2　单片机与计算机 RS-485 通信的程序及说明

1. 创建工程

单片机与计算机 RS-485 通信的工程可通过复制并修改前面已创建的"RTC 控制 LED 亮灭并通信显示时间"工程来创建。

创建单片机与计算机 RS-485 通信工程的操作如图 13-7 所示。先复制"RTC 控制 LED 亮灭并通信显示时间"工程，再将文件夹改名为"单片机与计算机 RS-485 通信"，然后打开该文件夹，如图 13-7（a）所示；双击扩展名为.uvprojx 的工程文件，启动 Keil 软件打开工程，先将工程中的 rtc.c 文件删掉，然后新建 rs485.c 文件，并添加到 User 工程组中，再将先前"按键输入控制 LED 和蜂鸣器"工程中的 key.c 文件复制到本工程的 User 文件夹中，并添加到 User 工程组中，如图 13-7（b）所示。

（a）打开"单片机与计算机 RS-485 通信"文件夹

（b）新建 rs485.c 文件并添加 key.c 文件

图 13-7　创建单片机与计算机 RS-485 通信工程

2. RS-485 通信配置和收发数据的程序及说明

RS-485 通信配置和收发数据的程序编写在 rs485.c 文件中，其内容如图 13-8 所示。该程序主要由 RS485_Init、RS485_Send_Data、RS485_Receive_Data 和 USART2_IRQHandler 函数组成。

```
1  #include "bitband.h"  //包含bitband.h, 相当于将该文件内容插到此处
2
3  #define PD7_RS485_T1R0EN PDout(7) //定义用"PD7_RS485_T1R0EN"代替"PDout(7)"
4  u8 RS485_RX_BUF[64];    /*声明一个名为RS485_RX_BUF的数组, 数组由64个8位无符号整型变量(即64字节)组成,
5                            用来存放接收的数据*/
6  u8 RS485_RX_CNT=0;      /*声明一个名为RS485_RX_CNT的变量, 存放接收数据的长度(即接收字节的个数)*/
7  void RS485_Init(u32 bound); /*声明RS485_Init函数, 如果A函数中需要调用B函数, 而B函数在其他文件中或在A函数之后,
8                            则需要在调用前对B函数进行声明, 否则编译时会报警或出错 */
9  void RS485_Send_Data(u8 *buf,u8 len);    //声明RS485_Send_Data函数, 该函数用于从USART2串口发送数据
10 void RS485_Receive_Data(u8 *buf,u8 *len);  //声明RS485_Receive_Data函数, 该函数用于从USART2串口接收数据
11 void delay_ms(u16 nms);                    //声明delay_ms函数
12
13 /*RS485_Init函数配置USART2串口的端口、参数、工作模式和中断通道, 再启动USART2串口, 并使能USART2的接收中断 */
14 void RS485_Init(u32 bound)              /*函数的输入参数为32位无符号整型变量bound(在调用时赋值)*/
15 {
16  GPIO_InitTypeDef GPIO_InitStructure;        //定义一个类型为GPIO_InitTypeDef的结构体变量GPIO_InitStructure
17  USART_InitTypeDef USART_InitStructure;      //定义一个类型为USART_InitTypeDef的结构体变量USART_InitStructure
18  NVIC_InitTypeDef NVIC_InitStructure;        //定义一个类型为NVIC_InitTypeDef的结构体变量NVIC_InitStructure
19
20  RCC_APB2PeriphClockCmd(RCC_APB2Periph_GPIOA|RCC_APB2Periph_GPIOD, ENABLE);/*执行RCC_APB2PeriphClockCmd函数,
21                            开启GPIOA和GPIOD端口时钟*/
22  RCC_APB1PeriphClockCmd(RCC_APB1Periph_USART2,ENABLE);  //执行RCC_APB2PeriphClockCmd函数, 开启USART2串口时钟
23
24  /*配置PA2、PA3端口用作USART2串口的发送和接收端, 配置PD7端口用作发送和接收控制端*/
25  GPIO_InitStructure.GPIO_Pin=GPIO_Pin_7;       /*将结构体变量GPIO_InitStructure的成员GPIO_Pin设为GPIO_Pin_7,
26                            即选择GPIO端口的引脚7*/
27  GPIO_InitStructure.GPIO_Mode=GPIO_Mode_Out_PP;   //将GPIO端口工作模式设为GPIO_Mode_Out_PP (推挽输出)
28  GPIO_InitStructure.GPIO_Speed=GPIO_Speed_50MHz;   //将GPIO端口工作速度设为50MHz
29  GPIO_Init(GPIOD, &GPIO_InitStructure);        /*执行GPIO_Init函数, 取结构体变量GPIO_InitStructure设定的引脚、
30                            工作模式和速度配置GPIOD端口*/
31
32  GPIO_InitStructure.GPIO_Pin=GPIO_Pin_2;       /*将结构体变量GPIO_InitStructure的成员GPIO_Pin设为GPIO_Pin_2,
33                            即选择GPIO端口的引脚2*/
34  GPIO_InitStructure.GPIO_Mode=GPIO_Mode_AF_PP;//将GPIO端口工作模式设为GPIO_Mode_AF_PP (复用推挽输出)
35  GPIO_Init(GPIOA, &GPIO_InitStructure);        /*执行GPIO_Init函数, 取结构体变量GPIO_InitStructure设定的引脚
36                            和工作模式配置GPIOA端口*/
37
38  GPIO_InitStructure.GPIO_Pin=GPIO_Pin_3;       /*将结构体变量GPIO_InitStructure的成员GPIO_Pin设为GPIO_Pin_3,
39                            即选择GPIO端口的引脚3*/
40  GPIO_InitStructure.GPIO_Mode=GPIO_Mode_IN_FLOATING;  //将GPIO端口工作模式设为GPIO_Mode_IN_FLOATING(浮空输入)
41  GPIO_Init(GPIOA, &GPIO_InitStructure);        /*执行GPIO_Init函数, 取结构体变量GPIO_InitStructure设定的引脚和
42                            工作模式配置GPIOA端口*/
43
44  RCC_APB1PeriphResetCmd(RCC_APB1Periph_USART2,ENABLE);   //执行RCC_APB1PeriphResetCmd函数,复位USART2串口
45  RCC_APB1PeriphResetCmd(RCC_APB1Periph_USART2,DISABLE);  //执行RCC_APB1PeriphResetCmd函数,停止复位USART2串口
46
47  /*配置USART2串口的波特率、数据位数、停止位、奇偶校验位、硬件流控制和收发模式 */
48  USART_InitStructure.USART_BaudRate=bound; /*将结构体变量USART_InitStructure的成员USART_BaudRate(波特率)设
49                            为bound(在调用RS485_Init函数时赋值)*/
50  USART_InitStructure.USART_WordLength=USART_WordLength_8b; /*将USART_WordLength(数据位长度)
51                            设为USART_WordLength_8b(8位)*/
52  USART_InitStructure.USART_StopBits=USART_StopBits_1;  /*将USART_InitStructure的成员USART_StopBits(停止位)
53                            设为USART_StopBits_1(1位) */
54  USART_InitStructure.USART_Parity=USART_Parity_No;    /*将USART_Parity(奇偶校验位)设为USART_Parity_No(无),
55                            偶校验为USART_Parity_Even,奇校验为USART_Parity_Odd*/
56  USART_InitStructure.USART_HardwareFlowControl=USART_HardwareFlowControl_None; /*将结构体变量USART_
57                            InitStructure的成员USART_HardwareFlowControl(硬件数据流控制)设为
58                            None(无),RTS控制为RTS,CTS控制为CTS, RTS和CTS控制为RTS_CTS */
59  USART_InitStructure.USART_Mode=USART_Mode_Rx|USART_Mode_Tx; /*将结构体变量USART_InitStructure的成员
60                            USART_Mode(工作模式)设为USART_Mode_Rx|USART_Mode_Tx (接收与发送双模式)*/
61  USART_Init(USART2, &USART_InitStructure); /*执行USART_Init函数, 取结构体变量USART_InitStructure设定的波特率、
62                            数据长度、停止位、奇偶校验位、硬件流控制和工作模式配置USART2串口*/
63
64  /*配置USART2串口的中断通道*/
65  NVIC_InitStructure.NVIC_IRQChannel=USART2_IRQn;  /*将结构体变量NVIC_InitStructure的成员NVIC_IRQChannel
66                            (中断通道)设为USART2_IRQn(USART2串口中断)/
67  NVIC_InitStructure.NVIC_IRQChannelPreemptionPriority=3;   /*将NVIC_IRQChannelPreemptionPriority
68                            (中断的主优先级)设为3 */
69  NVIC_InitStructure.NVIC_IRQChannelSubPriority=3;  /*将NVIC_IRQChannelSubPriority(中断的从优先级)设为3*/
70  NVIC_InitStructure.NVIC_IRQChannelCmd=ENABLE;  /*将成员NVIC_IRQChannelCmd(中断通道使/失能)设为ENABLE(使能),
71                            即开启中断通道, 关闭中断通道用DISABLE(失能) */
72  NVIC_Init(&NVIC_InitStructure); /*执行NVIC_Init函数, 取结构体变量NVIC_InitStructure设定的中断通道、
73                            主/从优先级和使/失能来配置NVIC寄存器*/
74
75  USART_ITConfig(USART2, USART_IT_RXNE,ENABLE); /*执行USART_ITConfig函数,使能USART2串口的接收中断*/
76  USART_Cmd(USART2,ENABLE);                    /*执行USART_Cmd函数,开启(使能)USART2串口*/
77  PD7_RS485_T1R0EN=0;            //将变量PD7_RS485_T1R0EN的值设为0, 让PD7引脚输出低电平(接收控制信号)
78 }
79
```

图 13-8   rs485.c 文件中的 RS-485 通信配置和收发数据程序及说明

```
80  /*RS485_Send_Data函数的功能是将指针变量buf所指地址的len个连续字节通过USART2串口发送出去,发送时先从PD7引脚
81   输出发送控制信号(高电平),发送完成后,PD7引脚输出低电平(接收控制信号)。*buf表示buf为指针变量,存放变量的地址。
82   若让buf=rs485buf,则buf中为变量rs485buf的地址(若是数组则为首地址),len为发送字节的个数*/
83  void RS485_Send_Data(u8 *buf,u8 len)  //buf为指针变量,存放发送字节的地址,len存放发送字节个数,调用本函数时赋值
84  {
85    u8 t;                              //声明一个8位无符号整型变量t
86    PD7_RS485_T1ROEN=1;                //将变量PD7_RS485_T1ROEN的值设为1,让PD7引脚输出高电平(发送控制信号)
87    for(t=0;t<len;t++)                 /*for是循环语句,执行时先让变量t=0,然后判断t<len是否成立,若成立,则执行for语句
88                                       首尾大括号中的内容,执行完后再执行t++将t值加1,接着又判断t<len是否成立,如此反复,
89                                       直到t<len不成立,才跳出for语句,去执行for语句尾大括号之后的内容,for语句大括号
90                                       中的内容会循环执行len次,将指针变量buf所指地址的len个连续字节发送出去*/
91    {
92      while(USART_GetFlagStatus(USART2,USART_FLAG_TC)==0);/*如果USART2串口的USART_FLAG_TC(发送完成标志位)
93                                       不为1(数据未发送完),USART_GetFlagStatus函数返回值为0,等式成立,反复执行本条语句,
94                                       等待数据发送,一旦USART_FLAG_TC为1(数据发送完成),执行下一条语句 */
95      USART_SendData(USART2,buf[t]);   /*执行USART_SendData函数,将指针变量buf所指地址的第t个字节
96                                       通过USART2串口发送出去*/
97    }
98    while(USART_GetFlagStatus(USART2,USART_FLAG_TC)==0);/*等待发送完成,未完成反复执行本条语句,完成则往下执行*/
99    RS485_RX_CNT=0;                    //发送完成后,将RS485_RX_CNT值(接收字节的个数)设为0
100   PD7_RS485_T1ROEN=0;               //将变量PD7_RS485_T1ROEN的值设为0,让PD7引脚输出低电平(接收控制信号)
101   PBout(5)=1;                       //让PB5引脚输出高电平,外接LED熄灭
102 }
103
104 /*RS485_Receive_Data函数的功能是将USART2_IRQHandler中断函数接收并存放在RS485_RX_BUF数组中的RS485_RX_CNT
105  字节数据转存到指针变量buf所指数组中*/
106 void RS485_Receive_Data(u8 *buf,u8 *len)       /*buf、len均为指针变量,分别存放接收字节的地址和接收字节个数,
107                                                在调用本函数时赋值 */
108 {
109   u8 rxlen=RS485_RX_CNT;           /*声明变量rxlen,并将变量RS485_RX_CNT(接收字节的个数)值赋给rxlen,
110                                     在执行USART2_IRQHandler中断函数时,每接收一字节,RS485_RX_CNT值增1*/
111   u8 i=0;                          //声明一个8位无符号整型变量i,i初值赋0
112   *len=0;                          /*将len中地址所指变量的值赋0,若执行函数时将&len(变量len的地址)赋给了len,
113                                     则*len表示取变量len的值,即*&len与len等同*/
114   delay_ms(10);                    //执行delay_ms函数,延时10ms
115
116   if(rxlen==RS485_RX_CNT&&rxlen)   /*如果接收到了数据,RS485_RX_CNT和rxlen都不为0,等式成立(等号两边都非0为真),
117                                     则执行if语句大括号中的内容;未接收到数据时,两者都为0,执行if语句尾大括号之后的内容 */
118   {
119     for(i=0;i<rxlen;i++)          /*for是循环语句,执行时先让变量i=0,然后判断i<rxlen是否成立,若成立,则执行for语句
120                                    大括号中的内容,执行完后再执行i++将i值加1,接着又判断i<rxlen是否成立,如此反复,直到
121                                    i<relen不成立,才跳出for语句,去执行for语句尾大括号之后的内容,for语句大括号中的
122                                    内容会循环执行relen次,将RS485_RX_BUF数组中的rxlen个连续字节转存到but所指数组中*/
123     {
124       buf[i]=RS485_RX_BUF[i];     //将RS485_RX_BUF数组的第i个字节转存到buf所指数组的第i字节位置
125     }
126     *len=RS485_RX_CNT;            //将RS485_RX_CNT(接收字节的个数)值赋给len中地址所指变量中
127     RS485_RX_CNT=0;              //将RS485_RX_CNT值清0
128     PBout(5)=0;                  //让PB5引脚输出低电平,外接LED点亮
129   }
130 }
131
132 /* USART2_IRQHandler为USART2串口产生中断时自动执行的中断服务函数*/
133 void USART2_IRQHandler(void)
134 {
135   u8 res;                        //声明一个8位无符号整型变量res
136   if(USART_GetITStatus(USART2,USART_IT_RXNE))  /*如果USART2的USART_IT_RXNE(接收中断)产生中断,
137                                  USART_GetITStatus函数返回值为1,则执行本if语句大括号中的内容,
138                                  否则执行尾大括号之后的内容*/
139   {
140     res=USART_ReceiveData(USART2);  //执行USART_ReceiveData函数,从USART2串口接收数据并存入变量res中
141     if(RS485_RX_CNT<64)            //如果变量RS485_RX_CNT(接收字节的个数)小于64,则执行if语句大括号中的内容
142     {
143       RS485_RX_BUF[RS485_RX_CNT]=res;  //将res值(接收到的字节)存放到RS485_RX_BUF数组的第RS485_RX_CNT个位置
144       RS485_RX_CNT++;            //将RS485_RX_CNT值增1
145     }
146   }
147 }
148
```

图 13-8　rs485.c 文件中的 RS485 通信配置和收发数据程序及说明（续）

　　RS485_Init 函数的功能主要是配置 USART2 串口的接收/发送/控制端口和中断。
USART2_IRQHandler 中断函数的功能是从 USART2 串口接收数据并存放到 RS485_RX_BUF
数组中。RS485_Receive_Data 函数的功能是将 RS485_RX_BUF 数组中接收的数据转存到 buf
数组中，转存完成后让 PB5 引脚输出低电平，点亮外接 LED。RS485_Send_Data 函数的功
能是将 buf 数组中的数据从 USART2 串口发送出去。

3. 主程序及说明

主程序在 main.c 文件中，其内容如图 13-9 所示。程序运行时，首先执行 main 函数，在 main 函数中执行 SysTick_Init 函数配置 SysTick 定时器，执行 NVIC_PriorityGroupConfig 函数进行优先级分组，执行 LED_Init 函数配置 PB5 端口，执行 key_Init 函数配置按键输入端口，执行 RS485_Init 函数配置 USART2 串口的端口、参数、工作模式和中断通道，再启动 USART2 串口，并使能 USART2 的接收中断。接着反复执行 while 语句中的内容。

```
main.c
#include "bitband.h"  //包含bitband.h，相当于将该文件内容插到此处

void SysTick_Init(u8 SYSCLK);   //声明SysTick_Init函数，声明后程序才可使用该函数
void LED_Init(void);            //声明LED_Init函数，声明后程序才可使用该函数
void KEY_Init(void);            //声明KEY_Init函数，该函数用于配置按键输入端口
u8 KEY_Scan(u8 mode);           //声明KEY_Scan函数，该函数用于检测何键被按下
void RS485_Init(u32 bound);     //声明RS485_Init函数，该函数用于配置USART2串口和串口中断
void RS485_Send_Data(u8 *buf,u8 len);    //声明RS485_Send_Data函数，该函数用于发送数据
void RS485_Receive_Data(u8 *buf,u8 *len);//声明RS485_Receive_Data函数，该函数用于接收数据

int main()                  /*main为主函数，无输入参数，返回值为整型数(int)。一个工程只能有一个main函数，
                            不管有多少个程序文件，都会找到main函数并从该函数开始执行程序 */
{
 u8 rs485buf[8];   //声明一个名为rs485buf的数组，数组由8字节组成
 u8 len=0;         //声明一个8位无符号整型变量len，初值赋0
 u8 key=0;         //声明一个8位无符号整型变量key，初值赋0
 SysTick_Init(72);          /*将72赋给SysTick_Init函数的输入参数SYSCLK，再执行该函数,计算出fac_us值(1μs的计数次数)
                            和fac_ms(1ms的计数次数)供给delay_ms函数使用 */
 NVIC_PriorityGroupConfig(NVIC_PriorityGroup_2); /*执行NVIC_PriorityGroupConfig优先级分组函数,
                                                  将主、从优先级各设为2位 */
 LED_Init();             //执行LED_Init函数(在led.c文件中),开启GPIOB端口时钟,设置端口引脚号、工作模式和速度
 KEY_Init();             //调用KEY_Init函数(在key.c文件中)，配置按键输入端口(PA0和PE4、PE3、PE2)
 RS485_Init(9600);       /*将9600(波特率)赋给RS485_Init函数的输入参数，然后执行该函数配置USART2串口的端口、参数、
                         工作模式和中断通道,再启动USART2串口，并使能USART2的接收中断 */
 while(1)                //while为循环语句,当小括号中的内容为真(非0即为真)时,大括号中的内容反复执行
 {
  key=KEY_Scan(0);   /*将0(单次检测)赋给KEY_Scan函数的输入参数并执行该函数,如果PA0引脚按键被按下,函数的返回值为1,
                     将返回值赋给变量key*/
  if(key==1)         //如果key=1(PA0引脚按键被按下),执行if语句大括号中的内容,否则执行if语句尾大括号之后的内容
  {
   RS485_Send_Data(rs485buf,8);/*将rs485buf(数组)、8分别赋给RS485_Send_Data函数的输入参数buf和len,
                                再执行该函数，将rs485buf数组中的8字节数据从USART2串口发送出去*/
  }
  RS485_Receive_Data(rs485buf,&len);/*将rs485buf(数组)、&len分别赋给RS485_Receive_Data函数的输入参数buf和len,
                                     再执行该函数,从USART2串口接收len字节数据并存入rs485buf数组中,
                                     &len表示变量len的地址，*&len表示len的值，*&len与len等同*/
 }
}
```

图 13-9 main.c 文件中的主程序

在 while 语句中，先执行 KEY_Scan 函数检测有无按键被按下，如果 PA0 引脚按键被按下，函数的返回值为 1，则 key=1，执行 if 语句大括号中的 RS485_Send_Data 函数，将 rs485buf 数组中的 8 字节数据从 USART2 串口发送出去；如果 PA0 引脚按键未被按下，函数的返回值为 0，key=0，执行 RS485_Receive_Data 函数，将 USART2 串口接收到的 len 字节数据存入 rs485buf 数组中。

如果在计算机中用串口调试助手软件向单片机发送 8 个字符（如 12345678，每个字符为一字节，字符 1 的 ASCII 码为 31H（即 00110001），8 个字符即 8 字节数据），数据进入单片机 USART2 串口时会使单片机产生 USART2 串口接收中断，从而自动执行 USART2_IRQHandler 中断函数。该函数执行时，会接收 1 字节数据并存入 RS485_RX_BUF 数组中。计算机向单片机发送 8 字节数据会使单片机产生 8 次接收中断，中断函数执行 8 次后将 8 字节数据依次存入 RS485_RX_BUF 数组中。

在未按下 PA0 引脚按键时 key=0，会执行 RS485_Receive_Data 函数，将 RS485_RX_BUF 数组中接收的数据转存到 rs485buf 数组中，转存完成后让 PB5 引脚输出低电平，点亮外接 LED。如果按下 PA0 引脚按键，key=1，会执行 RS485_Send_Data 函数，将 rs485buf 数组中

的 8 个数据从 USART2 串口发送出去，在计算机的串口调试助手软件中可查看到这 8 个字符（即 8 字节数据）。

4．用 XCOM 串口调试助手发送和接收数据

在计算机中可使用 XCOM 串口调试助手向单片机发送数据和从单片机接收数据，如图 13-10 所示。在 XCOM 串口调试助手发送区输入 8 个字符"12345678"，即 8 字节数据，再单击"发送"按钮，如图 13-10（a）所示；单片机接收到数据后，PB5 引脚输出低电平，外接 LED 点亮，再按单片机 PA0 引脚外接按键，单片机接收到的数据又从 USART2 串口发送出去，在 XCOM 串口调试助手接收区可查看接收的字符"12345678"，如图 13-10（b）所示。

（a）向单片机发送数据（8 个字符）　　　　　　（b）从单片机接收数据（8 个字符）

图 13-10　用 XCOM 串口调试助手向单片机发送数据和从单片机接收数据

由于程序中声明了"u8 rs485buf[8]"，故 rs485buf 数组只能存放 8 字节数据，计算机一次只能向单片机发送 8 个字符，若发送汉字，一次只能发送 4 个（1 个汉字由 2 字节组成）。如果要改变一次发送的字符数，可更改数组的类型和元素个数，但数组的总字节数不要超过 64 个，因为 rs485.c 文件中声明了"u8 RS485_RX_BUF[64]"，RS485_RX_BUF 数组用来存放 USART2 串口接收的数据。

13.3　CAN（控制器局域网络）通信基础

CAN 是 Controller Area Network 的缩写，意为控制器局域网络，是一种 ISO 国际标准化的串行通信协议。1986 年，德国电气商博世公司开发出面向汽车的 CAN 通信协议，此后 CAN 通过 ISO11898 及 ISO11519 进行了标准化，在欧洲 CAN 已是汽车网络的标准协议。由于 CAN 通信具有高性能和可靠性，除在汽车网络上使用外，还广泛地应用于工业自动化、

船舶、医疗设备、工业设备等方面，成为公认最有前途的现场总线之一。

13.3.1 CAN 协议的特点

CAN 控制器根据两根线上的电压差来判断总线电平。总线电平分为显性电平（0）和隐性电平（1），二者必居其一，发送方通过使总线电平发生变化，将报文发送给接收方。

CAN 协议主要具有以下特点。

（1）多主控制。在总线空闲时，所有 CAN 总线连接的节点都可以发送报文（多主控制），当两个以上的节点同时开始发送报文时，根据标识符（称为 ID）决定优先级。ID 不是表示发送的目的地址，而是表示访问总线的报文的优先级。两个以上的节点同时发送报文时，会对各节点发送报文的 ID 的每个位逐个进行仲裁比较，仲裁胜利的被判定为优先级最高的节点，可继续发送报文，仲裁失利的节点则立刻停止发送报文而进入接收状态。

（2）系统具有柔软性。与总线相连的节点没有类似于"地址"的信息，因此在总线上增加节点时，连接在总线上的其他节点的软硬件及应用层都不需要改变。

（3）通信速度快、距离远。CAN 通信最高速率达到 1Mbps（距离小于 40m），通信距离最远可达 10km（此时速率低于 5Kbps）。通信距离越远，通信速率越低。

（4）具有错误检测、通知和恢复功能。CAN 总线上所有节点都可以检测错误（错误检测功能），检测出错误的节点会立即同时通知其他所有节点（错误通知功能），正在发送报文的节点一旦检测出错误，会强制结束当前的发送。强制结束发送的节点会不断反复地重新发送此报文，直到成功发送为止（错误恢复功能）。

（5）故障封闭功能。CAN 通信可以判断出错误的类型是总线上暂时的数据错误（如外部噪声等），还是持续的数据错误（如节点内部故障、驱动器故障、断线等）。当总线上发生持续数据错误时，可将引起此故障的节点从总线上隔离出去。

（6）连接节点多。CAN 总线可同时连接很多个节点，理论上是没有连接数量限制的，不过会因连接的节点数受总线上的时间延迟及电气负载的限制。如果降低通信速度，则可使连接的节点数量增加；反之，则连接的节点数量减少。

13.3.2 CAN 协议的通信连接与电平规定

CAN 协议有 ISO11898 标准和 ISO11519-2 标准，ISO11898 是高速通信标准，通信速率为 125Kbps～1Mbps；ISO11519-2 是低速通信标准，通信速率低于 125Kbps。两种 CAN 协议标准的通信连接与电平规定如图 13-11 所示。

ISO11898 标准的 CAN 总线为闭环总线，总线首尾两端各连接一只 120Ω 终端电阻。当 CAN_H 与 CAN_L 总线的电压都为 2.5V 时，两线之间的电压差为 0，称为隐性电平，相当于"1"；当 CAN_H 线电压为 3.5V、CAN_L 线电压为 1.5V 时，两线之间的电压差为 2V，称为显性电平，相当于"0"。ISO11519-2 标准的 CAN 总线为开环总线，总线上各连接一只 2.2kΩ 终端电阻。当 CAN_H 线电压为 1.75V、CAN_L 线电压为 3.25V 时，两线之间的电压差为 -1.5V，称为隐性电平，相当于"1"；当 CAN_H 线电压为 4.0V、CAN_L 线电压为 1.0V 时，两线之间的电压差为 3.0V，称为显性电平，相当于"0"。

CAN 协议的 ISO11898 标准和 ISO11519-2 标准更多的规范内容见表 13-2。

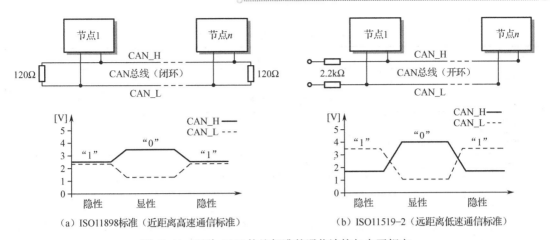

（a）ISO11898 标准（近距离高速通信标准）　　　　（b）ISO11519-2（远距离低速通信标准）

图 13-11　两种 CAN 协议标准的通信连接与电平规定

表 13-2　CAN 协议的 ISO11898 标准和 ISO11519-2 标准的规范

物理层	ISO11898（高速）						ISO11519-2（低速）					
通信速率	最高 1Mbps						最高 125Kbps					
总线最大长度	40m/1Mbps						1km/40Kbps					
连接单元数	最大 30						最大 20					
总线拓扑	隐性			显性			隐性			显性		
	Min	Nom	Max	Min	Nom	Max	Min	Nom	Max	Min	Nom	Max
CAN_High（V）	2.00	2.50	3.00	2.75	3.50	4.50	1.60	1.75	1.90	3.85	4.00	5.00
CAN_Low（V）	2.00	2.50	3.00	0.50	1.50	2.25	3.10	3.25	3.40	0.00	1.00	1.15
电位差（H-L）（V）	−0.5	0	0.05	1.5	2.0	3.0	−0.3	−1.5	—	0.3	3.00	—
其　他	双绞线（屏蔽/非屏蔽） 闭环总线 阻抗（Z）：120Ω（Min85Ω，Max130Ω） 总线电阻率（r）：70mΩ/m 总线延迟时间：5ns/m 终端电阻：120Ω（Min85Ω，Max130Ω）						双绞线（屏蔽/非屏蔽） 开环总线 阻抗（Z）：120Ω（Min85Ω，Max130Ω） 总线电阻率（r）：90mΩ/m 总线延迟时间：5ns/m 终端电阻：2.20kΩ（Min2.09kΩ，Max2.31kΩ） CAN_L 与 GND 间静电容量：30pF/m CAN_H 与 GND 间静电容量：30pF/m					

13.3.3　CAN 协议的通信帧与数据帧

1. 通信帧

CAN 通信是以帧方式传送数据的，CAN 通信帧分为数据帧、远程帧（遥控帧）、错误帧、过载帧和间隔帧几种。各帧的功能见表 13-3。

表 13-3　CAN 通信帧的功能

帧 类 型	帧 功 能
数据帧	用于发送节点向接收节点传送数据
远程帧	用于向其他节点请求发送具有同一标识符 ID 的数据
错误帧	当检测总线出错时，通过该帧向节点发送错误通知
过载帧	用于接收节点通知其尚未做好接收准备
间隔帧	用于将数据帧及远程帧与前面的帧分离开来

2. 数据帧

CAN 有 5 种通信帧，由于篇幅所限，下面仅介绍学习 CAN 通信编程必须了解的数据帧。数据帧的构成如图 13-12 所示。数据帧一般由 7 个段组成：①帧起始，表示数据帧的开始；②仲裁段，表示该帧优先级；③控制段，表示传送数据的字节个数及保留位；④数据段，传送的数据内容（一帧可发送 0～8 字节的数据）；⑤CRC（循环冗余码）段，检查帧的传输错误；⑥ACK 段，表示确认正常接收的段；⑦帧结束，表示数据帧结束。

CAN 数据帧的类型有标准格式和扩展格式两种，两者的区别在于仲裁段和控制段不同。

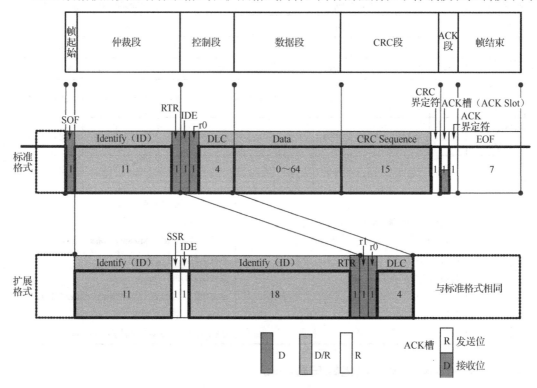

图 13-12　数据帧的构成（D—显性电平 0，R—隐性电平 1）

（1）帧起始。该段表示数据帧的开始，标准格式和扩展格式数据帧的帧起始都由 1 位的显性电平表示。只有在 CAN 总线空闲（总线处于隐性电平）时，才允许节点开始发送帧起始。

（2）仲裁段。该段为标识符（ID），表示数据的优先级，标准格式和扩展格式数据帧的仲裁段有区别，如图 13-13 所示。标准格式的 ID 有 11 位，从 ID28～ID18 被依次发送，禁止高 7 位都为隐性（禁止设定：ID=1111111XXXX）。扩展格式的 ID 有 29 位，由基本 ID（ID28～ID18）和扩展 ID（ID17～ID0）组成，扩展格式的基本 ID 与标准格式的 ID 相同，禁止高 7 位都为隐性（禁止设定：基本 ID=1111111XXXX）。RTR 位用于标识是否是远程帧（0—数据帧，1—远程帧），IDE 位为标识符选择位（0—使用标准标识符，1—使用扩展标识符），SRR 位是代替远程请求位，为隐性位，代替标准格式中的 RTR 位。

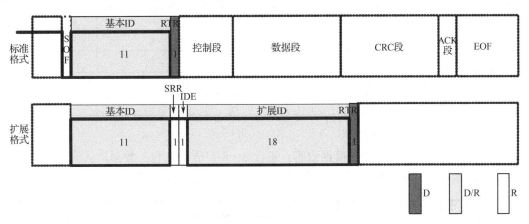

图 13-13　标准格式和扩展格式数据帧的仲裁段

（3）控制段。该段表示传送数据的字节个数与保留位，由 6 位构成。标准格式和扩展格式数据帧的控制段稍有不同，如图 13-14 所示。r0 和 r1 为保留位，必须全部以显性电平发送，但接收方可以接收显性、隐性及其任意组合的电平。DLC 为数据长度码，DLC 值与表示的数据字节数见表 13-4，DLC 发送时高位在前，DLC 有效值为 0～8，但是接收方接收到 9～15 时并不认为是发生了错误。

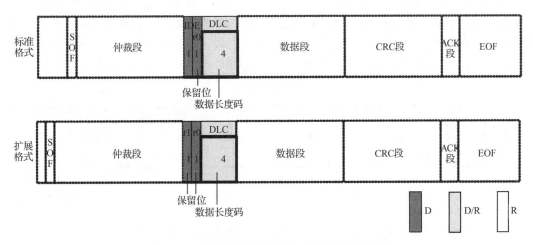

图 13-14　标准格式和扩展格式数据帧的控制段

表 13-4 DLC 值（数据长度码）与表示的数据字节数

DLC 值（数据长度码）				数据字节数
DLC3	DLC2	DLC1	DLC0	
D	D	D	D	0
D	D	D	R	1
D	D	R	D	2
D	D	R	R	3
D	R	D	D	4
D	R	D	R	5
D	R	R	D	6
D	R	R	R	7
R	D	D	D	8

注：D 表示显性电平；R 表示隐性电平。

（4）数据段。该段为传送的数据内容，包含 0～8 字节（64 位）数据，从最高位（MSB）开始传送。标准格式和扩展格式数据帧的数据段是相同的，如图 13-15 所示。

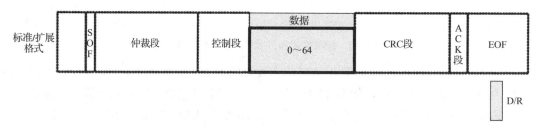

图 13-15 标准格式和扩展格式数据帧的数据段

（5）CRC 段。该段用于检查帧传输错误，由 15 位的 CRC 序列和 1 位的 CRC 界定符（用于分隔的位）组成。标准格式和扩展格式数据帧的 CRC 段是相同的，如图 13-16 所示。CRC 段的值计算范围包括帧起始、仲裁段、控制段、数据段，接收方以同样的算法计算 CRC 值并进行比较，当发送方的 CRC 值与接收方接收的 CRC 值不一致时会通报错误。

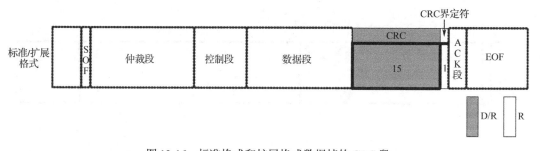

图 13-16 标准格式和扩展格式数据帧的 CRC 段

（6）ACK 段。该段用来确认是否正常接收，由 ACK 槽（ACK Slot）和 ACK 界定符 2 位组成。标准格式和扩展格式数据帧的 ACK 段是相同的，如图 13-17 所示。发送节点的 ACK 发送 2 个隐性位（1），接收方接收到正确报文后在 ACK 槽发送显性位（0），通知发送节点正常接收结束。

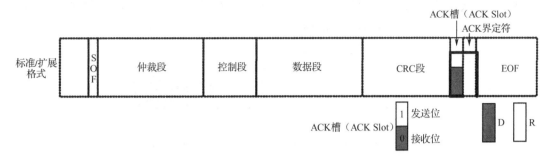

图 13-17 标准格式和扩展格式数据帧的 ACK 段

（7）帧结束。该段表示数据帧结束，标准格式和扩展格式数据帧的 ACK 段是相同的，均由 7 位隐性位组成。

13.3.4 CAN 的位时序与位采样

1. 位时序

由发送节点在非同步的情况下发送的每秒钟的位数称为位速率。一位可分为 4 段，分别是同步段（SS）、传播时间段（PTS）、相位缓冲段 1（PBS1）和相位缓冲段 2（PBS2），这些段又由 1～8Tq（Tq 为位时序的最小时间单位，即 Time Quantum）构成。因时钟频率偏差、传送延迟等，各节点有同步误差。再同步补偿宽度（SJW）为补偿此误差的最大值。

1 位分为 4 段，每段又由若干个 Tq 构成，这称为位时序。1 位的 Tq 数和每段的 Tq 数可以通过设定位时序来确定。CAN 位时序的各段功能与 Tq 数见表 13-5。

表 13-5 CAN 位时序的各段功能与 Tq 数

段　名　称	功　　能	Tq 数	
同步段 （SS）	多个连接在总线上的节点通过此段实现时序调整，同步进行接收和发送的工作。由隐性电平到显性电平的边沿或由显性电平到隐性电平的边沿最好出现在此段中	1	
传播时间段 （PTS）	该段用于吸收网络上的物理延迟。网络的物理延迟是指发送节点的输出延迟、总线上信号的传送延迟、接收节点的输入延迟。此段的时间是以上各种延迟时间和的两倍	1～8	5～25
相位缓冲段 1 （PBS1）	当信号边沿不能出现在 SS 段时，可在此段进行补偿。由于各节点以各自独立的时钟工作，细微的时钟误差会累积起来，PBS 段可用于吸收此误差。通过对相位缓冲段加减 SJW 吸收误差。SJW 加大后允许误差加大，但通信速率会下降	1～8	
相位缓冲段 2 （PBS2）		2～8	
再同步补偿宽度 （SJW）	因时钟频率偏差、传送延迟等，各节点有同步误差。SJW 为补偿此误差的最大值	1～4	

2. 位采样

在 CAN 通信时，当接收节点接收到其他节点发送过来的报文（或称消息）时，会进行位采样，逐个读取报文中每位的值。进行位采样时，若总线电平为显性电平（或隐性电平），则读取的位值为 0（或 1）。位采样点的位置在 PBS1 段的结束处，位采样点的实际位置与位和各段的 Tq 数有关。图 13-18 所示是 1 位的采样，该位的 Tq 数设为 10，当 PTS（传播时间段）发生变化时，采样点会前移或后移，采样点读取的值为该位的位值。

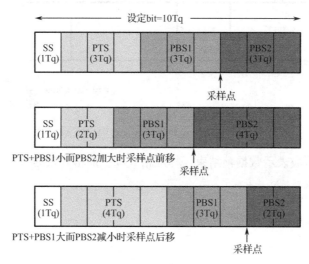

图 13-18　1 位的采样

13.3.5　多节点同时发送的优先仲裁

在 CAN 总线处于空闲状态（总线为隐性电平）时，最先发送报文的节点拥有发送权，如果多个节点同时发送报文，那么就从各发送节点报文仲裁段的第一位开始进行仲裁（检测判断），连续输出显性电平最多的节点仲裁胜利，获得发送权，其他节点仲裁失利，停止发送而转入接收状态。

多节点同时发送的优先仲裁如图 13-19 所示。节点 1 和节点 2 同时向 CAN 总线发送报文，由于两节点报文的仲裁段开始一些位相同，则会继续往后检测，当检测到某位（图中为 T 位）时，节点 1 报文的仲裁段先出现隐性电平（1），仲裁失利，节点 1 停止发送报文，转入接收状态，而节点 2 仲裁胜利，获得总线使用权，继续发送报文。

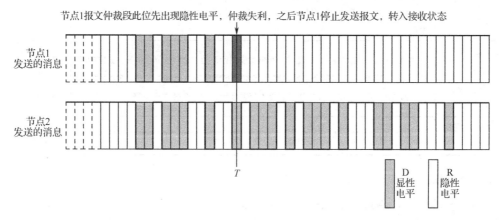

图 13-19　多节点同时发送的优先仲裁

13.4　STM32 单片机的 CAN

STM32F1x 系列单片机内部含有 bxCAN（Basic Extended CAN，即基本扩展 CAN），支持 CAN 协议 2.0A 和 2.0B。STM32F1x 互联网产品（STM32F105xx 和 STM32F107xx）有主、从两个 CAN，其他型号只有一个主 CAN。

13.4.1　特点

STM32F1x 系列单片机 bxCAN 的特点如下。

（1）支持 CAN 协议 2.0A 和 2.0B 主动模式。

（2）波特率最高可达 1Mbps。

（3）支持时间触发通信功能。

（4）发送：①3 个发送邮箱；②发送报文的优先级特性可由软件配置；③记录发送 SOF 时刻的时间戳。

（5）接收：①3 级深度的两个接收 FIFO；②可变的过滤器组，在互联型产品中，CAN1 和 CAN2 分享 28 个过滤器，其他 STM32F103xx 系列产品中有 14 个过滤器组；③标识符列表；④FIFO 溢出处理方式可配置；⑤记录接收 SOF 时刻的时间戳。

（6）时间触发通信模式：①禁止自动重传模式；②16 位自由运行定时器；③可在最后两个数据字节发送时间戳。

（7）管理：①中断可屏蔽；②邮箱占用单独一块地址空间，便于提高软件效率。

（8）双 CAN：①CAN1（主 bxCAN），负责管理从 bxCAN 和 512B SRAM 存储器之间的通信；②CAN2（从 bxCAN），不能直接访问 SRAM 存储器；③CAN1、CAN2 模块共享 512B SRAM 存储器。

13.4.2　CAN 的组成及说明

STM32F1x 互联网型单片机（STM32F105/STM32F107）的 CAN 组成如图 13-20 所示，其他类型 STM32F1x 单片机只有一个主 CAN。主 CAN 管理 bxCAN 与 512B SRAM 存储器之间的通信，从 bxCAN 不能直接访问 SRAM 存储器。CAN 模块可以完全自动地接收和发送 CAN 报文（或称报文），且完全支持标准标识符（11 位）和扩展标识符（29 位）。

下面以主 CAN 为例对 CAN 的组成部分进行说明。

（1）控制、状态和配置寄存器。通过这些寄存器可以：①配置 CAN 参数（如波特率）；②请求发送报文；③处理报文接收；④管理中断；⑤获取诊断信息。

（2）发送邮箱和发送调度器。主 CAN 有 3 个发送邮箱供软件来发送报文，发送调度器根据优先级决定哪个邮箱的报文先被发送。

（3）接收滤波器。在互联型产品中，bxCAN 提供 28 个位宽可配置的标识符过滤器，软件通过对其进行编程，从而在引脚收到的报文中选择需要的报文，而将其他报文丢弃掉。在其他 STM32F103xx 系列产品中有 14 个位宽可配置的标识符过滤器。

（4）接收 FIFO（先进先出存储器）。主 CAN 有两个接收 FIFO，每个 FIFO 都可以存放 3 个完整的报文。接收 FIFO 完全由硬件来管理。

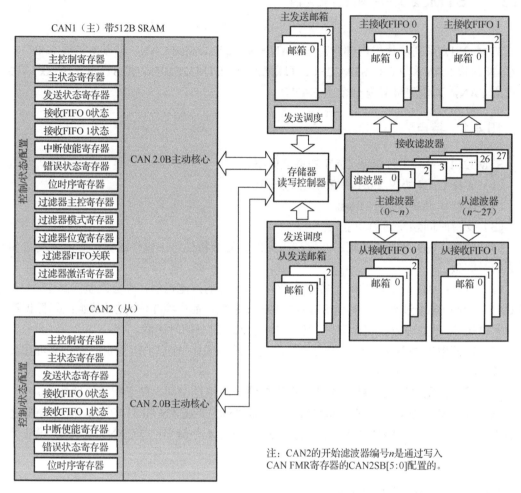

图 13-20　STM32F1x 互联网型单片机的 CAN 组成

13.4.3　工作模式与相关寄存器

STM32F1x 单片机 CAN 的工作模式主要有初始化、正常和睡眠 3 种，3 种工作模式的进入与切换如图 13-21 所示。

硬件复位后，CAN 工作在睡眠模式以节省电能，同时 CANTX 引脚的内部上拉电阻被激活。软件通过对 CAN_MCR 主控制寄存器的 INRQ 或 SLEEP 位置 1，可以请求 CAN 进入初始化或睡眠模式。一旦进入了初始化或睡眠模式，CAN 就对 CAN_MSR 寄存器的 INAK 或 SLAK 位置 1 来进行确认，同时内部上拉电阻被禁用。当 INAK 和 SLAK 位都为 0 时，CAN 处于正常模式。在进入正常模式前，CAN 必须与 CAN 总线取得同步，为取得同步，CAN 要等待 CAN 总线达到空闲状态（即在 CANRX 引脚上检测到 11 个连续的隐性位"1"）。

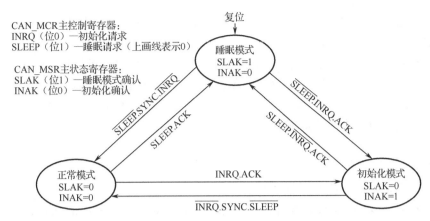

ACK=硬件响应睡眠或初始化请求，而对CAN_MSR主状态寄存器的INAK或SLAK位置1的状态
SYNC=bxCAN等待CAN总线变为空闲的状态，即在CANRX引脚上检测到连续的11个隐性位

图 13-21　3 种工作模式的进入与切换

1. 初始化模式

软件初始化应该在硬件处于初始化模式时进行。设置 CAN_MCR 主控制寄存器的 INRQ 位为 1，请求 bxCAN 进入初始化模式，然后等待硬件对 CAN_MSR 主状态寄存器的 INAK 位置 1 来进行确认，清除 INRQ 位为 0，请求 bxCAN 退出初始化模式。当硬件对 CAN_MSR 主状态寄存器的 INAK 位清 0 时，就确认了初始化模式的退出。

当 bxCAN 处于初始化模式时，禁止报文的接收和发送，并且 CANTX 引脚输出隐性位（"1"）。初始化模式的进入，不会改变配置寄存器。在对 bxCAN 的过滤器组（模式、位宽、FIFO 关联、激活和过滤器值）进行初始化前，软件要对 CAN_FMR 过滤器主控制寄存器的 FINIT 位置 1，对过滤器的初始化可以在非初始化模式下进行。

2. 正常模式

在初始化完成后，软件应该让硬件进入正常模式，以便正常接收和发送报文。软件可以通过对 CAN_MCR 主控制寄存器的 INRQ 位清 0，请求从初始化模式进入正常模式，然后等待硬件对 CAN_MSR 主状态寄存器的 INAK 位置 1 的确认。在与 CAN 总线取得同步，即在 CANRX 引脚上检测到 11 个连续的隐性位（等效于总线空闲）后，bxCAN 才能正常接收和发送报文。

不需要在初始化模式下进行过滤器初值的设置，但必须在它处于非激活状态下完成（相应的 FACT 位为 0）。过滤器的位宽和模式的设置，必须在初始化模式进入正常模式前完成。

3. 睡眠模式

bxCAN 可工作在低功耗的睡眠模式。软件可通过对 CAN_MCR 主控制寄存器的 SLEEP 位置 1 请求进入睡眠模式。在该模式下，bxCAN 时钟停止，但软件仍然可以访问邮箱寄存器。

当 bxCAN 处于睡眠模式时，软件必须对 CAN_MCR 主控制寄存器的 INRQ 位置 1 并且同时对 SLEEP 位清 0，才能进入初始化模式。有两种方式可以退出睡眠模式，一是通过软件对 SLEEP 位清 1，二是硬件检测到 CAN 总线的活动。如果 CAN_MCR 主控制寄存器的 AWUM 位为 1，一旦检测到 CAN 总线的活动，硬件会自动对 SLEEP 位清 0 来唤醒 bxCAN。如果

CAN_MCR 主控制寄存器的 AWUM 位为 0，软件必须在唤醒中断时对 SLEEP 位清 0 才能退出睡眠状态。

如果唤醒中断被允许（CAN_IER 中断使能寄存器的 WKUIE 位为 1），那么一旦检测到 CAN 总线活动就会产生唤醒中断，而不管硬件是否会自动唤醒 bxCAN。在对 SLEEP 位清 0 后，睡眠模式的退出必须与 CAN 总线同步。当硬件对 CAN_MSR 主状态寄存器的 SLAK 位清 0 时，就确认了睡眠模式的退出。

4. 相关寄存器

1) CAN 主控制寄存器（CAN_MCR）

CAN_MCR 主控制寄存器的偏移地址为 0x00（基地址为 0x40006400），复位值为 0x00010002，各位功能见表 13-6。

表 13-6　CAN_MCR 主控制寄存器的各位功能

位 31:17	保留，硬件强制为 0
位 16	DBF：调试冻结。0：在调试时，CAN 照常工作；1：在调试时，冻结 CAN 的接收/发送，仍然可以正常地读写和控制接收 FIFO
位 15	RESET：bxCAN 软件复位。0：本外设正常工作；1：对 bxCAN 进行强行复位，复位后 bxCAN 进入睡眠模式（FMP 位和 CAN_MCR 主控制寄存器被初始化为其复位值），此后硬件自动对该位清 0
位 14:8	保留，硬件强制为 0
位 7	TTCM：时间触发通信模式。0：禁止时间触发通信模式；1：允许时间触发通信模式
位 6	ABOM：自动离线（Bus-Off）管理，该位决定 CAN 硬件在什么条件下可以退出离线状态。 0：软件对 CAN_MCR 主控制寄存器的 INRQ 位置 1 随后清 0，一旦硬件检测到 128 次 11 位连续的隐性位，则退出离线状态；1：一旦硬件检测到 128 次 11 位连续的隐性位，则自动退出离线状态
位 5	AWUM：自动唤醒模式，该位决定 CAN 处在睡眠模式时由硬件还是软件唤醒。 0：睡眠模式通过清除 CAN_MCR 主控制寄存器的 SLEEP 位，由软件唤醒；1：睡眠模式通过检测 CAN 报文，由硬件自动唤醒。在唤醒的同时，硬件自动对 CAN_MSR 主状态寄存器的 SLEEP 位和 SLAK 位清 0
位 4	NART：禁止报文自动重传。 0：按照 CAN 标准，CAN 硬件在发送报文失败时会一直自动重传，直到发送成功；1：CAN 报文只被发送 1 次，不管发送的结果如何（成功、出错或仲裁丢失）
位 3	RFLM：接收 FIFO 锁定模式。 0：在接收溢出时 FIFO 未被锁定，当接收 FIFO 的报文未被读出时，下一个收到的报文会覆盖原有的报文；1：在接收溢出时 FIFO 被锁定，当接收 FIFO 的报文未被读出时，下一个收到的报文会被丢弃
位 2	TXFP：发送 FIFO 优先级，当有多个报文同时在等待发送时，该位决定这些报文的发送顺序。 0：优先级由报文的标识符来决定；1：优先级由发送请求的顺序来决定
位 1	SLEEP：睡眠模式请求。 软件对该位置 1 可以请求 CAN 进入睡眠模式，一旦当前的 CAN 活动（发送或接收报文）结束，CAN 就进入睡眠模式。 软件对该位清 0 使 CAN 退出睡眠模式。当设置了 AWUM 位且在 CAN Rx 信号中检测出 SOF 位时，硬件对该位清 0。在复位后该位置 1，即 CAN 在复位后处于睡眠模式
位 0	INRQ：初始化请求。 软件对该位清 0 可使 CAN 从初始化模式进入正常工作模式，当 CAN 在接收引脚检测到连续的 11 个隐性位后，CAN 就达到同步，并为接收和发送数据做好了准备。为此，硬件相应地对 CAN_MSR 主状态寄存器的 INAK 位清 0。 软件对该位置 1 可使 CAN 从正常工作模式进入初始化模式，一旦当前的 CAN 活动（发送或接收）结束，CAN 就进入初始化模式。相应地，硬件对 CAN_MSR 主状态寄存器的 INAK 位置 1

2）CAN 主状态寄存器（CAN_MSR）

CAN_MSR 主状态寄存器的偏移地址为 0x04（基地址为 0x40006400），复位值为 0x0000C002，各位功能见表 13-7。

表 13-7 CAN_MSR 主状态寄存器的各位功能

位 31:12	保留位，硬件强制为 0
位 11	RX：CAN 接收电平。该位反映 CAN 接收引脚（CANRX）的实际电平
位 10	SAMP：上次采样值。CAN 接收引脚的上次采样值（对应于当前接收位的值）
位 9	RXM：接收模式。该位为 1 表示 CAN 当前为接收器
位 8	TXM：发送模式。该位为 1 表示 CAN 当前为发送器
位 7:5	保留位，硬件强制为 0
位 4	SLAKI：睡眠确认中断。当 SLKIE=1 时，一旦 CAN 进入睡眠模式硬件就对该位置 1，紧接着相应的中断被触发。当设置该位为 1 时，如果设置了 CAN_IER 寄存器中的 SLKIE 位，将产生一个状态改变中断。 软件可对该位清 0，当 SLAK 位被清 0 时硬件也对该位清 0。当 SLKIE=0 时，不应该查询该位，而应该查询 SLAK 位来获知睡眠状态
位 3	WKUI：唤醒中断挂号。该位由软件清 0。当 CAN 处于睡眠状态时，一旦检测到帧起始位（SOF），硬件就置该位为 1，并且如果 CAN_IER 寄存器的 WKUIE 位为 1，则产生一个状态改变中断
位 2	ERRI：出错中断挂号。该位由软件清 0。当检测到错误时，CAN_ESR 寄存器的某位被置 1，如果 CAN_IER 寄存器的相应中断使能位也被置 1，则硬件对该位置 1；如果 CAN_IER 寄存器的 ERRIE 位为 1，则产生状态改变中断
位 1	SLAK：睡眠模式确认。该位由硬件置 1，指示软件 CAN 模块正处于睡眠模式。该位是对软件请求进入睡眠模式的确认（对 CAN_MCR 主控制寄存器的 SLEEP 置 1）。当 CAN 退出睡眠模式时，硬件对该位清 0（需要与 CAN 总线同步）。这里的与 CAN 总线同步，是指硬件需要在 CAN 的 RX 引脚上检测到连续的 11 位隐性位。 注：通过软件或硬件对 CAN_MCR 的 SLEEP 位清 0，将启动退出睡眠模式的过程
位 0	INAK：初始化确认。该位由硬件置 1，指示软件 CAN 模块正处于初始化模式。该位是对软件请求进入初始化模式的确认（对 CAN_MCR 主控制寄存器的 INRQ 置 1）。当 CAN 退出初始化模式时，硬件对该位清 0（需要与 CAN 总线同步）。这里的与 CAN 总线同步，是指硬件需要在 CAN 的 RX 引脚上检测到连续的 11 位隐性位

13.4.4 测试模式与相关寄存器

为了便于调试，STM32F1x 单片机的 CAN 提供了测试模式（静默模式、环回模式及环回静默模式）。在初始化模式下配置 CAN_BTR 位时序寄存器的 SILM、LBKM 位可以选择一种测试模式，然后对 CAN_MCR 主控制寄存器的 INRQ 位清 0 来进入测试模式。

1. 静默模式

将 CAN_BTR 位时序寄存器的 SILM 位置 1 选择静默模式。

在静默模式下，bxCAN 可以正常地接收数据帧和远程帧，但只能发出隐性位，而不能真正发送报文。如果 bxCAN 需要发出显性位（确认位、过载标志、主动错误标志），则在静默模式下，这样的显性位会在内部被接收回来而被 CAN 内核检测到，同时 CAN 总线不会受到影响而仍然维持在隐性位状态（CANTX 引脚输出维持为 1）。CAN 工作在静默模式下的信号流向如图 13-22 所示。静默模式通常用于分析 CAN 总线的活动，而不会对总线造成影响，因为 bxCAN 发出的显性位（确认位、错误帧等）不会真正发送到总线。

2．环回模式

将 CAN_BTR 位时序寄存器的 LBKM 位置 1 选择环回模式。

在环回模式下，bxCAN 将发送的报文当作接收的报文并保存（如果可以通过接收过滤）在接收邮箱中。CAN 工作在环回模式下的信号流向如图 13-23 所示。为了避免外部的影响，在环回模式下 CAN 内核忽略确认错误（在数据/远程帧的确认位时刻，不检测是否有显性位）。在环回模式下，bxCAN 在内部把 TX 输出送到 RX 输入，完全忽略 CANRX 引脚的实际状态，发送的报文可以在 CANTX 引脚上检测到。环回模式可用于自测试。

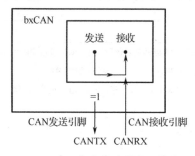

图 13-22　CAN 工作在静默模式下的信号流向

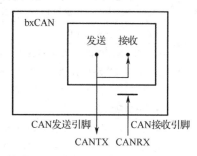

图 13-23　CAN 工作在环回模式下的信号流向

3．环回静默模式

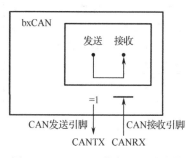

图 13-24　CAN 工作在环回静默模式的信号流向

将 CAN_BTR 位时序寄存器的 LBKM 和 SILM 位同时置 1 选择环回静默模式。

在环回静默模式下，CANRX 引脚与 CAN 总线断开，同时 CANTX 引脚被驱动到隐性位状态。CAN 工作在环回静默模式的信号流向如图 13-24 所示。该模式可用于热自测试，既可以像环回模式那样测试 bxCAN，又不会影响 CANTX 和 CANRX 所连接的整个 CAN 系统。

4．CAN_BTR 位时序寄存器

CAN_BTR 位时序寄存器的偏移地址为 0x1C（基地址为 0x40006400），复位值为 0x01230000，各位功能见表 13-8。

表 13-8　CAN_BTR 位时序寄存器的各位功能

位 31	SILM：静默模式（用于调试）。0：正常状态；1：静默模式
位 30	LBKM：环回模式（用于调试）。0：禁止环回模式；1：允许环回模式
位 29:26	保留位，硬件强制为 0
位 25:24	SJW[1:0]：重新同步跳跃宽度。为了重新同步，该位域定义了 CAN 硬件在每位中可以延长或缩短多少个时间单元的上限。 $t_{RJW} = t_{CAN} \times (SJW[1:0] + 1)$
位 23	保留位，硬件强制为 0

续表

位 22:20	TS2[2:0]：时间段 2。该位域定义了时间段 2 占用了多少个时间单元。 $t_{BS2} = t_q \times (TS2[2:0] + 1)$
位 19:16	TS1[3:0]：时间段 1。该位域定义了时间段 1 占用了多少个时间单元。 $t_{BS1} = t_q \times (TS1[3:0] + 1)$
位 15:10	保留位，硬件强制为 0
位 9:0	BRP[9:0]：波特率分频器。该位域定义了时间单元的时间长度。 $t_q = (BRP[9:0]+1) \times t_{PCLK}$

13.4.5　位时序与波特率的计算

STM32 单片机 CAN 控制器定义的位时序与前面介绍的 CAN 标准位时序不完全相同，它将时间段和相位缓冲段 1 合并，称为位段 1（BS1），所以 STM32 单片机的 CAN 一位只有 3 段，分别是同步段（SYNC_SEG）、位段 1（BS1）、位段 2（BS2）。STM32 单片机 CAN 位时序与波特率的计算如图 13-25 所示。

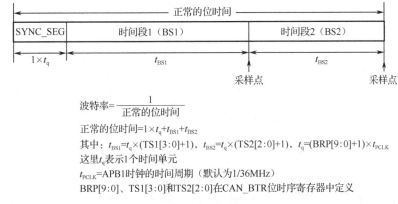

$$波特率 = \frac{1}{正常的位时间}$$

正常的位时间 $= 1 \times t_q + t_{BS1} + t_{BS2}$

其中：$t_{BS1} = t_q \times (TS1[3:0]+1)$，$t_{BS2} = t_q \times (TS2[2:0]+1)$，$t_q = (BRP[9:0]+1) \times t_{PCLK}$

这里 t_q 表示 1 个时间单元

t_{PCLK}＝APB1 时钟的时间周期（默认为 1/36MHz）

BRP[9:0]、TS1[3:0]和 TS2[2:0]在 CAN_BTR 位时序寄存器中定义

图 13-25　CAN 位时序与波特率的计算

1．位时序说明

（1）同步段（SYNC_SEG）：位变化在此时间段内发生，时间长度固定为 1 个时间单元。

（2）位段 1（BS1）：定义采样点的位置，包含 CAN 标准中的 PROP_SEG 和 PHASE_SEG1，其时间长度可以编程为 1～16 个时间单元，也可以被自动延长，以补偿因网络中不同节点的频率差异所造成的相位的正向漂移。

（3）位段 2（BS2）：定义发送点的位置，代表 CAN 标准的 PHASE_SEG2，其时间长度可以在 1～8 个时间单元之间调整，也可以自动缩短，以补偿负相位漂移。

2．波特率计算

如果将 CAN_BTR 位时序寄存器的 TS1[3:0]设为 7，TS2[2:0]设为 8，BRP[9:0]设为 3，APB1 时钟的频率为 36MHz（周期为$(10^{-6}/36)$s），则

$$t_q=(3+1)\times(10^{-6}/36)= (10^{-6}/9)s$$
$$t_{BS1}=(10^{-6}/9)\times(7+1)=8\times(10^{-6}/9)s$$
$$t_{BS2}=(10^{-6}/9)\times(8+1)=10^{-6}s$$

正常的位时间=$1\times(10^{-6}/9)+ 8\times(10^{-6}/9)+ 10^{-6} =2\times10^{-6}s$

CAN 通信的波特率=1/正常的位时间=$1/(2\times10^{-6}s)= 500Kbps$

13.4.6 标识符过滤（报文选择）

在 CAN 协议中，报文的标识符（ID）不代表节点的地址，而是与报文的内容相关。在进行 CAN 通信时，发送节点将报文发送给所有的接收节点，这些节点在接收报文时根据其标识符决定是否需要接收该报文，如果需要，就复制到 SRAM 中；如果不需要，报文就被丢弃且无须软件的干预。识别报文中的 ID（标识符）以确定是否接收报文，这是由 CAN 控制器的过滤器来完成的。

在 STM32F1x 互联网型单片机中，bxCAN 控制器提供了 28 个模式和位宽可配置的过滤器组（27～0）；在其他型号单片机中，bxCAN 控制器提供了 14 个这样的过滤器组（13～0），以便只接收那些需要的报文。每个过滤器组由 2 个 32 位寄存器（CAN_FxR1 和 CAN_FxR2）组成。

bxCAN 控制器在接收报文时，将报文中的 ID（标识符）与过滤器的寄存器中设置的 ID 各位进行比较，如果过滤器配置为标识符列表模式，则只有报文 ID 与过滤器设置的 ID 完全相同，才接收报文；如果过滤器配置为标识符屏蔽位模式，则只要屏蔽位寄存器指定的 ID 位相同即会接收报文。过滤器模式、位宽的配置与过滤器寄存器的使用如图 13-26 所示。

以过滤器组 1 为例，当 CAN_FS1R 过滤器位宽寄存器的位宽位 FSC1=1 时，CAN_F1R1 和 CAN_F1R2 寄存器都用作 32 位寄存器；当 CAN_FM1R 过滤器模式寄存器的过滤器模式位 FBM1=0 时，过滤器 1 的 2 个 32 位寄存器工作在标识符屏蔽位模式，CAN_F1R1 用作 ID（标识符）寄存器，CAN_F1R2 用作屏蔽位寄存器。在接收到报文时，将报文 ID 中的 STDID[10:0]（基本 ID）、EXTID[17:0]（扩展 ID）、IDE 位、RTR 位与 CAN_F1R1 寄存器中设置的 ID 进行比较，由 CAN_F1R2 寄存器指定 ID 中必须相同和无须相同的位，比如 CAN_F1R2 的位 31～位 21 均设为 1（必须相同），其他位均为 0（无须相同），那么只要报文 ID 中的位（位 31～位 21）与 CAN_F1R1 寄存器中的 ID 位（位 31～位 21）相同，则接收该报文，而不关心二者的位 20～位 0 是否相同。

一个过滤组有 2 个 32 位寄存器，根据工作模式和位宽的配置不同，一个过滤组可能是 1 个过滤器（1 个 32 位 ID 寄存器+1 个 32 位屏蔽位寄存器），也可以是多个过滤器（如 4 个 16 位 ID 寄存器）。程序不使用的过滤器组应该保持在禁用状态，即将 CAN_FA1R 过滤器激活寄存器中的 FACT27～FACT0，即[27:0]相应位设为 0（0—禁用，1—激活），CAN_FA1R 过滤器激活寄存器的偏移地址为 0x21C，复位值为 0x00000000。

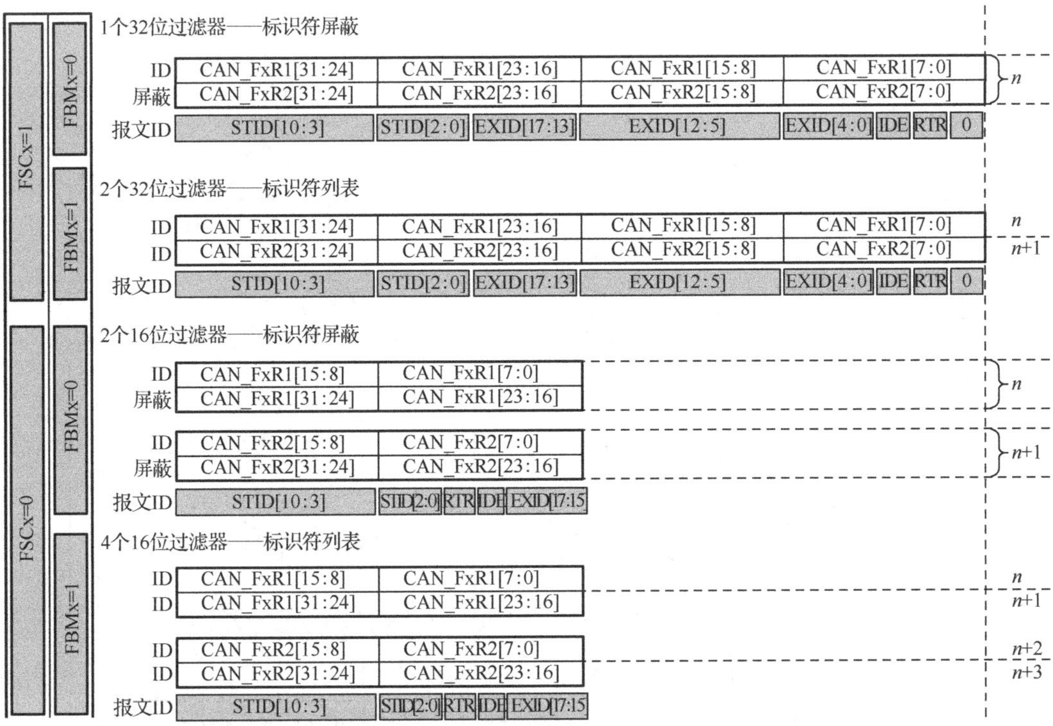

FSCx：CAN_FS1R过滤器位宽寄存器的位宽位，FSC27～FSC0对应位27～位0
　　　0—过滤器的位宽为2个16位；1—过滤器的位宽为单个32位
FBMx：CAN_FM1R过滤器模式寄存器的过滤器模式位，FBM27～FBM0对应位27～位0
　　　0—过滤器的2个32位寄存器工作在标识符屏蔽模式；
　　　1—过滤器的2个32位寄存器工作在标识符列表模式

图 13-26　过滤器模式、位宽的配置与过滤器寄存器的使用

13.4.7　CAN 中断

bxCAN 有 4 个专用的中断通道。通过设置 CAN 中断允许寄存器（CAN_IER），每个中断源都可以单独允许和禁用。CAN 中断的结构如图 13-27 所示。以邮箱 0 请求发送完成中断为例，当邮箱 0 的请求（发送或中止）完成后，CAN_TSR 发送状态寄存器的 RQCP0 位被硬件置 1，1 经或门（+）后送到与门（&），如果 CAN_IER 中断允许寄存器的 TMEIE 位为 1（1—允许中断，0—禁止中断），与门打开，与门输出的 1 去发送中断通道（CAN1-TX），触发执行该通道对应的中断服务程序。

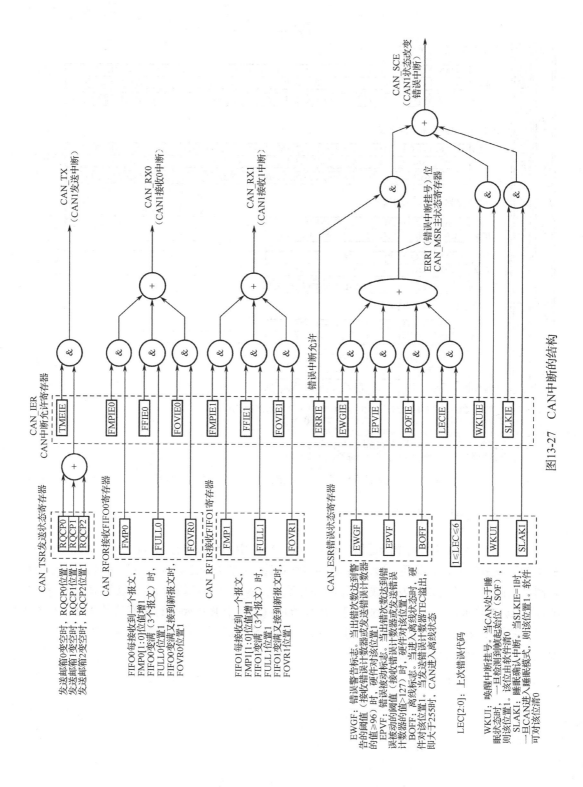

图13-27 CAN中断的结构

13.4.8　CAN 的编程使用步骤

（1）使能 CAN 时钟和 CAN 收发端口时钟，配置 CAN 的收发端口（PA11、PA12）。例如：

```
RCC_APB1PeriphClockCmd(RCC_APB1Periph_CAN1, ENABLE);
/*执行 RCC_APB1PeriphClockCmd 函数，开启 CAN1 时钟*/
RCC_APB2PeriphClockCmd(RCC_APB2Periph_GPIOA, ENABLE);
/*执行 RCC_APB2PeriphClockCmd 函数，开启 GPIOA 端口时钟*/
GPIO_InitStructure.GPIO_Pin=GPIO_Pin_11;
/*将结构体变量 GPIO_InitStructure 的成员 GPIO_Pin 设为 GPIO_Pin_11，即选择 GPIO 端口的引脚 11*/
GPIO_InitStructure.GPIO_Mode=GPIO_Mode_IPU;
/*将 GPIO 端口工作模式设为 GPIO_Mode_IPU（上拉输入）*/
GPIO_Init(GPIOA, &GPIO_InitStructure);
/*执行 GPIO_Init 函数，取结构体变量 GPIO_InitStructure 设定的引脚和工作模式配置 GPIOA 端口*/
GPIO_InitStructure.GPIO_Pin=GPIO_Pin_12;
/*将结构体变量 GPIO_InitStructure 的成员 GPIO_Pin 设为 GPIO_Pin_12，即选择 GPIO 端口的引脚 12*/
GPIO_InitStructure.GPIO_Mode=GPIO_Mode_AF_PP;
/*将 GPIO 端口工作模式设为 GPIO_Mode_AF_PP（复用推挽输出）*/
GPIO_InitStructure.GPIO_Speed=GPIO_Speed_50MHz;
/*将 GPIO 端口工作速度设为 GPIO_Speed_50MHz（50MHz）*/
GPIO_Init(GPIOA, &GPIO_InitStructure);
/*执行 GPIO_Init 函数，按结构体变量 GPIO_InitStructure 设定的引脚、工作模式和速度配置 GPIOA 端口*/
```

（2）配置 CAN 控制寄存器和位时序。例如：

```
CAN_InitStructure.CAN_TTCM=DISABLE;
/*将结构体变量 CAN_InitStructure 的成员 CAN_TTCM（时间触发通信模式）设为 DISABLE（失能、禁用）*/
CAN_InitStructure.CAN_ABOM=DISABLE;
/*将 CAN_InitStructure 的成员 CAN_ABOM（自动离线管理）设为 DISABLE（禁用）*/
CAN_InitStructure.CAN_AWUM=DISABLE;
/*将 CAN_InitStructure 的成员 CAN_AWUM（自动唤醒模式）设为 DISABLE（禁用）*/
CAN_InitStructure.CAN_NART=ENABLE;
/*将 CAN_NART（非自动重传输模式）设为 ENABLE（使用），即使用报文自动传送*/
CAN_InitStructure.CAN_RFLM=DISABLE;
/*将 CAN_RFLM（接收 FIFO 锁定模式）设为 DISABLE（禁用），即报文不锁定，新覆盖旧*/
CAN_InitStructure.CAN_TXFP=DISABLE;
/*将 CAN_TXFP（发送 FIFO 优先级）设为 DISABLE（禁用），即优先级由报文标识符决定*/
CAN_InitStructure.CAN_Mode=mode;
/*将 CAN_Mode（CAN 工作模式）设为 mode（在执行函数时赋值），CAN_Mode 值有 4 种：CAN_Mode_Normal（正常模式）、CAN_Mode_Silent（静默模式）、CAN_Mode_LoopBack（环回模式）和 CAN_Mode_Silent_LoopBack（静默环回模式）*/
CAN_InitStructure.CAN_SJW=tsjw;
/*将 CAN_SJW（重新同步跳跃宽度）设为 tsjw（在执行函数时指定），CAN_SJW 值有 4 种：CAN_SJW_1tq（1 个时间单位）、CAN_SJW_2tq（2 个时间单位）、CAN_SJW_3tq（3 个时间单位）和 CAN_SJW_4tq（4 个时间单位）*/
CAN_InitStructure.CAN_BS1=tbs1;
/*将 CAN_BS1（时间段 1 的时间单位数目）设为 tbs1（在执行函数时赋值），CAN_BS1 值有 16 种：CAN_BS1_1tq～CAN_BS1_16tq*/
CAN_InitStructure.CAN_BS2=tbs2;
/*将 CAN_BS2（时间段 2 的时间单位数目）设为 tbs2（在执行函数时赋值），CAN_BS2 值有 8 种：
```

CAN_BS2_1tq~CAN_BS8_8tq*/

  CAN_InitStructure.CAN_Prescaler=brp;

  /*将 CAN_Prescaler（预分频）设为 brp（在执行函数时赋值），分频系数 Fdiv=brp+1，CAN_Prescaler 值范围为 1~1024*/

  CAN_Init(CAN1, &CAN_InitStructure);

  /*执行 CAN_Init 函数，按结构体变量 CAN_InitStructure 上述各个成员设定的值配置（初始化）CAN1 寄存器*/

  /*利用 mode、tsjw、tbs2、tbs1 和 brp 可计算出 CAN 通信波特率，波特率=Fpclk1/((tbs1+tbs2+1)*brp), Fpclk1=36MHz*/

  （3）配置 CAN 过滤器。例如：

  CAN_FilterInitStructure.CAN_FilterNumber=0;

  /*将结构体变量 CAN_FilterInitStructure 的成员 CAN_FilterNumber（要配置的过滤器编号）设为 0, CAN_FilterNumber 取值为 0~13*/

  CAN_FilterInitStructure.CAN_FilterMode=CAN_FilterMode_IdMask;

  /*将 CAN_FilterMode（过滤器模式）设为 CAN_FilterMode_IdMask（标识符屏蔽位模式），标识符列表模式为 CAN_FilterMode_IdList*/

  CAN_FilterInitStructure.CAN_FilterScale=CAN_FilterScale_32bit;

  /*将 CAN_FilterScale（过滤器位宽）设为 CAN_FilterScale_32bit（32 位过滤器），16 位过滤器为 CAN_FilterScale_16bit*/

  CAN_FilterInitStructure.CAN_FilterIdHigh=0x0000;

  /*将 CAN_FilterIdHigh（过滤器标识符高段）设为 0x0000，32 位位宽时为标识符高 16 位，16 位位宽时为第 1 个过滤器标识符，取值范围为 0x0000~0xFFFF*/

  CAN_FilterInitStructure.CAN_FilterIdLow=0x0000;

  /*将 CAN_FilterIdLow（过滤器标识符低段）设为 0x0000，32 位位宽时为标识符低 16 位，16 位位宽时为下一个过滤器标识符，取值范围为 0x0000~0xFFFF*/

  CAN_FilterInitStructure.CAN_FilterMaskIdHigh=0x0000;

  /*将 CAN_FilterMaskIdHigh（过滤器屏蔽位高段）设为 0x0000，32 位位宽时为屏蔽位高 16 位，16 位位宽时为第 1 个过滤器屏蔽位，取值范围为 0x0000~0xFFFF*/

  CAN_FilterInitStructure.CAN_FilterMaskIdLow=0x0000;

  /*将 CAN_FilterMaskIdLow（过滤器屏蔽位低段）设为 0x0000，32 位位宽时为屏蔽位低 16 位，16 位位宽时为下一个过滤器屏蔽位，取值范围为 0x0000~0xFFFF*/

  CAN_FilterInitStructure.CAN_FilterFIFOAssignment=CAN_Filter_FIFO0;

  /*将 CAN_FilterFIFOAssignment（过滤器分配 FIFO）设为 CAN_Filter_FIFO0，即将 FIFO0 分配给过滤器*/

  CAN_FilterInitStructure.CAN_FilterActivation=ENABLE;

  /*将 CAN_FilterActivation（过滤器激活）设为 ENABLE（激活）*/

  CAN_FilterInit(&CAN_FilterInitStructure);

  /*执行 CAN_FilterInit 函数，按结构体变量 CAN_FilterInitStructure 上述各个成员设定的值配置（初始化）CAN1 过滤器*/

  （4）配置 CAN 中断。例如：

  NVIC_InitStructure.NVIC_IRQChannel=USB_LP_CAN1_RX0_IRQn;

  /*将 NVIC_InitStructure 的成员 NVIC_IRQChannel（中断通道）设为 USB_LP_CAN1_RX0_IRQn（USB 低优先级或者 CAN 接收 0 中断）*/

  NVIC_InitStructure.NVIC_IRQChannelPreemptionPriority=1;

  /*将 NVIC_IRQChannelPreemptionPriority（中断主优先级）设为 1*/

  NVIC_InitStructure.NVIC_IRQChannelSubPriority=0;

  /*将 NVIC_IRQChannelSubPriority（中断从优先级）设为 0*/

  NVIC_InitStructure.NVIC_IRQChannelCmd=ENABLE;

/*将 NVIC_IRQChannelCmd（中断通道使/失能）设为 ENABLE（使能），即开启中断通道，关闭中断通道用 DISABLE（失能）*/

　　NVIC_Init(&NVIC_InitStructure);

　　/*执行 NVIC_Init 函数，取结构体变量 NVIC_InitStructure 设定的中断通道、主/从优先级和使/失能来配置 NVIC 寄存器*/

　　CAN_ITConfig(CAN1,CAN_IT_FMP0,ENABLE);

　　/*执行 CAN_ITConfig 函数，允许 CAN1 的 FIFO0 报文挂号中断*/

（5）编写 CAN 发送报文函数、接收报文函数和中断服务函数。这些函数内容的编写请见后面的编程实例。

13.5　按键控制 CAN 通信工作模式和数据发送的电路与编程实例

13.5.1　按键控制 CAN 通信工作模式和数据发送的电路

图 13-28 所示是按键控制 CAN 通信工作模式和数据发送的电路。STM32F103ZET6 单片机内部 CAN 电路不带 CAN 收发器，故电路中使用了 CAN 收发器芯片 TJA1040，该芯片可以将单片机输出的 CAN_TX 信号转换成 CAN_H、CAN_L 信号，送往 CAN 总线，也可以将 CAN 总线上的 CAN_H、CAN_L 信号转换成 CAN_RX 信号，送入单片机。

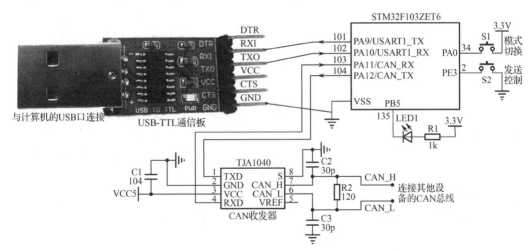

图 13-28　按键控制 CAN 通信工作模式和数据发送的电路

S1 键用于控制 CAN 通信的工作模式在正常模式和环回模式之间切换，S2 键用于控制 CAN 通信发送数据（报文）。当 CAN 通信的工作模式为正常模式时，发送的数据从单片机的 CAN_TX 引脚输出，经 TJA1040 转换成 CAN_H、CAN_L 信号送往 CAN 总线，传送给其他具有 CAN 通信功能的设备；如果 CAN 通信的工作模式为环回模式，则发送的数据除从单片机的 CAN_TX 引脚输出外，还在内部发送给自身的 CAN 接收器。另外，单片机通过 USART1 串口、USB-TTL 通信板与计算机连接，在操作 S1 键时，将当前的 CAN 工作模式以字符方式发送给计算机（可用 XCOM 串口调试助手查看）；在操作 S2 键时，将 CAN 通信发送的数据和接收到的数据以字符方式发送给计算机。

13.5.2　按键控制 CAN 通信工作模式和数据发送的程序及说明

1. 创建工程

按键控制 CAN 通信工作模式和数据发送的工程可通过复制并修改前面已创建的"单片机与计算机 RS-485 通信"工程来创建。

创建按键控制 CAN 通信工作模式和数据发送工程的操作如图 13-29 所示。先复制"单片机与计算机 RS-485 通信"工程，再将文件夹改名为"按键控制 CAN 通信工作模式和数据发送"，然后打开该文件夹，如图 13-29（a）所示；双击扩展名为.uvprojx 的工程文件，启动 Keil 软件打开工程，先将工程中的 rs485.c 文件删掉，然后新建 can.c 文件，并添加到 User 工程组中，再将 usart.c 文件（在 RTC 控制 LED 亮灭并通信显示时间工程的 User 文件夹中）复制到本工程的 User 文件夹中，另外从固件库中将 stm32f10x_can.c 文件添加到 Stdperiph_Driver 工程组中，CAN 通信程序需要使用该文件中的函数，如图 13-29（b）所示。

（a）打开"按键控制 CAN 通信工作模式和数据发送"文件夹

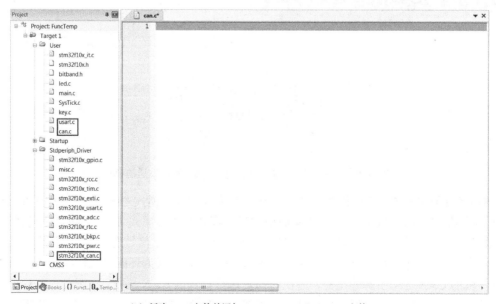

（b）新建 can.c 文件并添加 usart.c、stm32f10x_can.c 文件

图 13-29　创建按键控制 CAN 通信工作模式和数据发送的工程

2. CAN 通信配置和收发数据的程序及说明

CAN 通信配置和收发数据的程序编写在 can.c 文件中，其内容如图 13-30 所示。该程序主要由 CAN_Mode_Init、CAN_Send_Msg、CAN_Receive_Msg 和 USB_LP_CAN1_RX0_IRQHandler 函数组成。

```
can.c
#include "stm32f10x.h"    //包含stm32f10x.h头文件，相当于将该文件的内容插到此处
#include "stdio.h"        //包含stdio.h,程序中用到标准输入/输出函数(如fputc和printf函数)时就要包含该头文件

/*CAN_Mode_Init函数的功能是配置CAN控制器的收发端口、工作模式、位时序、过滤器和中断等，该函数有5个输入参数，
在调用本函数时赋值,CAN通信波特率=Fpclk1/((tbs1+tbs2+1)*brp),Fpclk1时钟默认为36MHz */
void CAN_Mode_Init(u8 tsjw,u8 tbs2,u8 tbs1,u16 brp,u8 mode)
{
 GPIO_InitTypeDef GPIO_InitStructure;  //定义一个类型为GPIO_InitTypeDef的结构体变量GPIO_InitStructure
 CAN_InitTypeDef CAN_InitStructure;    //定义一个类型为CAN_InitTypeDef的结构体变量CAN_InitStructure
 CAN_FilterInitTypeDef CAN_FilterInitStructure; //定义一个结构体变量CAN_FilterInitStructure
 //NVIC_InitTypeDef NVIC_InitStructure;    //定义一个类型为NVIC_InitTypeDef的结构体变量NVIC_InitStructure

 RCC_APB1PeriphClockCmd(RCC_APB1Periph_CAN1, ENABLE);   //执行RCC_APB1PeriphClockCmd函数,开启CAN1时钟
 RCC_APB2PeriphClockCmd(RCC_APB2Periph_GPIOA, ENABLE);  //执行RCC_APB2PeriphClockCmd函数,开启GPIOA端口时钟

 GPIO_InitStructure.GPIO_Pin=GPIO_Pin_11;     /*将结构体变量GPIO_InitStructure的成员GPIO_Pin设为GPIO_Pin_11,
                                               即选择GPIO端口的引脚11*/
 GPIO_InitStructure.GPIO_Mode=GPIO_Mode_IPU; //将GPIO端口工作模式设为GPIO_Mode_IPU（上拉输入）
 GPIO_Init(GPIOA, &GPIO_InitStructure);       /*执行GPIO_Init函数,取结构体变量GPIO_InitStructure设定的引脚和
                                               工作模式配置GPIOA端口*/
 GPIO_InitStructure.GPIO_Pin=GPIO_Pin_12;     /*将结构体变量GPIO_InitStructure的成员GPIO_Pin设为GPIO_Pin_12,
                                               即选择GPIO端口的引脚12*/
 GPIO_InitStructure.GPIO_Mode=GPIO_Mode_AF_PP;    //将GPIO端口工作模式设为GPIO_Mode_AF_PP（复用推挽输出）
 GPIO_InitStructure.GPIO_Speed=GPIO_Speed_50MHz; //将GPIO端口工作速度设为GPIO_Speed_50MHz(50MHz)
 GPIO_Init(GPIOA, &GPIO_InitStructure);      /*执行GPIO_Init函数,取结构体变量GPIO_InitStructure设定的引脚、
                                              工作模式和速度配置GPIOA端口*/

 CAN_InitStructure.CAN_TTCM=DISABLE; /*将结构体变量CAN_InitStructure的成员CAN_TTCM(时间触发通信模式)
                                       设为DISABLE(失能、禁用)*/
 CAN_InitStructure.CAN_ABOM=DISABLE; /*将CAN_InitStructure的成员CAN_ABOM(自动离线管理)设为DISABLE(禁用)*/
 CAN_InitStructure.CAN_AWUM=DISABLE; /*将CAN_InitStructure的成员CAN_AWUM(自动唤醒模式)设为DISABLE(禁用)*/
 CAN_InitStructure.CAN_NART=ENABLE;  /*将CAN_NART(非自动重传输模式)设为ENABLE(使用)，即使用报文自动传送*/
 CAN_InitStructure.CAN_RFLM=DISABLE; /*将CAN_RFLM(接收FIFO锁定模式)设为DISABLE(禁用),即报文不锁定,新覆盖旧*/
 CAN_InitStructure.CAN_TXFP=DISABLE;/*将CAN_TXFP(发送FIFO优先级)设为DISABLE(禁用),即优先级由报文标识符决定*/

 /*配置CAN工作方式和位时序的各参数,mode、tsjw、tbs2、tbs1和brp在调用CAN_Mode_Init函数时赋值,
  利用这些参数可计算出CAN通信波特率，波特率=Fpclk1/((tbs1+tbs2+1)*brp),Fpclk1=36MHz */
 CAN_InitStructure.CAN_Mode=mode; /*将CAN_Mode(CAN工作模式)设为mode(在执行函数时赋值),
                                   CAN_Mode值有4种：CAN_Mode_Normal(正常模式)、CAN_Mode_Silent(静默模式)、
                                   CAN_Mode_LoopBack(环回模式)和CAN_Mode_Silent_LoopBack(静默环回模式)*/
 CAN_InitStructure.CAN_SJW=tsjw;  /*将CAN_SJW(重新同步跳跃宽度)设为tsjw(在执行函数时指定),CAN_SJW值有4种:
                                   CAN_SJW_1tq(1个时间单位)、CAN_SJW_2tq(2个时间单位)、
                                   CAN_SJW_3tq(3个时间单位)和CAN_SJW_4tq(4个时间单位)*/
 CAN_InitStructure.CAN_BS1=tbs1;  /*将CAN_BS1(时间段1的时间单位数目)设为tbs1(在执行函数时赋值),
                                   CAN_BS1值有16种：CAN_BS1_1tq～CAN_BS1_16tq*/
 CAN_InitStructure.CAN_BS2=tbs2;  /*将CAN_BS2(时间段2的时间单位数目)设为tbs2(在执行函数时赋值),
                                   CAN_BS2值有8种：CAN_BS2_1tq～CAN_BS8_8tq*/
 CAN_InitStructure.CAN_Prescaler=brp; /*将CAN_Prescaler(预分频)设为brp(在执行函数时赋值),分频系数Fdiv=brp+1,
                                       CAN_Prescaler值范围为1～1024*/
 CAN_Init(CAN1, &CAN_InitStructure);  /*执行CAN_Init函数,按结构体变量CAN_InitStructure上述各个成员设定的值
                                       配置(初始化)CAN1寄存器*/

 /*选择要配置的过滤器，然后配置过滤器的模式、位宽、标识符、屏蔽位，再分配接收报文的FIFO并激活过滤器*/
 CAN_FilterInitStructure.CAN_FilterNumber=0; /*将结构体变量CAN_FilterInitStructure的成员CAN_FilterNumber
                                              (要配置的过滤器编号)设为0,CAN_FilterNumber取值为0～13*/
 CAN_FilterInitStructure.CAN_FilterMode=CAN_FilterMode_IdMask;  /*将CAN_FilterMode(过滤器模式)设为
                                                                 CAN_FilterMode_IdMask(标识符屏蔽位模式),
                                                                 标识符列表模式为CAN_FilterMode_IdList*/
 CAN_FilterInitStructure.CAN_FilterScale=CAN_FilterScale_32bit; /*将CAN_FilterScale(过滤器位宽)设为
                                                                 CAN_FilterScale_32bit(32位过滤器),
                                                                 16位过滤器为CAN_FilterScale_16bit*/
 CAN_FilterInitStructure.CAN_FilterIdHigh=0x0000;   /*将CAN_FilterIdHigh(过滤器标识符高段)设为0x0000,
                                                     32位位宽时为标识符高16位,16位位宽时为第1个过滤器标识符,
                                                     取值范围为0x0000～0xFFFF*/
 CAN_FilterInitStructure.CAN_FilterIdLow=0x0000; /*将CAN_FilterIdLow(过滤器标识符低段)设为0x0000,
                                                  32位位宽时为标识符低16位,16位位宽时为下一个过滤器标识符,
                                                  取值范围为0x0000～0xFFFF*/
 CAN_FilterInitStructure.CAN_FilterMaskIdHigh=0x0000; /*将CAN_FilterMaskIdHigh(过滤器屏蔽位高段)设为0x0000,
                                                       32位位宽时为屏蔽位高16位,16位位宽时为第1个过滤器屏蔽位,
                                                       取值范围为0x0000～0xFFFF*/
 CAN_FilterInitStructure.CAN_FilterMaskIdLow=0x0000; /*将CAN_FilterMaskIdLow(过滤器屏蔽位低段)设为0x0000,
                                                      32位位宽时为屏蔽位低16位,16位位宽时为下一个过滤器屏蔽位,
                                                      取值范围为0x0000～0xFFFF*/
 CAN_FilterInitStructure.CAN_FilterFIFOAssignment=CAN_Filter_FIFO0; /*将CAN_FilterFIFOAssignment(过滤器
                                                       分配FIFO)设为CAN_Filter_FIFO0,即将FIFO0分配给过滤器*/
 CAN_FilterInitStructure.CAN_FilterActivation=ENABLE;/*将CAN_FilterActivation(过滤器激活)设为ENABLE(激活)*/
```

图 13-30　CAN 通信配置和收发数据的程序及说明

```
77   CAN_FilterInit(&CAN_FilterInitStructure); /*执行CAN_FilterInit函数,按结构体变量CAN_FilterInitStructure上述
78                                        各个成员设定的值配置(初始化)CAN1过滤器*/
79
80   #if 0 /*#if后面为0,#if与#endif之间的内容不执行(本程序不用CAN中断功能),将0换成1则执行#if与#endif之间的内容*/
81   /*配置CAN1的CAN接收0中断、中断的主/从优先级,并开启中断通道,允许CAN1的FIFO0消息挂号中断*/
82   NVIC_InitStructure.NVIC_IRQChannel=USB_LP_CAN1_RX0_IRQn; /*将NVIC_InitStructure的成员NVIC_IRQChannel(中断
83                                        通道)设为USB_LP_CAN1_RX0_IRQn(CAN低优先级或者CAN接收0中断)*/
84   NVIC_InitStructure.NVIC_IRQChannelPreemptionPriority=1;/*将NVIC_IRQChannelPreemptionPriority(中断主优先级)
85                                        设为1*/
86   NVIC_InitStructure.NVIC_IRQChannelSubPriority=0;/*将NVIC_IRQChannelSubPriority(中断从优先级)设为0*/
87   NVIC_InitStructure.NVIC_IRQChannelCmd=ENABLE;    /*将NVIC_IRQChannelCmd(中断通道使/失能)设为ENABLE(使能),
88                                        即开启中断通道,关闭中断通道用DISABLE(失能)*/
89   NVIC_Init(&NVIC_InitStructure); /*执行NVIC_Init函数,取结构体变量NVIC_InitStructure设定的中断通道、
90                                        主/从优先级和使/失能来配置NVIC寄存器*/
91   CAN_ITConfig(CAN1,CAN_IT_FMP0,ENABLE); /*执行CAN_ITConfig函数,允许CAN1的FIFO0消息挂号中断*/
92   #endif
93   }
94
95   /*CAN_Send_Msg函数先定义发送报文的标识符、帧类型和数据长度(数据的字节个数),再将指针变量msg指向的数组中的
96   len个字节数据发送出去,发送成功将0返回给CAN_Send_Msg函数*/
97   u8 CAN_Send_Msg(u8* msg,u8 len)   //输入参数msg(指针变量)和len(发送的字节个数)在调用本函数时赋值
98   {
99     u8 mbox;       //声明一个8位无符号整型变量mbox
100    u16 i=0;       //声明一个16位无符号整型变量i,初值赋0
101    CanTxMsg TxMessage;       //定义一个类型为CanTxMsg的结构体变量TxMessage
102    TxMessage.StdId=0x12;     /*将结构体变量TxMessage的成员StdId(标准标识符,11位)设为0x12,取值范围为0~0x7FF*/
103    TxMessage.ExtId=0x12;     /*将结构体变量TxMessage的成员ExtId(扩展标识符,18位)设为0x12,取值范围为0~0x3FFFF*/
104    TxMessage.IDE=CAN_ID_STD;  /*将IDE(报文标识符类型)设为CAN_ID_STD(使用标准标识符),
105                                        设成CAN_ID_EXT则使用标准标识符+扩展标识符*/
106    TxMessage.RTR=CAN_RTR_DATA; /*将RTR(报文的帧类型)设为CAN_RTR_DATA(数据帧),即报文类型为数据帧,
107                                        设成CAN_RTR_REMOTE则报文类型为远程帧(遥控帧)*/
108    TxMessage.DLC=len;       /*将DLC(报文的帧长度,数据的字节个数)设为len(在执行函数时赋值),取值范围为0~0x8*/
109    for(i=0;i<len;i++)        /*for是循环语句,执行时先让变量i=0,然后判断i<len是否成立,若成立,则执行for语句
110                                        首个大括号中的内容,执行完再执行i++将i值加1,接着又判断i<len是否成立,如此反复,
111                                        直到i<len不成立,才跳出for语句,去执行for语句尾大括号之后的内容,for语句大括号
112                                        中的内容会循环执行len次,将msg所指数组中的len个连续字节存到TxMessage的成员Data数组中*/
113    {
114      TxMessage.Data[i]=msg[i]; //将msg所指数组的第i个字节存到结构体变量TxMessage的成员Data数组的第i个字节位置
115    }
116    mbox=CAN_Transmit(CAN1,&TxMessage);  /*执行CAN_Transmit函数,按结构体变量TxMessage各个成员设定的值
117                                        开始一个报文的传输,并将函数返回值(使用的邮箱号)赋给变量mbox*/
118    i=0;                      //将i清0
119    while((CAN_TransmitStatus(CAN1,mbox)==CAN_TxStatus_Failed)&&(i<0xFFF))i++; /*执行CAN_TransmitStatus函数,
120                                        检查CAN1的mbox邮箱总传输状态,如果传输失败,函数返回值为CAN_TxStatus_Failed,
121                                        若此时i<0xFFF,则&&两侧都为真,while小括号内为真,反复执行i++,等待传输完成,
122                                        直到i≥0xFFF时i<0xFFF不成立(假),跳出while语句*/
123    if(i>=0xFFF)return 1; //如果i≥0xFFF(发送不成功),将1返回给CAN_Send_Msg函数,同时退出函数
124    return 0;                 //其他情况(即i<0xFFF,发送成功)时,将0返回给CAN_Send_Msg函数
125    }
126
127    /*CAN_Receive_Msg函数的功能是使用FIFO0接收报文,并将报文各部分保存到结构体变量RxMessage各成员(StdId、ExtId、
128    IDE、RTR、DLC、Data[8]和FMI)中,再将Data[8]中的DLC个数据转存到buf所指数组中,接收到报文后将接收到数据的字节个数
129    返回给CAN_Receive_Msg函数,未接收到报文返回0*/
130    u8 CAN_Receive_Msg(u8 *buf)   //buf为指针变量,其指向的对象在调用本函数时指定
131    {
132      u32 i;                //声明一个32位无符号整型变量i
133      CanRxMsg RxMessage;   //定义一个类型为CanRxMsg的结构体变量RxMessage
134      if(CAN_MessagePending(CAN1,CAN_FIFO0)==0)return 0; /*执行CAN_MessagePending函数,检查CAN1的接收FIFO0并返回
135                                        接收报文数量。如果接收的报文数量为0,执行return 0将0返回给
136                                        CAN_Receive_Msg函数并退出函数,接收到报文则执行下一条语句*/
137      CAN_Receive(CAN1,CAN_FIFO0,&RxMessage);  /*执行CAN_Receive函数,使用CAN1的FIFO0接收报文,并将报文各部分保存到
138                                        结构体变量RxMessage各成员(StdId、ExtId、IDE、RTR、DLC、Data[8]和FMI)中*/
139      for(i=0;i<RxMessage.DLC;i++)  /*先让变量i=0,再判断i<RxMessage.DLC(报文中的数据字节个数,0~8)是否成立,若成立,
140                                        则执行for语句大括号中的内容,执行完后再执行i++将i值加1,接着又判断i<RxMessage.DLC
141                                        是否成立,如此反复,直到i<RxMessage.DLC不成立,才跳出for语句,去执行for语句尾大括号
142                                        之后的内容,for语句大括号中的内容会循环执行RxMessage.DLC次,将RxMessage.Data[i]中的
143                                        i个字节数据转存到buf所指数组中*/
144      {
145        buf[i]=RxMessage.Data[i]; //将结构体变量RxMessage的成员Data数组中的第i个字节数据转存到buf所指数组的第i个位置
146      }
147      return RxMessage.DLC;     //将报文中的数据字节个数返回给CAN_Receive_Msg函数
148    }
149
150    #if 0 /*#if后面为0,#if与#endif之间的内容不执行(本程序不用CAN中断功能),若将0换成1,则#if与#endif之间的内容会执行*/
151    /*USB_LP_CAN1_RX0_IRQHandler是CAN1产生接收0中断时自动执行的中断服务函数*/
152    void USB_LP_CAN1_RX0_IRQHandler(void)
153    {
154      CanRxMsg RxMessage;   //定义一个类型为CanRxMsg的结构体变量RxMessage
155      int i=0;              //声明一个整型变量i,初值赋0
156      CAN_Receive(CAN1,0,&RxMessage); /*执行CAN_Receive函数,使用CAN1的FIFO0接收报文,并将报文各部分保存到
157                                        结构体变量RxMessage各成员(StdId、ExtId、IDE、RTR、DLC、Data[8]和FMI)中*/
158      for(i=0;i<8;i++)     /*for为循环语句,大括号中的内容循环执行8次(0~7),每执行一次i值增1,当i增到8时跳出for语句*/
159      {
160        printf("RxMessage.Data第[%d]个数据:%d\r\n",i,RxMessage.Data[i]);  /*将"RxMessage.Data第[i]个数据:"和
161                                        RxMessage.Data[i]的值转换成字符数据,通过USART1串口发送出去*/
162      }
163    }
164    #endif
165
```

图 13-30　CAN 通信配置和收发数据的程序及说明（续）

　　CAN_Mode_Init 函数的功能是配置 CAN 控制器的收发端口、工作模式、位时序、过滤器和中断；CAN_Send_Msg 函数的功能是定义发送报文的标识符、帧类型和数据长度（数据的字节个数），再将数据发送出去；CAN_Receive_Msg 函数的功能是接收报文，并将报文中的数据保存到指定位置；USB_LP_CAN1_RX0_IRQHandler 是 CAN1 产生接收 0 中断时自动执行的中断服务函数。

3．主程序及说明

　　主程序在 main.c 文件中，其内容如图 13-31 所示。程序运行时，首先执行 main 函数，在 main 函数中执行 SysTick_Init 函数配置 SysTick 定时器，执行 NVIC_PriorityGroupConfig 函数配置优先级分组，执行 LED_Init 函数配置 PB5 端口，执行 key_Init 函数配置按键输入端口，执行 USART1_Init 函数配置、启动 USART1 串口并开启 USART1 串口的接收中断，然后将 CAN_SJW_1tq、CAN_BS2_8tq、CAN_BS1_9tq、4 和 CAN_Mode_Normal 分别赋给 CAN_Mode_Init 函数的输入参数 tsjw、tbs2、tbs1、brp 和 mode，再执行该函数配置 CAN 控制器的收发端口、工作模式、位时序、过滤器和中断，之后反复执行 while 语句中的内容。

```
main.c                                                                    ▼ × 
  1  #include "bitband.h"    //包含bitband.h，相当于将该文件内容插到此处
  2  #include "stdio.h"      //包含stdio.h,程序中用到标准输入/输出函数(如fputc和printf函数)时就要包含该头文件
  3
  4  void SysTick_Init(u8 SYSCLK);       /*声明SysTick_Init函数/,如果A函数中需要调用B函数,而B函数在其他文件中
  5                                        或在A函数之后,则需要在调用前对B函数进行声明,否则编译时会报警或出错 */
  6  void LED_Init(void);                //声明LED_Init函数,该函数用来配置连接LED的端口
  7  void KEY_Init(void);                //声明KEY_Init函数,该函数用来配置按键输入端口
  8  u8 KEY_Scan(u8 mode);               //声明KEY_Scan函数,该函数用来检测何键被按下
  9  void USART1_Init(u32 bound);        //声明USART1_Init函数,该函数用来配置USART1串口
 10  void CAN_Mode_Init(u8 tsjw,u8 tbs2,u8 tbs1,u16 brp,u8 mode); //声明CAN_Mode_Init函数,该函数用来配置CAN1控制器
 11  u8 CAN_Send_Msg(u8* msg,u8 len);    //声明CAN_Send_Msg函数,该函数用作CAN1发送报文
 12  u8 CAN_Receive_Msg(u8 *buf);        //声明CAN_Receive_Msg函数,该函数用作CAN1接收报文
 13
 14  int main()                          /*main为主函数,无输入参数,返回值为整型数(int)。一个工程只能有一个main函数,
 15                                        不管有多少个程序文件,都会找到main函数并从该函数开始执行程序 */
 16 {
 17    u8 j=0;        //声明一个无符号的8位整型变量j,初值赋0
 18    u8 key;        //声明一个无符号的8位整型变量key
 19    u8 mode=0;     //声明一个无符号的8位整型变量mode,初值赋0
 20    u8 res;        //声明一个无符号的8位整型变量res
 21    u8 tbuf[8]={1,2,0xA,0x10,'1','2','A','B'};  /*声明一个数组tbuf,用来存放CAN的发送数据,数组由8个元素组成,
 22                                                  依次为1、2、0xA、0x10、'1'、'2'、'A'、'B' */
 23    u8 rbuf[8];    /*声明一个数组rbuf,数组由8个元素(类型为无符号的8位整型变量)组成,用来存放CAN接收的8字节数据*/
 24
 25    SysTick_Init(72);       /*将72赋给SysTick_Init函数的输入参数SYSCLK,再执行该函数,计算出fac_us值(1μs的计数次数)
 26                              和fac_ms(1ms的计数次数)供delay_ms函数使用 */
 27    NVIC_PriorityGroupConfig(NVIC_PriorityGroup_2); /*执行NVIC_PriorityGroupConfig优先级分组函数,
 28                                                       将主、从优先级各设为2位 */
 29    LED_Init();             //执行LED_Init函数(在led.c文件中),开启GPIOB端口时钟,设置端口引脚号、工作模式和速度
 30    KEY_Init();             //调用KEY_Init函数(在key.c文件中),配置按键输入端口(PA0和PE4、PE3、PE2)
 31    USART1_Init(115200);    /*将115200作为波特率赋给USART1_Init函数(在eusart.c文件中)的输入参数,再执行该函数配置USART1
 32                              串口的端口、参数、工作模式和中断通道,然后启动USART1串口工作,并使能USART1串口的接收中断*/
 33    CAN_Mode_Init(CAN_SJW_1tq,CAN_BS2_8tq,CAN_BS1_9tq,4,CAN_Mode_Normal);  /*将CAN_SJW_1tq、CAN_BS2_8tq、
 34                              CAN_BS1_9tq、4和CAN_Mode_Normal分别赋给CAN_Mode_Init函数(在can.c文件中)的输入参数
 35                              tsjw、tbs2、tbs1、brp和mode,再执行该函数配置CAN控制器的收发端口、工作模式、位时序、
 36                              过滤器和中断等,CAN通信波特率=Fpclk1/((tbs1+tbs2+1)*brp)=500Kbps,Fpclk1时钟默认为36MHz */
 37
 38    while(1)                //while为循环语句,当括号内的值为真(非0即为真)时,反复执行本语句首尾大括号中的内容
 39    {
 40      key=KEY_Scan(0);      /*将0(单次检测)赋给KEY_Scan函数的输入参数并执行该函数,如果PA0引脚按键被按下,函数的返回值为1,
 41                              将返回值赋给变量key*/
 42      if(key==1)            //如果key=1(PA0引脚按键被按下),执行if语句大括号中的内容,否则执行本if语句尾大括号之后的内容
 43      {
 44        mode=!mode;         //将mode值取反,mode为0为正常模式,mode=1为环回模式,
 45        CAN_Mode_Init(CAN_SJW_1tq,CAN_BS2_8tq,CAN_BS1_9tq,4,mode);/*将CAN_SJW_1tq、CAN_BS2_8tq、CAN_BS1_9tq、4和
 46                              mode值分别赋给CAN_Mode_Init函数的输入参数tsjw、tbs2、tbs1、brp和mode,
 47                              再执行该函数配置CAN控制器的收发端口、工作模式、位时序、过滤器和中断等*/
 48        if(mode==0)         //如果mode=0,CAN通信处于正常模式
 49        {
 50          PBout(5)=0;       //让PB5引脚输出低电平,点亮该板外接LED
 51          printf("----------------------\r\n");  /*将"----"转换成字符数据,通过USART1串口发送出去*/
 52          printf("当前CAN通信处于正常模式\r\n");  /*将"当前CAN通信处于正常模式"转换成一系列的字符数据,再通过USART1串口
 53                              发送出去,\r表示回车,\n表示换行*/
 54        }
```

图 13-31　main.c 文件中的主程序

```
55    else              //如果mode≠0（即mode=1），则CAN通信处于环回模式
56    {
57      PBout(5)=1;       //让PB5引脚输出高电平，该脚外接LED熄灭
58      printf("--------------------\r\n");   /*将"----"转换成字符数据，通过USART1串口发送出去*/
59      printf("当前CAN通信处于环回模式\r\n");   /*将"当前CAN通信处于环回模式"转换成一系列的字符数据，再通过USART1串口
60                                                发送出去，\r表示回车，\n表示换行 */
61    }
62  }
63  if(key==3)            //如果key=3(PE3引脚按键被按下)，则执行if语句大括号中的内容，否则执行本if语句尾大括号之后的内容
64  {
65    res=CAN_Send_Msg(tbuf,8);  /*执行CAN_Send_Msg函数，将tbuf数组中的8个元素以CAN通信方式发送出去，发送成功将0
66                                  返回给CAN_Send_Msg函数，再赋给变量res*/
67    if(res)              //如果res值不为0（即为真），执行"printf("发送失败!\r\n");"
68    {
69      printf("发送失败!\r\n");   /*将"发送失败!"转换成一系列的字符数据，再通过USART1串口发送出去*/
70    }
71    else                //如果res值为0，执行本else语句大括号中的内容
72    {
73      printf("发送的数据: ");   /*将"发送的数据:"转换成一系列的字符数据，再通过USART1串口发送出去*/
74      for(j=0;j<8;j++)     /*for为循环语句,执行时先让变量j=0,然后判断j<8是否成立,若成立,则执行本for语句
75                            首尾大括号中的内容,执行完后再执行j++使j值加1,接着又判断j<8是否成立,如此反复,
76                            直到j<8不成立,才跳出for语句,for语句尾大括号之后的内容,for语句大括号
77                            中的内容会循环执行8次,将tbuf数组中的8个元素逐个从USART1串口发送出去*/
78      {
79        printf("%X ",tbuf[j]); /*将tbuf数组的第j个元素按%X定义转换成十六进制字符数据,通过USART1串口发送出去*/
80      }
81      printf("\r\n");      /*在USART1串口发送的8个元素字符之后再发送回车换行符,\r表示回车,\n表示换行*/
82    }
83  }
84  res=CAN_Receive_Msg(rbuf); /*执行CAN_Receive_Msg函数,以CAN通信方式接收数据,接收的数据存放到rbuf数组中,
85                              接收到数据时将接收到的数据字节个数返回给CAN_Receive_Msg函数,未接收到数据将0
86                              返回给函数,再赋给变量res*/
87  if(res)                //如果res值不为0（即为真），说明已接收到数据，执行本if语句大括号中的内容
88  {
89    printf("接收的数据: ");   /*将"接收的数据:"转换成一系列的字符数据，再通过USART1串口发送出去*/
90    for(j=0;j<8;j++)     /*for为循环语句,for语句大括号中的内容会循环执行8次,将rbuf数组(存放CAN接收的数据)
91                          中的8个元素逐个从USART1串口发送出去*/
92    {
93      printf("%X ",rbuf[j]); /*将rbuf数组的第j个元素按%X定义转换成十六进制字符数据,通过USART1串口发送出去*/
94    }
95    printf("\r\n");      /*在USART1串口发送的8个元素字符之后再发送回车换行符,\r表示回车,\n表示换行*/
96  }
97  }
98  }
99
```

图 13-31　main.c 文件中的主程序（续）

在 while 语句中，首先执行 KEY_Scan 函数检测有无按键按下，如果 PA0 引脚按键被按下，函数的返回值为 1，则 key=1，执行 43～62 行 if 语句大括号中的内容：将 mode 值取反，再执行 CAN_Mode_Init 函数配置 CAN 通信，然后判断 mode 值，如果 mode=0，让 PB5 引脚输出低电平点亮外接的 LED，之后执行 printf 函数，将"当前 CAN 通信处于正常模式"转换成一系列的字符数据，通过 USART1 串口发送出去；如果 mode≠0（即 mode=1），让 PB5 引脚输出高电平熄灭外接的 LED，然后执行 printf 函数，将"当前 CAN 通信处于环回模式"转换成一系列的字符数据，通过 USART1 串口发送出去。

如果 PE3 引脚按键被按下，则 KEY_Scan 函数的返回值为 3，key=3，执行 64～83 行 if 语句大括号中的内容：先执行 CAN_Send_Msg 函数，将 tbuf 数组中的 8 个元素以 CAN 通信方式发送出去，如果发送失败，执行 printf 函数，将"发送失败!"字符从 USART1 串口发送出去；如果发送成功，则将"发送的数据:"和 tbuf 数组中的 8 个元素以字符方式从 USART1 串口发送出去。

接着执行 CAN_Receive_Msg 函数，以 CAN 通信方式接收数据，接收的数据存放到 rbuf 数组中，如果接收成功，函数的返回值（接收的数据字节个数）不为 0，变量 res 值也不为 0，马上执行 89～96 行 if 语句大括号中的内容：先执行 printf 函数将"接收的数据:"字符从 USART1 串口发送出去，再用 for 语句执行 8 次 printf 函数，将 rbuf 数组中的 8 个元素以字符方式逐个从 USART1 串口发送出去。

13.5.3　用 XCOM 串口调试助手查看 CAN 通信的工作模式和收发的数据

单片机的 USART1 串口与计算机连接后，在计算机的 XCOM 串口调试助手中可查看 CAN 通信的工作模式和收发的数据，如图 13-32 所示。

按 S1 键（PA0 引脚外接的按键），XCOM 串口调试助手的接收区显示当前 CAN 通信的工作模式为环回模式，如图 13-32（a）所示；按 S2 键（PE3 引脚外接的按键），CAN 除将 tbuf 数组中的 8 个元素往外部发送外，还会将数据发送回自身的接收器，故发送的数据和接收的数据是相同的，如图 13-32（b）所示，用单引号将 1 包括起来，表示 1 是一个字符，存储的是 1 的 ASCII 码 "0x31"（即 00110001）；第二次按 S1 键，CAN 通信切换到正常模式，如图 13-32（c）所示；此时再按 S2 键，tbuf 数组中的 8 个元素只往外部发送，不会发送到自身的接收器，故 XCOM 串口调试助手只显示 CAN 通信发送的数据，不会显示接收的数据（因为未接收到数据），如图 13-32（d）所示。

（a）按 S1 键切换到 CAN 通信环回模式

（b）按 S2 键发送数据（环回模式下会送回自身接收）

（c）第二次按 S1 键切换到 CAN 通信正常模式

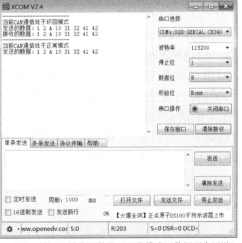

（d）再按 S2 键发送数据（正常模式下数据不会回送）

图 13-32　用 XCOM 串口调试助手查看 CAN 通信的工作模式和收发的数据

第 14 章

FSMC 与液晶显示屏的使用与编程实例

14.1 FSMC 的结构与使用

STM32 单片机内部有一定容量的 ROM 和 SRAM，以 STM32F103ZET6 型单片机为例，其内部有 512KB Flash 和 64KB SRAM，若用来制作简单的控制设备，这些内部存储器是够用的，但如果用 STM32 单片机制作一些功能复杂，特别是带显示功能的设备，仅靠内部存储器是不够用的，需要给单片机外接存储器来扩展存储容量。FSMC 是 STM32 单片机内部负责与外部存储器打交道的外设（电路模块），100 个引脚以上的 STM32F1x 单片机内部都有 FSMC。

FSMC（Flexible Static Memory Controller）意为灵活的静态存储控制器，能够连接同步、异步存储器和 16 位 PC 存储卡。STM32 单片机通过 FSMC 可以与 SRAM（静态存储器）、ROM（只读存储器）、PSRAM（伪静态存储器，一种体积小、价格低的 SRAM）、NOR Flash（存储单元并联型闪存）和 NAND Flash（存储单元串联型闪存）等存储器的引脚直接相连。

14.1.1 FSMC 的结构框图与说明

STM32F1x 单片机的 FSMC 结构如图 14-1 所示，主要由 FSMC 配置寄存器、NOR 存储控制器和 NAND/PC 卡存储控制器等组成。

AHB 总线是 FSMC 与 CPU 及其他片内外设的连接线，FSMC 的工作时钟为时钟控制器提供 HCLK 时钟信号（频率最高 72MHz），当 FSMC 开启中断后，在发生 FSMC 中断时，会产生中断请求触发 NVIC（嵌套向量中断控制器）的 FSMC 中断。FSMC 与外部存储器连接的引脚可分为连接 NOR/PSRAM 存储器的引脚、连接 NAND 存储器的引脚、连接 PC 存储卡的引脚和 3 种存储器都可使用的公用引脚。

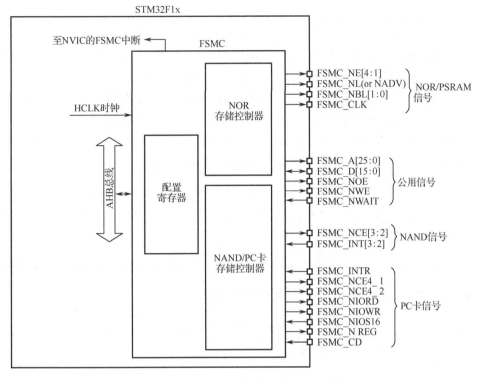

图 14-1　STM32F1x 单片机的 FSMC 结构

14.1.2　FSMC 连接管理的外部存储器地址分配

STM32 单片机通过 FSMC 连接管理外部存储器，为了能读写外部存储器的存储单元，需要给这些存储单元分配地址。STM32F1x 单片机 FSMC 管理的外部存储器分为 4 个 bank（每个 bank 均为 256MB，共 1GB），STM32F1x 单片机 FSMC 连接的外部存储器类型与地址分配如图 14-2 所示。

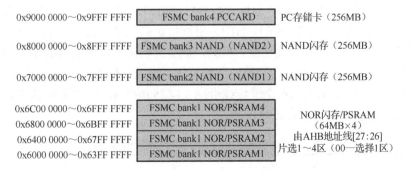

图 14-2　STM32F1x 单片机 FSMC 连接的外部存储器类型与地址分配

bank1（地址范围为 0x6000 0000～0x6FFF FFFF）分配给 NOR 闪存或 PSRAM 存储设备，bank1 又被划分为 4 个 NOR/PSRAM 区，可连接 4 个 NOR 或 PSRAM，由 AHB 地址总线（HADDR[27:26]）的值来选择连接某个区，HADDR[27:26]=00（01、10、11）时选择 NOR/PSRAM 的 1 区（2 区、3 区、4 区）。bank2 和 bank3 分配 NAND 闪存设备，每个 bank

连接一个 NAND 闪存。Bank4 分配给 PC 存储卡。

STM32F1x 单片机有 26 个地址线引脚（FSMC_A[25:0]）与外部存储器连接，这些引脚与单片机内部 AHB 地址总线（HADDR[25:0]）连接，连接关系与外接存储器的数据宽度（一个地址存储的数据位数）有关，见表 14-1。如果 FSMC 外接的是 8 位存储器（每个地址单元存放 8 位数据），则 AHB 地址总线的 HADDR[25:0]与外部地址线引脚的 FSMC_A[25:0]对应连接，可访问 64MB（512Mb）的存储空间；如果 FSMC 外接的是 16 位存储器（每个地址单元存放 16 位数据），则 AHB 地址总线的 HADDR[25:1]与外部地址线引脚的 FSMC_A[24:0]对应连接，可访问 32MB（512Mb）的存储空间。

表 14-1　不同数据宽度时 AHB 地址总线（HADDR）与外部地址引脚（FSMC_A）的连接关系

存储器数据宽度	AHB 地址线（HADDR）与地址引脚（FSMC_A）的连接关系	最大访问存储器空间
8 位	HADDR[25:0]与 FSMC_A[25:0]对应连接	64MB×8=512Mb
16 位	HADDR[25:1]与 FSMC_A[24:0]对应连接，HADDR[0]未接	64MB/2×16=512Mb

14.1.3　FSMC 连接 NOR/PSRAM 的引脚信号

FSMC 连接的外部存储器类型有 NOR/PSRAM 存储器、NAND 存储器和 PC 存储卡，连接不同类型的存储器会使用相应的引脚。

1．NOR 闪存的连接引脚

NOR 闪存是由 Intel 公司 1988 年开发出来的一种非易失性存储器（Flash 闪存），访问以字（16 位）的方式进行。FSMC 连接 NOR 可采用非复用模式或复用模式，复用模式下，16 根数据线既可作为数据线，又可作为 16 根地址线使用，这样可以节省出 16 个引脚用于其他功能。

1）非复用模式下的 NOR 连接引脚信号

非复用模式下的 NOR 连接引脚信号见表 14-2，信号名称中最前面的 N 表示低电平有效。NE[x](x=1~4)为片选引脚，与 AHB 地址总线 HADDR[27:26]的值有关。当 HADDR[27:26]=00（01、10、11）时，NE1（NE2、NE3、NE4）引脚输出低电平，选中 bank1 的 1 区（2 区、3 区、4 区）。NOE 为输出使能（读使能）引脚，该引脚输出低电平到 NOR，让 NOR 输出数据送往 FSMC（读数据）。NWE 为写使能引脚，该引脚输出低电平时，可以向外接 NOR 写入数据。FSMC 连接 NOR 有 26 个地址线引脚（A[25:0]]）和 16 个数据线引脚，可以访问 64MB 的存储空间（以字的方式访问）。

表 14-2　非复用模式下的 NOR 连接引脚信号

FSMC 引脚信号	信 号 方 向	功　　能
CLK	输出	时钟（同步突发模式使用）
A[25:0]	输出	地址总线
D[15:0]	输入/输出	双向数据总线
NE[x]	输出	片选，x=1~4
NOE	输出	输出使能

续表

FSMC 引脚信号	信 号 方 向	功　　能
NWE	输出	写使能
NWAIT	输入	NOR 闪存要求 FSMC 等待的信号

2）复用模式下的 NOR 连接引脚信号

复用模式的 NOR 连接引脚信号见表 14-3，信号名称中最前面的 N 表示低电平有效。在复用模式时，FSMC 的 A[25:16]和 AD[15:0]（即非复用模式的 D[15:0]）先组成 26 根地址线，输出 26 位地址选中外部 NOR 的某个地址的字单元，接着 NL 引脚输出锁存使能低电平信号到外部 NOR，将 AD[15:0]地址线的 16 位地址锁住（继续与 A[25:16]组成 26 位地址），仍选中先前的单元，然后将 AD[15:0]引脚用作 16 根数据线，FSMC 使用这 16 根数据线从 NOR 选中的字单元读写 16 位数据。

表 14-3　复用模式下的 NOR 连接引脚信号

FSMC 引脚信号	信 号 方 向	功　　能
CLK	输出	时钟（同步突发模式使用）
A[25:16]	输出	地址总线（A25～A16）
AD[15:0]	输入/输出	地址总线（A15～A0）/数据总线（D15～D0）复用
NE[x]	输出	片选，x=1～4
NOE	输出	输出使能
NWE	输出	写使能
NL(=NADV)	输出	锁存使能（某些 NOR 闪存器件命名该信号为地址有效，NADV）
NWAIT	输入	NOR 闪存要求 FSMC 等待的信号

2. PSRAM 的连接引脚

PSRAM 又称伪 SRAM（静态可读写存储器），其体积小、售价低，且具有与 SRAM 相同的外部接口，广泛应用于手机、电子词典、掌上电脑和 GPS 接收器等消费电子产品中。

FSMC 连接 PSRAM 的引脚信号见表 14-4，信号名称中最前面的 N 表示低电平有效。在访问具有字节选择功能的存储器（SRAM、ROM、PSRAM 等）时，FSMC 使用 NBL[1:0]引脚来选择存储器的高、低字节，NBL1=1、NBL0=0 时选中低字节，仅可读写存储器的低字节；NBL1=0、NBL0=0 时可读写存储器的高、低字节。

表 14-4　FSMC 连接 PSRAM 的引脚信号

FSMC 引脚信号	信 号 方 向	功　　能
CLK	输出	时钟（同步突发模式使用）
A[25:0]	输出	地址总线
D[15:0]	输入/输出	双向数据总线
NE[x]	输出	片选，x=1～4（PSRAM 称其为 NCE）
NOE	输出	输出使能
NEW	输出	写使能

续表

FSMC 引脚信号	信号方向	功　能
NL(=NADV)	输出	地址有效（与之连接的存储器引脚名称为 NADV）
NWAIT	输入	PSRAM 要求 FSMC 等待的信号
NBL[1]	输出	高字节使能（与之连接的存储器引脚名称为 NUB）
NBL[0]	输出	低字节使能（与之连接的存储器引脚名称为 NLB）

14.1.4　FSMC 访问 NOR/PSRAM 的模式和时序

1. 同步和异步突发访问

FSMC 的 NOR 控制器支持同步和异步突发两种访问方式。

在采用同步突发访问方式时，FSMC 将 HCLK（系统时钟）分频后，发送给外部存储器作为 FSMC_CLK（同步时钟信号）。该方式需要设置两个时间参数：①HCLK 与 FSMC_CLK 的分频系数（CLKDIV，2～16 分频）；②同步突发访问中获得第一个数据所需要的等待延迟（DATLAT）。

在采用异步突发访问方式时，主要设置 3 个时间参数：①FSMC_BTRx 片选时序寄存器的 ADDSET[3:0]位（地址建立时间）；②FSMC_BTRx 的 ADDHLD[7:4]位（地址保持时间）；③FSMC_BTRx 的 DATAST[15:8]位（数据保存时间）。

FSMC 为 SRAM/ROM、PSRAM 和 NOR 存储器定义了多种不同的访问时序模式，选用不同的时序模式时，需要设置不同的时序参数，见表 14-5。比如，FSMC 外接存储器类型为 SRAM/CRAM（PSRAM）时，可选择 Mode 1 或 Mode A 模式，需要设置 DATAST（数据保存时间）和 ADDSET（地址建立时间）。

表 14-5　FSMC 访问存储器的模式与主要设置参数

时序模式		描　述	时间参数
异步突发	Mode 1	SRAM/CRAM 时序	DATAST、ADDSET
	Mode A	SRAM/CRAM OE 选通型时序	DATAST、ADDSET
	Mode 2/B	NOR Flash 时序	DATAST、ADDSET
	Mode C	NOR Flash OE 选通型时序	DATAST、ADDSET
	Mode D	延长地址保持时间的异步时序	DATAST、ADDSET、ADDHLK
同步突发		根据同步时钟 FSMC_CK 读取多个顺序单元的数据	CLKDIV、DATLAT

2. 访问时序

FSMC 访问外部存储器的模式有很多，但都大同小异，这里介绍异步突发 Mode A 模式，访问时序分为读时序和写时序。

1）读时序

异步突发 Mode A 模式的读时序如图 14-3 所示，FSMC 使用该时序从外部存储器读取 1 字节或 2 字节（高、低字节）的数据。STM32 单片机的 FSMC 连接外部存储器 SRAM/CRAM 时，将 bank1 地址分配给 SRAM/CRAM，并且 bank1 分成 1～4 区。

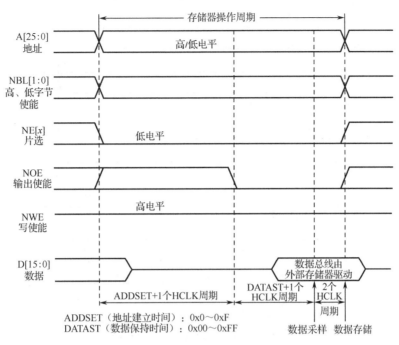

图 14-3　异步突发 Mode A 模式的读时序

FSMC 从 SRAM/CRAM 读取数据的操作如下。

（1）从 NE1～NE4（高、低字节使能）某个引脚输出低电平，选中 bank1 的 1～4 区中的某个区。

（2）从 A[25:0]（地址）引脚输出 26 位地址信号，选择该区的某个单元。

（3）从 NBL1（高字节使能）、NBL0（低字节使能）引脚输出低电平使能信号（0—使能，1—禁止），分别使能该地址单元的高字节或低字节；若两引脚同时输出低电平，则同时使能高、低字节。

（4）从 NWE（写使能）引脚输出高电平，从外部存储器读数据时该引脚为高电平，该引脚为低电平时可以向外部存储器写数据。

（5）从 NOE（输出使能）引脚先输出高电平，持续时间为 ADDSET+1 个 HCLK 周期，等待 A[25:0]输出稳定的地址信号，然后 NOE 引脚输出翻转，由高电平变为低电平，DATAST+1 个 HCLK 周期后，FSMC 开始从 D[15:0]引脚读取外部存储器送来的数据，数据线上的数据持续至少 2 个 HCLK 周期以便被 FSMC 读取并保存下来。

2）写时序

异步突发 Mode A 模式的写时序如图 14-4 所示，FSMC 使用该时序向外部存储器写 1 字节或 2 字节（高、低字节）的数据。

FSMC 向外部存储器 SRAM/CRAM 中写数据与从外部存储器 SRAM/CRAM 中读数据的不同主要有：①NOE（输出使能）引脚一直输出高电平；②NWE（写使能）引脚先输出高电平，ADDSET+1 个 HCLK 周期后输出翻转为低电平，FSMC 开始将数据写入外部存储器，数据持续时间为 DATAST+1 个 HCLK 周期，NWE 引脚的低电平持续时间为 DATAST（必须大于 0），而后变为高电平，写操作完成。

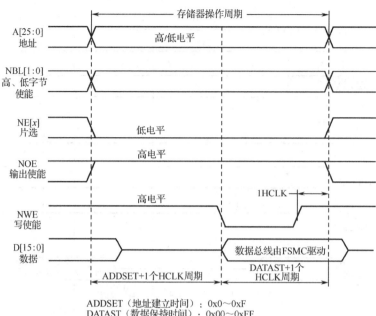

ADDSET（地址建立时间）：0x0～0xF
DATAST（数据保持时间）：0x00～0xFF

图 14-4　异步突发 Mode A 模式的写时序

14.2　液晶显示屏（TFT-LCD）的结构与显示原理

TFT-LCD（Thin Film Transistor-LiquidCrystal Display）意为薄膜晶体管液晶显示屏，在显示屏上有很多液晶像素点排满整个屏幕，每个像素都设有一个薄膜晶体管控制亮暗，当电信号使某个像素的薄膜晶体管（TFT）导通时，该像素的液晶方向改变而变得透明，背光透过像素的液晶而显示一个亮点。通过控制液晶屏不同位置的像素点的亮暗，可以让液晶屏显示出不同的图像。

14.2.1　液晶、偏光片与光通量控制

1. 液晶

大多数物质与水一样，都有固态、液态和气态 3 种形态，而一些物质还有一种液晶态（固态与液态之间的一种状态）。在对冰（固态水）加热时，冰的晶格因为加热而被破坏，当温度超过熔点时晶格全部溶解变成液体。对于热致型液晶物质，当其固态加热到一定温度时，并不会直接变成液态，而是先溶解形成液晶态，再持续加热时才会溶解成液态。液晶态既有固态的晶格，又有液态的流动性，根据分子排列方式不同，可分为层状液晶、线状液晶、胆固醇液晶和碟状液晶，液晶显示屏使用线状液晶。

液晶有很多特性，液晶显示主要利用其介电特性和折射系数。介电特性是指液晶受到电场作用时其液晶分子方向会发生改变；折射系数是光线穿过液晶时影响光线行进方向的重要参数。液晶显示屏利用电压来控制液晶分子的转动，通过改变光线的行进方向而得到不同的灰阶（明暗等级）。

2．横波、纵波与偏光片

水波是一种横波，当水波沿水平面向前方传播时，水波的波峰与波谷的上下波动变化（振动方向）垂直于水平面，即水波在传播时，其振动方向与传播方向垂直。声波是一种纵波，其振动方向与传播方向平行（同向），声源发出声音时先压缩最近的空气，然后被压缩的空气又会压缩前方的空气，其传播就像弹簧压缩后的振动一样。光波与水波一样，也是一种横波，光源发光时，可能会发出各种方向的光，如上下方向、左右方向振动的光，光的振动方向（人眼无法察觉）与传播方向垂直。

偏光片又称偏振光片、偏光板、偏光膜，它可以让某个振动方向的光通过，而阻隔其他方向的光。戴普通眼镜观察太阳会发现太阳很刺眼，如果戴采用偏光片的眼镜（如看立体电影的 3D 眼镜）观察太阳，则会发现太阳暗淡了不少，这是因为偏光片只让太阳光的某个振动方向的光通过，而阻隔其他方向的光，这样进入眼睛的光会变少从而觉得太阳变暗。偏光片的作用如图 14-5 所示，光源发出上下方向和左右方向振动的光，该光向具有垂直栅栏的偏光片照射时，上下方向振动的光可以穿过偏光片，左右方向振动的光则无法通过。如果还有其他振动方向的光照射该偏光片，与垂直方向夹角越大的光通过偏振片的光量越少，与垂直方向夹角为 90°的光（即水平方向振动的光）则完全不能通过。

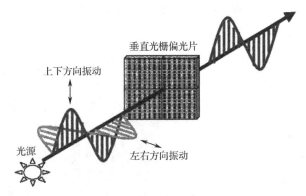

图 14-5　偏光片具有选择某个振动方向的光而阻隔其他方向光的特性

3．双偏光片组合控制光通量

一个偏光片可以选择某个振动方向的光，用两个偏光片组合不但可以选择某个方向的光，还可以控制该方向光的光通量。双偏光片组合控制光通量如图 14-6 所示，当上、下偏光片的栅栏相互垂直时，上偏光片选择某个振动方向的光，该光的振动方向与下偏光片栅栏角相差 90°，不能通过下偏光片，如图 14-6（a）所示；如果转动下偏光片，开始有光通过下偏光片，当下偏光片栅栏角度与光的振动方向（上偏光片栅栏角度）相同时，通过下偏光片的光通量最大，如图 14-6（b）所示。

4．用电压控制液晶排列来调节光通量

用电压控制液晶排列来调节光通量如图 14-7 所示。在栅栏角度相差 90°的上、下两个偏光片之间充满液晶，上、下偏光片内表面涂有透明导电层（如铟锡金属氧化物 ITO），最靠近上、下偏光片的液晶方向与其栅栏方向相同，而其他液晶扭转排列，比如最靠近下偏光片的液晶呈 0°排列，往上的液晶呈 1°排列，最上面的液晶（即最靠近上偏光片内表面的

液晶）呈 90°排列。当垂直方向的光穿过上偏光片后，沿着扭转 90°的液晶到达下偏光片，光的振动方向被液晶扭转了 90°变成 0°方向的光，与下偏光片栅栏角度相同，光线可以通过下偏光片，如图 14-7（a）所示。

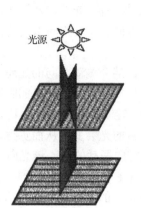 

（a）上、下偏光片栅栏方向相互垂直时，光线不能通过　　　（b）上、下偏光片栅栏方向相同时，光线可以通过

图 14-6　双偏光片组合控制光通量

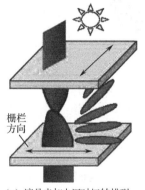 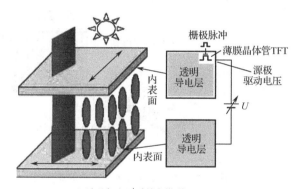

（a）液晶未加电压时扭转排列　　　　　　　　（b）液晶加电压时整齐排列

图 14-7　用电压控制液晶排列来调节光通量

如果在上偏光片内表面的 TFT（薄膜晶体管）的源极和下偏光片的透明导电层之间加上电压 U，再给 TFT 的栅极送一个脉冲，TFT 导通，电压 U 经 TFT 加到上、下透明导电层，两者之间的液晶会在垂直方向排列，穿过上偏光片的光经液晶后方向改变小于 90°，这样的光仍可以通过下偏光片。电压 U 越高，液晶在垂直方向排列得越整齐，光的方向改变越小，穿过下偏光片的光线越少。当电压 U 达到一定值时，液晶垂直排列非常整齐，几乎不改变光的方向，光无法通过下偏光片，如图 14-8（b）所示。

图 14-7（a）中的上、下偏光片的栅栏方向相互垂直，在未加电压时，光可以通过上、下偏光片，这种方式称为 NW（常亮）方式，计算机显示器一般采用这种方式，因为计算机软件窗口多为白底黑字；如果上、下偏光片的栅栏方向相同，则未加电压时光不能通过上、下偏光片，这种方式称为 NB（常黑）方式，液晶电视多采用这种方式。改变上偏光片与下偏光片栅栏之间的相对角度可以切换 NB、NW 方式。

14.2.2　单色液晶显示屏的显示电路及原理

一块液晶显示屏有很多像素（显示点），图 14-8 所示是一个 3×3 像素的单色液晶显示屏电路简图，下偏光片内表面全部涂满透明导电膜，上偏光片内表面透明导电膜分为 9 个独立像素块，每个像素块由一个 TFT 控制供电，TFT 的栅极与栅极驱动器的行线连接，源极与源极驱动器的列线连接。该显示屏上、下偏光片栅栏角度相差 90°，不加电压时光可以通过上、下偏光片，属于 NW（常亮）方式。另外，光源在底部，光线先穿过下偏光片，再经液晶后通过上偏光片。下面以显示"1"为例，来说明单色液晶显示屏的显示原理。

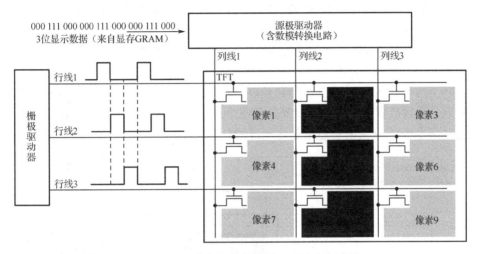

图 14-8　3×3 像素的单色液晶显示屏电路简图

液晶显示屏采用扫描方式显示，即先逐个显示第 1 行的像素 1～3，然后逐个显示第 2 行的像素 4～6，最后逐个显示第 3 行的像素 7～9。

在显示第 1 行时，栅极驱动器从行线 1 输出行脉冲，送到像素 1～3 的 TFT 栅极，3 个 TFT 均导通。与此同时，由显存 GRAM 送来像素 1 的显示数据 000，000 经源极驱动器的数模转换电路转换成 0V 电压，该电压经列线 1 和像素 1 的 TFT 送到透明导电层，该导电层的电压与下偏光片的透明导电层电压均为 0V，中间的液晶保持扭转 90°，光源的光可以通过像素 1 的下、上偏光片射出，像素 1 显示一个亮点；然后显存 GRAM 将像素 2 的显示数据 111 送到源极驱动器，经数模转换电路转换成最高电压，该电压经列线 2 和像素 2 的 TFT 送到透明导电层，该导电层与下偏光片透明导电层有很高的电压差，中间的液晶垂直整齐排列，不改变光的方向，穿过下偏光片的光不能通过上偏光片射出，故像素 2 显示一个暗点；在显示像素 3 时，GRAM 送来显示数据 000，源极驱动器从列线 3 送出 0V 电压，像素 3 显示一个亮点。

在显示第 2 行时，栅极驱动器从行线 2 输出行脉冲，送到像素 4～6 的 TFT 栅极，3 个 TFT 均导通，之后的显示过程与第 1 行相同。

在显示第 3 行时，栅极驱动器从行线 3 输出行脉冲，送到像素 7～9 的 TFT 栅极，3 个 TFT 均导通，之后的显示过程与第 1 行相同。

3 位显示数据从 000 变化到 111 时，经数模转换电路转换得到的电压从最低到最高，经

TFT 加到透明导电层后,像素显示由最亮到最暗,从亮到暗的层次有 8 级,又称 8 级灰阶。

液晶显示屏从上到下、从左到右逐个显示每个像素点,由于显示速度快,而人眼又具有视觉暂留特性(物体从眼前消失后,人眼还会保留该物体的印象,觉得物体仍在眼前,这个印象可以保持约 0.04s),故在显示最后的像素 9 时会觉得像素 1 仍在显示,感觉显示屏完整显示了一个黑色的"1"。

14.2.3 彩色液晶显示屏的显示电路及原理

单色液晶显示屏一个像素就是一个点,而彩色液晶显示屏一个像素由 R(红)、G(绿)、B(蓝)3 个基色点组成,当 R、G 点同时亮时,像素显示黄色光(R、G 的混色光)。常见的混色有红+绿=黄,红+蓝=紫,绿+蓝=青,红+绿+蓝=白。根据颜色明暗程度不同,单基色可分为浅色、深色等,双基色或三基色混合显示时,若混合的各基色明暗程度不同,则可以显示出更多种类的颜色。

图 14-9 所示是一个 1×3 像素的彩色液晶显示屏电路简图,它将一个像素分成 R、G、B 三个显示点,分别放置红、绿、蓝滤光片,每个显示点都由一个 TFT 控制。下面以显示一个黄色的":"为例,来说明彩色液晶显示屏的显示原理。

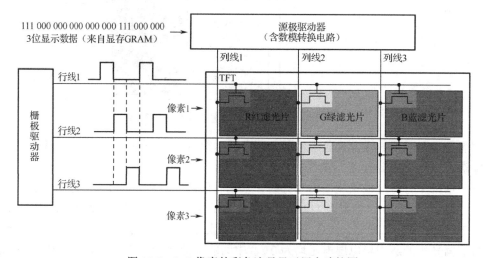

图 14-9　1×3 像素的彩色液晶显示屏电路简图

彩色液晶显示屏在显示第 1 行时,栅极驱动器从行线 1 输出行脉冲,送到像素 1 的 R、G、B 的 TFT 栅极,3 个 TFT 均导通。与此同时,由显存 GRAM 送来像素 1 的显示数据 000 000 111,经源极驱动器的数模转换电路转换成 0V、0V 和 DAC 最大输出电压,这些电压分别经列线 1、2、3 和像素 1 的 3 个 TFT 送到 R、G、B 点的透明导电层,R、G 点透光,底部光源的光可通过 R、G 点射出,而 B 点不透光,R、G 点同时有红、绿光,显示一个黄点。

在显示第 2 行时,栅极驱动器从行线 2 输出行脉冲,送到像素 2 的 R、G、B 的 TFT 栅极,3 个 TFT 均导通。与此同时,由显存 GRAM 送来像素 2 的显示数据 000 000 000,经源极驱动器的数模转换电路转换成 0V、0V 和 0V 电压,这些电压分别经列线 1、2、3 和像素 2 的 3 个 TFT 送到 R、G、B 点的透明导电层,这 3 点均透光,R、G、B 点同时有红、绿、蓝光,显示一个白点。

在显示第 3 行时，栅极驱动器从行线 3 输出行脉冲，送到像素 3 的 R、G、B 的 TFT 栅极，3 个 TFT 均导通。与此同时，由显存 GRAM 送来像素 3 的显示数据 000 000 111，经源极驱动器的数模转换电路转换成 0V、0V 和 DAC 最大输出电压，这些电压分别经列线 1、2、3 和像素 3 的 3 个 TFT 送到 R、G、B 点的透明导电层，R、G 点透光，底部光源的光可通过 R、G 点射出，B 点不透光，R、G 点同时有红、绿光，显示一个黄点。

14.2.4　彩色滤光片的排列方式

彩色液晶显示屏的每个像素均由 R、G、B 三个显示点（又称子像素）组成，分别放置 R、G、B 滤光片，用放大镜观察液晶显示屏，可以查看滤光片的排列方式，如图 14-10 所示。计算机的液晶显示屏的彩色滤光片一般采用条状排列，这样显示出来的文字和直线方方正正，没有毛边和锯齿；液晶电视机的显示屏多采用马赛克或三角形排列；有些手机显示屏采用正方形排列，4 个显示点（R、G、G、B 或 R、G、W、B）排成正方形组成一个像素，RGGB 排列方式较适合人眼，RGWB 方式在显示白色时只有 W 点显示，无须 RGB 同时显示。

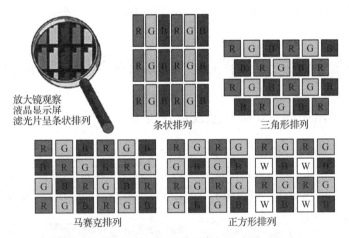

图 14-10　液晶显示屏的彩色滤光片的排列方式

为了避免液晶显示屏漏光和显示无关物（如 TFT、走线等），在滤光片显示点周围和不需要显示的部分都用黑色遮住。

14.2.5　彩色液晶显示屏的结构

彩色液晶显示屏的结构如图 14-11 所示。侧光灯管的光线充满整个导光板，反射板将导光板的光往上反射，光线往上经扩散板和棱镜板后到达偏光板（偏光片），某个振动方向的光穿过偏光板后经下玻璃基板、透明像素电极到达液晶层，上、下配向膜的作用是使液晶从下往上扭转 90°，光线经液晶扭转 90°后再穿过透明公共电极、彩色滤光片、上玻璃基板到达上偏光板。如果上、下偏光板的栅栏角度相差 90°，则光线可以穿过上偏光板；若彩色滤光片为红色，则从上偏光板往下可以看见一个红点。如果通过公共极引出线、行列引出线、TFT 给透明公共电极和透明像素电极加电压，则液晶扭转角度小于 90°，从上偏光板射出的光线变弱，看到的色点变暗。

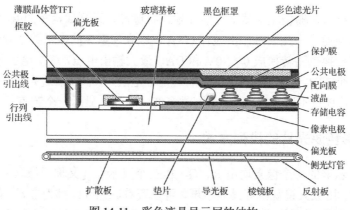

图 14-11　彩色液晶显示屏的结构

　　框胶用于将整个显示屏上、下玻璃四周封闭起来，防止内部的液晶流出。垫片起支撑作用，防止上、下玻璃贴合在一起使液晶分布不均匀。黑色框罩用于遮住 TFT、走线和滤光片显示点周围不需要显示的部分。存储电容用于保持像素电极上的电压，使电压能维持一定的时间，让像素点显示能保持一段时间，这样显示屏在显示最后一个点时，第一个点还在显示。

14.3　液晶显示屏的通信接口、读写时序与驱动芯片操作指令

14.3.1　一种常用的 3.5 英寸液晶显示屏

　　液晶显示屏种类很多，根据屏幕尺寸可分为 2.0 英寸、2.4 英寸、2.8 英寸、3.0 英寸、3.5 英寸、4.3 英寸、7 英寸等，根据屏幕分辨率可分为 320 像素×480 像素（宽×高）、480 像素×854 像素等。图 14-12 所示是一种常用的 3.5 英寸液晶显示屏，其分辨率为 320 像素×480 像素。

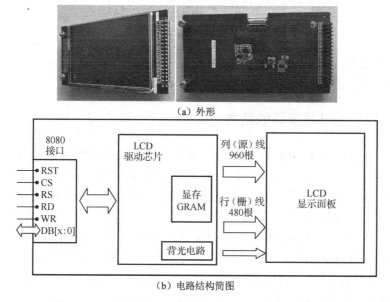

（a）外形

（b）电路结构简图

图 14-12　一种常用的 3.5 英寸液晶显示屏（含驱动芯片）

液晶显示屏有大量的像素点，以 320 像素×480 像素分辨率的全彩 RGB 显示屏为例，其显示点的数量为（320×3）×480。为了使每个点都能显示，需要 LCD 显示面板有 960 根列（源）线、480 根行（栅）线。由于单片机没有这么多引脚，无法直接与 LCD 显示面板连接，需要通过 LCD 驱动芯片与显示面板连接。单片机只需使用少量引脚向驱动芯片发送指令和读写数据，而驱动芯片则通过大量引脚与 LCD 显示面板连接，驱动 LCD 显示面板显示。液晶显示屏的驱动芯片种类很多，常用的有 HX83xx、ILI93xx、R615xx、LG45xx、NT355xx 等，这些信息在显示屏电路板上一般都会标示出来。

14.3.2　液晶显示屏的通信接口与读写时序

1．8080 通信协议与接口引脚

液晶显示屏与单片机等电路通信时，一般采用 6800 协议或 8080 协议。两种协议的主要区别在于，8080 协议是通过"读使能（RE）"和"写使能（WE）"两条控制线进行读写操作的，比如 RE=0 时执行读操作，WE=0 时执行写操作；6800 协议是通过"总使能（E）"和"读写选择（W/R）"两条控制线进行读写操作的，比如在 E=0 的前提下，W/R=1 时执行写操作，W/R=0 时执行读操作。TFT 彩色液晶显示屏通常使用 8080 协议与其他电路通信，该协议的通信接口称为 8080 并口接口（简称 80 接口）。液晶显示屏的 8080 接口引脚及其功能见表 14-6。

表 14-6　液晶显示屏的 8080 接口引脚及其功能

引脚名称	功能
RST（复位）	低电平输入时 LCD 复位
CS（片选）	用于选中 LCD，低电平有效
RS 或 DC（数据/命令选择）	数据/命令选择，0—命令（指令），1—数据（或指令参数）
RD（读控制）	在 RD 上升沿时，单片机从 LCD 读数据，此时 WR 应为高电平
WR（写控制）	在 WR 上升沿时，单片机向 LCD 写数据，此时 RD 应为高电平
DB[x:0]（数据总线）	双向数据线（8/9/16/18 位），8 位和 16 位最为常用

2．读写时序

单片机与液晶显示屏的 8080 接口引脚连接后，采用 8080 读写时序向液晶显示屏写入显示数据或控制命令，以及从 LCD 读取数据。

液晶显示屏的 8080 读时序如图 14-13（a）所示。读数据的过程如下。

（1）CS 端输入低电平，选中当前 LCD。

（2）WR 端输入高电平，禁止写数据。

（3）LCD 向 DB[15:0]数据端传送 16 位数据。

（4）RS 端输入为 0 时，将 DB 端传送的数据作为命令（指令）代码；RS 端输入为 1 时，将 DB 端传送的数据作为数据（或指令参数）。

（5）RD 端先输出低电平，再翻转为高电平，在上升沿（低→高）时，单片机从 DB 端读取 LCD 数据。若 RS=1，表明读取的数据类型为数据；如果 RS=0，则读取的数据类型为命令。

图 14-13（b）所示为液晶显示屏的 8080 写时序，除 RD、WR 端信号互换外，其他信号是相同的。读数据时，WR 端始终为高电平（禁止写数据），在 RD 端上升沿时单片机从 DB 端读取 LCD 的数据；而写数据时，RD 端始终为高电平（禁止读数据），在 WR 端上升沿时单片机将数据从 DB 端写入 LCD。

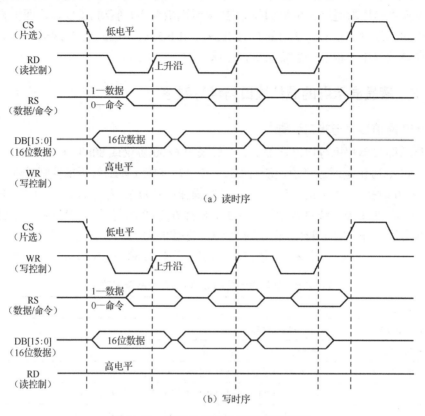

图 14-13　液晶显示屏的 8080 读写时序

14.3.3　LCD 驱动芯片 ILI9341 的显存（GRAM）

ILI9341 是一款常用的 LCD 驱动芯片，自带显存（GRAM），有 240×320 个存储单元，每个存储单元有 18 位，显存容量为 240×320×18/8=172800B。LCD 的每个像素（一个像素由 R、G、B 三个显示点组成）在 ILI9341 显存中都有一个 18 位存储单元对应，存储单元的数据决定 LCD 对应像素的明暗程度。在 16 位模式下，ILI9341 采用 RGB565 格式存储颜色数据，此时 ILI9341 的 18 位数据线、单片机 16 位数据线与 ILI9341 显存单元的对应关系见表 14-7。在单片机向显存写入 R、G、B 数据时，其中 5 位 R 数据从单片机的 D15～D11 数据线传送给 ILI9341 的 D17～D13 数据线，再存入显存的某个存储单元的高 5 位。

表 14-7　16 位模式下 ILI9341 的 18 位数据线、单片机 16 位数据线与 ILI9341 显存单元的对应关系

ILI9341 数据线	D17	D16	D15	D14	D13	D12	D11	D10	D9	D8	D7	D6	D5	D4	D3	D2	D1	D0
单片机数据线	D15	D14	D13	D12	D11	NC	D10	D9	D8	D7	D6	D5	D4	D3	D2	D1	D0	NC
ILI9341 显存单元（18 位）	R[4]	R[3]	R[2]	R[1]	R[0]	NC	G[5]	G[4]	G[3]	G[2]	G[1]	G[0]	B[4]	B[3]	B[2]	B[1]	B[0]	NC

14.3.4　ILI9341 驱动芯片的常用操作指令

单片机通过向驱动芯片发送指令和读写数据，来控制液晶显示屏的显示。液晶显示屏驱动芯片的型号很多，不同的驱动芯片有相应系列的操作指令，单片机编程控制和读写某种驱动芯片时，需要使用其配套的指令。下面介绍液晶显示屏驱动芯片 ILI9341 的一些常用指令。

1. 读 ID4 指令代码——0xD3

0xD3 为读驱动芯片型号（ID）的指令代码，当单片机向驱动芯片写入 0xD3 时，芯片会将其型号传送给单片机。

0xD3 指令及参数说明见表 14-8。先让液晶显示屏 8080 接口的命令/数据端 RS=0（0—DB 端传送的内容类型为指令）、读控制端 RD=1（高电平，读禁止）、写控制端 WR=↑（上升沿，写有效），进入写时序，再从 DB[15:0]端向显示屏驱动芯片写入 0xD3；然后让 RS=1（1—DB 端传送的内容类型为数据）、RD=↑（上升沿，读有效）、写控制端 WR=1（高电平，写禁止），进入读时序，驱动芯片向 DB[15:0]端传送第 1 个参数（任意值）；再次让 RS=1、RD=↑、WR=1 时，驱动芯片向 DB[15:0]端传送第 2 个参数（0x00）；第 3 次让 RS=1、RD=↑、WR=1 时，驱动芯片向 DB[15:0]端传送第 3 个参数（0x93）；第 4 次让 RS=1、RD=↑、WR=1 时，驱动芯片向 DB[15:0]端传送第 4 个参数（0x41），第 3、4 个参数的组合即为驱动芯片的型号。

表 14-8　0xD3 指令及参数说明

类型	控制信号			位　描　述									十六进制数
	RS	RD	WR	D15～D8	D7	D6	D5	D4	D3	D2	D1	D0	
指令	0	1	↑	XX（X：任意值）	1	1	0	1	0	0	1	1	D3H
参数 1	1	↑	1	XX	X	X	X	X	X	X	X	X	X
参数 2	1	↑	1	XX	0	0	0	0	0	0	0	0	00H
参数 3	1	↑	1	XX	1	0	0	1	0	0	1	1	93H
参数 4	1	↑	1	XX	0	1	0	0	0	0	0	1	41H

2. 存储器存取控制指令代码——0x36

0x36 为存储器存取控制指令代码，可以控制 ILI9341 的显存 GRAM 读写方向，即在连续读写 GRAM 时，可以控制 GRAM 指针的增长方向，从而控制 LCD 面板的显示方式。0x36 指令及参数说明如图 14-14 所示。

单片机将显示数据写入显存后，相关电路将显示数据读出去控制 LCD 的显示。显存数据的读取方式（扫描方向）由 MY、MX、MV 设置，它决定 LCD 显示内容的方式，具体如图 14-15 所示。其中模式 0 和 3 为竖屏显示（旋转 180° 可相互转换），模式 5 和 6 为横屏显示。设置扫描方向后，还需要通过 0x2A、0x2B 指令重新设置显示窗口的大小。

ML 和 MH 用于设置显存到 LCD 显示面板的数据刷新方向，就像贴对联，可以选择从上往下贴，或者从下往上贴。无论选择哪种方式，最后的显示效果都是不变的，默认 ML 和 MH 都为 0。

类型	控制信号			位 描 述									十六进制数
	RS	RD	WR	D15~D8	D7	D6	D5	D4	D3	D2	D1	D0	
指令	0	1	↑	XX	0	0	1	1	0	1	1	0	36H
参数	1	1	↑	XX	MY	MX	MV	ML	BGR	MH	0	0	0

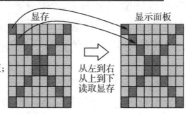

MY：行地址顺序，0—从左到右，1—从右到左；
MX：列地址顺序，0—从上到下，1—从下到上；
MV：行列交换控制，0—不交换，1—交换；
BGR：RGB/BGR面板类型选择，0—RGB面板，1—BGR面板；
ML：LCD垂直刷新顺序，0—从上到下，1—从下到上；
MH：LCD水平刷新顺序，0—从左到右，1—从右到左

图 14-14　0x36 指令及参数说明

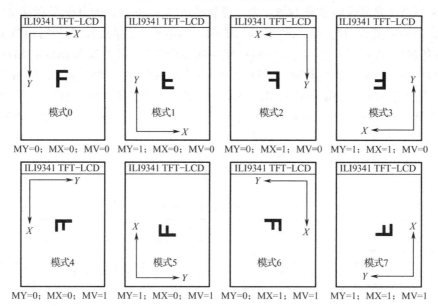

图 14-15　MY、MX、MV 不同值时 LCD 的显示方式

3．列地址设置指令代码——0x2A

0x2A 为列地址设置指令代码，在默认扫描方式（从左到右、从上到下）时，用于设置显示区起点和终点的横坐标（X 坐标）。0x2A 指令及参数说明见表 14-9。该指令有 4 个参数，参数 1、2 设置列起始地址 SC[15:0]，参数 3、4 设置列终点地址 EC[15:0]，SC 值必须小于或等于 EC 值。

表 14-9　0x2A 指令及参数说明

类 型	控 制 信 号			位 描 述									十六进制数
	RS	RD	WR	D15~D8	D7	D6	D5	D4	D3	D2	D1	D0	
指令	0	1	↑	XX	0	0	1	0	1	0	1	0	2AH
参数 1	1	1	↑	XX	SC15	SC14	SC13	SC12	SC11	SC10	SC9	SC8	SC
参数 2	1	1	↑	XX	SC7	SC6	SC5	SC4	SC3	SC2	SC1	SC0	
参数 3	1	1	↑	XX	EC15	EC14	EC13	EC12	EC11	EC10	EC9	EC8	EC
参数 4	1	1	↑	XX	EC7	EC6	EC5	EC4	EC3	EC2	EC1	EC0	

4．页地址设置指令代码——0x2B

0x2B 为页地址设置指令代码，在默认扫描方式（从左到右、从上到下）时，用于设置显示区起点和终点的纵坐标（Y 坐标）。0x2B 指令及参数说明见表 14-10。该指令有 4 个参数，参数 1、2 设置行起始地址 SP[15:0]，参数 3、4 设置行终点地址 EP[15:0]，SP 值必须小于或等于 EP 值。

表 14-10　0x2B 指令及参数说明

类　型	控　制　信　号			位　描　述									十六进制数
	RS	RD	WR	D15～D8	D7	D6	D5	D4	D3	D2	D1	D0	
指令	0	1	↑	XX	0	0	1	0	1	0	1	0	2BH
参数 1	1	1	↑	XX	SP15	SP14	SP13	SP12	SP11	SP10	SP9	SP8	SP
参数 2	1	1	↑	XX	SP7	SP6	SP5	SP4	SP3	SP2	SP1	SP0	SP
参数 3	1	1	↑	XX	EP15	EP14	EP13	EP12	EP11	EP10	EP9	EP8	EP
参数 4	1	1	↑	XX	EP7	EP6	EP5	EP4	EP3	EP2	EP1	EP0	EP

0x2A、0x2B 分别设置显示的 X 坐标起点和终点及 Y 坐标起点和终点，如图 14-16 所示。

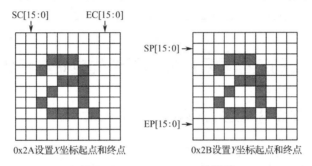

图 14-16　0x2A、0x2B 的设置

5．写 GRAM 指令代码——0x2C

0x2C 为写 GRAM 指令代码，将该指令写入 ILI9341 后，可以向 GRAM 写入显示数据（像素颜色数据）。0x2C 指令及参数说明见表 14-11。写入该指令后，接着可以连续向 GRAM 的存储单元写入 16 位显示数据（RGB565 格式数据），存储单元的地址将根据 MY、MX、MV 设置的扫描方向进行自增。比如，设置的扫描方式是从左到右、从上到下，那么按设置好的起始坐标（SC、SP 值），每写入一个 16 位显示数据，GRAM 存储单元地址将会自增 1（SC++），当增到 EC 时，则回到 SC，同时 SP 自增 1（SP++），一直到终点坐标（EC、EP 值）结束。

表 14-11　0x2C 指令及参数说明

类　型	控　制　信　号			位　描　述									十六进制数
	RS	RD	WR	D15～D8	D7	D6	D5	D4	D3	D2	D1	D0	
指令	0	1	↑	XX	0	0	1	0	1	1	0	0	2CH
参数 1	1	1	↑	D1[15:0]									XX
...	1	1	↑	...									...
参数 n	1	1	↑	Dn[15:0]									XX

6. 读 GRAM 指令代码——0x2E

0x2E 为读 GRAM 指令代码，将该指令写入 ILI9341 后，可以从 GRAM 读出显示数据。0x2E 指令及参数说明见表 14-12。写入该指令后，接着可以连续从 GRAM 的存储单元读出 16 位显示数据，存储单元的地址将根据 MY、MX、MV 设置的扫描方向进行自增。比如，设置的扫描方式是从左到右、从上到下，那么按设置好的起始坐标（SC、SP 值），每读出一个 16 位显示数据，GRAM 存储单元地址将会自增 1（SC++），当增到 EC 时，则回到 SC，同时 SP 自增 1（SP++），一直到终点坐标（EC、EP 值）结束。注意：读取的参数 1 为无效数据，从参数 2 开始才为有效显示数据。

表 14-12   0x2E 指令及参数说明

类　　型	控 制 信 号			位　　描　　述									十六进制数
	RS	RD	WR	D15~D8	D7	D6	D5	D4	D3	D2	D1	D0	
指令	0	1	↑	XX	0	0	1	0	1	1	0	0	2CH
参数 1	1	↑	1	XX									XX
参数 2	1	↑	1	D1[15:0]									XX
…	1	↑	1	…									…
参数 n+1	1	↑	1	Dn[15:0]									XX

14.4   FSMC 控制液晶显示屏显示图像的电路与编程实例

14.4.1   STM32 单片机连接液晶显示屏的电路

STM32 单片机可使用内部的 FSMC 外接存储器以扩展存储容量，还可以使用 FSMC 连接液晶显示屏，控制液晶显示屏显示各种信息。图 14-17 所示是 STM32F103ZET6 单片机与液晶显示屏连接的电路，该显示屏除液晶面板外，还含有 LCD 控制器（由 LCD 驱动芯片和相关电路组成），图中同名称的引脚是连接在一起的，比如单片机 25 脚标有 RESET，液晶显示屏的 8 脚也标有 RESET，这两个引脚是连接在一起的。在上电时，复位电路对单片机进行复位，同时也对液晶显示屏进行复位。

14.4.2   创建 FSMC 控制液晶显示屏显示图像的工程

FSMC 控制液晶显示屏显示图像的工程可通过复制并修改前面已创建的"按键控制 CAN 通信工作模式和数据发送"工程来创建。

创建 FSMC 控制液晶显示屏显示图像工程的操作如图 14-18 所示。先复制"按键控制 CAN 通信工作模式和数据发送"工程，再将文件夹改名为"FSMC 控制液晶显示屏显示图像"，然后打开该文件夹，如图 14-18（a）所示；双击扩展名为.uvprojx 的工程文件，启动 Keil 软件打开工程，先将工程中的 can.c 文件删掉，然后新建 picture.h、tftlcd.c 和 tftlcd.h 空文件，并添加到 User 工程组中，再从固件库中将 stm32f10x_fsmc.c 文件添加到 Stdperiph_ Driver 工程组中，编程使用 fsmc 时需要使用该文件中的函数，如图 14-18（b）所示。

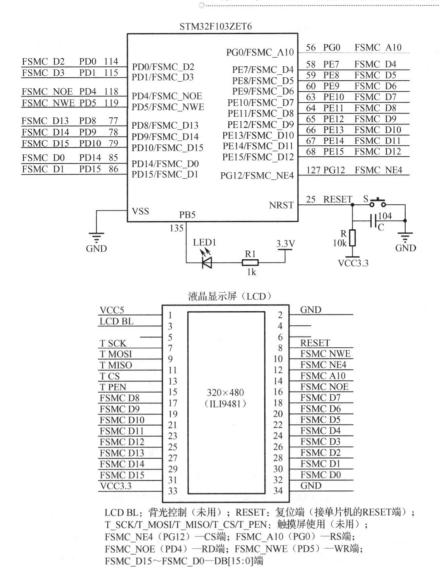

LCD BL：背光控制（未用）；RESET：复位端（接单片机的RESET端）；
T_SCK/T_MOSI/T_MISO/T_CS/T_PEN：触摸屏使用（未用）；
FSMC_NE4（PG12）—CS端；FSMC_A10（PG0）—RS端；
FSMC_NOE（PD4）—RD端；FSMC_NWE（PD5）—WR端；
FSMC_D15～FSMC_D0—DB[15:0]端

图 14-17　STM32F103ZET6 单片机与液晶显示屏连接的电路

（a）打开"FSMC 控制液晶显示屏显示图像"文件夹

图 14-18　创建 FSMC 控制液晶显示屏显示图像的工程

（b）新建 picture.h、tftlcd.c 和 tftlcd.h 文件并添加 stm32f10x_fsmc.c 文件

图 14-18　创建 FSMC 控制液晶显示屏显示图像的工程（续）

14.4.3　提取图像的像素颜色数据

图像是由大量的像素点组成的，一个分辨率为 250 像素×250 像素的图像由 62500 个像素组成，各个像素显示的颜色可转换成相应的 RGB565 颜色数据。比如，红色的 RGB565 颜色数据为 0xF800（即 11111 000000 00000），白色的 RGB565 颜色数据为 0xFFFF（即 11111 111111 11111）。只要将图像所有像素的颜色数据都送到 LCD 控制器的显存，LCD 控制器从显存依次取出这些颜色数据控制 LCD 各像素显示相应的颜色，LCD 就会显示出图像。

从图像提取各像素颜色数据可使用 Image2lcd 软件，该软件窗口如图 14-19（a）所示。在 Image2lcd 软件窗口中单击"打开"图标，选择要提取像素颜色数据的图像，如图 14-19（b）所示，将窗口左方矩形框内的设置项按图示进行设置，最大宽度和高度值要与图像的宽度和高度设成相同，软件自动将图像的每个像素按设置转换成 RGB565 颜色数据。单击"保存"图标，弹出保存对话框，如图 14-19（c）所示，打开"FSMC 控制液晶显示屏显示图像"文件夹中的 User 文件夹，选择先前创建的 picture.h 空文件，单击"保存"按钮，图像的所有像素颜色数据均保存到 picture.h 文件中。在 Keil 软件中打开图像的像素颜色数据文件 picture.h，其内容如图 14-20 所示。

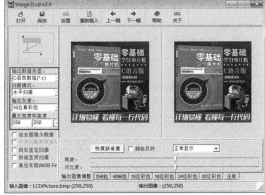

（a）Image2lcd 软件窗口　　　　　　　　　（b）单击"打开"图标选择要转换的图像并进行设置

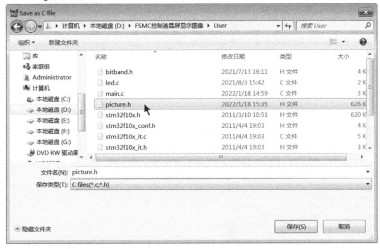

（c）将图像的像素颜色数据保存到工程文件夹的 User 文件夹的 picture.h 文件中

图 14-19　使用 Image2lcd 软件提取图像的像素颜色数据并保存到 picture.h 文件中

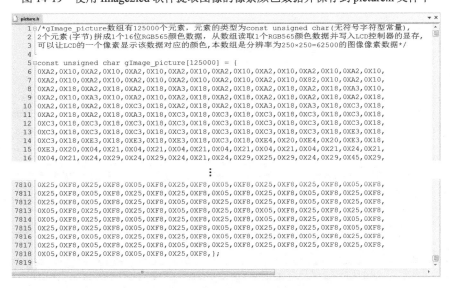

图 14-20　图像的像素颜色数据文件 picture.h 的内容

14.4.4 配置 FSMC 和读写 LCD 控制器的程序及说明

1. tftlcd.h 文件

tftlcd.h 是头文件，主要是一些函数声明和宏定义，其程序及说明如图 14-21 所示。

```
tftlcd.h
1  #include "bitband.h"    //包含bitband.h，相当于将该文件内容插到此处
2  #ifndef _tftlcd_H       //如果没有定义"_tftlcd_H"，则编译"#denfine"至"#endif"之间的内容，否则不编译
3  #define _tftlcd_H       //定义标识符"_tftlcd_H"
4
5  #define TFTLCD_DIR  0    //定义用"TFTLCD_DIR"代表"0"，0—竖屏，1—横屏，默认竖屏
6  #define LCD_LED  PBout(0)  //定义用"LCD_LED"代表"PBout(0)"，PB0用作背光控制
7
8  typedef struct     /*定义一个名为TFTLCD_TypeDef的结构体，该结构体包含LCD CMD和LCD DATA 两个成员变量，
9                      成员变量类型均为16位无符号整型变量 */
10 {
11   u16 LCD_CMD;     //LCD指令
12   u16 LCD_DATA;    //LCD指令参数
13 }TFTLCD_TypeDef;
14
15 #define TFTLCD_BASE  ((u32)(0x6C000000|0x000007FE))  /*用TFTLCD_BASE代表0x6C0007FE，之后TFTLCD_BASE等同
16                                                       于0x6C0007FE，0x6C0007FE为分配给NOR/PSRAM 1区的地址*/
17 #define TFTLCD      ((TFTLCD_TypeDef *) TFTLCD_BASE)  /*将TFTLCD_BASE(即0x6C0007FE)作为TFTLCD_TypeDef
18                                                         结构体的基地址，再用TFTLCD代表该地址*/
19
20 typedef struct     /*定义一个名为_tftlcd_data的结构体，该结构体包含width、height、id和dir 4个成员变量，
21                      成员变量类型均为16位无符号整型变量 */
22 {
23   u16 width;    //LCD的宽度
24   u16 height;   //LCD的高度
25   u16 id;       //LCD驱动芯片ID(型号)
26   u8  dir;      //LCD的显示方向(0—竖屏，1—横屏)
27 }_tftlcd_data;
28
29 extern _tftlcd_data tftlcd_data;    /*声明一个类型为_tftlcd_data的外部(extern)结构体变量tftlcd_data，外部变量
30                                       分配静态存储区，多个文件可共同使用该变量*/
31 extern u16 FRONT_COLOR;    /*声明一个无符号16位外部变量FRONT_COLOR(前景色)，外部变量分配静态存储区，多个文件
32                              可共同使用该变量*/
33 extern u16 BACK_COLOR;     /*声明一个无符号16位外部变量BACK_COLOR(背景色)*/
34
35 #define WHITE      0xFFFF  //定义用WHITE(白色)代表0xFFFF
36 #define BLACK      0x0000  //定义用BLACK(黑色)代表0x0000
37 #define BLUE       0x001F  //定义用BLUE(蓝色)代表0x001F
38 #define BRED       0XF81F  //定义BRED(棕红色)
39 #define GRED       0XFFE0  //定义GRED(灰红色)
40 #define GBLUE      0X07FF  //定义GBLUE(灰蓝色)
41 #define RED        0xF800  //定义RED(红色)
42 #define MAGENTA    0xF81F  //定义MAGENTA(品红色)
43 #define GREEN      0x07E0  //定义GREEN(绿色)
44 #define CYAN       0x7FFF  //定义CYAN(蓝绿色)
45 #define YELLOW     0xFFE0  //定义YELLOW(黄色)
46 #define BROWN      0XBC40  //定义BROWN(棕色)
47 #define BRRED      0XFC07  //定义BRRED(棕红色)
48 #define GRAY       0X8430  //定义GRAY(灰色)
49 #define DARKBLUE   0X01CF  //定义DARKBLUE(深蓝色)
50 #define LIGHTBLUE  0X7D7C  //定义LIGHTBLUE(浅蓝色)
51 #define GRAYBLUE   0X5458  //定义GRAYBLUE(灰蓝色)
52 #define LIGHTGREEN 0X841F  //定义LIGHTGREEN(浅绿色)
53 #define LIGHTGRAY  0XEF5B  //定义LIGHTGRAY(浅灰色1)
54 #define LGRAY      0XC618  //定义LGRAY(浅灰色2)
55 #define LGRAYBLUE  0XA651  //定义LGRAYBLUE(浅灰蓝色)
56 #define LBBLUE     0X2B12  //定义LBBLUE(浅棕蓝色)
57
58 void LCD_WriteCmd(u16 cmd);      /*声明LCD_WriteCmd函数，该函数功能是将cmd作为指令(命令)写入LCD控制器*/
59 void LCD_WriteData(u16 data);    /*声明LCD_WriteData函数，该函数功能是将Data作为指令参数写入LCD控制器*/
60 void LCD_WriteCmdData(u16 cmd,u16 data);  /*声明LCD_WriteCmdData函数，该函数功能是向LCD控制器先写cmd指令，
61                                             再写指令参数data*/
62 void LCD_WriteData_Color(u16 color);      /*声明LCD_WriteData_Color函数，该函数功能是将color值作为颜色数据
63                                             写入LCD控制器*/
64 void LCD_Set_Window(u16 sx,u16 sy,u16 width,u16 height);  /*声明LCD_WriteData_Color函数，该函数用于设置LCD
65                                             显示区的起点坐标(sx,sy)和终点坐标(width,height)*/
66 void LCD_Display_Dir(u8 dir);  /*声明LCD_Display_Dir函数，该函数根据dir值设置LCD显示方式(dir=0设为竖屏，dir=1
67                                  设为横屏)和显示范围(宽度和高度)*/
68 void LCD_Clear(u16 Color);     /*声明LCD_Clear函数，该函数用于对LCD全屏填充Color颜色(如白色)实现清屏*/
69 void LCD_Fill(u16 xStart,u16 yStart,u16 xEnd,u16 yEnd,u16 color);  /*声明LCD_Fill函数，该函数功能是将起点坐标
70                                             为[xStart,yStart]、终点坐标为[xEnd,yEnd]的矩形区域填充color颜色*/
71 void LCD_DrawFRONT_COLOR(u16 x,u16 y,u16 color);  /*声明LCD_DrawFRONT_COLOR函数，该函数功能是向显存中坐标
72                                             为(x,y)的单元写入color值，LCD对应位置的像素点显示color值对应的颜色*/
73 void TFTLCD_Init(void);  /*声明TFTLCD_Init函数，该函数先配置FSMC与LCD控制器连接的端口，
74                            然后配置FSMC对LCD控制器的访问，再对LCD进行初始化设置*/
75 void LCD_ShowPicture(u16 x,u16 y,u16 wide,u16 high,u8 *pic);  /*声明LCD_ShowPicture函数，该函数功能是
76                                             将pic所指数组中的颜色数据写到起点坐标为[x,y]，宽、高分别为wide、high的显存存储区，
77                                             LCD对应区域显示数组中颜色数据反映的图像*/
78 #endif  //结束宏定义
79
```

图 14-21　tftlcd.h 文件的程序及说明

2. tftlcd.c 文件

tftlcd.c 文件中的程序主要由 14 个函数组成，用来配置 FSMC 和读写 LCD 控制器，程序及说明如图 14-22 所示。

```
 1  #include "tftlcd.h"    //包含tftlcd.h, 相当于将该文件内容插到此处
 2
 3  void delay_ms(u16 nms);    /*声明delay_ms函数, 该函数用来延时*/
 4  u16 FRONT_COLOR=BLACK;    /*声明一个无符号16位变量FRONT_COLOR(前景色), 变量初值赋BLACK(即0x0000)*/
 5  u16 BACK_COLOR=WHITE;    /*声明一个无符号16位变量BACK_COLOR(背景色), 变量初值赋WHITE(即0xFFFF)*/
 6  _tftlcd_data tftlcd_data;    /*声明一个类型为_tftlcd_data的结构体变量tftlcd_data */
 7
 8  /*LCD_WriteCmd函数的功能是让FSMC的A10脚(即PG0)输出低电平至LCD控制器的RS端,cmd值被当作指令写入LCD控制器*/
 9  void LCD_WriteCmd(u16 cmd) //输入参数cmd在执行函数时赋值
10  {
11    TFTLCD->LCD_CMD=cmd;    /*将cmd值写入TFTLCD结构体的第1个成员LCD_CMD(其地址为0x6C0007FE,即结构体的基地址中)。
12                            在写入时,AHB地址线先发出地址0x6C0007FE(7FE即0111 1111 1110),FSMC外接16位SRAM(本
13                            程序将LCD控制器当作SRAM)时,AHB地址线[25:1]与FSMC脚[24:0]一一对应连接,FSMC的A10脚
14                            (即PG0)对内连接地址线[11],A10=0,A10连接到LCD控制器的RS端,RS=0时,将cmd值当作指令
15                            写入LCD控制器 */
16  }
17
18  /*LCD_WriteData函数的功能是让FSMC的A10脚输出高电平至LCD控制器的RS端,data值被当作指令参数写入LCD控制器*/
19  void LCD_WriteData(u16 data) //输入参数data在执行函数时赋值
20  {
21    TFTLCD->LCD_DATA=data;    /*将data值写入TFTLCD结构体的第2个成员LCD_DATA(其地址为0x6C000800,结构体基地址
22                            偏移2字节)中。在写入时,AHB地址线先发出地址0x6C000800(800即1000 0000 0000),FSMC
23                            外接16位SRAM时,AHB地址线[25:1]与FSMC脚[24:0]一一对应连接,FSMC的A10脚(即PG0)
24                            对内连接地址线[11],A10=1,A10连接到LCD控制器的RS端,RS=1时,将data值当作参数写入
25                            LCD控制器*/
26  }
27
28  /*LCD_WriteCmdData函数的功能是向LCD控制器先写cmd指令,再写指令参数data*/
29  void LCD_WriteCmdData(u16 cmd,u16 data) //输入参数cmd,data在调用本函数时赋值
30  {
31    LCD_WriteCmd(cmd);    //执行LCD_WriteCmd函数,将cmd值当作指令写入LCD控制器
32    LCD_WriteData(data);    //执行LCD_WriteData函数,将data值当作参数写入LCD控制器
33  }
34
35  /*LCD_WriteData_Color函数的功能是从FSMC的A10脚输出高电平至LCD控制器的RS端,color值被当作颜色数据写入
36  LCD控制器*/
37  void LCD_WriteData_Color(u16 color)    //输入参数color在调用本函数时赋值
38  {
39    TFTLCD->LCD_DATA=color;    /*将color值写入TFTLCD结构体的成员LCD_DATA(其地址为0x6C000800)中,
40                            即让FSMC的A10=1=RS,将color值当作参数(RGB颜色数据)写入LCD控制器中*/
41  }
42
43  /*LCD_ReadData函数的功能是让FSMC的A10脚输出高电平至RS端并发出读时序,从LCD控制器读取数据返回本函数*/
44  u16 LCD_ReadData(void)
45  {
46    return TFTLCD->LCD_DATA;    /*将TFTLCD结构体的成员LCD_DATA(其地址为0x6C000800)的值返回LCD_ReadData函数,
47                            即让FSMC的A10=1=RS并发出读时序时,从LCD控制器读取数据再返回LCD_ReadData函数*/
48  }
49
50  /*LCD_Display_Dir函数的功能是根据dir值设置LCD显示方式(dir=0:竖屏,dir=1:横屏)和显示范围(宽度和高度)*/
51  void LCD_Display_Dir(u8 dir) //输入参数dir在调用本函数时赋值
52  {
53    tftlcd_data.dir=dir;    //将dir值赋给结构体变量tftlcd_data的成员dir
54    if(dir==0)    //如果dir=0,执行if大括号中的内容,将LCD显示方向设为竖屏
55    {
56      LCD_WriteCmd(0x36);    /*执行LCD_WriteCmd函数,将0x36当作指令写入LCD控制器,用于设置LCD的显示方式*/
57      LCD_WriteData(0x00);    /*执行LCD_WriteData函数,将0x00当作参数写入LCD控制器,设置LCD以竖屏方式显示*/
58      tftlcd_data.height=480;    /*将结构体变量tftlcd_data的成员height(高度)设为480*/
59      tftlcd_data.width=320;    /*将结构体变量tftlcd_data的成员width(宽度)设为320*/
60    }
61    else    //如果dir≠0,执行else大括号中的内容,将LCD显示方向设为横屏
62    {
63      LCD_WriteCmd(0x36);    /*执行LCD_WriteCmd函数,将0x36当作指令写入LCD控制器,用于设置LCD的显示方式*/
64      LCD_WriteData(0x60);    /*执行LCD_WriteData函数,将0x60当作参数写入LCD控制器,设置LCD以横屏方式显示*/
65      tftlcd_data.height=320;    /*将结构体变量tftlcd_data的成员height(高度)设为320*/
66      tftlcd_data.width=480;    /*将结构体变量tftlcd_data的成员width(宽度)设为480*/
67    }
68  }
69
70  /*LCD_Set_Window函数用于设置LCD显示区的起点坐标(sx,sy)和终点坐标(width,height)*/
71  void LCD_Set_Window(u16 sx,u16 sy,u16 width,u16 height) /*sx、sy、width、height在调用本函数时赋值*/
72  {
73    LCD_WriteCmd(0x2A);    /*将0x2A当作指令写入LCD控制器,该指令用于设置显示区起点和终点的横坐标*/
74    LCD_WriteData(sx/256);    /*将sx/256(第1个参数)写入LCD控制器,sx/256为显示区起点横坐标值的高8位*/
75    LCD_WriteData(sx%256);    /*将sx%256(%为相除取余)当作参数写入LCD控制器,sx%256为显示区起点横坐标值的低8位*/
76    LCD_WriteData(width/256);    /*将width/256(第3个参数)写入LCD控制器,width/256为显示区终点横坐标值的高8位*/
77    LCD_WriteData(width%256);    /*将width%256当作参数写入LCD控制器,sx%256为显示区终点横坐标值的低8位,
78                            若width=320-1=319,则width/256取1(高8位最低位为1,转换成十进制数为256),
79                            width%256取63(低8位值)*/
80
81    LCD_WriteCmd(0x2B);    /*将0x2B当作指令写入LCD控制器,该指令用于设置显示区起点和终点的纵坐标*/
82    LCD_WriteData(sy/256);    /*将sy/256当作参数写入LCD控制器,sy/256为显示区起点纵坐标值的高8位*/
83    LCD_WriteData(sy%256);    /*将sy%256当作参数写入LCD控制器,sy%256为显示区起点纵坐标值的低8位*/
84    LCD_WriteData(height/256);    /*将height/256当作参数写入LCD控制器,height/256为显示区终点纵坐标值的高8位*/
85    LCD_WriteData(height%256);    /*将height%256当作参数写入LCD控制器,height%256为显示区终点纵坐标值的低8位,
86                            若height=480-1=479,则height/256取1(高8位最低位为1,转换成十进制数为256),
87                            height%256取223(低8位值)*/
88    LCD_WriteCmd(0x2C);    /*将0x2C(写显存GRAM)当作指令写入LCD控制器,写入该指令后就可以开始连续
89                            向显存中写RGB颜色数据*/
90  }
91
```

图 14-22　tftlcd.c 文件中配置 FSMC 和读写液晶控制器的程序及说明

```
92 /*TFTLCD_GPIO_Init函数用于配置FSMC与LCD控制器连接的端口,开启端口时钟,选择使用的端口并设置其工作模式和
93 工作速度*/
94 void TFTLCD_GPIO_Init(void)
95 {
96   GPIO_InitTypeDef  GPIO_InitStructure;  //定义一个类型为GPIO_InitTypeDef的结构体变量GPIO_InitStructure
97
98   RCC_APB2PeriphClockCmd(RCC_APB2Periph_GPIOB|RCC_APB2Periph_GPIOD|RCC_APB2Periph_GPIOE|\
99   RCC_APB2Periph_GPIOG,ENABLE);            /*执行RCC_APB2PeriphClockCmd函数,开启GPIOB、GPIOD、GPIOE、
100                                            GPIOG端口时钟,\为程序换行符*/
101
102   GPIO_InitStructure.GPIO_Pin=GPIO_Pin_0|GPIO_Pin_1|GPIO_Pin_4|GPIO_Pin_5|GPIO_Pin_8|\
103   GPIO_Pin_9|GPIO_Pin_10|GPIO_Pin_14|GPIO_Pin_15;  /*将结构体变量GPIO_InitStructure的成员GPIO_Pin设为0、
104                                            1、4、5、8、9、10、14、15,即设置使用这些引脚*/
105   GPIO_InitStructure.GPIO_Mode=GPIO_Mode_AF_PP;    //将GPIO端口工作模式设为AF_PP(复用推挽输出)
106   GPIO_InitStructure.GPIO_Speed=GPIO_Speed_50MHz;  //将GPIO端口工作速度设为50MHz
107   GPIO_Init(GPIOD,&GPIO_InitStructure);            /*执行GPIO_Init函数,取结构体变量GPIO_InitStructure
108                                            设定的引脚、工作模式和工作速度配置GPIOD端口*/
109
110   GPIO_InitStructure.GPIO_Pin=GPIO_Pin_7|GPIO_Pin_8|GPIO_Pin_9|GPIO_Pin_10|GPIO_Pin_11|\
111   GPIO_Pin_12|GPIO_Pin_13|GPIO_Pin_14|GPIO_Pin_15; /*将结构体变量GPIO_InitStructure的成员GPIO_Pin设为
112                                            7、8、9、10、11、12、13、14、15,即设置使用这些引脚*/
113   GPIO_InitStructure.GPIO_Mode=GPIO_Mode_AF_PP;    /*将GPIO端口工作模式设为AF_PP(复用推挽输出)*/
114   GPIO_InitStructure.GPIO_Speed=GPIO_Speed_50MHz;  //将GPIO端口工作速度设为50MHz
115   GPIO_Init(GPIOE,&GPIO_InitStructure);            /*执行GPIO_Init函数,取结构体变量GPIO_InitStructure设定的引脚、
116                                            工作模式和工作速度配置GPIOE端口*/
117
118   GPIO_InitStructure.GPIO_Pin=GPIO_Pin_0|GPIO_Pin_12;  /*将结构体变量GPIO_InitStructure的成员GPIO_Pin
119                                            设为0、12,即设置使用这些引脚*/
120   GPIO_InitStructure.GPIO_Mode=GPIO_Mode_AF_PP;        //将GPIO端口工作模式设为AF_PP(复用推挽输出)
121   GPIO_InitStructure.GPIO_Speed=GPIO_Speed_50MHz;      //将GPIO端口工作速度设为50MHz
122   GPIO_Init(GPIOG,&GPIO_InitStructure);                /*执行GPIO_Init函数,取结构体变量GPIO_InitStructure
123                                            设定的引脚、工作模式和工作速度配置GPIOG端口*/
124
125   GPIO_InitStructure.GPIO_Pin=GPIO_Pin_0;          /*将结构体变量GPIO_InitStructure的成员GPIO_Pin设为0,
126                                            即使用该引脚*/
127   GPIO_InitStructure.GPIO_Mode=GPIO_Mode_Out_PP;   //将GPIO端口工作模式设为Out_PP(推挽输出)
128   GPIO_InitStructure.GPIO_Speed=GPIO_Speed_50MHz;  //将GPIO端口工作速度设为50MHz
129   GPIO_Init(GPIOB, &GPIO_InitStructure);           /*执行GPIO_Init函数,取结构体变量GPIO_InitStructure设定的引脚、
130                                            工作模式和工作速度配置GPIOB端口*/
131   LCD_LED=1;          /*将1赋给LCD_LED,即让PBout(0)=1,开启LCD背光*/
132 }
133
134 /*TFTLCD_FSMC_Init函数用于配置FSMC访问外部存储器的区域和访问方式,设置并产生读、写时序以访问外部存储器,
135 这里FSMC将LCD控制器当作选择区域的外部存储器(FSMC_Bank1_NORSRAM4)进行读写访问*/
136 void TFTLCD_FSMC_Init(void)
137 {
138   FSMC_NORSRAMInitTypeDef  FSMC_NORSRAMInitStructure;   /*定义一个类型为FSMC_NORSRAMInitTypeDef的
139                                            结构体变量FSMC_NORSRAMInitStructure */
140   FSMC_NORSRAMTimingInitTypeDef  FSMC_ReadTimingInitStructure;  /*定义一个类型为
141                                            FSMC_NORSRAMTimingInitTypeDef的结构体变量FSMC_ReadTimingInitStructure*/
142   FSMC_NORSRAMTimingInitTypeDef  FSMC_WriteTimingInitStructure; /*定义一个类型为
143                                            FSMC_NORSRAMTimingInitTypeDef的结构体变量FSMC_WriteTimingInitStructure*/
144   RCC_AHBPeriphClockCmd(RCC_AHBPeriph_FSMC,ENABLE); /*执行RCC_AHBPeriphClockCmd函数,开启FSMC时钟*/
145
146   /*结构体变量FSMC_ReadTimingInitStructure各成员用于设置读时序,FSMC使用该时序可从外部存储器(LCD控制器)
147   读取数据*/
148   FSMC_ReadTimingInitStructure.FSMC_AddressSetupTime=0x01; /*将结构体变量FSMC_ReadTimingInitStructure的
149                                            成员FSMC_AddressSetupTime设为0x01,即将地址建立时间ADDSET设为2个HCLK(1/36MHz≈28ns)*/
150   FSMC_ReadTimingInitStructure.FSMC_AddressHoldTime=0x00;  /*设地址保持时间ADDHLD为0x00,模式A不用ADDHLD*/
151   FSMC_ReadTimingInitStructure.FSMC_DataSetupTime=0x0f;    /*将数据保持时间DATAST设为16个HCLK,
152                                            LCD驱动IC读数据的速度不能太快*/
153   FSMC_ReadTimingInitStructure.FSMC_BusTurnAroundDuration=0x00; /*将总线恢复时间设为1个HCLK,约14ns*/
154   FSMC_ReadTimingInitStructure.FSMC_CLKDivision=0x00;      /*将时钟分频设为0x00,不使用*/
155   FSMC_ReadTimingInitStructure.FSMC_DataLatency=0x00; /*将数据延迟时间设为0x00,操作SRAM时该参数必须为0*/
156   FSMC_ReadTimingInitStructure.FSMC_AccessMode=FSMC_AccessMode_A;  /*将访问模式设为模式A*/
157
158   /*结构体变量FSMC_WriteTimingInitStructure各成员用于设置写时序,FSMC使用该时序可向外部存储器(LCD控制器)
159   写数据*/
160   FSMC_WriteTimingInitStructure.FSMC_AddressSetupTime=0x15; /*将地址建立时间ADDSET设为16个HCLK*/
161   FSMC_WriteTimingInitStructure.FSMC_AddressHoldTime=0x15;  /*将地址保持时间ADDHLD设为16个HCLK*/
162   FSMC_WriteTimingInitStructure.FSMC_DataSetupTime=0x05;    /*将数据保持时间设为6个HCLK*/
163   FSMC_WriteTimingInitStructure.FSMC_BusTurnAroundDuration=0x00; /*将总线恢复时间设为1个HCLK*/
164   FSMC_WriteTimingInitStructure.FSMC_CLKDivision=0x00;      /*将时钟分频设为0x00,不使用*/
165   FSMC_WriteTimingInitStructure.FSMC_DataLatency=0x00; /*将数据延迟时间设为0x00,操作SRAM时该参数必须为0*/
166   FSMC_WriteTimingInitStructure.FSMC_AccessMode=FSMC_AccessMode_A;  /*将访问模式设为模式A*/
167
168   /*结构体变量FSMC_NORSRAMInitStructure各成员用于配置FSMC访问外部存储器的区域和访问方式,并产生读、写时序*/
169   FSMC_NORSRAMInitStructure.FSMC_Bank=FSMC_Bank1_NORSRAM4;  /*将结构体变量FSMC_NORSRAMInitStructure的
170                                            成员FSMC_Bank设为FSMC_Bank1_NORSRAM4,即使用
171                                            FSMC连接外部存储器bank1的4区(实为LCD控制器)*/
172   FSMC_NORSRAMInitStructure.FSMC_DataAddressMux=FSMC_DataAddressMux_Disable; /*设置数据线与地址线仅供
173                                            数据线使用,不复用作地址线*/
174   FSMC_NORSRAMInitStructure.FSMC_MemoryType=FSMC_MemoryType_SRAM;   /*设置FSMC连接的存储器类型为SRAM,
175                                            其他类型有NOR、PSARM */
176   FSMC_NORSRAMInitStructure.FSMC_MemoryDataWidth=FSMC_MemoryDataWidth_16b;  /*设FSMC接口数据宽度为16位,
177                                            设为8b则数据宽度为8位*/
178   FSMC_NORSRAMInitStructure.FSMC_BurstAccessMode=FSMC_BurstAccessMode_Disable; /*将FSMC访问存储器的
179                                            突发(同步)模式设为禁用,即设为异步访问模式*/
180   FSMC_NORSRAMInitStructure.FSMC_WaitSignalPolarity=FSMC_WaitSignalPolarity_Low;
181                                            /*将等待信号极性设为低电平*/
182   FSMC_NORSRAMInitStructure.FSMC_AsynchronousWait=FSMC_AsynchronousWait_Disable;
183                                            /*将FSMC异步访问等待设为禁用*/
184   FSMC_NORSRAMInitStructure.FSMC_WrapMode=FSMC_WrapMode_Disable;  /*将非对齐方式设为禁用*/
```

图 14-22 tftlcd.c 文件中配置 FSMC 和读写液晶控制器的程序及说明(续)

```
185  FSMC_NORSRAMInitStructure.FSMC_WaitSignalActive=FSMC_WaitSignalActive_BeforeWaitState;
186                                        /*将等待信号设为在等待状态之前产生*/
187  FSMC_NORSRAMInitStructure.FSMC_WriteOperation=FSMC_WriteOperation_Enable;
188                  /*使能FSMC的写操作,若禁止了写操作,FSMC不会产生写时序,但仍可从存储器中读出数据*/
189  FSMC_NORSRAMInitStructure.FSMC_WaitSignal=FSMC_WaitSignal_Disable;   /*将等待信号设为不使用*/
190  FSMC_NORSRAMInitStructure.FSMC_ExtendedMode=FSMC_ExtendedMode_Enable; /*设置FSMC使用扩展模式,该模式下
191                                              读时序和写时序可以使用独立时序模式*/
192  FSMC_NORSRAMInitStructure.FSMC_WriteBurst=FSMC_WriteBurst_Disable;   /*将突发写操作设为禁用*/
193  FSMC_NORSRAMInitStructure.FSMC_ReadWriteTimingStruct=&FSMC_ReadTimingInitStructure; /*取结构体变量
194              FSMC_ReadTimingInitStructure各成员的值赋给结构体变量FSMC_NORSRAMInitStructure的
195              成员FSMC_ReadWriteTimingStruct,以产生读写时序*/
196  FSMC_NORSRAMInitStructure.FSMC_WriteTimingStruct=&FSMC_WriteTimingInitStructure; /*取结构体变量
197              FSMC_WriteTimingInitStructure各成员的值赋给结构体变量FSMC_NORSRAMInitStructure的
198              成员FSMC_ReadWriteTimingStruct,以产生写时序*/
199  FSMC_NORSRAMInit(&FSMC_NORSRAMInitStructure);   /*执行FSMC_NORSRAMInit函数,取结构体变量
200                                      FSMC_NORSRAMInitStructure各成员的值配置FSMC*/
201  FSMC_NORSRAMCmd(FSMC_Bank1_NORSRAM4, ENABLE);   /*执行FSMC_NORSRAMCmd函数,使能FSMMC对
202                                      外部存储器bank1的4区(即LCD控制器)的访问*/
203  }
204
205  /*TFTLCD_Init函数先调用TFTLCD_GPIO_Init函数配置FSMC与LCD控制器连接的端口,然后调用
206  TFTLCD_FSMC_Init函数配置FSMC对LCD控制器的访问,再向LCD控制器中写入一系列指令和参数,对LCD进行
207  初始化设置.LCD控制器采用不同的LCD驱动芯片,其指令和参数有所不同,具体可查看该型号LCD驱动芯片手册,
208  一般可直接使用厂家提供的初始化设置代码,以下为ILI9481型LCD驱动芯片的初始化代码*/
209  void TFTLCD_Init(void)
210  {
211   TFTLCD_GPIO_Init();   /*执行TFTLCD_GPIO_Init函数,配置FSMC与LCD控制器连接的端口,
212                  即开启端口时钟、选择使用的端口并设置其工作模式和工作速度 */
213   TFTLCD_FSMC_Init();   /*执行TFTLCD_FSMC_Init函数,配置FSMC访问外部存储器(LCD控制器)的方式,
214                  设置并产生读、写时序以访问LCD控制器 */
215   delay_ms(50);         //执行delay_ms函数,延时50ms
216
217   LCD_WriteCmd(0xd3); /*执行LCD_WriteCmd函数,将0xd3当作指令写入LCD控制器,用于读取LCD驱动芯片的型号*/
218   tftlcd_data.id=TFTLCD->LCD_DATA; /*将结构体TFTLCD的成员LCD_DATA的值(读取的第1个参数,为无效参数)
219                                  赋给结构体变量tftlcd_data的成员id */
220   tftlcd_data.id=TFTLCD->LCD_DATA; /*读取第2个参数(固定为00H),赋给结构体变量tftlcd_data的成员id*/
221   tftlcd_data.id=TFTLCD->LCD_DATA; /*读取第3个参数(94H),赋给结构体变量tftlcd_data的成员id */
222   tftlcd_data.id<<=8;           /*将结构体变量tftlcd_data的成员的id值(94H)左移8位,低8位用于存放第4个参数*/
223   tftlcd_data.id|=TFTLCD->LCD_DATA; /*读取第4个参数(81H),赋给结构体变量tftlcd_data.id,id值为9481*/
224
225   LCD_WriteCmd(0xFF); /*执行LCD_WriteCmd函数,将0xFF当作指令写入LCD控制器,该指令用于测试LCD控制器*/
226   LCD_WriteCmd(0xFF); /*将0xFF当作指令写入LCD控制器,该指令用于测试LCD控制器*/
227   delay_ms(5);        //执行delay_ms函数,延时5ms
228
229   LCD_WriteCmd(0xFF); /*将0xFF当作指令写入LCD控制器,该指令用于测试LCD控制器*/
230   LCD_WriteCmd(0xFF);
231   LCD_WriteCmd(0xFF);
232   LCD_WriteCmd(0xFF);
233   delay_ms(10);       //执行delay_ms函数,延时10ms
234
235   LCD_WriteCmd(0xB0);   /*将0xB0当作指令写入LCD控制器,该指令用于命令访问保护*/
236   LCD_WriteData(0x00);  /*将0x00当作参数写入LCD控制器,允许命令访问*/
237
238   LCD_WriteCmd(0xB3);   /*0xB3为显存访问和接口设置指令,有4个设置参数*/
239   LCD_WriteData(0x02);  /*0xB3指令的第1个参数*/
240   LCD_WriteData(0x00);
241   LCD_WriteData(0x00);
242   LCD_WriteData(0x00);
243
244   LCD_WriteCmd(0xC0);   /*0xC0为面板驱动设置指令*/
245   LCD_WriteData(0x13);
246   LCD_WriteData(0x3B);
247   LCD_WriteData(0x00);
248   LCD_WriteData(0x00);
249   LCD_WriteData(0x00);
250   LCD_WriteData(0x01);
251   LCD_WriteData(0x00);
252   LCD_WriteData(0x43);
253
254   LCD_WriteCmd(0xC1);   /*0xC1为正常模式的显示定时设置指令*/
255   LCD_WriteData(0x08);
256   LCD_WriteData(0x1B);
257   LCD_WriteData(0x08);
258   LCD_WriteData(0x08);
259
260   LCD_WriteCmd(0xC6);   /*0xC6为界面控制指令*/
261   LCD_WriteData(0x00);
262
263   LCD_WriteCmd(0xC8);   /*0xC8为伽马设置指令*/
264   LCD_WriteData(0x0F);
265   LCD_WriteData(0x05);
266   LCD_WriteData(0x14);
267   LCD_WriteData(0x5C);
268   LCD_WriteData(0x03);
269   LCD_WriteData(0x07);
270   LCD_WriteData(0x07);
271   LCD_WriteData(0x10);
272   LCD_WriteData(0x00);
273   LCD_WriteData(0x23);
274   LCD_WriteData(0x10);
275   LCD_WriteData(0x07);
276   LCD_WriteData(0x07);
```

图 14-22　tftlcd.c 文件中配置 FSMC 和读写液晶控制器的程序及说明（续）

```
277   LCD_WriteData(0x53);
278   LCD_WriteData(0x0C);
279   LCD_WriteData(0x14);
280   LCD_WriteData(0x05);
281   LCD_WriteData(0x0F);
282   LCD_WriteData(0x23);
283   LCD_WriteData(0x00);
284
285   LCD_WriteCmd(0x35);    /*0x35为数据同步开启指令,写数据与显示不同步时,显示的图像会撕裂*/
286   LCD_WriteData(0x00);
287
288   LCD_WriteCmd(0x44);    /*0x44为设置同步扫描指令*/
289   LCD_WriteData(0x00);
290   LCD_WriteData(0x01);
291
292   LCD_WriteCmd(0xD0);    /*0xD0为电源设置指令*/
293   LCD_WriteData(0x07);
294   LCD_WriteData(0x07);
295   LCD_WriteData(0x1D);
296   LCD_WriteData(0x03);
297
298   LCD_WriteCmd(0xD1);    /*0xD1为LCD公共电压控制设置指令*/
299   LCD_WriteData(0x03);
300   LCD_WriteData(0x5B);
301   LCD_WriteData(0x10);
302
303   LCD_WriteCmd(0xD2);    /*0xD2为正常模式的电源设置指令*/
304   LCD_WriteData(0x03);
305   LCD_WriteData(0x24);
306   LCD_WriteData(0x04);
307
308   LCD_WriteCmd(0x2A);    /*0x2A为列地址设置指令,用于设置显示区起点和终点的横坐标(X坐标)*/
309   LCD_WriteData(0x00);  //显示区起点横坐标X=0(即0x0000)
310   LCD_WriteData(0x00);
311   LCD_WriteData(0x01);  //显示区终点横坐标X=319(即0x013F)
312   LCD_WriteData(0x3F);
313
314   LCD_WriteCmd(0x2B);    /*0x2B为页地址设置指令,用于设置显示区起点和终点的纵坐标(Y坐标)*/
315   LCD_WriteData(0x00);  //显示区起点纵坐标Y=0
316   LCD_WriteData(0x00);
317   LCD_WriteData(0x01);  //显示区终点纵坐标Y=479(即0x01DF)
318   LCD_WriteData(0xDF);
319
320   LCD_WriteCmd(0x36);    /*0x36为存储器存取控制指令,用于设置显存数据读取方式,进而控制LCD的显示方式*/
321   LCD_WriteData(0x00);  /*0x36参数设为0x00,则LCD的显示为从左到右、从上到下的竖屏方式*/
322
323   LCD_WriteCmd(0xC0);    /*0xC0为面板驱动设置指令*/
324   LCD_WriteData(0x13);
325
326   LCD_WriteCmd(0x3A);    /*0x3A为设置像素格式指令,用于设置RGB图像数据的像素格式*/
327   LCD_WriteData(0x55);
328
329   LCD_WriteCmd(0x11);    /*0x11为退出睡眠模式指令*/
330   delay_ms(150);         //延时150ms
331
332   LCD_WriteCmd(0x29);    /*0x29为显示开启指令,该指令可使LCD控制器开始驱动LCD显示图像数据*/
333   delay_ms(30);          //延时30ms
334
335   LCD_WriteCmd(0x2C);    /*0x2C为写GRAM指令,将该指令写入LCD控制器后,可以向GRAM中写入显示数据*/
336
337   LCD_Display_Dir(TFTLCD_DIR);  /*将TFTLCD_DIR(0或1)赋给LCD_Display_Dir函数并执行该函数,
338                                   将LCD设为竖屏或横屏方式*/
339   LCD_Clear(WHITE);             /*将WHITE(即0xFFFF)赋给LCD_Clear函数并执行该函数,
340                                   将LCD全部填充白色实现清屏操作*/
341  }
342
343  /*LCD_Clear函数的功能是对LCD全屏填色清屏,该函数有两个for语句,第1个for语句执行一次时,内部的第2个for语句
344  会执行tftlcd_data.height(如480)次,向LCD显存中写入480个color值,LCD显示一条竖线(480个color颜色像素)。
345  第1个for语句会执行tftlcd_data.width(如320)次,这样LCD全屏像素(480x320)都显示color值对应的颜色*/
346  void LCD_Clear(u16 color)     //输入参数color在调用本函数时赋值
347  {
348    u16 i,j ;                   //声明两个无符号16位整型变量i和j
349    LCD_Set_Window(0,0,tftlcd_data.width-1,tftlcd_data.height-1);  /*将4个输入参数赋给LCD_Set_Window函数
350                                   并执行该函数,设置显示区起点和终点坐标*/
351    for(i=0;i<tftlcd_data.width;i++)    /*for为循环语句,本for语句中大括号中的内容(另一个for语句)循环执行
352                                   tftlcd_data.width(如320)次,每执行一次i值增1,当i增到320时跳出本for语句*/
353    {
354     for (j=0;j<tftlcd_data.height;j++)    /*先让变量j=0,再判断不等式j<tftlcd_data.height(如480)是否成立,
355                                   若成立,则执行本for语句大括号中的LCD_WriteData_Color函数,向LCD显存中
356                                   写入一个color值,LCD对应像素显示一个color值对应的颜色,执行完后执行
357                                   j++将j值加1,接着又判断不等式是否成立,如此反复,直到不等式不成立,
358                                   才跳出本for语句*/
359     {
360      LCD_WriteData_Color(color);  /*执行LCD_WriteData_Color函数,将color值写入LCD控制器的显存,
361                                   LCD对应像素显示color值对应的颜色*/
362     }
363    }
364  }
365
```

图 14-22　tftlcd.c 文件中配置 FSMC 和读写液晶控制器的程序及说明（续）

```
366   /*LCD_Fill函数的功能是将起点坐标为[xStart,yStart]、终点坐标为[xEnd,yEnd]的矩形区域填充color颜色*/
367   void LCD_Fill(u16 xStart,u16 yStart,u16 xEnd,u16 yEnd,u16 color)  /*比如5个参数为10,150,60,180,BLUE*/
368  {
369    u16 temp;                    //声明一个无符号16位整型变量temp
370    if((xStart>xEnd)||(yStart>yEnd))  /*如果起点坐标值大于终点坐标值,执行return退出函数,||为逻辑或符号*/
371  {
372     return;                     //退出LCD_Fill函数
373  }
374    LCD_Set_Window(xStart,yStart,xEnd,yEnd);   /*设置颜色填充区的起点和终点坐标*/
375    xStart=xEnd-xStart+1;        /*将(终点x坐标60-起点x坐标10+1)值,即填充矩形区的宽度值51(即横向像素个数)
376                                 赋给xStart*/
377    yStart=yEnd-yStart+1;        /*将(终点y坐标180-起点y坐标150+1)值,即填充矩形区的高度值31(即纵向像素个数)
378                                 赋给yStart*/
379    while(xStart--)              /*本while语句大括号中的内容执行一次xStart值减1,执行xStart次后xStart值为0,
380                                 跳出本while语句*/
381  {
382     temp=yStart;               //将yStart值赋给变量temp
383     while (temp--)             /*本while语句大括号中的内容执行一次temp值减1,执行temp次后temp值为0,跳出本while语句*/
384  {
385     LCD_WriteData_Color(color);  /*将color值写入LCD控制器的显存,LCD对应像素显示color值对应的颜色*/
386  }
387  }
388  }
389
390  /*LCD_DrawFRONT_COLOR函数的功能是向显存中坐标为(x,y)的单元写入color值,LCD对应位置的像素点显示color值
391   对应的颜色*/
392  void LCD_DrawFRONT_COLOR(u16 x,u16 y,u16 color)    //输入参数x、y、color在调用本函数时赋值
393  {
394    LCD_Set_Window(x, y, x, y);         /*设置LCD显示区的起点坐标(x,y)和终点坐标(x,y),
395                                        起、终点坐标相同即设置显示区为一个点 */
396    LCD_WriteData_Color(color);         /*将color值写入LCD控制器显存中坐标为(x,y)的单元,
397                                        LCD上与该单元对应的像素点显示color颜色*/
398  }
399
400  /*LCD_ShowPicture函数的功能是将pic所指对象(图像数组)中的颜色数据写到起点坐标为[x,y]、
401   宽、高分别为wide、high的显存存储区中,LCD对应区域显示数组中颜色数据反映的图像*/
402  void LCD_ShowPicture(u16 x,u16 y,u16 wide, u16 high,u8 *pic)      /*pic是一个指针变量,其指向的对象
403                                                                   在调用本函数时指定*/
404  {
405    u16 i,j;                            //声明2个16位无符号整型变量i和j
406    u16 temp=0;                         //声明一个16位无符号整型变量temp,初值赋0
407    long tmp=0;                         //声明一个32位长整型变量tmp, 初值赋0
408    LCD_Set_Window(x,y,x+wide-1,y+high-1);  /*设置LCD图像显示区域的起点坐标(x,y)和
409                                            终点坐标(x+wide-1,y+high-1)*/
410    for(i=0;i<high;i++)                 /*for为循环语句,本for语句大括号中的内容循环执行high次,
411                                        每执行一次i值增1,当执行high次后i增到high,跳出本for语句*/
412  {
413     for(j=0;j<wide;j++)    /*先让变量j=0,再判断不等式j<wide是否成立,若成立,则执行本for语句大括号中的内容,
414                            执行完后执行j++将j值加1,接着又判断不等式是否成立,如此反复,当执行wide次后,
415                            写入wide个颜色数据(一个颜色数据16位,2字节),不等式不成立,跳出本for语句*/
416  {
417     temp=pic[tmp+1];                  //将pic所指数组中的第tmp+1个数据赋给变量temp
418     temp=temp<<8;                     //将temp中的数据左移8位,即低8位移到高8位
419     temp=temp|pic[tmp];               /*将temp值与pic所指数组中的第tmp个数据位或(|)后赋给变量temp,
420                                        即将数组中第tmp+1、tmp两个8位数据拼成16位存放在temp中*/
421     LCD_DrawFRONT_COLOR(x+j,y+i,temp); /*执行LCD_DrawFRONT_COLOR函数,将temp作为颜色数据(一个像素)写入
422                                        显存中坐标为(x+j,y+i)的单元,LCD对应位置的像素点显示temp值对应的颜色*/
423     tmp+=2;                           //将tmp值加2,准备写下一个像素的颜色数据
424  }
425  }
426  }
427
```

图 14-22　tftlcd.c 文件中配置 FSMC 和读写液晶控制器的程序及说明（续）

14.4.5　主程序及说明

主程序在 main.c 文件中，其内容如图 14-23 所示。程序运行时，首先执行 main 函数，在 main 函数中执行 SysTick_Init 函数配置 SysTick 定时器，执行 LED_Init 函数配置 PB5 端口，执行 TFTLCD_Init 函数先配置 FSMC 与 LCD 控制器连接的端口，然后配置 FSMC 对 LCD 控制器的访问，再对 LCD 控制器进行初始化设置，之后执行 LCD_ShowPicture 函数，将 gImage_picture 数组（在 picture.h 文件）中的颜色数据写到起点坐标为[35,150]，宽、高分别为 250、250 的显存存储区中，LCD 对应区域显示数组中颜色数据反映的图像，最后反复执行 while 语句中的内容。

在 while 语句中，先执行"PBout(5)=0"让 PB5 引脚输出低电平点亮外接的 LED，然后执行 LCD_Fill 函数，将起点坐标为[10,20]、终点坐标为[300,120]的矩形区域填充绿色（GREEN），

延时 1s 后，执行 "PBout(5)=1" 让 PB5 引脚输出高电平熄灭外接的 LED，接着执行 LCD_Fill 函数，将起点坐标为[10,20]、终点坐标为[300,120]的矩形区域填充红色 （RED）。

```
main.c                                                                    ▼ ×
1  #include "bitband.h"    //包含bitband.h，相当于将该文件内容插到此处
2  #include "tftlcd.h"     //包含tftlcd.h，相当于将该文件内容插到此处
3  #include "picture.h"    //包含picture.h，相当于将该文件内容插到此处
4
5  void SysTick_Init(u8 SYSCLK); //声明SysTick_Init函数，声明后再使用该函数编译时才不会出现报警
6  void delay_ms(u16 nms);       //声明delay_ms函数
7  void LED_Init(void);          //声明LED_Init函数
8
9  int main()          /*main为主函数，无输入参数，返回值为整型数(int)。一个工程只能有一个main函数，
10                       不管有多少个程序文件，都会找到main函数并从该函数开始执行程序*/
11 {
12   SysTick_Init(72);  /*将72赋给SysTick_Init的输入参数SYSCLK，再执行该函数，计算出
13                        fac_us值(1μs的计数次数)和fac_ms(1ms的计数次数)供给delay_ms函数使用*/
14   LED_Init();        /*执行LED_Init函数(在led.c文件中)，开启GPIOB端口时钟，设置端口引脚号、工作模式和速度*/
15   TFTLCD_Init();     /*执行TFTLCD_Init函数先配置FSMC与LCD控制器连接的端口，然后配置FSMC对LCD控制器的访问，
16                        再对LCD进行初始化设置*/
17   LCD_ShowPicture(35,150,250,250,(u8 *)gImage_picture); /*执行LCD_ShowPicture函数，将gImage_picture
18                                                           数组(在picture.h文件中)中的颜色数据写到起点坐标
19                                                           为[35,150]，宽、高分别为250、250的显示存储区中，
20                                                           LCD对应区域显示数组中颜色数据反映的图像*/
21   while(1)           /*while为循环语句,当括号内的值为真(非0即为真)时,反复执行本语句首尾大括号中的内容*/
22   {
23     PBout(5)=0;               //让PB5引脚输出低电平，点亮该引脚外接LED
24     LCD_Fill(10,20,300,120,GREEN); /*执行LCD_Fill函数,将起点坐标为[10,20]、终点坐标为[300,120]的矩形区域
25                                      填充GREEN(即0x07E0,绿色)*/
26     delay_ms(1000);           //延时1s
27     PBout(5)=1;               //让PB5引脚输出高电平，熄灭该引脚外接LED
28     LCD_Fill(10,20,300,120,RED);  /*执行LCD_Fill函数,将起点坐标为[10,20]、终点坐标为[300,120]的矩形区域
29                                      填充RED(即0xF800,红色)*/
30     delay_ms(1000);           //延时1s
31   }
32 }
33
```

图 14-23　main.c 文件中的主程序

14.4.6　查看程序运行时液晶显示屏显示的图像

将 FSMC 控制液晶显示屏显示图像工程的程序编译后，下载到 STM32F103ZET6 单片机中。当单片机按图 14-17 所示电路与液晶显示屏连接并通电后，在液晶显示屏上方交替显示绿、红色矩形块，下方显示 picture.h 文件中的图像像素颜色数据反映的图像，如图 14-24 所示。另外，单片机的 PB5 引脚外接的 LED 以 1s 亮、1s 灭的频率闪烁，与绿、红色矩形块变换的频率相同。

（a）液晶显示屏显示绿色矩形块和图像　　　　　（b）液晶显示屏显示红色矩形块和图像

图 14-24　液晶显示屏显示图像和绿、红色交替的矩形块